天津站综合交通枢纽工程
设计—建设—运营集成管理创新模式研究

铁道部第三勘察设计院集团有限公司
天津城投建设有限公司
天津理工大学

主编：黄桂兴　副主编：焦　莹　尹贻林

天津市科技支撑计划**资助项目**
（08ZCKFSF01200）

国家软科学研究计划**资助项目**
（2007GXS3D074）

Engineering
Construction
Operation

内容提要

城市综合交通枢纽是一个开放的复杂系统，其设计、建设和运营管理是一个复杂的系统工程。本书以天津站综合交通枢纽工程为背景，系统介绍了大型交通枢纽工程建设的设计—建设—运营集成管理模式。全书内容涵盖了该工程的战略规划指导、设计实践、建设管理、运营管理等方面，以全生命周期成本为核心的可持续建设为基本理论指导，系统阐述了从规划—设计—建设—运营全生命周期组织集成、信息集成实现工程项目可持续发展的路径。

本书可供从事大型工程建设的设计人员及管理人员参考，也可供工程管理及相关专业的研究者参考。对大型交通枢纽工程项目的设计、建设、运营有重要的指导意义。

图书在版编目（CIP）数据

天津站综合交通枢纽工程设计—建设—运营集成管理创新模式研究／黄桂兴主编. —北京：人民交通出版社，2011.5

ISBN 978-7-114-08968-8

Ⅰ.①天…　Ⅱ.①黄…　Ⅲ.①交通运输中心－建筑工程－系统管理－研究－天津市　Ⅳ.①U115②TU248

中国版本图书馆 CIP 数据核字（2011）第 047548 号

书　　名： 天津站综合交通枢纽工程设计—建设—运营集成管理创新模式研究
著 作 者： 黄桂兴
责任编辑： 王　霞(wx@ccpress.com.cn)
出版发行： 人民交通出版社
地　　址：（100011）北京市朝阳区安定门外外馆斜街 3 号
网　　址： http://www.ccpress.com.cn
销售电话：（010）59757969，59757973
总 经 销： 人民交通出版社发行部
经　　销： 各地新华书店
印　　刷： 北京市密东印刷有限公司
开　　本： 787×1092　1/16
印　　张： 19
字　　数： 442 千
版　　次： 2011 年 5 月　第 1 版
印　　次： 2011 年 5 月　第 1 次印刷
书　　号： ISBN 978-7-114-08968-8
定　　价： 58.00 元

编 写 人 员

铁道部第三勘察设计院集团有限公司

宋长江　郑东文　刘永谦　繁茹琴　周　敏　王　弘

宋健鹏　程　弗　张　荣　丁少昆　杜秀玲　王春蔚

天津城投建设有限公司

赵建国　王旭生　李梦臣　马文雄　郭洪波　王　剑

张小彦　任永明　徐　源　杨　筠　卢松巍

天津理工大学

严　玲　陈伟珂　吴绍艳　杨　侃　林广利　刘艳辉

王　垚　张俊丽　刘宇鹏

前言
Preface

建筑业在为经济建设做出重大贡献的同时，其所造成的不可再生资源消耗和环境污染问题日益突出，世界各国的建筑业从业人员都必须面对如何实现工程项目的可持续发展的重要问题。工程项目的可持续建设(Sustainable Construction)是可持续发展理论在工程建设领域应用的结果，而寿命周期成本(Life Cycle Cost, LCC)的最小化是解决工程项目可持续建设的关键。然而，尽管LCC得到了各国项目管理人士的大力推崇，但是LCC最小化理念始终浮于管理思想层面，难以得到真正的实现，也就成为国际工程管理界公认的难题。早在20世纪60年代，美国军方就提出了"寿命周期成本分析评价系统"，试图从考虑LCC的设计优化途径来解决LCC问题。迄今为止，该系统被认为是解决LCC问题的最为主要的、直接的技术路径和手段。但是工程建设领域却因为建筑对象——工程项目的单件性和独特性，使得LCC产业化推广所必须具备的方法、模型、数据等应用基础条件受到了制约，即：LCC应用过程在建筑业中存在不可复制性，导致了LCC技术产业化推广所必需的模仿性前提缺失，因而很难在这一领域推广该技术。这一困境也使得大多数设计院在工程项目中推广LCC技术时困难重重，将之视为畏途。

我所在的科研团队——天津理工大学公共项目与工程造价研究所(Institute of Public Project & Cost Engineering ,IPPCE)与铁道第三勘察设计院集团有限公司合作，经过大量研究并考察东方近邻日本铁道及铁道综合交通枢纽的建设经验时发现，他们在工程实践中采用了全生命周期管理组织的集成。可见，在工程项目可持续建设中推广LCC技术这一难题的解决要领在于工程项目的建设必须先实现工程项目管理主体的集成，即应有一个统领"设计—建设—运营"三个阶段所有信息的集成性组织方可实现LCC实现路径的通畅。而我们进一步对国内地铁项目建设经验考察时发现，若能在工程项目建设中推广设计—建设—运营集成模式，实现设计建设运营组织的集成管理，则该工程项目就能较好地实现LCC的推广。因此，这一模式被我们命名为E-B-O（Engineering-Building-Operation，EBO）集成创新模式。

在黄桂兴副总工程师的带领和指导下，铁道第三勘察设计院在天津站交通枢纽的设计中实践了这一模式，并将其实施内容、过程及经验进行了总结。同时，他们还将这一模式应用到国内其他几个大型综合交通枢纽的设计实践中，取得了良好的效果。为使这一模式在全国大型综合交通枢纽建设中得到进一步运用，谨将此模式的具体内容及实施方法介绍给广大建设同行，作为参考，也请各位同行提出宝贵意见，以便进一步完善。

天津理工大学　公共项目与工程造价研究所　所长

尹贻林　教授　博导

2011年3月

目　录

战略指导篇

设计实践篇

建设管理篇

运营管理篇

战略指导篇

第一章　天津站综合交通枢纽战略规划

天津市是中国四个直辖市之一，是环渤海地区经济中心，中国北方最大的沿海开放城市。天津市地处华北平原东北部，海河流域下游，东临渤海，北依燕山，西靠首都北京，拥有综合性贸易的天津港和全国最大的集装箱码头，是北京的海上门户，华北、西北等广大地区的重要出海口，是中国北方地区最大的沿海开放城市、工商大埠，是中国北方对内、对外开放的轴心，是欧亚大陆桥中国境内距离最短的东部起点，步入21世纪的天津正在崛起成为中国北方的经济中心、渤海之滨的国际大都市。

1997年底，中央明确了关于天津城市功能的定位，即“天津是环渤海湾的经济中心，要建成现代化港口城市和我国北方重要的经济中心”。按照天津市国民经济和社会发展的总体目标，到2010年，天津将建设成为全国率先基本实现现代化的地区之一，成为中国最重要的工业基地，以及商贸、金融、技术开发、信息、交通的远东国际交流中心。因此，天津在我国对外开放和区域经济发展战略中，有举足轻重的作用。

京津城际轨道交通的开通，使京津间旅客运输条件得到充分改善，加强了北京和天津两大直辖市的交通联系，并为天津协办2008北京奥运会提供了良好的运输条件，同时促进了两城市的经济发展和对外经济贸易往来，促进了京津地区经济的同步发展。

基于发展区域经济、建立综合运输体系以及提高宏观社会经济效益的考虑，天津站综合交通枢纽需进行战略规划分析，以便于从宏观层面把握其整体建设，提升其整体高度。

1.1　天津站综合交通枢纽建设战略背景

1.1.1　国家环渤海经济区战略构思

20世纪80年代初期，由于独特的区位优势，环渤海地区即受到了海内外的广泛关注。1986年，原国家计委在全国划定了七大块经济区域，环渤海位列其中。为了顺应国家区域经济发展的形势，天津市于1986年，联合环渤海地区15个沿海地市，成立了区域性的经济合作组织——环渤海地区经济联合市长联席会。2004年，环渤海地区区域合作迈出实质性步伐。2004年2月12~13日，国家发改委和京、津、冀发改委达成加强经济交流与合作的《廊坊共识》。2004年5月21日，环渤海地区七省市区参加“环渤海经济圈合作与发展高层论坛”，达成《北京共识》,决定召开五省二市副省级会议,正式建立环渤海合作机制。同年6月26日,国家发改委、商务部有关负责人,环渤海地区七省市领导和博鳌亚洲论坛秘书长齐聚廊坊,达成《环渤海区域合作框架协议》,成立环渤海合作机制的三层组织架构。2007年,在环渤海地区经济联合市长联席会第十二次会议上,签署了《天津倡议》,倡议提出,将环渤海地区建设成为世界级的知识经济带、东北亚最大的制造研发基地、国际性贸易物流中心、具有全球影响力的城市经济区域。即"环渤海经济圈",其辐射范围涵盖天津、北京、河北、山东、辽宁等省市,包括特大城市和大中城市。这里是全国最重要的经济中心之一,有漫长的渤海海岸线,海洋资源、区位优势突出,并有得天独厚的人文、科技、旅游、经济资源,具备了形成区域经济发展龙头所必需的发展条件和地理区位优势。

于2006年3月被正式纳入国家整体发展战略的天津滨海新区开发是环渤海经济圈战略的重要一环,也是全国发展战略布局中重要的一步,它的建设不仅带动天津的经济发展,并且有利于促进我国东部地区率先实现现代化,从而带动中西部地区,特别是"三北"地区发展,形成东中西互动、优势互补、相互促进、共同发展的区域协调发展格局。

1.1.2 环渤海经济区交通规划体系

2007年,交通运输部发布了《环渤海地区现代化公路水路交通基础设施规划纲要》(以下简称《规划纲要》),指出到2020年全面建成区域公路水路基础设施网络。《规划纲要》给出的总体发展目标是,以高速公路、主要港口、能源运输通道、快速客运体系和集装箱运输系统建设为重点,建立布局合理、能力充足、衔接顺畅、服务高效、安全经济的现代化公路水路交通体系,实现基础设施、运输服务、信息资源、政策法规等各方面的衔接与协调,提供通畅、便捷、安全、经济的运输服务。2020年公路水路交通适应环渤海地区加快实现现代化的需要,总体发展阶段将由目前的"得到缓解"升级到"全面适应"的新阶段,有条件的地区应步入"适度超前"的更高阶段,基本实现交通现代化。《规划纲要》还分别从区域高速公路网、区域公路运输枢纽、沿海港口、内河水运等方面介绍了重点基础设施布局规划及近期建设重点。

作为环渤海湾的重要经济中心,"十五"时期,天津已初步形成以海港、空港、铁路、公路、管道为骨架的综合交通体系。"十一五"时期,天津市提出了综合交通"十一五"发展规划。规划提出,依托海空两港,强化综合交通枢纽功能,以公路、铁路、快速路、轨道交通为骨架,构建各种交通方式紧密衔接、转换便捷的现代综合交通体系。

(1)铁路。建设京津城际轨道交通、津秦客运专线、京沪高速铁路天津段;加快黄万铁路复线建设和蓟港铁路扩能改造,实现与朔黄线和大秦线贯通;建设京津四线和保霸铁路,形成沟通环渤海地区和腹地便捷高效的客货铁路运输网。

(2)公路。建设京津塘二线、京津塘三线、京沪、津汕、国道112线、海滨大道等高速公路天津段,将津蓟高速公路延长至北京平谷,建设塘沽至承德高速公路,形成高效快捷的高速公路网络,确保京津、东北、西北、东南四个方向高速公路通道的畅通。

(3)海港。加快实施25万吨级深水航道、30万吨级原油码头、液化天然气接卸码头、集装箱码头、集装箱物流中心、散货物流中心等港内12个重点项目以及港外以集疏运通道为重点的22个配套项目,加快东疆保税港区建设步伐,使天津港成为国际化深水大港、东北亚地区国际集装箱主枢纽港和中国北方最大的散货主干港。同时加快天津临港工业港区、临港产业港区的规划与开发，不断拓展港口发展空间，带动临港区域产业开发。与城市规划和土地开发等相结合，实现海河港区的功能调整和北塘、泰达等港区的综合开发，逐步实现港城一体化。

(4)空港。扩建天津滨海国际机场和相应配套设施，建成国内大型客货枢纽机场和东北亚航空货运集散中心，与首都机场共同构筑东北亚地区的国际航空枢纽。根据国务院批复的《天津市城市总体规划》，适时选址建设首都第二国际机场。

为促进环渤海地区的经济发展，根据国家铁路中长期发展规划和天津市总体规划的要求，实施建设天津站综合交通枢纽工程(Tianjin Station Integrated Transportation Hub)。天津站综合交通枢纽位于天津市城市中心和海河经济带的中心部位，是连接华北、东北、西北和华东四个方向的重要交通枢纽，是华北地区与东北、西北、华东等地区沟通与交流的咽喉要道。天津站综合交通枢纽建成后，将连接京津沪，有力促进环渤海区域的城市发展。该工程是集城际铁路、普通铁路、轨道交通、公交、出租和其他交通方式于一身的超大型综合枢纽，其中地铁2、3号线是天津城市轨道交通网中的骨干线，9号线是连接滨海新区的快捷通道，三条线汇聚于此，与城际铁路和普通铁路形成枢纽客流交换的核心架构。整个枢纽总工期为4年11个月，其中京津城际及其配套项目要求在奥运会前建成，时间紧迫、任务艰巨、责任重大。按时如期地完成本项目，将极大方便乘客的出行和换乘，缓解天津站地区混乱拥挤的局面，提升天津站城市窗口的形象。作为北方经济中心和国际性大都市的天津，天津站综合交通枢纽的修建是实现天津市“三步走”战略目标的需要，同时也代表了天津的综合技术经济实力。

1.2 天津站综合交通枢纽建设战略分析

天津站综合交通枢纽项目作为天津市“十一五”期间的重点项目，对区域经济发展影响巨大。同时天津站综合交通枢纽作为天津城市轨道交通线网的连接纽带和中心，是城市轨道交通网络化的集中体现。天津城市轨道交通正处于超常规和跨越式发展的阶段，目前正处于网络化发展初期，已建成通车的地铁1号线，地铁2、3号线和轻轨9号线使网络化初具雏形，至2020年天津市将形成庞大的城市轨道交通网络。天津站交通枢纽则是该网络的一个重要节点——集中了地铁2、3、9号线，其在城市轨道交通网络中的地位和作用可见一斑。

因此，在项目规划阶段，需充分考虑所有可能对项目产生影响的因素，以及会受到项目影响的因素，并据此制定合理的枢纽发展战略。本研究采用SWOT分析法对天津站综合交通枢纽外部环境和内部环境进行分析，识别出项目自身的优势和劣势、面临的机会与威胁，根据分析得出天津站交通枢纽项目所具有的优势、机会，在此基础上，制定适合本项目建设的发展战略，指导天津站综合交通枢纽的建设。

1.2.1 SWOT分析法

SWOT分析法，即优势(Strengths)、劣势(Weaknesses)、机会(Opportunities)、威胁(Threats)分析，是战略管理中使用最广泛、最持久的分析工具，其主要对项目的内外部环境进行分析，确定该项目的优势、劣势、机会和威胁。SWOT分析思路如下：

1. 项目外部环境分析——识别机会和威胁

外部环境是指能够对组织绩效造成潜在影响的外部力量和机构。外部环境由两个要素组成,即具体环境与一般环境。项目外部环境分析的目的是识别出外部环境因素中哪些能够为项目带来机会、哪些会带来威胁。

工程项目的一般环境因素包括政治、经济、技术、工程地理位置和场地条件,大众的影响等。工程项目的具体环境因素应该包括可建造性、范围稳定性、项目的复杂性和技术创新性等。

2. 项目内部环境分析——识别优势和劣势

项目内部环境分析主要是分析组织的内部资源和能力。项目的核心能力是项目主要的价值创造技能,它决定了项目的竞争力。项目内部环境分析应该对项目内部资源、直接项目参与各方在项目内不同功能活动方面的能力进行清晰的评估。项目的优势来源于项目参与各方最大化地发挥自己的能力,做好自己擅长的工作,保证项目按照计划顺利建设。项目的劣势来源于项目内部有不称职的参与方。

1.2.2 天津站综合交通枢纽 SWOT 分析

1. 项目外部环境分析

天津站交通枢纽项目的外部环境包括一般环境和具体环境(见图 1-1 所示)。

1)一般环境

(1)政治

党的十六届五中全会正式把天津滨海新区发展写进国家“十一五”规划,把天津滨海新区的开发提升到国家战略层面。滨海新区将迅速发展成为带动环渤海地区和我国北方地区经济发展的领跑者。这为天津站枢纽的建设创造了很好的发展前景。

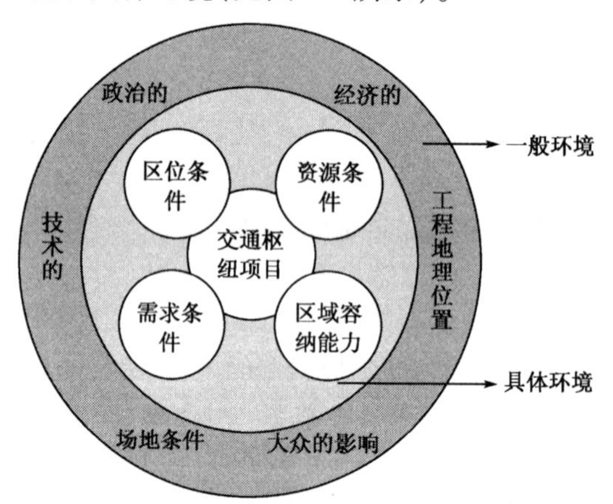

图 1-1 天津站综合交通枢纽项目外部环境

(2)经济

天津市是环渤海地区乃至中国北方最大的沿海开放城市。二十多年来,天津充分发挥沿海开放城市的优势,努力将自己打造成为我国北方的商贸金融中心、技术先进的综合性工业基地、全方位开放的现代化国际港口大城市,天津的经济发展步入了全国发展较快地区行列。

(3)技术

天津站综合交通枢纽项目建设涉及复杂的工程技术,在设计、建设过程中会遇到多种技术难题,工程技术的进步能够为克服技术难题提供条件,同时先进的工程技术也会大大节省劳动力的投入,提高工程的建设生产效率,节约工期。

(4)场地条件

天津站交通枢纽项目的建设场地狭窄,区域周围建有居民区、宾馆、邮局、医院等公共设施。此外地下管线多,施工场地条件相对比较复杂。

(5)工程地理位置

天津站交通枢纽项目地处天津市区的几何中心。工程附近有多种商业设施,如酒店、商铺等,还有居民小区。

(6)大众的影响

天津站交通枢纽是天津市内的主要交通设施,站前区域车流量大。枢纽开工建设期间,必然会给居民日常出行带来极大不便。因此是否能够得到他们的支持,关系到日后项目是否能够顺利进行。

2)具体环境

(1)区位条件

天津站交通枢纽项目位于天津市区的几何中心,这一地区是天津市市政府斥巨资建设的商业、文化娱乐中心。因此,天津站交通枢纽项目区域对于日后成为天津的又一商业中心地带,具有有利的区位条件。

(2)资源条件

天津站交通枢纽项目建设需要大量的资源才能保证项目正常进行。同时,目前国内外已建成的交通枢纽项目(如上海南站)能够为天津站交通枢纽项目的规划建设提供大量可借鉴的宝贵经验。

(3)需求条件

随着经济的发展,人们外出机会大大增加,对出行交通方式、交通工具数量的需求逐渐增多。京津城际铁路的开通、天津市轨道交通网络化的建设也加大了人们对天津站综合交通枢纽建设的要求。

(4)区域容纳能力

原有天津站枢纽分为前后两个广场,满足天津的市外和市内两种运输需求。由于铁路与公交之间换乘距离较远,人流在车站区域内逗留时间长,容易造成人流大规模聚集。由于停车位不足,出租汽车与私人车辆停泊在一起,秩序比较混乱。同时前后广场距离相对较远,通过一座人行天桥连接,人流过往极为不便。因此,原有天津站交通枢纽已不能满足当前天津城市发展的要求,整个区域内交通供给能力存在着明显的不足。

3)项目机会和威胁

通过上述外部环境分析,可以识别出天津站交通枢纽项目中存在着如下机会和威胁。

(1)项目机会

①作为环渤海经济区战略的重要一部分,天津滨海新区的发展,必然使天津得到全国乃至世界的关注。有效的交通运输系统能够把大量的客流从天津市区输送到滨海新区,促进两地的交通联系。交通运输伴随着人流、物流和信息流的交换,必然又会促进市区和滨海新区的经济发展。

②天津市居民生活条件的改善。随着天津经济的发展,城市居民的生活水平有了很大改善,城市居民外出旅游需求逐渐增多。除了交通需求的增多,乘客对交通服务设施的要求也越来越高,即十分关注出行的舒适性、便捷性和安全性,希望交通设施具有良好的卫生环境和服务环境。

③交通供给不足。原有的天津站交通枢纽由于其规模、功能的限制已不能满足城市交通的需求。天津站综合交通枢纽的建设可以有效地平衡交通需求与交通供给不对称的矛盾，为城市创造良好的交通条件。

④施工技术的进步

随着我国轨道交通、铁路建设技术的发展，以及上海南站等交通枢纽项目的建设，我国拥有了较先进的交通项目施工技术，能够为解决天津站交通枢纽项目的施工技术难题提供参考和借鉴。

(2)项目威胁

①场地施工条件不好

工程位于市中心，地面道路交通繁忙，地下管线、管道较多，场地周围既有建筑物基础等对施工现场的安排和施工方案的制订有较大的影响。同时建设场地狭窄，也会影响整个枢纽的布局。

②施工技术和工艺的选择受限制

天津站交通枢纽项目位于城市中心，为了避免对周围环境带来较大的影响，必然要求选用对环境影响较小的施工技术，施工时间、噪声控制和安全文明施工也有很高的要求。

2.项目内部环境分析

大型项目的建设会受到它所拥有的资源和能力的限制。内部分析提供了关于项目特定资源和能力的重要信息。

天津站交通枢纽作为多参与主体的项目，项目的内部环境分析，就是围绕着其拥有的相应资源和能力来进行。

1)内部环境分析

(1)政府相关部门的支持

天津站交通枢纽项目由政府牵头出资建设，属政府投资项目。因此，政府部门除了行使监督管理职责外，会为项目建设提供必要的支持，如解决一些项目内部无法解决和协调的问题。因此，政府部门的有力支持，为交通枢纽项目的建设提供了有力的组织保障。

(2)天津城投建设有限公司对大型交通枢纽项目管理经验不足

天津城投建设有限公司具有丰富的轨道交通项目建设管理经验和技术人员。但综合交通枢纽项目无论从规模上还是复杂性上都要远远大于轨道交通项目建设，公司人员在这方面的经验还稍有欠缺。

(3)设计单位丰富的经验

设计单位以往是否承担过这类大型交通类项目的设计工作，是否有过类似工程设计经验，对其从事天津站交通枢纽项目设计工作有巨大影响。天津站交通枢纽工程的设计总承包单位是铁道部第三勘察设计院，铁道部第三勘察设计院是以铁路、公路、城市轨道交通等勘察设计为主的国家甲级大型综合勘察设计单位，综合实力排在全国勘测设计百强单位前列，先后完成了京九铁路、京沪高速铁路、京津客运专线、秦沈客运专线的设计，以及沈阳北站、长春站、济南站、北京西站等大型客站的设计，积累了丰富的总包、设计、咨询和管理经验。

2)项目优势和劣势

通过项目内部环境分析，可见天津站交通枢纽项目的优势明显，但也存在着一定的劣势。

项目优势在于：

(1)天津市政府支持；

(2)天津城投建设有限公司具有丰富的轨道交通建设管理经验；

(3)设计单位经验丰富。

项目劣势在于：

(1)项目参与方多,利益关系复杂。

天津站交通枢纽项目是一个大型项目,项目参与人员众多,利益诉求不同,如何协调他们之间的利益关系,将对项目的建设产生重要的影响。

(2)大型交通基础设施项目建设管理经验不足。

交通枢纽项目是一个复杂的大型系统,这也就决定了它的建设管理工作必然是一项艰巨的工作。由于天津站项目是天津首个大型的综合交通基础设施项目,没有充足的项目管理经验,这也是该项目的劣势之一。

3. SWOT 分析矩阵

基于上述对天津站交通枢纽项目内部资源和能力以及对项目外部环境的评估,建立项目的 SWOT 分析矩阵(表 1-1),并制定本项目的发展战略,为天津站交通枢纽项目的建设提供指导。

天津站综合交通枢纽项目 SWOT 分析矩阵　　表 1-1

内部优势与劣势 外部机会与威胁	优势(S) ①天津市政府重视和支持； ②天津城投建设有限公司具有丰富轨道交通管理经验； ③设计单位经验丰富	劣势(W) ①大型交通项目建设管理经验不足； ②参与方多,利益关系复杂
机会(O) ①天津滨海新区的开发； ②天津经济的蓬勃发展； ③项目位于城市的几何中心； ④城市居民出行需求增大； ⑤国家政策支持； ⑥有可借鉴的标杆	SO 战略 ①实现枢纽项目的可持续发展； ②重视交通枢纽和城市的整体规划,实现和谐发展， ③建设多功能的交通枢纽项目满足天津城市发展需要； ④采用先进技术,创精品工程	WO 战略 ①加强综合枢纽建设管理成功经验的学习,提高综合交通枢纽管理水平； ②充分协调各利益主体之间的关系,完成好枢纽项目的建设工作
威胁(T) ①场地条件限制； ②施工技术和工艺选择受限	ST 战略 ①大力发展公共交通,提供更便捷、舒适的交通服务,吸引出行者选择公共交通； ②合理用地,地上地下综合开发,整合多种运输模式	WT 战略 借鉴国内外先进的交通枢纽项目的成功经验,提高建设管理水平

通过对天津站综合交通枢纽进行 SWOT 分析得出天津站交通枢纽项目所具有的优势、机会明显。天津站综合交通枢纽的建设应充分利用国家推动公共交通发展的有利政策,借助天津滨海新区在环渤海经济区的战略发展地位和天津市政府的支持,并加强自身综合枢纽建设管理经验的学习,提高综合交通枢纽管理水平,把天津站交通枢纽项目建设成为环渤海区域内的大型现代化综合交通枢纽。

1.3 天津站综合交通枢纽远景规划

1.3.1 远景规划

天津站综合交通枢纽地处海河东岸，位于天津市中心繁华地带，西、南两面由海河环抱。此工程是集普通铁路、京津城际高速铁路、城市轨道交通、公交中心、地下停车场和周边市政交通工程于一体的大型综合项目，建成后将形成一个功能齐全、设施完备、集交通功能、商业和景观于一体的国际一流水平的城市立体交通枢纽，使天津站交通枢纽能够成为代表新世纪天津市建设水平的、跨入国际先进车站建筑的标志性工程，并将成为天津市重要的对外窗口（见图1-2）。

图1-2　天津站综合交通枢纽鸟瞰图

天津站综合交通枢纽工程规划以满足枢纽的交通功能为前提，与城市的其他功能相协调，充分考虑与各种交通方式的衔接关系，突出表现为“大交运流量、多种形式换乘、零换乘”的特点：

（1）枢纽的大型化。

（2）枢纽土地利用的集约化。

（3）充分利用有限的交通资源，体现“无缝接驳”的人性化理念，具有布局集中紧凑、多层次衔接、立体换乘、各种交通流互不干扰、标志清楚明确、换乘距离短并且舒适方便、服务设施完善等特点，充分体现“以人为本”的服务理念。

（4）枢纽换乘形式立体化、功能多样化、地下地面空间相融合，多种交通方式结合，多功能的方向发展。

（5）枢纽具有服务城市能力，提出“以人为本、环境和谐”的设计理念，强调枢纽站与城市的有机结合，强调地区性景观的整体效应。

（6）在保证客流集散便捷的前提下应对车站周围空间进行综合开发。通过对商业、旅游、居住等空间的开发，充分发挥客流集散的商业价值。

(7)对周边道路同期改造提升道路通行能力和管理水平，既满足枢纽应对突发事件的疏散需求，同时大大改善了城市的交通状况。

1.3.2 天津站建设范围及内容

举世瞩目的北京奥林匹克运动会已于2008年8月8日开幕，作为赛事举办地之一的天津，需根据奥运安排进行相关的建设，其中京津城际及其配套项目即要求在奥运会前建成，时间紧迫、任务重大。结合天津站综合交通枢纽的地理位置以及高效建设的理念，本着为奥运服务的宗旨，最终将整个天津站综合交通枢纽的建设范围分为三大核心工程——前广场工程、后广场工程和周边市政交通工程，并围绕这三大核心工程设计相应的子项工程，如海河东路地道及主广场地下工程、综合配套楼、五经路地道工程、李公楼立交桥改建工程、公交中心工程等，具体见图1-3。

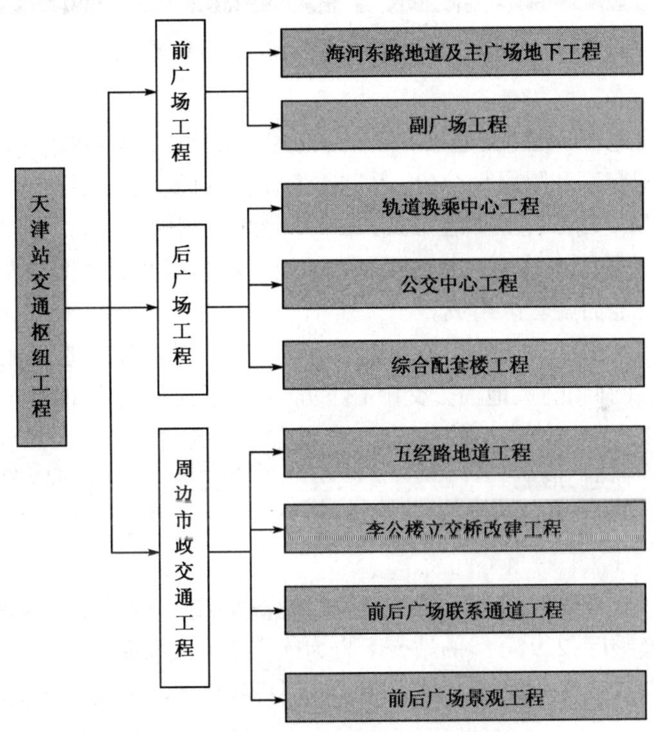

图1-3 天津站综合交通枢纽建设范围

天津站综合交通枢纽项目的具体内容如下所述。

1)轨道换乘中心工程

(1)工程概况

轨道换乘中心拟建于天津站后广场，华兴道、新广路与新兆路交汇的四叉路口处。地铁2、3、9号线在后广场形成换乘节点，实现地铁2、3、9号线的旅客输送功能的同时满足地铁2、3、9号线、京津城际、津秦客专、地下直径线、普通铁路等旅客的换乘需要，如图1-4。它在轨道交通系统以及天津站综合交通枢纽中将发挥重要的作用。

图 1-4 天津站换乘枢纽剖透效果图

(2)工程规模

轨道换乘中心由地下一层(交通层)和 2、3、9 号线的车站建筑主体部分(地下二、三、四层)及地下停车库、配套区和附属部分(出入口通道、出入口及风亭)组成。2 号线车站为侧式站台车站,9 号线采用一岛二侧式站台形式,其中 2 号线南侧侧式站台与 9 号线北侧的侧式站台合并为岛式站台,3 号线车站为三跨岛式车站。地下停车库及配套区由两层地下停车库、一层地下设备层及三层地面配套区组成。

①地下一层。车站的地下一层为公共换乘层,包括公共区、设备管理用房区和商业区、停车库等。在地下一层的西北侧、地面公交中心下方,布置了面积约为 4000m^2 的下沉广场。

②地下二层为 2、3、9 号线车站的站厅层,布置有地铁的站厅公共区和设备区,三条线的付费区和非付费区相互连通,形成共享的公共区,公共区东部布置有普通铁路、城际换乘地铁楼扶梯;南侧设置了面积为 600m^2 的独立非付费区与南北联系通道相连;东北侧设有与公交中心相连的交通竖井。

③地下三层为 2、9 号线的站台层和 3 号线的设备层,2、3 号线主体和联络线之间为 3 号线换乘 2、9 号线的换乘厅,2、9 号线的站台下方为连接 3 号线换乘厅的换乘通道。

④车站的地下四层为 3 号线的站台层,中间为乘客候车区,两端为设备区。

(3)工程投资

本工程估算总额为 332698.5 万元,其中设备投资为 35671.4 万元。技术经济指标为 1.87 万元/m^2。

2)前后广场联系通道

(1)项目功能

前后广场联系通道是天津站综合交通枢纽规划的重要组成部分(图 1-5),它与前后广场地下工程直接连通,建成后将成为前后广场间公交、地铁、城际铁路、普通铁路、长途汽车站等不同交通方式人流交换最为方便快捷的通道,并极大地方便天津站区域常驻人流在前后广场之间的往返。根据预测,前后广场联系通道远期流量将达到 44558 人次/天,通道在天津站综合交通枢纽人流交通组织中具有重要的骨干作用，对完善天津站综合交通枢纽的交通环境、方便旅客、节约时间成本、减少交通事故等方面均具有重要意义。

图 1-5　天津站综合交通枢纽前后广场联系通道效果图

（2）工程规模

拟定通道建设规模为：全长 246.572m，净宽 14m，建筑面积为 3452m^2。

（3）工程投资

估算总额为 9889 万元，其中设备投资为 1258.8 万元，技术经济指标 2.45 万元/m^2。

3）海河东路及主广场地下工程

（1）项目功能

海河东路地道和主广场地下工程的修建可以提高不同公交线路的作用和效率，发挥枢纽综合作用，地下广场的建设方便了乘客的出行和换乘，通过对各种不同交通流线的梳理，可以使大部分的客流在地下完成相互间的换乘，过境车流从地下通过，大大地缓解了天津站前广场地区混乱拥挤的局面，提升天津站的对外窗口形象，有利于改善天津站地区发展不平衡的问题，为天津站地区的综合发展提供条件和机遇。

（2）工程规模

海河东路地道工程西起三经路和进步道，东至天津站邮局门前，总长度 949.324m，其中封闭段长度 620.324m，横向采用双向六车道标准，地道行车净空 4.5m。

主广场地下工程为地下两层，地下一层主要包括过境公交车的停靠站、出租车及私家车的停靠站、部分停车场、设备管理用房等。地下二层为停车场，共有停车位约 440 个。地下广场及停车场总建筑面积约 43597m^2，另设有自行车停车场夹层和疏散夹层共 4260m^2。

（3）工程投资

本工程估算总额 105192.0 万元，建筑面积 77438.5m^2，技术经济指标 1.36 万元/m^2；其中主广场投资 50946.9 万元，海河东路地道投资 54245.1 万元，设备投资为 9509.8 万元。

4）副广场地下工程

（1）项目功能

副广场地下工程主要是满足小型机动车等候接客、停车及旅客地下集散功能，地面设置公交总站，5 个发车站台，20 路公交车在这里始发。

（2）工程规模

本工程为新建的地下两层建筑，地下一层主要包括西侧的出租车等候区和东侧的地下旅客候车及集散区，以及为旅客进入地面公交广场的夹层，建筑面积约 17865m²，其中地下出租接客区约 2070m²，地下人流集散广场约 5056m²，夹层约 3572m²。地下二层为出租车、社会车停车场，建筑面积约 17837m²。总建筑面积 39272m²。

(3)工程投资

本工程估算总额为 48420 万元，其中设备投资为 6196 万元，技术经济指标为 1.22 万元/m²。

5)停车配套楼

(1)项目功能

停车配套楼作为天津站综合交通枢纽工程的子工程之一，其主要功能是为天津站地区乘坐火车、地铁等交通工具的客流提供配套商业服务场所。按照规划要求，还应具有停放旅客自行车的功能，因此，本建筑地上四层，为商业面积，地下为自行车库，可停放自行车 3000 辆，地下层的布置和层高还应满足远期自行车数量萎缩后停放汽车的功能。

(2)工程规模

停车配套楼为地上四层，建筑面积 17750m²。地下三层，建筑面积 14100m²。

(3)工程投资

停车配套楼总投资为：估算总额为 27412 万元，技术经济指标为 0.86 万元/m²。

6)公交中心工程

(1)项目功能

结合地铁的建设，集中安排公交、轨道及其他客运车辆，形成公交与地铁之间乘客的集中换乘(图 1-6)。主要功能为大型公路交通枢纽站，内容包括公共交通、长途交通、交通调度及办公等功能。公交枢纽的调整建设将有效地疏散后广场客流，与城际铁路、地铁互为呼应。首层东西两侧以建筑围合内部的站场，分别作为办公、配套服务区及部分设备用房。车辆由新广路和华碧道交口处进入地块，上下乘客后由新兆路一侧驶出，按照交通规划规定的路线离开站区。二层为公交及长途汽车的售票厅及候车廊。人流均从地下或地上二层进出，行人通过地下或二层候车廊所设置的自动扶梯到达一层站台，从根本上解决人车分流的问题。三四层为办公用房。

图 1-6　天津站综合交通枢纽公交中心效果图

天津站后广场公交中心位于天津站城际站房西北侧。为三面环路的三角形地块，其南侧为新兆路，西北侧为华碧道，东北侧为新广路。场地的东侧角部布置有圆形的地铁采光交通竖井，作为地铁2、3、9号线的主出入口，西南角布置有地铁的地面风亭。

(2)工程规模

用地面积19058m^2，总建筑面积19500m^2。

(3)工程投资

本项目建设期总投资20733万元，技术经济指标为1.06万元/m^2。

7)李公楼立交桥改建工程

(1)工程范围

该立交工程位于天津市内环线以里的中央金融商务区，立交所涉及的华昌大街起点为既有李公楼桥第四跨，终点至新开路路口，长593.884m；新兆路起点为华捷道，终点为华昌大街；南、北侧非机动车辅道起点与现京山铁路地道顺接，下穿津秦铁路、京津城际铁路，终点至新兆路路口，两侧辅道总长802.521m，其中地道长度190m，U形槽长度178.5m。

(2)工程规模

该立交工程位于华昌大街与京山铁路、津秦铁路、城际铁路、新兆路交叉口处，立交所涉及的主线长593.884m，其中桥梁长度370.33m，桥梁引道长113.575m；北侧非机动车辅道全长408.216m，其中地道箱体长92m；南侧非机动车辅道全长394.305m，其中地道箱体长98m，U形槽长86.5m。

(3)工程投资

本工程项目总投资为20638万元，技术经济指标1.45万元/m^2。

8)五经路地道

(1)工程范围

五经路地道工程道路全长1600m，包括隧道、封闭路堑及两侧辅道。具体工程项目有：隧道工程、路基工程、路面工程、排水工程、消防工程、通风工程、电力工程、交通工程、电子信息系统、防灾报警系统等。

(2)工程规模

本工程以直线下穿京山铁路、地下直径线、京津城际铁路，绕避意大利领事馆和铁路行车公寓后，隧道在进步道南侧出口，在五经路与自由道交叉口处与现五经路平面相接。

(3)工程投资

本工程项目总投资为104192万元，技术经济指标2.39万元/m^2。

9)前后广场景观工程

规划方案由五大功能分区组成，分别是铁路客站、前广场、后广场、站前公交广场和站后公交广场，总用地面积144.6公顷。各分区之间根据对相互间车流和人流的量化分析，以地下和中间为主，地上和两侧为辅，在地上、地下和横向、竖向都设置相应规模的连接。景观工程投资估算为12791万元。

1.4 天津站综合交通枢纽设计—建设—运营集成管理模式创新分析

天津站综合交通枢纽工程汇集公路、地铁、公交、市政路桥等各种交通方式，其规模和工程复杂性国内首屈一指，就其项目本身而言，是天津市为打造区域经济中心的重要项目，社会效益巨大。以科学的管理理论为指导、先进的管理技术为支撑是大型基础设施项目建设管理成败的关键。因此，天津站综合交通枢纽需要针对其自身特点，采用科学、高效的建设管理模式贯穿于整个工程建设过程中。这也是科学发展观在大型项目建设管理领域研究的具体体现和要求。

1.4.1 国内大型枢纽项目标杆分析

对国内类似的大型枢纽项目的运营管理实践进行标杆分析，主要目的是通过寻找标杆项目与天津站综合交通枢纽工程项目之间的共性和不同的特质，发掘这些标杆对于天津站综合交通枢纽而言的可借鉴点，进而在这些标杆的基础上建立天津站综合交通枢纽自身的管理创新模式，指导整个枢纽的建设。

在本研究中，通过文献调研法和参加工程实践会议等方法，通过对业主需求的逐渐明晰，选取的标杆的可借鉴性逐渐增强。通过筛选，最终在国内选取了下述几个与天津站综合交通枢纽性质类似的工程作为本研究的标杆，这些工程均为处于城市轨道线网这个大背景下的网络节点。本研究选取北京西客站交通枢纽、北京西直门交通枢纽和铁路上海南站交通枢纽作为标杆。

(1)北京西客站交通枢纽

北京西客站，简称北京西站或北京西，是 1996 年初竣工的北京铁路客运站，于 1996 年 1 月 21 日正式开通运营，曾被称为亚洲规模最大的现代化铁路客运站之一。

北京西客站是一座现代化客运站，占地 51 万 m^2，建筑面积为 17 万 m^2，候车楼高 90m，呈“品”字形；整个车站内设 9 个站台。北京西客站的投资总额达 21.5 亿元。

北京西客站是北京向全国、全世界传递信息的重要窗口；北京西客站出发的列车覆盖华南、西南、西北地区的主要城市。北京西客站是首都的窗口，是我国规模最大的人口集散地和交通枢纽，目前接发旅客列车已达 70 ~ 90 对/天，日均客流量 18 万 ~ 20 万人，高峰期间日客流量达到 40 万 ~ 60 万人，每年覆盖人群近 1.8 亿次。

北京西客站交通枢纽是为便于客流的集散而作为市政配套工程建设的，但是从目前北京西客站交通枢纽的实际运营情况来看，北京西客站交通枢纽并不能充分发挥交通集散功能，交通拥堵情况严重。造成其不能充分发挥交通集散功能的原因包括：未能实现原规划设计，造成其北广场的人行交通呈无序状态；现有设施未充分利用，地下空间利用率低；公交、出租等换乘方式的车站位置设计不合理；换乘方式的欠缺，尤其对客流集散起重要作用的地铁至今仍未建成。

(2)北京西直门交通枢纽

西直门交通枢纽是北京西部最重要的交通转换中心，西直门交通枢纽由中、西、东三区组成:中区由城铁车站和指挥中心组成,已于2002年9月建成并投入使用;西区是商业配套服务设施,由六层商业楼和三座办公楼组成,已于2005年9月竣工并交付使用;东区由枢纽换乘广场和停车场组成,为集散广场,承担枢纽集散地和换乘的功能,14条公交线路将进区运营并与地铁2号线、地铁13号线、地铁4号线及铁路北京北站实现换乘,设计每天接待旅客量将达30万人次。东区地下一层为枢纽换乘广场,地下二、三层为停车场。

从目前北京西直门交通枢纽的投入使用情况来看,反映出的实际运营情况是:不同交通方式之间或换乘站点之间的衔接不紧密,不能很好地满足便捷换乘的要求;且未充分利用地下空间。

(3)铁路上海南站交通枢纽

铁路上海南站是上海中心城市的南大门,也是联系长江、珠江三角洲及我国南方其他城市(包括港澳地区)的重要交通枢纽。南站主站及南北广场总投资估计16亿元。南站主站屋和车站南北广场占地60公顷,南站主站设计为巨大圆形钢结构,高47m,圆顶直径大于200m,总面积超过了5万m^2。南来北往的火车可从主体建筑的架空部分穿行而过,寓意"车轮滚滚,与时俱进"。主站为南北贯通、高进低出、高架候车,大致分为三层:中层与地面同高,为站台层,设有13条轨道和6个上下客站台,另有通道与南北广场相连,还设有贵宾候车室、车站公安派出所等;上层为出发层,设有周长为800m的高架环形出发平台、可同时容纳一万余人候车的大空间候车区、检票通道等;下层为到达层,设有旅客出站地道、南北地下换乘大厅、地铁1号线、3号线、轻轨L1线、部分长途客运和旅游专线等。南站南北广场平面设计为园林绿地和旅游集散地,南北广场地下设计两层商铺、道路和停车场,总建筑面积为12万m^2。上海南站交通枢纽是我国21世纪枢纽设计的一个重要里程碑。但是,在运营的过程中,仍显现出一些缺陷:地下空间利用不充分;轨道交通与铁路之间的互通路径不是最优,换乘距离比较远,不能很好地满足最便捷换乘的功能要求。

由上述对三个交通枢纽的分析可得,交通枢纽不能充分发挥交通集散、安全、便捷换乘功能的本质原因是:在项目的设计阶段,未从项目全生命周期视角将设计、建设和运营作为整体进行考虑,对建设和运营这两个阶段的任务不能很好的集成,导致设计目标与建设、运营目标脱节,最终不能充分发挥枢纽整体功能,造成功能缺陷。

1.4.2　文献研究分析

接下来从文献角度对传统枢纽管理模式存在的主要问题进行综述研究,为天津站综合交通枢纽的管理创新模式的探索提供突破点,使天津站综合交通枢纽在一种创新的管理模式指导下实现其建设目标。有关传统管理模式存在问题分析的文献资料整理参见表1-2。

通过文献研究,可以看出前四个问题是存在于综合交通枢纽的主要问题,这些问题的产生均是由于工程设计、建设和运营三方面相对独立、信息沟通不畅所造成的。因此,天津站综合交通枢纽在工程建设中尽可能的对设计、建设和运营阶段信息进行集成,且重点应在枢纽安全、运营管理主体、系统设备接口等方面进行研究。

交通枢纽传统管理模式问题的文献总结 表 1-2

问题 文献	1. 管理组织体系不健全	2. 系统间衔接配合协调性差	3. 设备建设与运营脱节	4. 安全管理机制不足	5. 不连续的管理目标和责任体系	6. 全生命周期内缺乏统一协作	7. 不适应网络化运营要求	8. 业主难以实现对项目的总控	9. 系统间应急联动处置响应慢	10. 枢纽建设、运营开发立法滞后	11. 管理体制上存在条块分割现象
翟维丽（2007）	√	√		√		√					
张国伍，张秀缓（2000）	√		√	√							
周红（2006）	√				√						
秦莹（2005）		√									√
张铭，徐瑞华（2007）	√	√	√	√			√		√		
陈依新（2000）	√									√	
邵伟中，徐瑞华（2008）	√	√	√	√	√		√	√			√
姜帆（2002）	√		√								√
孙宁（2000）	√	√			√						
何宗华，汪松滋（2003）	√		√	√							
黎翔（2003）	√		√	√		√		√			
朱沪生（2004）	√		√	√							
邵伟中，刘志刚（2008）	√	√	√	√				√	√		
周淮，朱效洁（2006）	√	√		√			√		√		
总计	13	7	8	9	3	2	3	3	3	1	3

1.4.3　天津站综合交通枢纽设计—建设—运营集成管理创新模式

大型基础设施项目的建设管理是一项复杂的系统工程，以科学的理论为指导、可行的技术为支撑是大型基础设施项目建设管理成功的关键。通过大量的文献分析和实践案例可知，国内代表性大型基础设施建设项目多是基于建设单位某种特殊的需求，以某种科学理论作为核心思想，辅以某种技术手段和方法，指导大型基础设施项目建设管理的顺利开展。当前大型基础设施项目建设管理研究方面常用的比较成熟的思想和理论包括：

(1)全生命周期(Life Cycle)的思想；

(2)项目总控(Project Controlling)的思想；

(3)项目群管理(Program Management)理论；

(4)合理风险分担(Risk Allocation)的思想。

通过对国内类似枢纽实践案例和文献的分析可知，天津站综合交通枢纽需要脱离传统的设计、建设、运营阶段相对独立的建设模式，将天津站的建设置于全生命周期管理视角下，在设计阶段即展开枢纽建设、运营模式的研究，在成功标准、管理理念、管理目标、管理组织、管理方法、管理手段等各方面将建设阶段和运营阶段的需求信息有机集成于设计阶段，并予以重点考虑，进而在设计过程中做到有的放矢，在“设计为运营、建设为运营、运营为效益”的理念下，最大限度满足项目利益相关者的利益诉求，实现天津站综合交通枢纽的建设价值。基于上述分析，天津站综合交通枢纽的建设所贯彻的管理思想为“设计—建设—运营集成管理创新模式”。

现将国内代表性大型基础设施项目与天津站综合交通枢纽的建设管理模式作如下对比，如表1-3所示。

国内代表性大型基础设施项目建设管理的对比分析　　表1-3

项目名称	建设单位的特殊需求	核心指导思想	核心指导思想的内涵	实现方法或技术	经验总结成果
浦东国际机场	符合上海航空枢纽建设的战略目标，以运营为导向	全生命周期的思想	全生命周期项目管理的思想致力于建立一个系统化的管理体系，需要我们在项目全生命周期的前期即从项目建成后运营的角度综合地考虑、分析，建立项目全生命周期的目标，并将此目标作为项目建设和过程绩效评估的基础	在上海浦东国际机场扩建工程的战略规划、项目管理的深度设计和过程控制中均以运营期间的功能实现为指引	《以运营为导向的浦东国际机场建设管理》：战略规划篇、项目管理篇和创新实践篇
厦门国际会展中心	解决项目建设管理过程中大量信息的高效处理	项目总控的思想	项目总控是以现代信息技术为手段，对大中型建设工程进行信息的收集、加工和传输，用经过处理的信息流指导和控制项目建设的物质流，支持项目最高决策者进行策划、协调和控制的管理组织模式	现代信息技术	《项目总控——建设工程的信息管理模式》

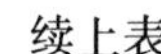

续上表

项目名称	建设单位的特殊需求	核心指导思想	核心指导思想的内涵	实现方法或技术	经验总结成果
2010 年上海世博会浦东 AB 片区	解决多个项目之间的协调管理和多个项目效益的最大化	项目群管理理论	项目群管理就是组织为了实现其战略目标与利益而将多个同时进行或相互联系的项目和可操作性作业进行统一协调管理，从而获得单独管理各项目所无法获取的效益	现代信息技术、整体最优原则	中国工程管理论坛论文集
长江三峡水利枢纽工程	解决我国水电工程建设过程中普遍存在的“概算严重超支”问题	合理风险分担的思想	风险分配是指将那些未来可能会带来损失或收益的项目责任，在项目的不同利益主体之间进行合理界定和划分的过程。只有将各类风险分配给最有能力管理的一方，使项目参与方各尽所能，才能达到风险管理总体效果的最优	“静态控制、动态管理”，即将影响工程投资变化的各种风险划分为静态投资变化内容和动态投资变化内容，分别由项目法人和国家承担	三峡工程经验总结的研究报告，专著正在出版中
苏通大桥	解决大型工程建设管理的“显性”复杂性和“隐性”复杂性带来的集成管理问题	大型工程综合集成管理	对大型工程建设管理给出了工程建设管理的程序化管理、系统管理和复杂性管理三层体系，以我国系统科学家提出的综合集成方法论为指导，结合工程实践，首次提出了综合集成管理理论体系，该体系包括内涵、基本原理、基本职能和关键技术四个方面，实现了方法论到方法的转化	将大型工程的组织、复杂性决策、技术创新管理、现场综合控制、工程文化及综合审计六个方面成功融合，为我国大型工程建设管理提供了新的理论与方法	《大型工程综合集成管理——苏通大桥工程管理理论探索》《苏通大桥工程管理实践与基本经验》《苏通大桥工程系统分析与管理体系》
天津站综合交通枢纽	确保运营导向满足公众利益实现社会效益	设计—建设—运营集成管理创新模式	设计—建设—运营集成管理创新模式即提供了一套基于生命周期成本(LCC)和公共安全理念等理论指导的枢纽管理集成设计方案，该方案最大程度地满足了天津站枢纽工程的核心利益相关者利益诉求，从而从设计的角度保障了整个项目的顺利建设，实现了枢纽建设的价值	基于利益相关者，全生命周期等理论将建设、运营信息集成于设计阶段，实现设计—建设—运营无缝联接	进行中

第二章　天津站综合交通枢纽建设理论指导

为更好地使天津站综合交通枢纽工程"设计—建设—运营集成管理创新模式"在整个枢纽工程中得以贯彻体现,必须配以相应的理论指导,使集成创新模式应用在天津站的设计建设中。结合天津站技术复杂、投资巨大、建设周期长、参与方多、社会效益巨大等一系列特点,本研究基于集成管理创新模式分析,从五个角度提出相应理论,对天津站综合交通枢纽的建设进行指导。

- 枢纽价值实现角度——利益相关者理论
- 枢纽全生命周期安全角度——安全优先理念
- 枢纽全生命周期管理角度——特殊运营公司(SPC-Special Purpose Company)构建理念
- 枢纽设计—建设—运营接口集成角度——接口管理理论
- 枢纽总成本控制角度——全生命周期成本理论(LCC-Life Circle Cost)

2.1　基于利益相关者理论实现枢纽建设价值

项目管理成功关注的是项目控制目标的实现程度;项目成功关注的是整个项目价值的实现。传统的基于质量、成本和时间三大控制已不能准确衡量项目的价值,基于项目利益相关者利益诉求的实现程度来衡量项目的价值,定义项目成功已成为现代项目管理一个新的研究视角,即认为项目价值的实现是以最优的资源配置、最大程度满足项目利益相关者利益诉求为基础。

2.1.1　利益相关者理论

1. 利益相关者理论简介

利益相关者(Stake Holder)术语最初出现在1708年,是"赌注"或"押金"的意思。而利益相关者理论(Stakeholder Theory)的萌芽可追溯到1932年哈佛法学院学者多德(E. Merrick Dodd)在驳斥伯利(Adolf A. Berle)时所发表的一篇论文,文中指出"公司董事必须成为真正的受托人,他们不仅要代表股东的利益,而且要代表其他利益主体,如员工、消费者,特别是社区整体利益"。1963年由斯坦福研究所(SRI,Stanford Research Institute)将利益相关者作为一个明确的理论概念正式提出。而利益相关者观点形成一个独立的理论分支则得益于瑞安曼

(Eric Rhenman)和安索夫(H. Igor Ansoff)的开创性研究,经弗里曼(Freeman)、布莱尔(Blair)、多纳德逊(Donaldson)、米切尔(Mitchell)、克拉克森(Clarksen)等学者的共同努力,使利益相关者理论形成了比较完善的理论框架,并在实际应用中取得了很好的效果,自此利益相关者理论开始引人关注。

关于利益相关者至今仍没有统一的界定,通常认为能够影响组织活动或组织活动结果将会影响到的个人或群体即组织或项目的利益相关者。

2. 利益相关者理论分析流程

关注项目利益相关者,使利益相关者分析融入项目全生命周期内各个阶段,可以使项目获得良好的长期收益,实现其建设价值。利益相关者理论分析流程如图 2-1 所示。

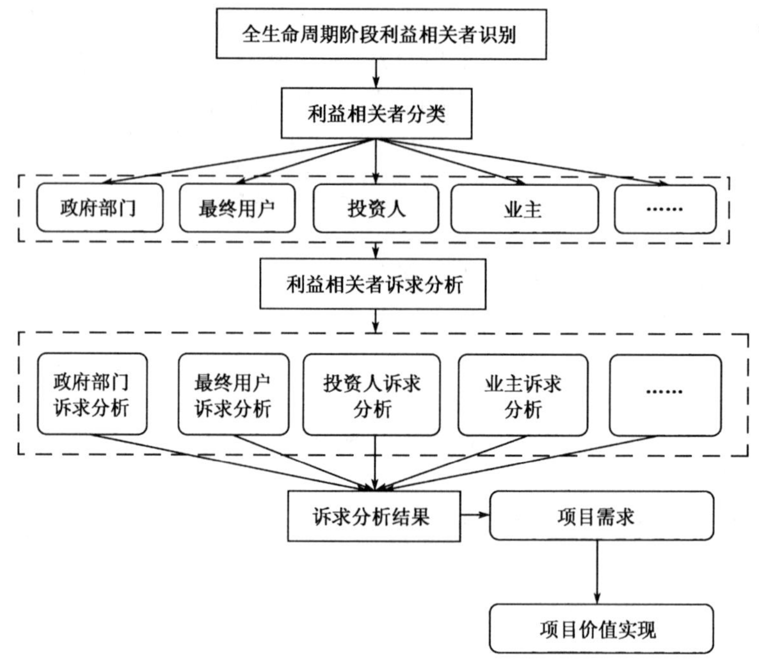

图 2-1 利益相关者理论分析流程

1)项目全生命周期阶段利益相关者识别

由于项目建设过程涉及的利益相关者范围广大,周期较长,变化频繁,为了准确确定项目整个生命周期内所涉及的主要利益相关者,可依据项目全生命周期阶段的划分,确定出每个阶段内的主要利益相关者。据我国建设项目建设实施管理的实际情况,可以将项目的全生命周期详细划分为:项目决策阶段、项目设计阶段、招投标阶段、项目实施阶段、运营维护阶段。各阶段利益相关者识别如下。

(1)决策阶段

项目决策阶段是项目全生命周期的起始阶段,项目决策结果的科学与准确对项目后续建设过程的影响最大。其涉及的主要利益相关者包括:运营单位、周边工商企业、社会公众。

(2)设计阶段

通常情况下的建设项目主要包括方案设计、初步设计和施工图设计三个阶段。其涉及的主要利益相关者有:设计单位、建设单位、咨询单位、勘察单位、政府相关管理部门。

(3)招投标阶段

招投标是项目的交易过程。招标过程主要是项目承发包双方在双方都认可的工程价款的基础上达成工程建设承包合同。在这个过程中涉及的主要利益相关者有:建设单位、施工单位、政府相关管理部门。

(4)项目实施阶段

项目实施阶段主要是指项目的施工阶段和竣工验收阶段工作。主要利益相关者包括建设单位、监理单位、设计单位、施工单位。

(5)运营维护阶段

运营维护阶段是项目建成以后使用功能正常发挥的阶段,也是其项目价值充分体现的过程。其主要利益相关者包括:相关投资人、运营管理单位、社会公众。

2)利益相关者分类

不同的利益相关者对组织活动的影响力或受组织活动的结果的影响程度是不同的,因此需要对利益相关者进行分类识别以实施不同的管理策略,有针对性地运用组织资源去应对不同的利益相关者的需求,这对于组织目标的实现和组织绩效的改善都是至关重要的。已有的相关文献中对利益相关者的分类可用表 2-1 简单概述。

利益相关者的几种分类方式比较　　表 2-1

分类学者	分类标准	分类结果
Charkham (1992)	与企业是否存在交易性合同关系	契约型利益相关者(Contractual Stakeholders),包括股东、雇员、顾客等; 公众型利益相关者(Community Stakeholders),包括政府、媒体、社区等
Clarkson (1995)	与企业联系的紧密程度	主要利益相关者,若没有,企业将无法生存,如股东、雇员、供应商等; 次要利益相关者,间接影响企业动作或受间接影响,如媒体等
Wheeler (1998)	社会维度的紧密型差别	一级社会利益相关者,指与企业直接相关,如顾客、投资者、雇员、供应商等; 二级社会利益相关者,与企业有间接关系,如居民、相关团体等; 一级非社会利益相关者,对企业有直接关系但不与具体的人发生联系,如自然环境、人类后代等; 二级非社会利益相关者,对企业有间接关系同时也不与人相联系,如人类物种等
Carroll (1996)	①与公司关系的正式性	直接利益相关者,由于契约和其他法律承认的利益而能直接提出索取权的人或团体,是优先考虑的对象; 间接利益相关者,基于非正式关系的利益团体,对公司的影响是次要的
	②对企业存在的影响程度	核心利益相关者,指对企业存在生死攸关的人或团体; 战略利益相关者,指企业面对特定威胁或机会时才显得重要的人或团体; 环境利益相关者,指企业存在的外部环境
Mitchell & Wood (1997)	三个维度:影响力(Power)、合法性(Legitimacy)、紧迫性(Urgency)	必须至少满足其中一条即可成为企业的利益相关者,其中: ①潜在的利益相关者,即仅具备其中一个维度条件; ②预期型利益相关者,即具备其中两个维度条件; ③确定型利益相关者,即同时具有三个维度条件

国内学者借鉴国外学者分析思路，从利益相关者的主动性、利益相关者的重要性和利益相关者要求的紧急性三个维度对所识别出的利益相关者进行分类，以评分的方法将项目利益相关者分为核心利益相关者、蛰伏利益相关者、边缘利益相关者，见图2-2。

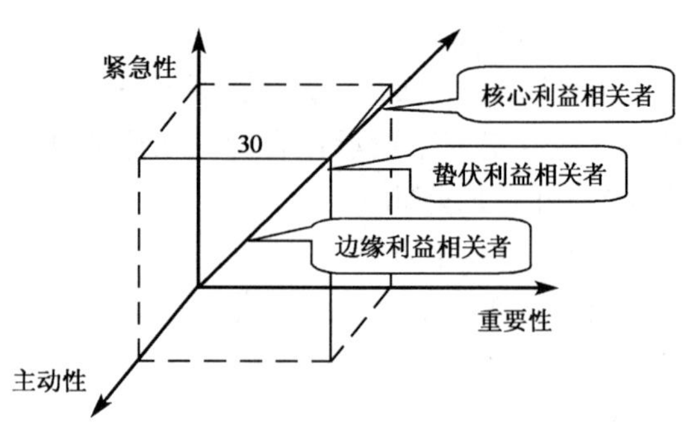

图2-2　利益相关者分类图

(1)核心利益相关者是项目不可或缺的群体，与项目有紧密地利害关系；

(2)蛰伏利益相关者往往已经与项目形成了较为密切的关系，所付出的专用性投资实际上使得他们承担着一定的风险；

(3)边缘利益相关者往往被动地受到项目的影响，他们的重要性程度很低，其实现利益要求的紧迫性也不强。

3)利益相关者诉求分析

根据利益相关者的分析和分类结果，依据规定的分析流程确定项目利益相关者的诉求。诉求分析的主要工作目的是确定利益相关者对项目的诉求内容。

(1)理解利益相关者诉求阶段

理解利益相关者诉求阶段主要从项目的利益相关者中获取信息，以便理解利益相关者的真实诉求，同时使得项目团队成员更加清晰地理解项目。

(2)诉求定义阶段

在诉求定义阶段，主要目的是统一项目团队对项目诉求的认识，对所有收集到的利益相关者诉求进行分析。

(3)诉求范围管理阶段

在完成诉求定义阶段后，转入诉求范围管理阶段。在本阶段要确定项目诉求实现的优先级；定义出代表核心功能的诉求集；并对项目诉求属性进行定义和跟踪。

(4)诉求改进阶段

完成诉求范围管理阶段后，需对项目诉求进行改进。在本阶段将进一步对项目诉求进行补充和约束；并结合项目实际实施情况，详细说明项目诉求的补充规约。

2.1.2　利益相关者理论应用

在国际上，利益相关者理论(Stake Holder Theory)已成为非常流行的分析工具，该理念及其方法对于扶贫研究、可持续生计问题、社区资源管理和冲突管理等有重要意义。从1993年，它已成为世界银行参与研究方法的一部分。世界银行、亚洲开发银行等国际组机构、发展组织对其贷款项目的评价指南中明确规定，项目决策时必须进行项目利益相关者分析，并具体规定了一系列的利益相关者分析的指导原则。近年来，利益相关者分析伴随发展理念的转变得到了很大的改变，广泛应用于项目规划、设计、快速农村评估(BBA)等方面，在项目筛选阶段，完整的利益相关者分析是很有必要的。投资项目的利益相关者分析是投资项目社会评价、经济评价和环境评价的重要方法。

在国内，利益相关者理论重在企业治理方面的研究，对于利益相关者视角分析投资项目还处于初始阶段。国内将利益相关者理论应用于投资项目的，多数为国内重大项目如南水北调工程等和世界银行贷款项目、亚洲开发银行贷款项目社会评价研究。2001 年底国家计委曾正式发文，推荐使用《投资项目可行性研究指南》中提出了投资项目利益相关者分析。

作为大型基础设施项目的天津站综合交通枢纽，同样应以利益相关者理论为指导实现其建设价值。

（1）天津站综合交通枢纽工程项目的内部结构及外部环境复杂，项目实施期间影响因素多、项目管理难度大、风险高，仅仅依赖传统的项目质量、进度、成本“三大控制”工具以及其他技术，难以对各种关系错综复杂的大型建设项目进行有效的控制与协调，单纯的技术管理远远不能实现项目目标的完整期望。因此，需要通过利益相关者分析来对其实施管理，做到最大程度上满足项目利益相关者的诉求，实现项目建设价值。

（2）天津站综合交通枢纽项目的价值认定及其全生命周期成本（LCC）目标，应该基于利益相关者理论。只有在项目利益相关者理论分析基础之上的全生命周期成本（LCC）管理才能全面地考虑项目全生命周期成本，真正实现天津站枢纽的建设价值最大化并使其成为国内最成功综合交通枢纽之一。

2.2　基于公共安全优先理念确保枢纽整体安全

当前我国铁路线网建设正处于一个鼎盛时期，在铁道部制定的《综合交通网中长期发展规划》中预计，到 2020 年，我国铁路营业里程将达到 10 万 km，见图 2-3。

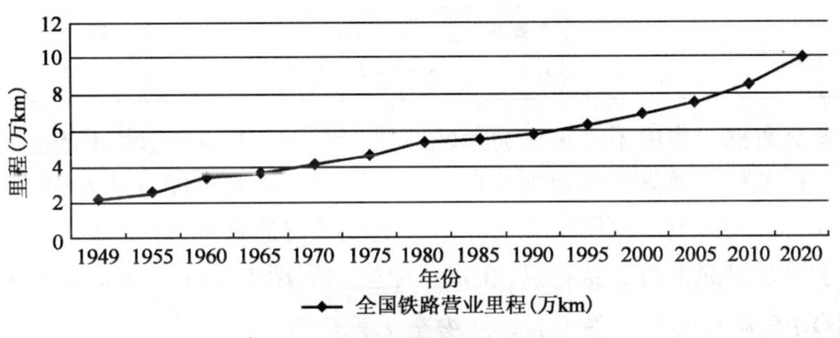

图 2-3　我国铁路线网发展规划

在铁路建设网络化过程中必然会造就一大批综合交通枢纽的建设。城市综合交通枢纽也将进入一个加速建设期。在我国的“十一五”规划纲要中，铁道部计划修建 548 座新客站，其中包括六大枢纽性客运中心和十大区域性客运中心。目前国内各城市正在规划、实施建设的城市综合交通枢纽工程（A 级）已有数十个，投资额度接近千亿元，这标志着我国进入了综合交通枢纽大规模建设阶段。

从城市整体规划角度，城市综合交通枢纽的发展已成为关乎城市建设与社会经济发展新的增长极，城市战略发展部署对城市综合交通枢纽发展定位和综合交通枢纽自身可持续发展要求早已突破单一的交通功能，建设者必须从公共安全优先发展战略角度出发审视综合交通枢纽的作用。

2.2.1 综合交通枢纽项目贯彻安全优先理念的必要性

1. 综合交通枢纽自身特点要求其树立安全优先理念

综合交通枢纽是一个开放系统，它以交通系统为外部环境，同时又以其所依托的城市或地区系统为其外部环境，综合交通枢纽与其所在的城市或地区有着紧密而复杂的联系，枢纽安全运营对城市公共安全影响重大。

第一，综合交通枢纽包含运转系统设施、基础体系设施、维护体系设施、安监体系设施和管理平台设施，具体包括通信系统、屏蔽门系统、AFC(自动售检票系统)、供电系统、通风空调系统、给排水系统、电扶梯/步行梯系统等几十种专业设备系统。这些子系统构成了交通枢纽庞大的设备系统，子系统与子系统之间有着相互连锁、相互制约、互为启闭的关系，有极高的关联度。某子系统的故障会迅速影响和波及到其他子系统，形成连锁反应，进而影响整个系统的正常功能。

第二，综合交通枢纽对客流的转移和疏散具有很强的集聚功能，因此，综合交通枢纽这样一个大量人流、物流聚集的地方一旦发生灾害，势必对乘客的人身安全和财产造成严重损害。表 2-2 为世界部分轨道交通发生灾害所造成的损失。

世界部分轨道交通发生灾害造成的损失　　表 2-2

时　间	灾害发生状况	伤亡情况
2004 年 2 月	俄罗斯莫斯科地铁发生恐怖袭击	40 人死亡，100 多人受伤
2003 年 2 月	韩国大邱市中央路地铁车站因纵火造成火灾	196 人死亡、147 人受伤
2001 年 12 月	中国上海发生大客流拥挤踩踏事件	1 人死亡
1995 年 3 月	日本东京地铁发生沙林毒气袭击	12 人死亡，5000 多人受伤
1987 年	英国伦敦皇十字街地铁由于电器故障发生火灾	31 人死亡，100 多人受伤

第三，综合交通枢纽集中了多种交通运输方式，包括航空、铁路、轨道交通、公交车、社会车辆和出租车等，是多种交通方式的换乘节点，一旦发生灾害，若不能及时处理，各交通方式之间将引起连锁反应，进而影响枢纽所依托的城市或地区的交通系统，危及公共安全。

因此，基于综合交通枢纽自身特点，在枢纽全生命周期内必须贯彻安全优先理念。

2. 城市 TOD 发展战略模式要求其树立安全优先理念

TOD(Transit-Oriented Development)是指“以公共交通为导向的发展模式”，是一种城市土地开发的模式。这个概念最早在 1993 年由美国建筑设计师哈里森·弗雷克提出。TOD 模式是以发展公共交通枢纽(尤其是综合交通枢纽)为主要思想，通过对周边区域的公共设施的配置，建立站点的中心广场或城市广场，集商业、办公、文娱等多种功能于广场附近，多种功能相结合，进而提升枢纽区域乃至城市整体价值。随着 20 世纪末 TOD 模式的引进，我国部分城市枢纽规划开始结合到 TOD 模式的运用，例如上海、广州等城市的部分综合交通枢纽的 TOD 模式规划。

从 TOD 保障公共安全功能设计角度，TOD 将使用者、居民和服务人员等安排在一个紧凑的区域，周边公共设施密集，关联效应明显，需要一个能够保障长久的公共安全的稳定的活动环境。因此，从城市 TOD 发展模式出发，枢纽设计—建设—运营全过程需要引入公共安全为支撑理念。

综上所述，基于公共安全优先的城市综合交通枢纽发展框架如图2-4所示。

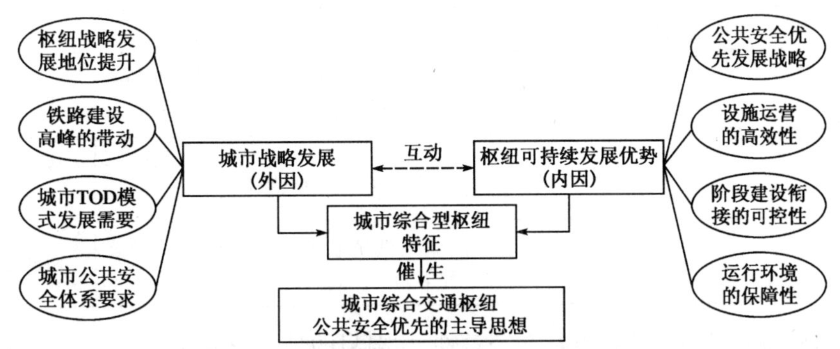

图2-4　基于公共安全优先的城市综合交通枢纽发展框架

2.2.2　天津站枢纽全过程安全优先理念的贯彻实施

作为重点建设项目，天津站综合交通枢纽在天津市"十一五"规划建设中起着举足轻重的作用。作为天津市对外交通的窗口和城市内部交通网中重要的大型换乘枢纽，天津站对天津市的城市发展影响巨大。

结合上述分析，作为天津市公共安全环节中的重要一环，天津站综合交通枢纽项目必须对其建设运营安全进行重点深入研究，在天津站枢纽建设全生命周期内树立安全优先理念。在项目设计阶段即贯彻公共安全优先理念，并一直贯穿整个项目的建设、运营阶段，采用专业的设计技术，运用适当的安全管理方法，确保天津站综合交通枢纽在其全生命周期内实现安全建设、可靠运营。

2.3　基于运营管理公司（SPC）的组建保证枢纽全过程集成管理

综合交通枢纽工程除技术复杂，投资巨大以外，还具有多元化投资主体，多使用主体，多项目建设等鲜明特点，要获得高质量的工程建设和高效安全的运营则需要来自各方利益相关者的合作，形成一个利益共同体。而综合交通枢纽运营单位作为整个项目的运营主体，是保证项目可持续发展的关键，运营单位的有效组建可以消除项目全生命周期内各过程之间的信息障碍和项目组织责任体系中存在的"盲区"，保证枢纽工程"设计—建设—运营"全过程集成管理。

2.3.1　准经营性项目运营管理模式

1. 准经营性项目

根据政府投资项目的公共品属性，可将其分为非经营性项目与经营性项目，经营性项目又分为纯经营性项目和准经营性项目。纯经营性项目是指具有经营利润，可以通过市场进行资源配置的项目；准经营性项目有价格机制和现金流入，但无经营利润，成本无法全部收回，且有公益性特点；非经营性项目则没有价格机制和现金流入，主要产生社会效益，其资金来源以政府财政支出为主，见表2-3。

政府投资项目属性分类　　表2-3

序号	项目属性		市政、公用基础设施实例	投资主体
1	经营性项目	纯经营性项目	收费高速公路、收费桥梁、废弃物的高收益资源利用厂等	全社会投资者
		准经营性项目	煤气、地铁、轻轨、自来水	政府适当补助，吸收各方投资
2	非经营性项目		敞开式城市道路等收费不到位的公路等	政府投资

综合交通枢纽项目由于其具有社会公益性，主要目的是为服务社会大众，同时也具有一定的价格机制、现金流入机制以及相应的竞争机制。所以综合交通枢纽的项目属性定义为准经营性项目。

准经营性项目投资巨大，建设周期长，社会效益巨大，同时又具有准经营性公共品的特点，拥有相应的价格机制，有一定收入来源。这些特点使得此类项目的运营管理模式出现了“由政府组织、多元化投资、专业化经营”的特点。

2. 国外准经营性项目运营管理模式

以准经营性项目城市轨道交通为例，分析国外城市轨道交通枢纽的运营管理模式。国外城市轨道交通枢纽的运营管理模式总体上可分为欧美模式和东南亚模式，见表2-4。欧美发达国家大部分采用了国家所有、国家垄断经营的模式，其主要原因在于以下两方面：第一，欧美发达国家的城市轨道交通作为公共交通的一部分，它是作为公众福利设施的重要部分，在票价上有很大福利性质，因此其运营管理都是由政府直属部门来实施的。如果采用企业进行运营管理，则是通过政府财政补贴来维持运营。第二，欧美发达国家一般客流量都无法满足轨道交通企业的盈利，因此一般由政府承担建设和运营管理。

国外轨道交通枢纽工程运营管理模式比较　　表2-4

项目/模式	城市	资金来源	运营主体	优点	缺点	适用条件
政府建设/政府垄断经营	伦敦 纽约 巴黎	中央和地方各级政府拨款及政府补贴	当地政府下属企业直接运营管理	①体现轨道交通的福利性； ②政府直接控制轨道交通票价	①无市场竞争、效率低； ②政府财政压力大	客流量小，经济能力强，着重体现福利性，可在轨道交通建设初期采用此模式，体现政府支持
政府建设/政府有竞争经营	汉城	各级政府拨款、发行公司债券	多家国有公司进行竞争性经营	①体现轨道交通福利性； ②同时竞争的存在有助于提高服务水平	政府直接控制下的管理模式，政府干预过多，可能存在效率低下等问题	有一定客流量，可以通过一定财政补贴实现盈利

续上表

项目/模式	城市	资金来源	运营主体	优　　点	缺　　点	适用条件
政府投资/私人运营	新加坡	政府承担建设费用，拥有项目资产所有权，同时制定运营水平指标和运输规则	商业化上市公司运营，政府只作为股东，不干涉运营收入	把市场机制引入轨道交通的运营管理，既有竞争又可以实现市场化的盈利，政府财政压力小	不能很好地反映轨道交通的福利性	市场化程度较高，市场环境和市场机制较好，客流量较大
公私合作建设与运营	东京	政府拨款、商业贷款、民间投资、交通债券等多元化融资	私人公司进行运营管理，但政府保留对运营公司高层领导的任免权	同时体现福利性和商业性	产权难以分清，利益分配复杂，内部矛盾多	有很大的客流量，混合经济较多，投融资渠道通畅
私人建设/私人运营	曼谷	完全私人投资	私人公司运营管理	①政府完全没有风险和财政压力； ②充分激发私人投资者，严格控制运营成本	在票价和路线安排上有较多矛盾，政府难以保证轨道交通公共福利事业的本质	客流量大，政府财政很弱

东南亚模式中各国多采用公司混合模式，借助私人资本和多元融资渠道获得资金进行城市轨道交通枢纽工程的建设和运营。由于东南亚各国人口众多，有客流量的保障，给城市轨道交通企业的盈利提供了前提，也给私人企业参与城市轨道交通的运营提供了可能。

(1)从运营企业与业主关系来看，由原来的政府自行运营转向委托企业经营，甚至企业特许权经营；

(2)从经营方式上来看，轨道交通枢纽运营从单一的客运运输换乘服务转向多元化经营，如土地开发与轨道交通枢纽一体化经营，枢纽内及周边商业经营等。

(3)从投资主体和运营企业来讲，轨道交通由原来政府单一投资转向多元化投资，轨道交通枢纽的运营，由政府管理转向企业管理。

3. 国内准经营性项目运营管理模式

国内准经营性项目城市轨道交通运营管理模式大致可以分为三种：政府直接管理模式、完全集中式管理模式和分级集中式管理模式，见表2-5。

国内轨道交通枢纽工程建设运营管理模式比较　　表2-5

管理模式	代表城市	特　　点	建设管理模式
政府直接管理模式	北京	北京市政府为出资者，下设地铁集团有限公司，集团下设地铁建设管理公司和地铁运营管理公司	政府投资，建管合一
完全集中式管理模式	广州	①多利益相关者； ②建设为运营，运营为经营，经营为效益的理念	统一运营，集中管理
分级集中式管理模式	上海	①多元化投资主体； ②多家运营管理主体	投资、建设、运营、监管专业化四分开运营管理模式；战略规划、发展、协调和一些需要资源共享的工作以公司为主；操作、执行、绩效以分公司为主

综上所述，城市交通枢纽的管理体制可以分为“一体化集中建设运营管理”或“专业化四分开运营管理”两种，目前我国城市交通枢纽的建设和运营管理体制正在努力摆脱以往单独依靠政府投资的单一投资方式，逐渐向政府主导、多元化运作、多渠道筹资的方向迈进。但是具体选择哪种模式，还需要具体情况具体分析，关键是看投资建设运营模式的制度绩效是否适合本区域内的城市交通枢纽技术经济特点。

一元纵向一体化对应于传统的政府投资模式，适应于国有独资公司对城市轨道交通网络全生命周期管理业务的自然垄断经营体制，例如广州地铁总公司。这种模式没有解决项目不同环节的制约和监管，削弱了对工程效率的比较、分析、选择和控制。

一元投资纵向四分开模式源于以提高系统效率为主要驱动力的自然垄断产业轨制改革的经典模型，该模式主要存在于国际上成熟的城市交通枢纽；在中国，一元投资纵向四分开模式仅限于当前正处在超常规发展时期的上海轨道交通业。实践证明，由于管理的责任、权力主体缺位，四分开模式无法满足项目全寿命周期集成管理的技术经济特性，主要表现为枢纽工程建设的投资、进度、质量目标与运营的成本、接收、功能目标脱节，全寿命周期不同阶段生成的信息不能共享，导致枢纽建设和运营成本同时上升。这种模式的最大弊端是没有解决责任主体对工程项目全系统管理的完整性和全过程管理的一致性，削弱了建设、使用、资源利用的内在联系。

在“轨网”单线—网络前期阶段，一元投资纵向一体化管理模式的层级制特征能很好满足轨道交通枢纽项目的自然垄断属性，具备对项目全寿命周期集成化管理的组织条件，即在网络发展前期“一元投资/纵向一体化”模式的平均成本较低，更应该选择该种模式。但是在网络化成熟阶段，枢纽项目已处于常规运营状态，技术难度、不确定性下降，该模式的自然垄断性会阻碍产业的进一步发展，一体化模式应该向“四分开”模式转变，可参见图 2-5。

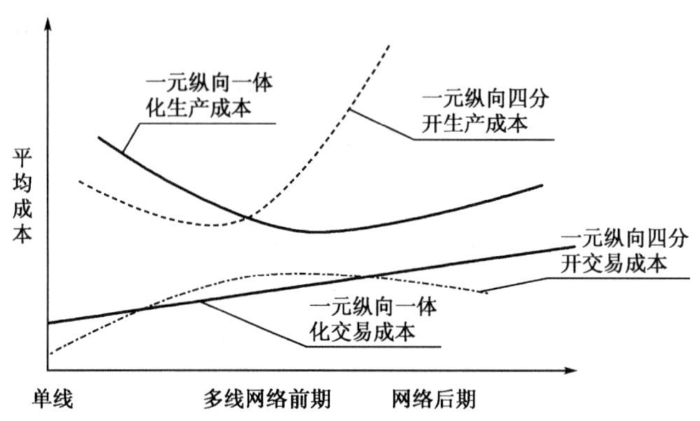

图 2-5 轨道交通项目两种投资/组织模式的成本曲线

所谓一元纵向一体化是指在单一投资主体下从项目建设生命周期的角度进行集成管理，所谓四分开则是“投、建、管、用”四分开。在轨道交通项目建设的单线建设时期，采用一元纵向四分开模式是可行的，在线网初期采用一元纵向一体化则平均成本较低，到了网络成熟阶段，又可以采用纵向四分开的模式。

天津站交通枢纽项目是具有线网特征的项目群，是在天津市城市轨道交通网络这个大背景下的网络节点，其建设和运营均受制于天津市城市轨道交通网络的整体建设和运营模式，目前天津市城市轨网正处于网络化初期，因此，适合采用一元纵向一体化模式，并且采取基于信息流集成的“早期价值管理”实现项目全生命周期内的管理集成。

因此，天津站交通枢纽应成立SPC（Special Purpose Company），该公司作为天津站交通枢纽的运营管理主体，不单单只负责天津站交通枢纽的运营管理，而是通过信息向前集成，从决策设计阶段开始全过程参与天津站交通枢纽的建设，从而实现天津站交通枢纽的“设计—建设—运营集成”管理，实现全生命周期成本最低（Min LCC），进而使天津站交通枢纽获得可持续发展的优势。

2.3.2 天津站综合交通枢纽运营管理公司（SPC）组建

按照准经营性项目的定义，天津站综合交通枢纽项目属于典型的准经营性项目，这就决定了该枢纽项目要服务于社会公众，具有公益性，因而天津站交通枢纽的建设和运营要考虑其社会公益性，考虑其建设和运营状况对天津市的经济和社会的影响；另一方面，天津站交通枢纽工程项目这种准经营性公共项目也具有收费性和竞争性，可以采用私人融资建设的方式，从而实现投资主体多元化、建筑承发包市场化和运营管理专业化，解决建设投资和运营成本双高的弊端。

因此，考虑到天津站的巨大客流量，以及项目、线路网络化特性，基于准经营性项目的管理和收益特点，需要建立一个由多元投资主体结成的利益共同体，确定其主体地位，满足项目利益相关者的利益诉求，这个利益共同体称为特殊目的公司（SPC-Special Purpose Company），在本研究中称为运营管理公司。该组织实体全过程参与和介入项目的设计、建设和运营各阶段，在全生命周期管理的视角下，实行“设计—建设—运营集成管理”，这样就能够统一负责枢纽运营盈利机制、多元投资主体和多使用主体情况下枢纽设备系统的管理和维护等问题，实现对整个项目的运营实施全面的监控和管理，从而确保公共安全，降低全生命周期成本（LCC），实现枢纽的可持续发展。

2.4 基于接口管理理论实现枢纽接口集成管理

综合交通枢纽建设中子项工程和设备系统众多，具有多元投资主体下的多线路轨道交通运行的特点，各项目和系统贯穿于多个不同投资主体共同投资的区域，各子项工程、各设备系统的设计则由多家设计单位承担。综合交通枢纽各系统间存在大量接口，为保证综合交通枢纽整体的可靠性运行，接口两侧的系统必须相互依存、协调运行并且紧密配合。因此，枢纽接口设计是整个枢纽工程能否顺利建设、高效运营的关键，其研究至关重要。

2.4.1 接口管理理论研究

1. 国外接口管理的研究现状

接口（Interface，也翻译成“界面”）的概念较早出现在计算机行业，通常指计算机硬件之间为了相互传输数据而建立的传送标准、连接设备及通信协议，或指计算机软件系统之间进行数据交换的标准程序或协议数据格式。

接口管理的研究开始于部门结构化带来的信息阻断、失真。1978年，Souder和Chakrabarti

在题为“The R&D/Marketing Interface: Results from an Empirical Study of Innovation Projects”的文章中首次使用了接口管理的概念。进入20世纪80年代,国外关于接口管理的文献逐渐增多。在20世纪末,随着系统理论和集成整合思想的普遍兴起,以及计算机网络技术的普及,将企业作为一个整体,以整合增效为目标的集成化管理思想逐渐占据了主导地位,接口管理的研究视野也开始逐渐扩大。随着组织理论和项目管理理论的发展,人们开始将接口的理论应用于项目管理和建筑领域当中。

Morris(1983)在《管理项目界面》一文中比较全面地介绍了项目接口管理。他认为项目是一个开放的社会系统,项目由许多相互作用的子系统构成,这些子系统之间的相互作用以及项目与外部环境的交互作用构成了项目的接口系统,通过接口控制能够实现项目整体集成。

France(1993)认为,组织在项目设计、生产、施工过程之间的相互协作,接口管理在很多领域都是必须的,包括技术设计、总体详细设计、采购、计划和材料设备供应等。识别和管理这些接口对项目的成功具有十分重要的意义。在项目实施过程中,如果不能正确地识别接口的存在,可能导致很多问题的产生,最终促使成本增加。

也有较多文献从组织接口研究了建设项目中参与方之间的接口关系,包括建设方与承包商之间、设计方与承包方之间、承包方和分包商之间、建设方与保养承办商之间的接口关系。

Al-Hammad于2000年更进一步探讨了多方接口问题。他认为项目相关的参与方之间出现接口问题将会对项目的完成与质量产生负面影响。他通过在建设方、设计方、总承包商、分包商等各方之间进行问卷调查的方法,将各组织方接口问题分为四个类别:财务问题、不适当的合同和规范、环境问题以及其他问题。同时还分析了这四类问题的严重程度与各参与方的联系程度。

Chua和Godinot(2006)提出了将WBS矩阵方法应用到建筑业中以改善工程项目中的接口管理方法。

2. 国内接口管理的研究现状

国内接口管理研究大概开始于20世纪90年代初,当时主要的研究者有许庆瑞和官建成等人。

1995年官建成和靳平安在《企业经济学中的接口管理》中提出了接口管理的三个层次,并初步分析了R&D与生产部门的接口管理问题和R&D与市场营销部门的接口管理问题。

郭斌、陈劲、许庆瑞(1998)较为系统地研究了接口及其管理问题,总结了接口矛盾的主要成因。

官建成、张华胜、高柏杨(1999)从集成角度考察接口问题时认为,要达到较好的信息沟通效果需要有一套体制加以保证,其中两个最突出的因素是企业高层领导对各部门沟通理解和交流的重视和技术创新带来的利润是否能合理分配以达到激励目的。

1)项目管理领域接口管理研究

随着项目管理的推行,工程项目建设过程中存在的各种接口的关注得到重视。在项目管理领域众多专业学者开始涉及这方面的研究。

刘玉柱(1998)把接口管理引入建设项目管理,并把建设项目接口划分为动接口和静接口,提出了建设项目接口管理的管理方法。

2004年,程兰燕和丁烈云首次从建设项目的角度研究了合同接口管理的问题。通过两种典型管理模式下合同接口的分析与比较，提出了在合同订立前后合同接口管理方法以及应该注意的问题，以及接口管理工作应贯穿于项目的全过程。

姜保平、傅道春(2005)将建设项目的接口管理分为：实体的、合同的、组织的三类接口，并分别进行了分析，提出首先需要明确项目接口管理的必要性，特别是在技术设计、总体设计、工程承发包模式的选择、采购、项目移交等工作中要对接口投入更多的关注。

阎长俊、李雪莹(2005)提出了在项目的生命周期中建设项目的接口。通过多角度对大型建设项目的设计接口进行分析，学者们提出了设计接口划分的原则，从管理模式选择、管理组织架构及管理程序运作三个方面提出了设计接口的控制方法。

姜保平、陈仕中、傅道春(2006)分析了接口对工程造价的影响和接口管理方法，对常见管理模式下的接口对工程造价的影响进行了详细论述，提出了有效控制工程造价的接口管理方法，并且探讨了信息技术在项目接口造价管理中的应用。

苏康和张星(2006)提出基于全寿命周期的建设项目接口管理，分析了决策阶段、实施阶段、使用及运营阶段所存在的项目接口，并根据分析建立了全寿命周期的接口质量、费用、时间和环境四个方面的目标管理体系。

2)轨道交通接口管理研究

国内众多学者对工程系统中存在的各种具体接口进行了范围广泛的讨论。在城市轨道交通领域，众多接口问题得到了系统的总结和研究，主要分两大类，技术接口和管理接口。

(1)技术接口研究

李海川、孙宁(2003)阐述了城轨交通工程中车辆与信号系统的接口技术问题，分析了车辆—信号系统在建设期各阶段接口任务的生成原因，总结了解决接口技术问题的基本方法，并提出整个接口管理工作应贯彻“系统管理，预防为先”的原则，以防止和减少发生接口问题为总目标。

董向阳(2003)提出了广义技术接口定义，并通过技术接口在地铁建设各个阶段的具体内容介绍了接口矩阵表和接口说明表。

刘永谦(2006)结合地铁消防控制流程的特点，对地铁 FAS、BAS 系统的设计进行分析，提出了 FAS 与 BAS 的集成方案，结果表明系统运行在安全、运营方面效率都得到提高，在投资成本上得以减少。

赵勤、左均超、蔡登明等人(2007)从供电系统出发，介绍了城市轨道交通工程中的接口管理。

杨立新、毕湘利(2009)结合工程实际应用中典型接口问题的实例分析，研究城市轨道交通系统总体技术接口问题及接口管理和协调方法。提出在接口管理和协调过程中，应对策划、控制、落实三个方面进行管理，并且通过协调来保证各子系统的匹配。

(2)管理接口研究

孙宁(2001)指出，随着地铁弱电系统计算机集成程度的不断提高，以及计算机接口管理方法的引入，我国城市轨道交通(地铁)建设过程中逐步奠定了接口管理的雏形。并从接口的分类、管理与组织等角度较系统地讨论了工程接口问题。同时分析总结了我国地铁工程接口管理的经验及其方法的发展所经历的三个阶段，即以计划经济为主的工程接口管理，设备引进为主的工程接口(土建/设备)管理以及计算机系统集成的接口管理。

丁淮生(2003)指出地铁接口管理模式,建立接口集成模拟和管理程序,确保接口管理工作的实施。

程振廷(2003)对城市轨道交通(地铁)接口体系进行了分析,并讨论了各类接口的任务和接口风险及防范措施,提出了接口管理信息化的具体意见。

朱启超、陈英武、匡兴华(2005)从系统理论和组织理论的角度研究接口管理,提出了接口风险和接口风险管理的概念,从时间维、要素维和关系维三个维度描述项目所有接口管理活动,分析了项目接口风险类型及其特征,建立了项目接口风险动态评估与管理的模型。

张勇(2007)从轨道交通通信总承包的角度将接口管理工作分为外部接口和内部接口,并提出应建立和完善接口文档以将繁琐的通信系统接口管理工作变为有条理且容易控制的工作。

刘仕亲和陈报生(2008)根据地铁设备工程特点和国内地铁设备工程接口管理经验,阐述了设备工程的接口管理。

周红波、马建强(2008)在分析轨道交通项目建设界面管理的基础上,提出了轨道交通项目界面管理的方法与工作流程并探讨界面组织体系及各方职责。

杨海超(2010)结合京津城际轨道交通工程,详细介绍系统集成项目的接口管理,包括接口管理的作用、分类、组织机构和管理流程,从实践角度对接口管理进行研究。

根据以上对接口管理,尤其是项目管理中接口管理的研究进行了综述和回顾,可以看出,众多学者从不同角度对接口管理进行了研究,取得了丰硕的成果,为实践工作中接口管理提供了理论依据。但经过综述也可以发现,针对城市轨道交通线路设备接口的研究更多的还是基于单线路本身,站在整个轨道交通路网层面的研究还很少。同时,以综合交通枢纽为例进行整体接口管理的研究也基本处于空白。

3)Agent 技术接口管理研究

随着 Agent 技术的发展,也出现了一些基于 Agent 技术的接口管理研究。王洪海、周祖德(2005)将设备 Agent 充当人与设备之间联系的中介,从设备 Agent 运行界面和设备远程监控与管理界面两方面研究了设备 Agent 的人机交互接口的实现技术。张蔚、庞杰、涂序彦(2006)将 Agent 技术和方法应用于人机接口,并设计了一个决策支持系统中的基于 Agent 的人机接口模型,应用 Agent 接口实现人、机器和其他设备的三位一体模型。伍少成、朱学峰、骆华(2006)将多 Agent 技术应用于通信规约接口设计研究中。Agent 技术接口研究领域更多的集中在计算机行业,项目管理中应用较少。相关研究表明,只要所从事的研究对象具有分布性或是基于网络化,都可以冠以 Agent 定义。因此基于 Agent 技术,可探索将其模块化思想注入具有网络化特征的大型交通枢纽相应的接口管理中。

2.4.2 天津站综合交通枢纽接口管理

天津站枢纽系统建设具有多投资主体、多线路交错网络化特性,各责任主体、各专业之间存在着大量接口需要理顺协调。为使各项目间的密切配合关系和所涉及的功能和要求得到充分保证,必须在设计阶段就开始研究综合交通枢纽接口管理,即需要在项目设计阶段对枢纽内各层面上的接口进行有序梳理,将建设和运营阶段的接口信息进行集成,反馈到枢纽设计阶段,这样才能够在整个天津站枢纽建设全过程中对各责任层面、各专业之间以及专业内部土建、设备之间的接口关系进行协调和管理。特别在枢纽安全优先建设理念的前提下,如果接口划分不清，必然导致接口两侧设备系统信息与能量传递不畅通，形成传递障碍点，在运营阶段导致系统监控出现盲区，责任不明，影响综合交通枢纽运行可靠性、安全性，对综合交通枢纽运行的公共安全造成威胁。

因此接口的集成管理研究在天津站综合交通枢纽“设计—建设—运营”集成管理模式整体研究中起重要作用，是完成天津站枢纽各设备系统的有机集成，是充分发挥枢纽整体运营功能、提高枢纽运营效率的关键。

2.5　基于全生命周期成本理论(LCC)降低枢纽总成本

传统意义上的成本管理仅仅集中在项目建设阶段，即控制其建设成本。随着工程管理理论的发展以及工程管理思维的扩展，项目全生命周期成本管理(LCC)已成为项目管理中不可缺少的理论工具。从某种意义上讲，项目的建设成本与运营成本之间存在着此消彼长的关系，实施全生命周期成本管理，即在充分考虑项目社会成本和环境成本的前提下，综合考虑项目整个全生命周期建设成本与运营成本之间的制约关系，取得二者之间的最佳平衡，从而实现整个项目全生命周期成本(LCC)最小。

2.5.1　全生命周期成本理论(LCC)

1. 发展概述

全生命周期成本管理(Life Cycle Costing，LCC)主要是由英、美两国的一些造价界的学者和实际工作者于19世纪70年代至80年代初提出的，后来在英国皇家特许测量师学会的直接组织和大力推动下，逐步成为较为完整的理论和方法体系。此外，RICS还与英国皇家建筑师学会(RIBA)合作，直接组织了对全生命周期成本管理的广泛而深入的研究和全面的推广，先后出版了一系列的研究著作或报告，如：

- 《全生命周期造价管理：一个能够使用的范例》
- 《建筑师全生命周期造价核算与初略设计手册》
- 《建筑全生命周期造价管理指南》

应该说，全生命周期工程成本管理在很大程度上是由英国RICS的学者们以及工料测量师们提出、创立和推广的一种全新的工程成本管理的思想理论方法。

LCC所涉及的概念，各研究者和机构(如DOD，NIST等)多有定义。比较而言，以《生命成本分析手册》(1999年版)给出的定义比较规范和完整，之后相关文献也多采用其概念或受其影响。手册中对LCC给出了如下定义。

全生命周期成本(LCC)：在一定时期内拥有、运营、维护、修理和处置建筑物或建设项目系统所发生的全部成本的贴现值总和。

2. 全生命周期成本的构成

建设项目的全生命周期成本由资金成本、环境成本以及社会成本构成。从全生命周期成本的角度来看，环境和社会成本在整个项目的生命周期内是不可忽视的重要内容。特别是对于能对环境和社会产生影响的重大项目(如大型水利项目、城市交通项目等)，必须将这类成本包括进来以进行综合决策。

1)资金成本

即经济成本,指在工程项目整个生命周期内所发生的一切可直接体现为资金耗费的投入总和。

(1)初始建造成本。

即一般项目的固定资产投资部分或工程造价。

工程造价基本构成中,包括用于购买工程项目所含各种设备的费用,用于建筑施工和安装施工的费用,用于委托工程勘察设计应支付的费用,用于购置土地所需的费用,也包括用于建设单位自身进行项目筹建和项目管理所花费的费用等,是按照确定的建设内容、建设规模、建设标准、功能要求和使用要求等全部建成并验收合格交付使用所需的全部费用。

(2)未来运营成本

工程项目未来运营成本,是指该项目建成交付使用以后,为了维持项目的正常运行和发挥项目设计使用功能而必须支付的维持运行费用。对于不同性质的工程项目运营成本会有所差别,一般会包括运营管理费、维护修理费、环境保护费、能源消耗费等。

2)环境成本

随着“绿色”、可持续发展等意识对经济活动的影响日益扩大,我国在环境保护方面每年投入大量的资金。在工程建设方面我国2003年9月1日开始实施的《中华人民共和国环境影响评价法》规定:建设项目开发建设必须编制环境影响评价文件并且得到有关审批部门的批准,环境影响评价文件包括对可能导致的环境影响进行分析、预测和评估,制定相关的环境保护措施并进行技术、经济论证,对环境影响进行经济损益分析等内容。

3)社会成本

社会成本是指工程产品从项目构思、建成投入使用直至报废不堪再用的全过程对社会的影响。这种影响可以是正面的,也可以是负面的。如某工程项目建设可以增加社会就业率,有助于社会安定,此为正面影响。另一方面,某工程项目的建设引起大规模的移民,增加社会的不安定因素,此负面为影响,将增加社会成本。

在全生命周期成本中,环境成本和社会成本都是隐性成本,他们不直接表现为量化成本,而必须借助于其他方法转化为可直接计量的成本,这就使得它们比经济成本更难以计量。但在工程建设及运行的全过程中,这类成本是始终发生的,因此应予以考虑。

2.5.2 全生命周期成本理论(LCC)在设计阶段的应用

在项目全生命周期成本的管理中,相关资料表明:在初步设计阶段,影响工程造价的可能性为75%~95%;在技术设计阶段,影响工程造价的可能性为35%~75%;在施工图设计阶段,影响工程造价的可能性为25%~35%;而到了工程实施阶段,影响工程投资的可能性已经只有5%~25%。因此可以看出在建设项目的设计阶段对项目的全生命周期成本控制至关重要。

设计主要包括三个阶段:方案设计阶段、初步设计阶段和施工图设计阶段。将基于全生命周期成本(LCC)理论的工具(可持续性设计、价值管理、可施工性设计)应用到设计的各个阶段,改善各个阶段的设计工作,更好地实现方案设计、设计方案评价和设计方案选择,形成基于全生命周期成本(LCC)理论的设计成本控制体系,控制流程如图2-6所示。

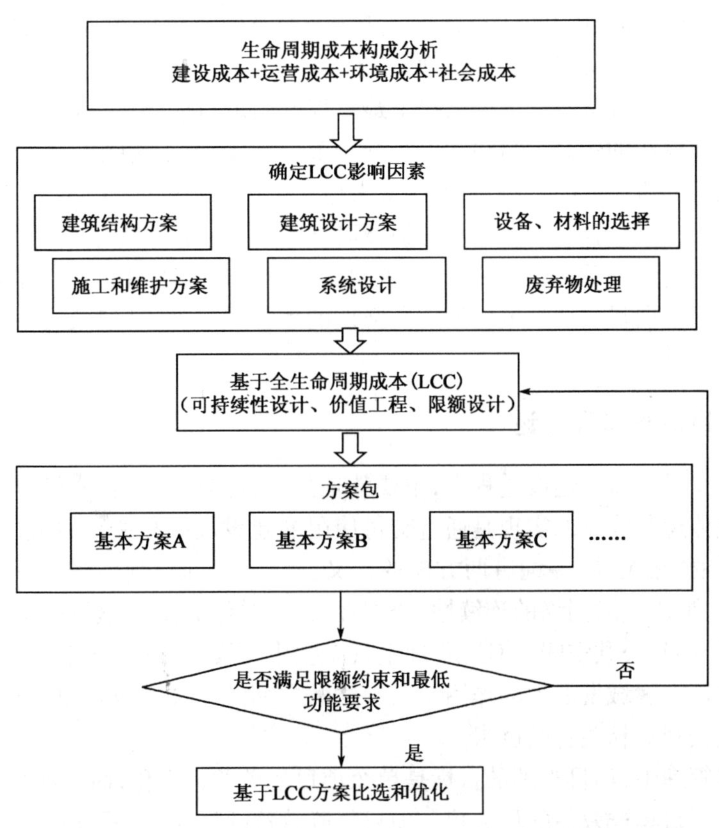

图2-6　基于全生命周期成本(LCC)设计阶段造价控制流程图

天津站综合交通枢纽作为能够产生巨大社会效益的准经营性大型枢纽项目,必须考虑项目建成后的运营费用以及相应的社会环境成本。从枢纽长期发展来看,未来运营成本远远大于其建设成本,并且前期建设成本的高低对未来运营成本高低将产生巨大影响。因此,天津站综合交通枢纽成本管理需要置于项目整个全生命周期视角下,从全生命周期成本(LCC)理论出发对项目成本进行控制。

由于设计阶段对天津站综合交通枢纽项目总造价的巨大影响,需要在天津站的设计阶段透彻分析,基于全生命周期成本(LCC)理论,运用可持续设计、价值工程和可施工性设计等工具进行方案设计、优选,最终确定设计方案。这样所确定的方案将符合整个枢纽项目建设成本和运营成本的最佳平衡,最终实现枢纽全生命周期成本(LCC)最小的目标。

2.6　基于项目集群管理理论实现枢纽集成收益

随着城市空间规模不断扩大,加之交通技术的发展,特别是轨道交通的规划建设,城市综合交通枢纽建筑规模不断扩大,交通枢纽建筑单体的概念日渐模糊。在用地开发上趋向交通建筑引导下的建筑集群的联合开发,在功能组织上表现为复合化的功能组群,在空间布局上趋向交通空间最大限度的立体综合开发,在交通组织上趋向各个层面的交通换乘以及建筑内部空间与城市地上、地面、地下三个层次交通的贯通和有机串联。综合交通枢纽不但是城市交通方式之间换乘的枢纽空间、中介空间,而且逐渐成为城市的交流界面、城市的节点。交通建筑与城市公共空间的一体化集成收益的实现是现代城市建设发展的必然趋势。综合交通枢纽集成收益的实现是指在最优资源配置的前提下最大程度满足与枢纽建设有关的利益相关者的利益诉求。综合交通枢纽的建设项目往往由多个子项目构成,由于这些子项目进展时间不同,阶段不同。不同项目的阶段之间有联系,要统筹考虑。不同子项目之间的进度相互牵制,要进行协调。因此,大型交通枢纽项目的建设及其管理目标已经脱离了单纯意义上的时间、成本和质量这一传统的三角制约关系。以此相对应,大型交通枢纽建设项目的管理体系设计更重要的是应该满足对这些子项目实现集成化管理所强调的效益提升性、功能改进性、相互协同性、整体优化性的各项要求。

2.6.1 项目集群管理理论

在城市综合交通枢纽的建设过程中,主要就是关注各建设标段在建设后交付的整体运营收益的实现。整体运营收益的实现是通过交付使用的建设成果相关性收益的整合来实现的。交付的建设成果的"相关性"一词有两方面的含义:其一是不同交通方式、不同交通线路之间有效的协调衔接,形成交通网络的连续性、协同性;其二是综合交通枢纽的空间应当能够有效地联系城市交通空间、公共空间,使地下、地上甚至空中延续一体化的空间发展方向,充分发挥综合交通枢纽在城市区域发展中的作用。只有这两方面的相关性收益整合成果的顺利交付,才能满足不同层次利益相关者的诉求。

在传统项目管理中,项目管理的目标是单个项目的效益最大化,而在项目集群管理中管理的主要目标却是项目集群效益的最大化。项目集群效益的最大化并不是单个项目效益最大化的叠加,而是要达到整个组织中所有项目整体效益的最大化,在实现这种目标的过程中,往往要求某些项目做出一定的牺牲,这些项目可能是重要的,也可能是不重要的。个体项目自身利益要求和项目集群利益要求的内在冲突将直接导致多项目管理所特有的项目利益相关者之间的冲突。这种冲突简单的来说就是项目利益相关者对多项目资源配置是采取合作或不合作、甚至反对的态度。

传统的项目管理往往把项目集群中的各个项目看成是彼此孤立的项目,忽略了项目之间的关联,以及这些关联可能带来的资源上的冲突。此外,传统的项目管理在解决项目集群中各个子项目相关联的问题时,主要是通过在时间、质量、成本、范围这四个维度内进行资源优先级配置来解决的。然而,在大型项目的建设管理过程中,这种资源优先级配置的方法在实际的建设管理过程中往往效率很低。由于不能对项目集群在建设结束后交付的集成收益缺乏认识,同时对项目之间的联系没有充足了解,往往无法正确识别项目集群中哪些是需要优先执行的关键项目、哪些是次要项目,这就会导致关键项目运行过程中资源的短缺。

目前国内无论是理论界还是在大型项目的建设实践中,项目管理的理论研究和一些成熟的实践方法却基本沿用传统单项目管理模式。在理论层面和技术层面上都无法解决像天津站这样大型综合枢纽工程建设过程中遇到的类似问题。因此,如何进行此类项目管理技术的研究并推进其发展是迫切需要解决的问题。

PMI(美国项目管理协会)基于项目之间存在的集成联系提出了项目集群是一组相互关联并需要协调管理的项目。根据 PMI 在 2008 年出版的《项目集管理标准》(第二版),明确把项目集群定义为:项目集群是经过协调管理以便获取单独管理这些项目时无法取得的收益和控制的一组有相关联的项目。从定义可以看到,项目集群管理就是对现有的和将来新定义的项目进行集群计划与控制的一种管理结构框架。这些项目基于组织的战略目标而集合起来,同组织内外部的环境相联系,通过主动的协调管理,以期创造出超过集群个体项目总和的利益。无论从战略高度,还是从管理范围、管理内涵、管理的复杂性、不确定性等方面来说,项目集群虽然由不同的项目组成,但是现有的传统项目管理理论和成熟的管理实践难以完全反映出这类项目的特征和满足其管理上的需求。

项目集群强调在集群内部的管理要素并非是要素间的简单叠加,而是要素之间的有机结合,从而提高有机整体(项目)的整体功能。项目集群管理的特点有以下几个方面:

(1)整体的最优性。项目集群管理是对多个项目进行的集中、协调管理,通过集中使得组成过程系统的各个要素重组集合成一个有机和统一的整体。这是一种全面、综合的管理方式,因此它应该达到建设效益最大、建设成果最佳和资源配置最优的目的。

(2)功能的倍加性。项目集群管理就是聚集各个项目单元、子过程等功能的优势部分,进而获得项目集群的成功。它的本质是强调人的主体行为,通过项目集群的管理,从而达到功能倍加、项目集群内部各个单元能够共同进化的目的。

(3)高度协同性。项目集群管理具有高度协同性的特点,而绝不是杂乱无章地进行集合。在组合的过程中一定要遵循一定的法则,使得组成系统的各个项目能够有机地结合在一起,从而发挥新的功能,产生更大的效益。

(4)动态变化性。由于项目集群管理是一个开放而且复杂的系统,因而,它要与外界环境发生不断的资源交换。这种交换一方面表现为项目集群与外部环境的交换,外部环境发生变化导致项目集群内部也向着深度和广度进行变化;另一方面,如果这种变化向着深度和广度方向发展,会导致项目集群原有的功能的变化。因此项目集群管理是动态变化的。

表2-6为传统项目管理和项目集群管理的比较。

项目管理和项目集群管理的比较　　表2-6

比较内容	项目管理	项目集群管理
管理对象	单个项目	多个项目的组合
持续时间	通常数月至数年	多年,通常数十年
目的	实现项目的进度成本质量等目标	实现组织确定的战略目标
任务	范围管理、进度管理、成本管理、质量管理、人力资源管理、风险管理、沟通管理、采购管理	确保各项目的目标和组织的战略目标保持一致
组织形式	由项目经理领导的项目团队	由项目集群经理领导的项目集群管理团队和多个团队

基于对交通枢纽大型建设项目的特征分析和目前国际上项目管理的理论发展现状,在认真分析了天津站建设的实际情况后,本研究认为,应用项目集群的管理理论及体系进行天津站建设管理模式的研究是必要的。

2.6.2　天津站综合交通枢纽项目集群管理

为了实现上述建设成果相关性收益整合的顺利交付,在管理天津站各个独立标段的层面上,应该引入集群的概念来对天津站的各个标段进行管理,以获取这些关联性的收益。引入项目集群管理的理念和方法,可以使天津站交通枢纽项目以构建综合交通体系和城市整合为出发点,从规划协调、交通衔接、空间融合三个层面整合公共交通枢纽与城市公共空间交付的不同的形式和特点。在项目集群中的各个子项工程,都在这种关联性收益整体交付的指导和控制下进行建设,使得交通枢纽的建设成果真正融入到城市公共空间中。而且,只有通过对这些子项目的整合交付,才能带来城市形态和结构等方面的调整,实现交通枢纽建筑和城市公共空间的可持续发展。

项目集群管理为管理相关联项目的关键性因素提供了一个框架,这些因素包括战略收益、协调的计划、复杂的相互依赖性、交付成果的集成化和优化的进度等各种管理要素。管理项目集群时,需要综合、有效地掌握各种资源和工具,并且要对项目集群的各个子项目之间的联系有足够了解。这些工作所需要的能力和技巧完全不同于传统项目管理。项目集群管理强调掌握项目与项目间可能存在的因果关系。在负面防范上,强化项目间风险分析以降低不良因素串联扩大的几率;在正面强化上,更要有效利用项目间可共享的资源以降低整体成本,将整体时间优化,以实现项目集群在建设结束后交付的集成收益最大化。

天津站交通枢纽项目集群建设的研究是一个开放的复杂系统问题和动态的系统问题。项目集群体系建立的难点是建设系统中的各项管理要素(范围、进度、投资)存在着复杂的非线性作用。同时,这些管理要素还存在系统的协同现象、规律和作用,还存在组织和自组织等问题。在天津站项目集群管理的框架中,各标段都会交付各标段的收益,把十个标段放在项目集群的框架中进行管理,形成协同收益。在天津站交通枢纽项目集群中,这种协同收益就表现为在整体进度、质量、投资控制方面的系统优化和最终集成收益的交付,如图2-7所示。

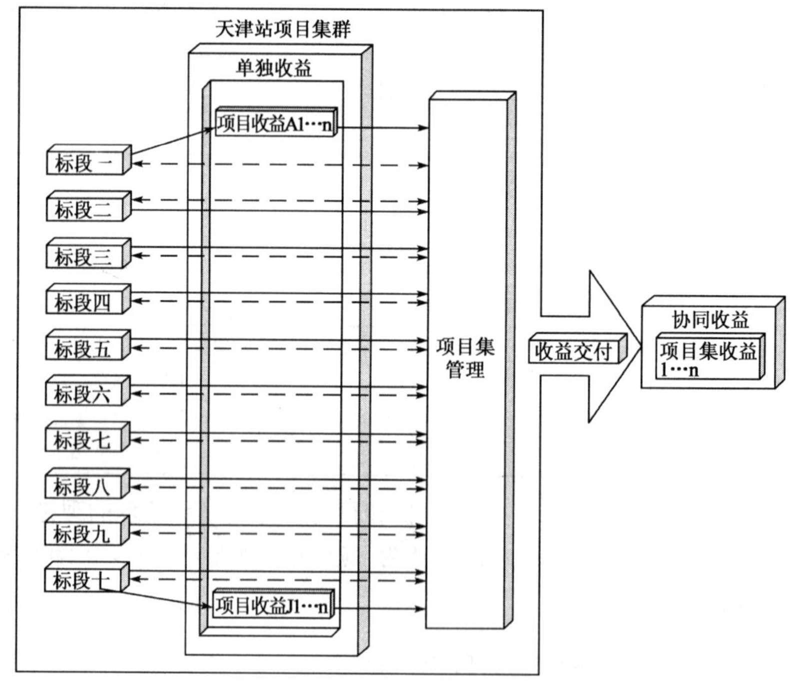

图2-7　天津站建设过程集群管理的框架

因此，在天津站项目集群管理体系和技术应用研究的过程中，主要关注的就是对这十个标段采取集中式协调管理的方法论和工具与技术，关注这些标段之间的依赖性关系，也为今后进一步研究大型交通枢纽工程的整体框架奠定基础。基于这一认识，天津站综合交通枢纽项目集群体系和技术的应用研究将主要关注以下内容的分析和研究：

(1)各标段中各项任务之间的依赖性和接口。

(2)可能会影响到各标段的资源约束。

(3)影响到各标段的成果和交付的风险管理。

(4)共享资源的最优计划。

围绕以上四个内容，本研究主要针对天津站交通枢纽项目集群建设的几个重要管理领域和流程开展了研究。这几个管理领域是：范围管理、进度及风险管理、接口管理。通过以上几个主要管理领域的研究，可以基本实现以项目集群的方式管理多个项目，并优化和集成成本进度或工作，整合项目集群的可交付成果，实现集成收益的交付。

设计实践篇

第三章　基于利益相关者理论实现枢纽建设价值

3.1　天津站综合交通枢纽建设定位

19世纪初,英国第一条轨道交通斯托克顿—达灵顿铁路正式投入运营,象征着近代铁路运输事业的开始。综合交通枢纽正是由普通火车站和地铁发展而来,并伴随轨道交通网络的快速发展而迅速发展。20世纪末,综合交通枢纽建设伴随着我国“第二次”铁路建设的高峰而迅猛发展。综合交通枢纽建设已经由最初仅为满足运输对象到达枢纽站改用其他运输工具或使用其他线路运行的简单功能,发展到当前对复合多种功能(全方位换乘、商业、服务、文化娱乐等功能)的满足。在此期间,综合交通枢纽总体上经历了三个阶段的发展,见表3-1。

城市交通枢纽发展阶段　　表3-1

发展阶段	形成机理	形　式	满足功能	典型代表
第一代（自发型城市综合交通枢纽）	自发式	火车站＋汽车站	简单换乘、单一方式集散（车站功能主导）	大智门车站、上海北站
第二代（规划型城市综合交通枢纽）	政府规划	国铁、地铁、高铁、公共交通和机场运输综合	多交通方式换乘（换乘功能主导,商业功能附加）	上海南站
第三代（综合功能型城市综合交通枢纽）	城市规划发展需要	多交通换乘方式、商业与CBD综合	多交通方式换乘、商业活动和服务体系（综合功能的有机结合）	天津站综合交通枢纽、虹桥综合交通枢纽

1.第一代自发型城市综合交通枢纽

综合交通枢纽是铁路轨道交通网络以及城市、工业发展的必然产物,是铁路网不可缺少的主要组成部分。枢纽区别于普通轨道交通车站的主要特点是其承担了一定的城市层面的功能。由于综合交通枢纽的形成依赖于大量客货运输需求源,而客货流产生的基础是较大的人口和产业规模,因此,我国早期的交通枢纽都是自发形成于人口密集、地域范围内由相关线路汇集成大节点的大型中心城市,如大智门(汉口)车站、哈尔滨老车站、上海北站和早期的郑州车站。这一时期的综合交通枢纽是在一个城市出现了相互交叉的轨道交通线路(包括城际间和城市内),同时又在交点设立为两者服务的车站时出现的。

第一代枢纽站具有明显的特征:

➢ 自发被动形成于铁路网线建成之后。

➢ 功能简单,换乘是枢纽建设的唯一功能。

➢ 载运工具形式单一,仅限于铁路与公路运载之间的转换。

➢ 枢纽站形式,占地规模较小,基本没有形成对周边区域的辐射作用。

➢ 缺乏统一的组织管理模式。

2. 第二代规划型城市综合交通枢纽

改革开放以来,我国城市化进程空前加速。到2000年,大城市区域普遍呈现出急剧扩张的趋势,综合交通枢纽发展不足和滞后现象逐步显现。枢纽站已经远不能满足人们对车站其他功能的需求。第二代规划型城市综合交通枢纽就是在原枢纽站基础上政府规划建立的复杂建筑体,并对其他功能加以设计考虑。综合枢纽的功能在数量和规模上得以不断的扩展,不仅仅是换乘方式的多元化(例如,国铁、地铁、高铁、机场和公交系统),也是商业、停车等附属功能的完善。我国多数建成和在建的主要城市综合交通枢纽基本上具备第二代枢纽的特征,但严格意义上,上海南站的投付使用确立了中国第一个真正意义上的城市综合交通枢纽地位。

第二代城市综合交通枢纽的特点:

➢ 政府规划建设。

➢ 功能多元化,换乘功能主导,商业等功能附加。

➢ 载运工具形式多样,铁路、地铁、公路与航空等多方式转换。

➢ 综合交通枢纽形式,具有一定规模,对周边区域形成有限辐射作用。

➢ 有一定的管理组织,管理模式需要进一步完善。

3. 第三代综合功能型城市综合交通枢纽

近年来,结合国外枢纽规划的先进经验,从满足城市TOD(Transit-Oriented Development)模式(即“以交通为导向的发展模式”)及“一小时”经济圈的发展的角度,将枢纽建设引入一个新的发展阶段。规划建设新一代交通枢纽成为新时期枢纽建设的“焦点”,引起广泛关注。例如,东京车站(又称“八重洲地下街”)的投入运营,其车站主体建筑仅为整体的1/20。这种从城市整体规划出发,结合商业区域、办公区域和娱乐区域的复合功能为一体的枢纽发展模式标志着未来将步入综合功能型城市综合交通枢纽的发展阶段。

第三代综合交通枢纽的特点:

➢ 城市规划发展需要。

➢ 综合功能有机结合,换乘功能与其他功能相互带动发展。

➢ 载运工具合理衔接,辅助提升枢纽整体价值。

➢ 规模较大,对枢纽周边区域有高强度辐射作用,并与城市大型公共设施紧密联系。如,体育馆、大型商业中心等。

➢ 实行集中管理,能够有效控制枢纽系统并有效开展应急管理。

图3-1 天津站综合交通枢纽效果图

4. 天津站综合交通枢纽定位

图3-1所示为天津站综合交通枢纽效果图。作为天津市“十一五”规划的重点项目,天

津站综合交通枢纽的建成将成为天津市经济对内对外发展的重要窗口,代表新世纪天津市的建设水平,是跨入国际先进车站建筑的标志性工程,打造了“三维城市空间”的理念,有利于延续历史文脉、赋予区域文化内涵、提升地区的综合经济实力,结合第三代交通枢纽的特点,天津站综合交通枢纽工程以 TOD 发展模式为主导,满足城市规划发展需要,在这里,将其定位于第三代综合交通枢纽。

3.2　天津站综合交通枢纽价值分析

基于第二章理论指导中对项目价值新的定义和分析,结合其第三代城市综合交通枢纽的定位,天津站综合交通枢纽工程是一个功能齐全、设施完备、集交通功能、商业和景观于一体的国际一流水平的城市立体交通枢纽。该项目的成功实施,不仅能大大改善天津市的交通出行,更关系天津市的整体城市形象。如果仅仅依赖传统的项目管理标准及技术(质量、进度、成本“三大控制”工具以及技术),难以对天津站综合交通枢纽这样的大型建设项目进行有效的控制与协调,且远远不能实现项目目标的完整期望。

因此,基于利益相关者理论,从利益相关者利益诉求出发,以最优的资源配置、最大程度满足项目利益相关者的需求是实现天津站综合交通枢纽的关键。综合交通枢纽价值实现流程如图 3-2 所示。

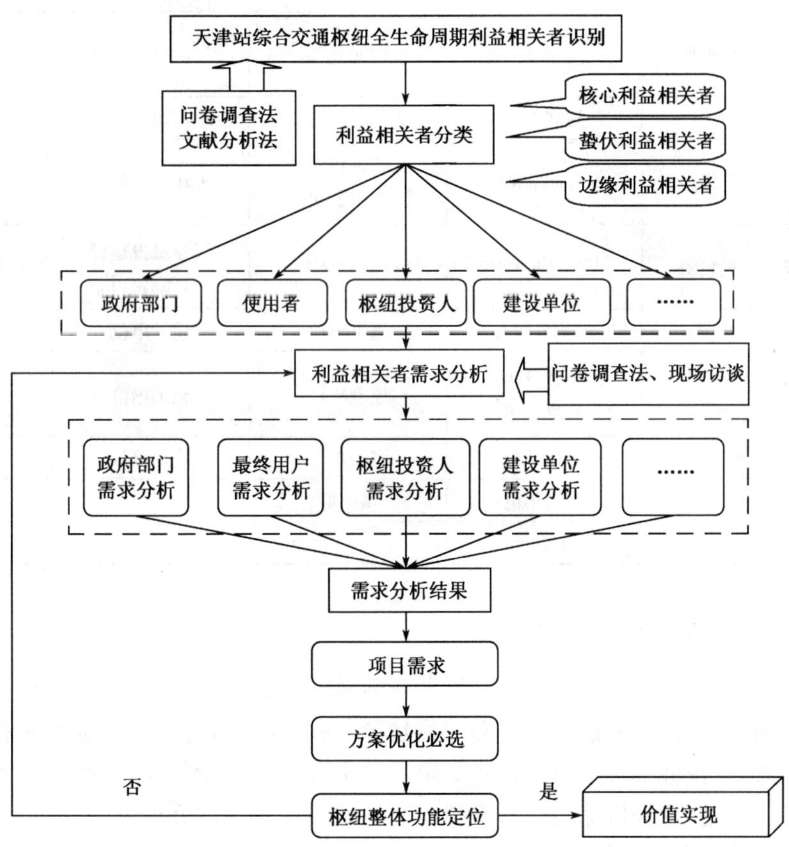

图 3-2　基于利益相关者理论天津站综合交通枢纽价值实现流程

3.3 天津站综合交通枢纽利益相关者识别

3.3.1 利益相关者识别

利益相关者管理的成功很大程度上影响到天津站综合交通枢纽工程项目的成功完成。

首先,天津站综合交通枢纽工程项目是一个多投资主体的大型建设项目。围绕天津站综合交通枢纽工程项目决策、设计、施工、竣工、运营直接联系的单位为内部利益相关者。

其次,天津站综合交通枢纽工程公共设施以及民用设施拆迁工程庞大,涉及众多外部利益相关者。

天津站利益相关者识别情况,通过归纳整理出不同的项目利益相关者在项目建设不同阶段的参与情况,见表 3-2 所示。

天津站枢纽利益相关者识别　　表 3-2

项目建设阶段	规划阶段	设计阶段	建设阶段	交付阶段	运营阶段
利益相关者	天津市建委	天津市建委	天津市建委	天津市建委	天津市政府
	天津市政府	天津市政府	天津市政府	天津市政府	天津市奥组委
	天津市奥组委	天津市奥组委	政府职能部门	天津市奥组委	天津城投建设有限公司
	规划部门	规划部门	天津城投集团	政府职能部门	其他相关投资人
	政府职能部门	政府职能部门	天津城投建设有限公司	天津城投集团	使用者
	天津城投集团	天津城投集团	设计单位	天津城投建设有限公司	周围社区和商铺
	相关投资人	相关投资人	施工单位	设计单位	
	天津城投建设有限公司	天津城投建设有限公司	监理单位	施工单位	
	使用者	设计单位	咨询单位	监理单位	
		咨询单位	供应商		
		使用者			

3.3.2 核心利益相关者确定

由以上分析可见,枢纽工程整个生命周期内涉及的利益相关者主体种类繁多,诉求层次与诉求种类各不相同,不同的利益相关者对项目建设具有不同的利益诉求,这些诉求有些对项目的决策意义重大,有些诉求对项目建设意义影响较小,甚至有些不同的利益相关者诉求之间存在对立与冲突。因此,在分析综合交通枢纽工程利益相关者利益诉求时,首要要确定对项目价值实现影响最大的核心利益相关者。

结合第二章对利益相关者分类方法的综述,从利益相关者的重要性、主动性和紧急性三个维度对枢纽利益相关者进行分类,通过设计调查问卷的方式识别天津站核心利益相关者。经问卷调查,分析得出政府部门、天津城投集团、使用者和相关投资人为天津站综合交通枢纽的核心利益相关者,见附录1、2。

3.4 天津站综合交通枢纽核心利益相关者诉求分析

3.4.1 核心利益相关者诉求分析

分析核心利益相关者需求主要从识别出来的核心利益相关者中获取信息,以便了解利益相关者的真实需求,同时使得天津站综合交通枢纽的决策者更加清晰地理解项目功能需求。接下来,从政府部门、天津城投集团、使用者和相关投资人四个方面进行利益需求分析。

1.政府部门的利益诉求

政府作为公共项目的提供者,项目建设出发点包括宏观和微观两个层面。宏观层面来讲是满足国家和区域交通运输发展的需要,推动天津城市公共交通的发展,引导城市空间布局。微观层面主要是改善天津站综合交通枢纽区域交通混乱的局面。

1)宏观层面

(1)满足国家和区域交通发展的需要

2005年4月天津市和铁道部共同确定了京津(北京—天津)城际铁路引入天津站后广场的线位方案,这样导致客流的重心向后广场偏移,从而引起车站功能和周边区域的功能变化。天津站综合交通枢纽项目建设要有效地解决这个问题,为城际列车的引入创造良好的条件,有效促进京津城市间的互动,为天津进一步发展创造良好的交通条件。

(2)公共交通优先的城市交通发展

越来越多私人交通工具的使用,给城市交通带来了巨大压力,同时也加大了对城市空气的污染。树立公交优先交通规划理念,鼓励公共交通的使用,成为解决这一问题的有效方法。因此,必然要有完善的公共交通网络作支持以吸引出行者选择公共交通,把客流输送到四面八方。

(3)引导城市空间布局,带动区域经济发展

天津站综合交通枢纽项目紧邻海河,位于天津市中心繁华地带,西、南两面由海河环抱。天津站地区有海河带状公园、王朝大酒店、凯德大酒店、意式风情街、中心广场、花鸟鱼虫市场等大型商业、公用娱乐设施。天津市市政府投入巨资倾心打造的海河综合开发工程也已启动,将成为现代化的综合交通、商业、文化娱乐中心,借天津站综合交通枢纽项目的建设为这一区域的发展注入新的活力,引导这一空间的商业繁荣和发展,同时带动其周围区域的发展。

2)微观层面

(1)解决各交通工具衔接不均衡问题,提高换乘效率

车站区域的公共交通设施有南侧副广场的公交总站,共设有25条公交始末站,前广场海河东路设有52条过境公交车辆的停靠站;后广场设有6条公交车始末站和长途汽车站。乘客换乘走行距离300m左右,而且需要经过室外才能完成换乘,前后广场的公交设施不平衡,前

广场公交线路较多,后广场公交线路较少,只有后广场设有长途线路,相互间衔接不顺畅,需要进行重新规划和调整,提高公交换乘效率。

(2)解决枢纽集散交通与过境交通相互干扰问题,合理设计交通组织形式

天津站地区的大部分道路在承担集散交通的同时还是地区过境交通的主要通道,主要表现在海河东路既是海河北岸重要的东西向主干道,承担海河与铁路之间地区的过境交通,同时也是前广场主要集散道路,因此,进出站车辆与过境交通形成多个冲突点,相互干扰,使海河东路在前广场路段成为中心城区主要的交通瓶颈之一。因此,交通组织的合理设计是解决天津站周围交通问题的关键。

(3)解决交通混杂,实现人车分流

目前车站集散人流、车流均在地面层解决,人车混行、相互干扰的矛盾十分突出,不仅不能快速疏解地区交通,而且成为交通事故的隐患。前后广场均作为机动车、出租车公用的停车场,功能划分不明确,造成私家车、出租车接送旅客车辆行车秩序混乱;副广场环绕公交站停靠出租车,造成大量的公交客流与出租车接站交通间的相互交叉。因此,提供良好的内部交通秩序是实现人车分流,快速换乘的前提。

(4)解决目前静态交通设施缺乏问题,提供足够停泊空间

社会停车场、出租车停车场用地不足。其中,站前广场地面停车泊位200个,副广场出租车停车泊位15个;后广场地面停车泊位50个。随着私家车数量的不断增多,现有天津站停车位明显不足,需通过此次天津站的改造,提供足够的停车位,进而解决相应的交通问题。

将政府部门诉求总结如表3-3所示。

政府部门的利益诉求识别表 表3-3

利益相关者	层　面	利 益 诉 求
政府部门	宏观层面	满足国家和区域交通发展的需要
		促进城市公共交通的使用
		引导城市空间布局,提高区域经济发展
	微观层面	解决各交通工具衔接不均衡问题
		解决枢纽集散交通与过境交通相互干扰问题
		解决人车混行,各种交通混杂问题
		解决目前静态交通设施缺乏问题

2. 天津城投集团利益诉求

作为入股型代建公司,天津城投集团出资参与天津站综合交通枢纽项目的建设,其下属公司天津城投建设有限公司负责枢纽的建设以及设施的运营和管理。作为投资者之一,首先要能够保证其投资能够得到很好的补偿,这就需要开发一些可经营性设施,以供其运营和管理,用这些收入来补偿建设投资,以及正常运营。此外,通过参建这种大型建设项目,天津城投集团能够获得大型工程建设管理的经验,有助于其今后参与类似工程的建设,提升其在行业内的知名度和影响力。

3. 相关投资人利益诉求

相关投资人如铁道部、天津地铁公司、津滨轻轨公司都属于国有性质部门,其投资的主要

目标是为城市发展提供相应的基础设施,改善城市的交通环境。在此基础上通过一些商业设施的设置获得一些商业盈利,如对沿线土地资源的开发等。

社会投资者如海河公司和管网公司则需要一定的商业收益来吸引他们的投资修建一些枢纽的配套辅助设施,可以利用给予一些商业开发权等条件来吸引他们投资,使他们参与到枢纽项目建设中。相关投资人的利益诉求共有两个方面:

方面一,提供良好的交通设施,满足使用人的使用需要;

方面二,能够获取相应的投资收益,具体有商业广告收入、停车位收入、商业出租收入等。

4. 使用者的利益诉求

使用者作为交通枢纽项目的"最终用户",其提供的服务是否能够满足使用者的要求,是衡量交通枢纽项目成功与否的重要标准。对最终用户诉求把握的不清楚,就不能提供很好的产品来满足用户的诉求。对天津站交通枢纽项目来讲,其最终价值的实现与否主要是建立在对使用者诉求的详细分析上。

(1)使用者类别分类

根据使用者出行目的的不同,天津站综合交通枢纽项目的使用者可以分为商务出行、日常通勤、观光购物、探亲访友等不同使用人群。出行目的的不同决定了他们出行诉求有所差别,见表3-4所示。

不同使用者的利益诉求分析　　表3-4

使用者类型	出行特征	使用要求
商务出行	①出行地域较远; ②在枢纽内逗留的时间相对较长	➢ 干净、舒适的候车空间; ➢ 相应的服务设施来消磨候车的等待时间,如小型书店,商店等; ➢ 站内导航标志,方便在枢纽内活动; ➢ 提供餐饮设施; ➢ 通道方便通行; ➢ 枢纽外部交通通行有序
日常通勤人员	①枢纽内逗留的时间较短; ②使用频率高; ③有固定的出行高峰期; ④出行线路较固定	➢ 交通工具之间衔接合理; ➢ 换乘便利; ➢ 交通工具换乘通道空间大、安全; ➢ 交通信息准确; ➢ 车辆准时; ➢ 枢纽外部交通通行有序
观光购物群体	①出行距离短; ②可能会在枢纽区域内逗留	➢ 关注于交通的便利性和经济性; ➢ 需要供等待的地方,如休闲、餐饮设施等; ➢ 枢纽外部交通通行有序
探亲访友的人群	①出行地域较远; ②在枢纽内逗留的时间相对较长	➢ 关注交通的便利性和经济性; ➢ 需要提供等待的地方,如休闲、餐饮设施等; ➢ 枢纽外部交通通行有序; ➢ 干净、舒适的候车空间; ➢ 有相应的服务设施来消磨候车的等待时间,如小型书店等; ➢ 站内导航标志,方便在枢纽内活动; ➢ 提供行李专用通道; ➢ 商业设施,如销售当地特产以作为访亲探友的礼物

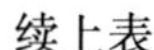

续上表

使用者类型	出行特征	使用要求
路过人群	不使用枢纽	➢ 环境良好； ➢ 外部交通有序； ➢ 有开放的公共空间

上述不同人群的诉求如下：干净舒适的候车环境，相应的服务设施，便利、安全的换乘系统，准确的出行信息，完善的辅助配套设施，相应的商业服务设施，有秩序的交通安排等。

（2）使用者诉求分类

结合上表，天津站综合交通枢纽项目不同使用者的利益诉求可以归纳为对交通功能、服务功能、商业功能和景观功能四个方面的诉求，见表 3-5 所示。

使用者的利益诉求识别表 表 3-5

利益相关者	利益诉求	具体目标
使用者	交通功能	➢ 换乘便利； ➢ 出站快捷； ➢ 出行安全； ➢ 实现人车分流； ➢ 实现过路交通与进站交通分流； ➢ 实现公交车与私家车分流； ➢ 提供足够的车辆停泊空间
	服务功能	➢ 购票点设置方便用户使用（自动售票机）； ➢ 指示牌设置清楚明显； ➢ 与通行相关设施的设置； ➢ 服务人员服务热心、周到； ➢ 交通枢纽内外部空间干净、整洁、有序； ➢ 候车、休息场所干净整洁； ➢ 自动取款机设置； ➢ 交通资讯信息
	商业功能	➢ 提供餐饮、住宿服务设施； ➢ 商业店铺：如超市、礼品店等； ➢ 提供娱乐休闲设施
	景观功能	➢ 铺设绿地； ➢ 种植树木； ➢ 装饰壁画

3.4.2 利益相关者诉求关系

通过上述分析发现，政府部门在微观层面的利益诉求偏重于解决城市交通问题，如解决公共交通与铁路交通衔接不均衡问题、解决地区集散交通与过境交通相互干扰问题；使用者的要求偏重于对枢纽内部交通辅助设施的使用要求，如便利的换乘条件、干净整洁的内部环境，以及对枢纽外部交通环境的要求；投资人由于大多数属于国有性质，在利益诉求上一般与政府的利益诉求保持一致，在此基础上希望通过一定设施开发获得相应的收益。因此，政府部门、使用者与投资者之间的利益诉求之间有的关系如图 3-3 所示。

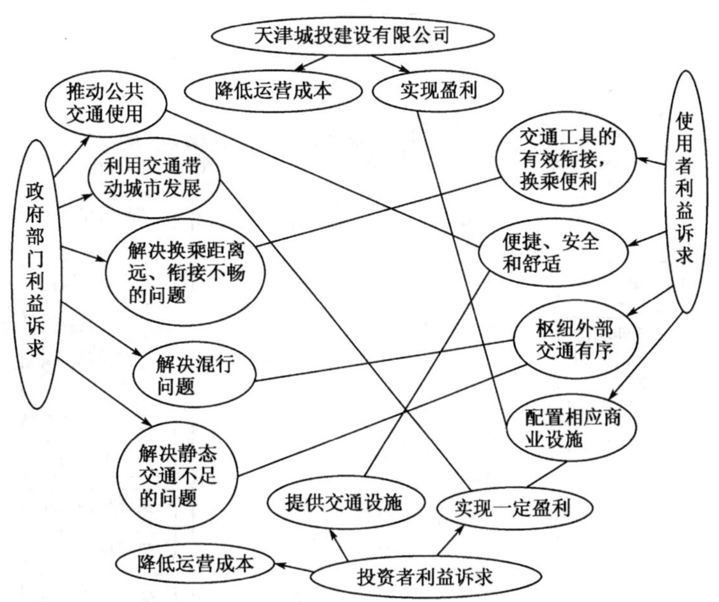

图3-3　利益相关者之间的利益诉求关系

可以看出，政府部门的利益诉求，同时也是使用者的利益诉求，利益诉求之间存在着关联性，如解决换乘距离远、交通衔接不畅的问题正是使用者希望实现换乘便利、快捷的问题；投资人的利益诉求与使用者的利益诉求之间也存在着关联性，如投资人需要设置一定商业设施来实现盈利的诉求，配置商业设施恰恰又是使用者的诉求，两者相互匹配，形成了一定的需求—供给关系。

3.5　确定枢纽整体需求实现其建设价值

3.5.1　枢纽整体需求的确定

综合各利益相关者的利益诉求得出天津站交通枢纽项目整体需求，如图3-4所示。

1. 带动区域发展的需求

交通枢纽项目的建设，可以带来大量的人流，一定商业设施和物业设施的建设可以丰富该区域的商业业态，同时可以吸引更多的人群。天津站所在的位置是天津城市几何中心，同时该区域紧邻海河，应该与天津海河开发计划相呼应，共同打造崭新的海河沿岸。商业业态和物业业态的开发可以很好地带动天津站交通枢纽项目所在区域经济的发展，对促进天津市海河沿岸城市发展战略目标的实现也有很大帮助作用。

商业业态和物业业态的开发要在项目前期结合交通规划一起进行，实现整体开发，有利于保证项目整体的协调性。商业业态的形式有购物中心、超市等。物业业态的形式有写字楼和办公楼等。交通系统比较发达的国家，如日本，其枢纽的换乘终端多与购物中心相联接，或邻写字楼，枢纽所在位置商业普遍很发达。

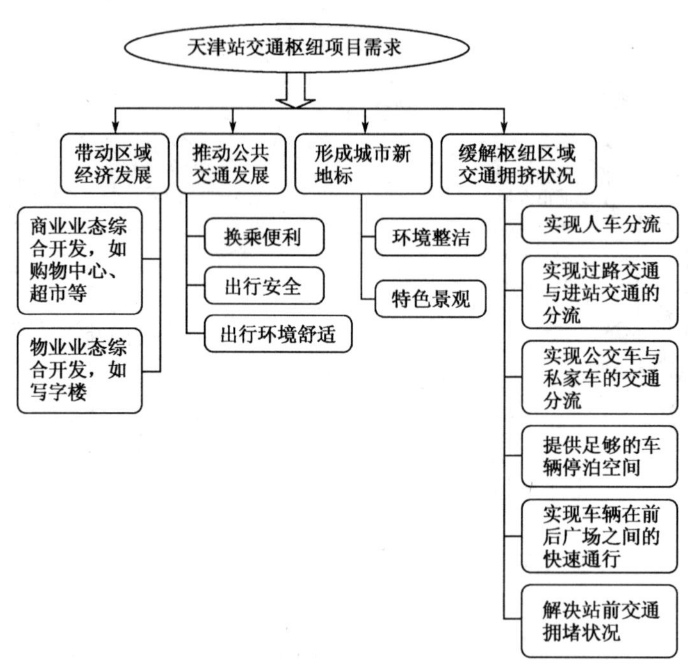

图 3-4　天津站综合交通枢纽项目整体需求

2. 推动公共交通使用的需求

推动公共交通的发展是解决城市交通问题的有效措施，是城市交通发展水平提高的表现。城市交通状况的改善可以有效改善出行者的出行条件，减少环境污染，所以政府部门和使用者是这一需求的主要利益相关者。换乘便利、出行安全和出行环境舒适是使用者的主要需求，新交通设施的建设，如轨道换乘中心、公交中心、前后广场联系通道的建设，可以更好地为使用者提供出行服务。同时地铁 2 号、3 号和 9 号线在天津站的节点设置能够为使用者提供更快、更便捷的运输服务，提供更多的换乘选择。

3. 形成城市新地标的需求

交通枢纽往往是外地旅客接触一个城市的第一站，其环境和服务质量的好坏往往会影响到整个城市在出行者心中的形象。因此，除了要有好的交通服务条件，一定的景观设施也是必不可少的。天津站综合交通枢纽项目作为天津对外交通的大门，景观工程建设可以将天津站交通枢纽打造成天津城市新的地标，给外地旅客留下深刻的印象，提高城市的整体形象。2008 年天津作为北京奥运会的协办城市，天津站交通枢纽负责运动员的接送任务，好的景观景象也给参赛运动员留下深刻的印象，同时加深他们对天津的印象。前后广场景观工程的建设，很好地满足了这一需求，天津市政府作为这一需求的主要利益相关者，其利益需求也得到了很好地满足。

4. 缓解枢纽区域交通拥挤状况的需求

由于原有交通设施已不能满足城市交通需求增长的需要，枢纽区域内交通混乱，表现为人车混行、过路交通与进站交通混行、交通堵塞状况严重。这些状况导致出行者的出行条件恶劣，不能满足出行需要，也不利于城市的进一步发展。因此，海河东路及主广场地下工程的建设、综合配套楼、五经路地道工程和李公楼立交桥改建工程的建设可以有效地解决枢纽区域内的交通问题,满足出行者对交通通畅和有序的要求。

3.5.2　枢纽建设价值的实现

借鉴 WBS 分析思想,根据图 3-4,分析项目需求与天津站综合交通枢纽各子项工程之间的关系,如图 3-5 所示,为今后的设计、建设工作提供指导。

步骤如下:

第一层,目标层 A:实现天津站交通枢纽项目利益相关者的需求满足;

第二层,准则层 B:把天津站交通枢纽项目需求作为影响目标实现的准则层;

第三层,准则层 C:把天津站交通枢纽项目具体需求作为另一准则层;

第四层,措施层 D:促使项目设计目标实现的措施层。

其中:

(1)前后广场联系通道。前后广场联系通道主要是为了满足今后乘客在被铁路隔断的前后广场之间形成项目贯通的通道,使轨道换乘中心连为一体。

(2)轨道换乘中心。轨道换乘中心的建设是为了满足今后轨道 2、3、9 号线引入天津站,为此所修建的轨道交通换乘场所。轨道交通作为大容量的快速交通工具,具有显著的快捷性、安全性和舒适性,能够很好的满足出行者的出行要求,同时与京津城际、国铁的换乘相连,使整个换乘过程成为一个有机整体。

(3)公交中心工程。原有公交场站,由于场地狭窄,对行人与车辆的通行没有做出合理的规划,人车混行状况严重。新的公交中心工程将很好地解决目前的交通现状,对人、车通行路线做出科学合理的规划,实现人车分流,满足使用者的使用要求,实现良好的交通秩序。

(4)海河东路及主广场地下工程。海河东路位于天津海河北岸,紧邻海河,目前交通现状拥挤混乱,公交、行人、私家车辆混行状况严重。目前的天津站主广场由于区域狭窄,已不能满足交通需求,表现在停车泊位不足,人、车混行,导致前广场不仅交通秩序差,而且市容环境卫生条件状况也不令人满意。这些状况给初来天津的旅客留下了极为不好的印象,从而使天津的城市形象大打折扣。海河东路及主广场地下工程就是为了解决上述问题,这些问题得以解决就能很好地实现政府部门解决这一区域交通现状的目标,给旅客创造整洁、安全的交通环境,同时把过境车辆引入地下,地面构造景观广场,打造海河西岸的景观亮点。同时给市外旅客留下良好的城市印象。

(5)李公楼立交桥改建工程。由于新轨道线路的引进使得原有桥梁净高不能满足车辆通行的要求,因此需要重新修建。另一方面,李公楼立交桥作为连接河东区与和平区的主要交通设施,其连接方向较多,车辆流量大。目前,车辆通行状况较差,表现为交通堵塞问题严重,交通供给能力已严重不足,借天津站交通枢纽项目改建之际进行原有立交桥的新建,能够有效缓解目前交通拥挤、混乱、堵塞的现状。

(6)五经路地道工程。该工程的建设可以很好地实现枢纽前后广场车辆的快速通行,快速疏散过境交通,将车辆的延误降到最低。

(7)指挥控制中心。主要负责枢纽范围内的火灾监测预报警;接收地震预报信息;控制防灾设备的运行,及时排除灾害;组织指挥抢险救援工作。

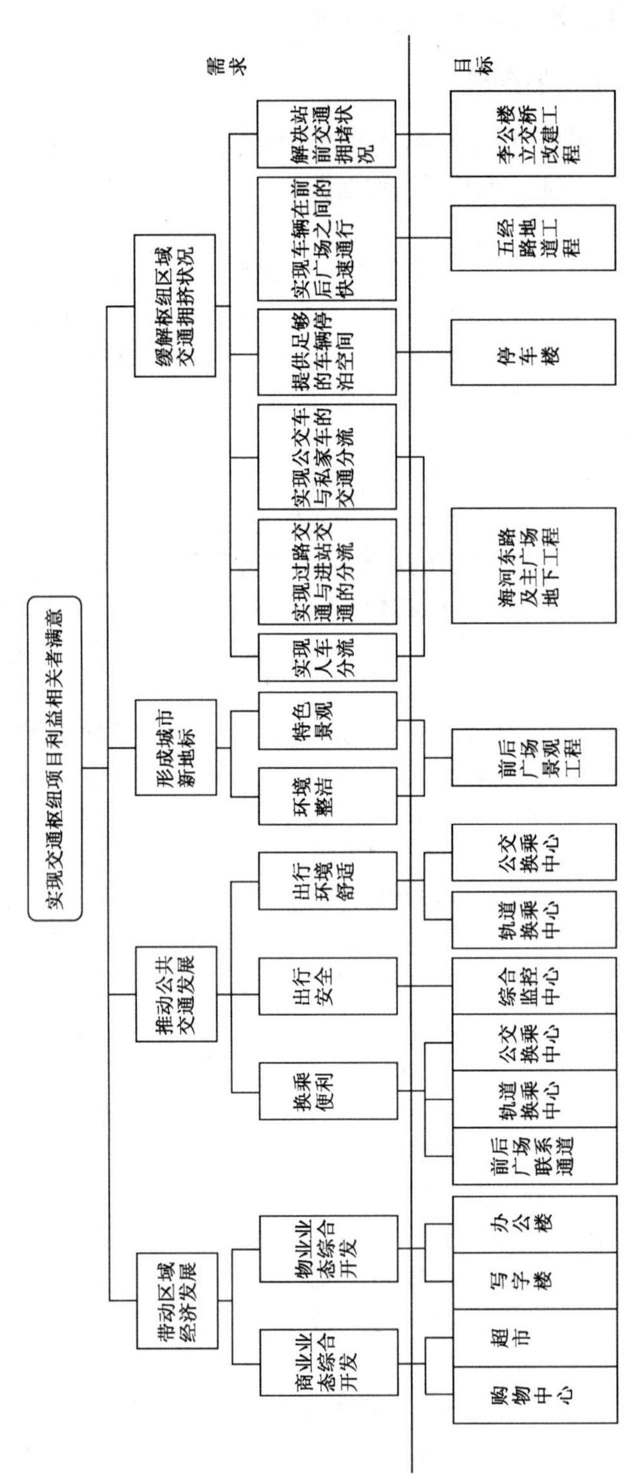

图3-5 天津站综合交通枢纽整体需求与各子项工程之间对应关系

(8)前后广场景观工程。前广场紧临海河,景观影响十分重要,良好的景观设计能够大大提升城市的整体形象,也能给来往行人创造舒适的行走和逗留空间,成为城市另一景观地标和人群聚集的场所。后广场紧邻新建轨道换乘中心,因此,需要一定的景观设计,与新建的轨道换乘中心交相辉映,保证整体建筑的和谐性。

(9)枢纽内的商业设施。一方面可以为枢纽内的乘客提供购物、休闲的场所,提升枢纽价值;另一方面也能够为枢纽的运营者带来一定的现金流入,补偿项目的初期投资。

(10)枢纽内的部分物业设施。物业设施的开发可以吸引社会投资者参与枢纽项目的建设,通过一部分物业的开发,形成“商业 + 枢纽”的开发模式,形成两者的良性互动。

(11)综合配套楼(停车楼)。综合配套楼的建设可以弥补目前车辆停车泊位不足的缺陷,同时有一部分空间可以做商业开发,建成后可以吸引社会经营者进驻其中进行商业活动,由此产生的租金可以为运营管理单位带来一定的收益。

3.5.3　子项工程与利益相关者的对应

根据图 3.5 以及利益相关者需求的分析,将利益相关者、项目需求和子项工程项目进行一一对应,为最终的目标体系构建提供直观依据,见表 3-6。

天津站枢纽各子项工程与利益相关者之间的关系　　表 3-6

<table>
<tr><th colspan="2">项 目 需 求</th><th>子 项 工 程</th><th>主要利益相关者</th></tr>
<tr><td rowspan="2">带动区域经济发展</td><td>商业业态开发</td><td>购物中心、超市</td><td>政府、投资人、使用者</td></tr>
<tr><td>物业业态开发</td><td>写字楼、办公楼</td><td>政府、投资人、使用者</td></tr>
<tr><td rowspan="3">推动公共交通使用</td><td>换乘便利</td><td rowspan="2">前后广场联系通道、轨道换乘中心、公交中心</td><td rowspan="3">政府、投资人、使用者</td></tr>
<tr><td>出行环境舒适</td></tr>
<tr><td>出行安全</td><td>指挥控制中心</td></tr>
<tr><td rowspan="2">形成城市新地标</td><td>环境整洁</td><td rowspan="2">前后广场景观工程</td><td rowspan="2">政府、使用者</td></tr>
<tr><td>特色景观</td></tr>
<tr><td rowspan="6">缓解枢纽区域交通拥挤状况</td><td>实现人车分流</td><td rowspan="3">海河东路及广场地下工程</td><td rowspan="3">政府、投资人、使用者</td></tr>
<tr><td>实现过路交通与进站交通分流</td></tr>
<tr><td>实现公交车与私家车的交通分流</td></tr>
<tr><td>提供足够的车辆停泊空间</td><td>综合配套楼</td><td>政府、使用者</td></tr>
<tr><td>实现车辆在前后广场之间的快速通行</td><td>五经路地道工程</td><td>政府、投资人、使用者</td></tr>
<tr><td>解决站前交通拥堵状况</td><td>李公楼立交桥改建工程</td><td>政府、投资人、使用者</td></tr>
</table>

通过利益相关者理论对天津站综合交通枢纽整体需求的全面分析,明确了天津站综合交通枢纽的总体需求,同时将各需求对应于枢纽各子项工程的建设,做到子项工程划分的针对性、建设目标的明确性、功能需求的对应性,最终使得天津站综合交通枢纽在满足其利益相关者利益诉求的基础上到达其建设目的,实现其项目价值。

第四章　基于安全优先理念枢纽安全管理系统设计

作为城市公共交通系统中的重要节点，综合交通枢纽是一个人口高度密集、多种设备系统共存、多重交通工具中转的空间，其中包含着大量的不安全因素，一旦出现灾害，会造成社会影响极其严重的重大灾害事故。基于此，结合天津站综合交通枢纽的特征，其安全管理系统的设计研究至关重要。

4.1　天津站综合交通枢纽灾害因素分析

按照安全管理理论，灾害因素识别是安全管理的第一步，也是安全管理的基础，只有在正确识别出天津站枢纽所面临的可能引起灾害的风险因素，才能有针对性地设计枢纽安全管理系统。

4.1.1　天津站综合交通枢纽灾害特征

综合交通枢纽灾害是指一切危及综合交通枢纽正常运营活动并对综合交通枢纽运营秩序以及社会公共安全造成灾难性后果的事件。综合交通枢纽灾害具有五个方面的特征：

(1)生成的突发性和不确定性

综合交通枢纽的灾害是突然发生的，是在没有预见到或缺乏充分准备的情况下发生的灾害。灾害的发生是众多基本事件(诱发因素)综合作用结果，众多的基本事件具有随机性，从而使综合交通枢纽灾害的发生具有突发性与随机性的特点。

(2)事件的综合性

综合交通枢纽为实现其功能，需包含运转系统设施、基础体系设施、维护体系设施、安监体系设施和管理平台设施。这些子系统构成了交通枢纽庞大的设备系统，且各子系统之间具有互动功能。因此，综合交通枢纽一旦发生事故即是系统出事故，是连续性的事故，这种连锁反应可能引起系统总体的瘫痪。

(3)事件的衍生性

衍生性是指由于原突发灾害事件的产生而导致其他类型灾害事件的发生。综合交通枢纽灾害的衍生性表现为两种情况：一是衍生出危害程度、影响范围低于原灾害的灾害事件；二是衍生出危害程度、影响范围高于原灾害的灾害事件。一般而言，第二种情况是在对原有灾害事件的问题处理不当、控制失误的情况下发生的。

(4)后果的双重性

综合交通枢纽灾害的后果包括两个方面的内容:一是灾害本身对综合交通枢纽内的乘客和枢纽本身造成的破坏,包括生命和财产的损失;二是灾害发生后的社会影响。作为城市公共交通系统的重要组成部分,综合交通枢纽是一个开放的信息系统,它以交通系统为外部环境,同时又以其所依托的城市或地区大系统为其外部环境,综合交通枢纽与其所在的城市或地区有紧密而复杂的联系。因此,综合交通枢纽发生灾害势必会对公共安全造成一定的影响。

(5)一定的可防性

随机事件有随机的规律,充分发挥人的主动性和能动性,及时纠正人的失误和机械的故障,则灾害都是可避免的。因此,综合交通枢纽灾害是可以预防的,至少能使灾害的发生及损失降至现有技术、管理水平所能控制的最低限度。

4.1.2　天津站综合交通枢纽灾害因素分析

对于综合交通枢纽安全运营而言,其基础就是对综合交通枢纽运营中的灾害因素进行辨识和分析,进而对其进行控制。施毓风等指出影响城市轨道交通安全的因素主要是人、车辆、线路以及法律等因素。崔艳萍等指出轨道交通中发生事故的原因包括人、机、环、管四个方面,其中人、机、环境是发生事故的直接原因,管理是间接原因。刘浩江将轨道交通故障因素分为内部因素和外部因素两大类,其中内部因素包括设备状况、设计原因和人员素质,外部因素包括人员干扰、施工干扰、违法犯罪、恐怖活动、自然气候和其他影响。毛保华从系统论的观点出发将与运营安全有关的因素划分为:人、机器、环境以及管理,分析了这四个因素之间的关系,并对每类危险因素进行了详细分析;同时也从另一个角度将事故原因划分为内部因素和外部因素,内部因素主要是指设备设施故障或人为误操作等,外部因素主要是指有恐怖袭击、乘客携带违禁物品、自然灾害、外界事故等。何理等将运营过程中的危险因素分为电气系统危险有害因素、车辆系统危险有害因素、通风/排烟系统危险有害因素、给/排水系统危险有容因素、通信/信号系统危险有害因素、公用工程及辅助设施危险有害因素、自然灾害危险性等。

基于文献分析和天津站自身情况,本研究将与天津站综合交通枢纽安全事故有关的因素划分为人、设备、环境与管理四类。人、机、环境这三个因素是枢纽安全运营的载体,是系统安全运营的基本要素。人是主导因素,是系统的核心。人、机、环境三大要素间的信息传递、处理、控制和反馈,构成了相互关联、制约、协同、互补的复杂关系,而管理的主要作用是协调枢纽系统中的各个要素,从而实现枢纽安全运营的目标。

1.人员因素

人是枢纽安全运营的主体,是综合交通枢纽中最积极、最活跃、最主动的因素。枢纽运营工作的各个环节、每项工作都是由人来参与并处于主导地位,人的因素在枢纽的安全运营中起着关键作用。枢纽中影响运营安全的人包括直接或间接参加安全管理工作的人员、各换乘方式的工作组人员、乘客。

(1)工作人员因素:

①技术素质,包括技术知识、技术能力,以及处理各种非正常运营情况的作业能力等;②个

人因素,包括生理因素(健康状况、疲劳、负荷超限、从事禁忌作业、辨识功能缺陷等)和心理因素(情绪异常、冒险心理、过度紧张等);③思想素质,包括职业道德、劳动纪律、安全观念等;④违规操作;⑤班组配合不当。

(2)乘客因素:包括健康状况、从众行为的消极影响(由于从众心理造成的拥挤和情绪失调)、乘客不慎落入或故意跳入轨道、盗窃抢劫、纵火、乘客无视枢纽安全管理的要求(包括擅自携带易燃、易爆、有毒物品换乘)等。

2. 设备致灾因素分析

枢纽设备是除人之外,影响枢纽安全运营的另一个重要的物质基础。天津站枢纽设备灾害因素包括:

设备设施缺陷(如:设备稳定性差、易燃易爆、控制器缺陷等)、防护缺陷(如:无防护、防护不当等)、供电系统危害(如:带电部位裸露、漏电、静电、电火花等)、通风系统缺陷(风亭、风道的行人出入口等方面的管理不到位)、给/排水系统缺陷(给/排水管道防腐、绝缘效果不佳、防水系统设计缺陷)、噪声危害(如:机械性噪声)、振动危害(机械性振动、电磁性振动等)、电磁辐射、运动物危害(反弹物等)、信号缺陷(如:通信系统的电源故障、通信设备故障、无信号设施、信号选用不当、不清等)、标志缺陷(如:无标志、标志不清楚、标志不规范、标志位置缺陷等)、枢纽内辅助设施因素(电扶梯系统故障,如梯级下陷、驱动链断裂、扶手带断裂)、站台地面材料防滑效果缺陷、枢纽内建筑物装修材料选用不当等。

3. 环境灾害因素分析

环境灾害因素是指影响天津站枢纽安全运营的人工环境、自然环境和社会环境。枢纽环境灾害因素包括:

(1)人工环境灾害因素:包括作业场所人为形成的作业环境(作业场所的温度、湿度、照明、噪声等)

(2)自然环境灾害因素:包括自然灾害(地震、地面塌陷)、季节因素(春、夏、秋、冬)、气候因素(风、雨、雷、电、雾、雪)和时间因素(白天、夜晚)、地质条件因素(各类不良地质条件,如异常涌水、有害气体堆积)等。

(3)社会环境灾害因素:包括社会的政策法规环境、经济环境、以及恐怖主义(空袭、爆炸、纵火、放毒等)。

4. 管理灾害因素分析

在天津站枢纽灾害的灾害因素中,管理因素占有相当重要的地位。管理对安全的影响主要体现为各种因素引起的安全管理失误或安全管理波动。与枢纽安全相关的管理主要包括安全组织、安全法制、安全信息、安全技术和安全教育,具体如下。

(1)安全组织因素:包括安全计划、时间因素、方针目标和行政管理;

(2)安全法制因素:包括运营法规、规章制度、作业标准;

(3)安全信息因素:包括指令信息、动态信息和反馈信息;

(4)安全技术因素:包括管理办法和技术装备;

(5)安全教育因素:包括职工培训和对外宣传。

将上述因素总结见表4-1。

综合交通枢纽灾害因素一览表 表 4-1

<table>
<tr><td rowspan="33">影响综合交通枢纽安全运营的危险源识别</td><td rowspan="12">人员因素</td><td rowspan="5">枢纽工作人员因素</td><td>技术素质,包括技术知识、技术能力,以及处理各种非正常运营情况的作业能力等</td></tr>
<tr><td>个人因素,包括生理因素(健康状况、疲劳、负荷超限、从事禁忌作业、辨识功能缺陷等)和心理因素(情绪异常、冒险心理、过度紧张等)</td></tr>
<tr><td>思想素质,包括职业道德、劳动纪律、安全观念等</td></tr>
<tr><td>违规操作</td></tr>
<tr><td>班组配合不当</td></tr>
<tr><td rowspan="7">乘客因素</td><td>健康状况</td></tr>
<tr><td>从众行为的消极影响(由于从众心理造成的拥挤和情绪失调)</td></tr>
<tr><td>乘客不慎落入或故意跳入轨道</td></tr>
<tr><td>打架斗殴</td></tr>
<tr><td>盗窃抢劫</td></tr>
<tr><td>乘客放火</td></tr>
<tr><td>乘客无视枢纽安全管理的要求(包括擅自携带易燃、易爆、有毒物品换乘)</td></tr>
<tr><td rowspan="13">设备因素</td><td rowspan="13">综合交通枢纽内设备因素</td><td>设备设施缺陷(如:设备稳定性差、易燃易爆、控制器缺陷等)</td></tr>
<tr><td>防护缺陷(如:无防护、防护不当等)</td></tr>
<tr><td>供电系统危害(如:带电部位裸露、漏电、静电、电火花等)</td></tr>
<tr><td>通风系统缺陷(风亭、风道的行人出入口等方面的管理不当)</td></tr>
<tr><td>给/排水系统缺陷(给/排水管道防腐、绝缘效果不佳、防水系统设计缺陷)</td></tr>
<tr><td>噪声危害(如:机械性噪声)</td></tr>
<tr><td>振动危害(机械性振动、电磁性振动等)</td></tr>
<tr><td>电磁辐射</td></tr>
<tr><td>运动物危害(反弹物等)</td></tr>
<tr><td>信号缺陷(如:通信系统的电源故障、通信设备故障、无信号设施、信号选用不当、不清等)</td></tr>
<tr><td>标志缺陷(如:无标志、标志不清楚、标志不规范、标志位置缺陷等)</td></tr>
<tr><td>枢纽内辅助设施因素(电扶梯系统故障,如梯级下陷、驱动链断裂、扶手带断裂)</td></tr>
<tr><td>站台地面材料防滑效果缺陷、枢纽内建筑物装修材料选用不当</td></tr>
<tr><td rowspan="3">环境因素</td><td>人工环境</td><td>作业场所人为形成的作业环境(作业场所的温度、湿度、照明、噪声等)</td></tr>
<tr><td>自然环境</td><td>自然灾害(地震地面塌陷)、季节因素(春、夏、秋、冬)、气候因素(风、雨、雷、电、雾、雪)、时间因素(白天、夜晚)、地质条件因素(各类不良地质条件,如异常涌水、有害气体堆积)</td></tr>
<tr><td>社会环境</td><td>社会的政策法规环境、经济环境、以及恐怖主义(空袭、爆炸、纵火、放毒等)</td></tr>
<tr><td rowspan="5">管理因素</td><td>安全组织</td><td>安全计划、时间因素、方针目标和行政管理</td></tr>
<tr><td>安全法制</td><td>运营法规、规章制度、作业标准</td></tr>
<tr><td>安全信息</td><td>指令信息、动态信息、反馈信息</td></tr>
<tr><td>安全技术</td><td>管理办法、技术装备</td></tr>
<tr><td>安全教育</td><td>职工培训、战时演练</td></tr>
</table>

4.2 天津站综合交通枢纽安全管理系统设计分析

对天津站综合交通枢纽灾害因素的识别是基于公共安全优先的综合交通枢纽安全管理系统设计的基础,在此基础上,有针对性的对枢纽安全管理系统进行设计分析,有助于系统运行的针对性。

4.2.1 现有枢纽安全管理系统分析

1.深圳罗湖交通枢纽安全管理体系

深圳罗湖交通枢纽,其目的为提高罗湖口岸的通关能力,实现铁路、地铁、公交、长途客车、出租车、社会车辆多种交通方式的换乘,总建筑面积约5.3万 m^2,于2004年12月建成并投入运营。

由于深圳罗湖枢纽的运营管理范围是依据产权划分,地下站厅层、站台层和地铁全线由地铁公司运营分公司负责,交通层及其以上由物业公司负责,火车站、公交车、大巴均由各公司负责,因此各部分的安全管理工作也由各单位负责。罗湖枢纽所处位置的特殊性,受到包括当地派出所、口岸/海关边检、政府街道办安全管理部门、地铁公安等不同级别的安全管理部门的监督和管理,这些安全管理部门之间管辖范围有重叠和交叉,责任界定不明确(特别是不同交通方式的接泊位置)。各交通方式之间没有业务交叉,各交通方式之间分别管理,各单位之间的协调由交通局研习会进行协调。其安全管理归属详见图4-1。

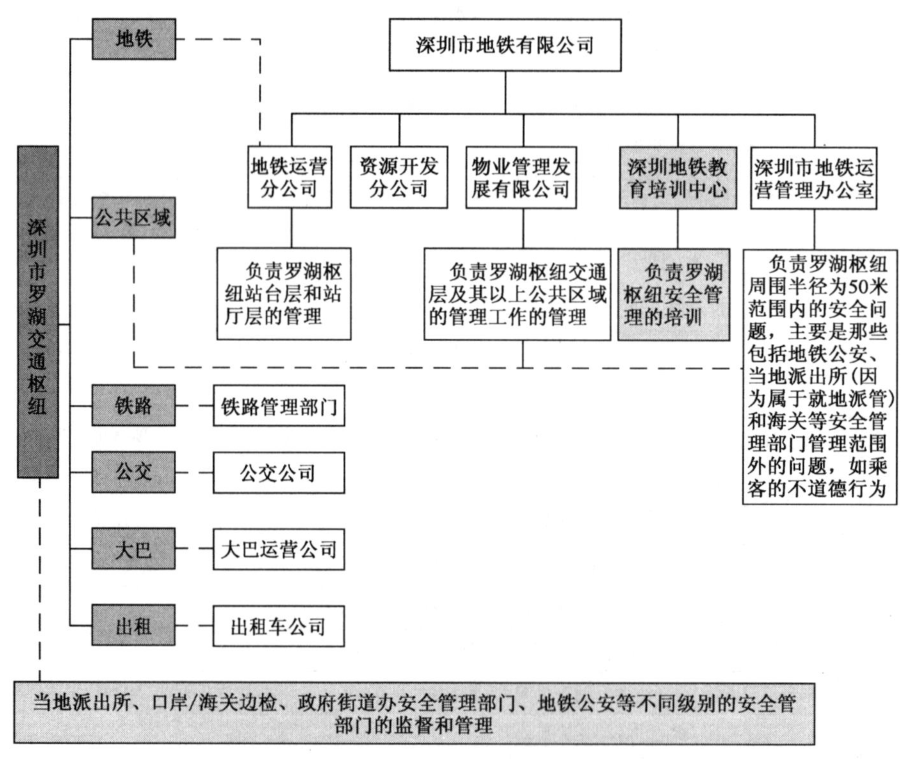

图4-1 深圳市罗湖交通枢纽不同组成部分安全管理归属架构图

(1)对于一些各安全管理部门均不管理的问题,成立了深圳市地铁运营管理办公室,其职责是负责每个地铁站周围半径为50米范围内的安全问题(包括罗湖枢纽),主要是那些包括地铁公安、当地派出所(因为属于就地派管)和海关等安全管理部门管理范围外的问题,如乘客的不道德行为,其行使政府的职能。

(2)地铁运营分公司负责站台层和站厅层的管理工作:下设综合部、人力资源部、财务部(派驻)、计划经营部、安全技术部、物资部、新线办、车务部、调度票务部、车辆部、维修工程部、自动监控部12个部门,涉及安全的部门包括:安全技术部(主要负责安全制度的制定等)、自动监控部(负责安全/设备的保障)、指挥控制中心(由调度票务部负责)。

(3)物业管理公司负责交通层及其以上公共区域的管理工作:在安全管理部分,物业管理公司在自己的管理范围内有综合监控系统,该系统与运营分公司的控制中心大楼的OCC(深圳市应急指挥中心)相连。火车站、公交车、大巴、出租车等均由各自运营管理公司负责安全管理工作。

深圳罗湖交通枢纽现有组织体系对于实现有效地安全管理的启示如下:

(1)深圳罗湖枢纽的运营管理组织体系使其安全管理并未处于很理想状态,各部门依据产权各自负责安全管理工作,在日常运营状态下,各不同交通方式管理部门之间在接泊位置存在责任界限不清的问题,可能会因为不同交通方式之间的管理矛盾而相互制衡;在发生灾害的情况下,不能做到信息共享,故此不能做到应急一联动,需依赖于市政府成立的应急管理办公室进行协调。

(2)针对综合交通枢纽这一节点成立一个特殊管理实体(SPC),对整个罗湖枢纽进行管理,这样在整个枢纽范围内有了统一指挥的主体。

2. 上海轨道交通安全管理系统

上海轨道交通自1992年运营至今,尚未发生较严重突发事件,投入运营后其处置的突发事件主要为瞬间客流大量聚集。大客流是指车站在某一时段集中到达的,客流量超过车站正常客运设施或客运组织措施所能承担的流量时的客流。大客流的疏散措施主要包括:增加列车运能、增加售检票能力、采取临时措施疏导、关闭出入口或进行进出分流。

1997年6月30日晚,上海市举办香港回归大型庆祝活动。当时只有地铁1号线运营,日均客流30万,但6月30日当天客流高达46万,增幅超过50%。客流在当晚9时左右达到高峰,人民广场站和淮海路车站客流突然大幅增长,迅速饱和,站厅的售票厅被乘客挤塌。在此类突发事件发生的情况下,现场指挥点立即启动应急预案,准备采取关闭部分车站出入口、实施进出口分流、限制客流进入站台层等应急措施,但由于人流大幅增加,部分驻守出入口的民警和武警官兵被人流冲到站厅,应急措施无法顺利展开。客流仍在积聚,民警踩着人群爬到各出入口强行将车站卷帘门拉下,才使得客流得到控制,避免了一次可能发生因拥挤引发的安全事故。

在事后总结时,大客流聚集的应急处置问题主要表现为三点:一是虽然事先对可能出现的大客流情况有所预判,并制定了相应预案,但预案存在原则性较强而针对性、操作性较弱的缺陷;二是各车站没有制定相应分预案,对关闭出入口、分流等具体措施没有分解细化,各岗位职责也不够明确;三是预案中各相关部门的应急一联动协作有所欠缺。

3. 现有安全管理系统对天津站综合交通枢纽安全管理系统设计的启示

以上的两个安全管理系统所反映出的经验和缺陷以及公共安全优先对安全管理系统的要求,对基于公共安全优先的天津站枢纽安全管理系统构建的启示如下。

(1)应针对枢纽这一节点成立特殊的运营管理主体(SPC)

针对综合交通枢纽成立一个特殊的运营管理主体(SPC)有利于将整个综合交通枢纽纳入统一管理,这样能够满足基于公共安全优先下的统一指挥的要求。综合交通枢纽成立的特殊运营管理主体(SPC)能够确保枢纽在正常运营时,运营管理人员对运营过程实施全面的统一集中的监控和管理,从而保证枢纽正常运营时各系统安全、可靠、高效的运行;在发生灾害事件的情况下,能够快速有序地指挥乘客疏散并协调指挥综合交通枢纽的灾害抢险工作,做到快速应急一联动,有利于抢险救灾工作的有效进行。

(2)抓住信息流这一安全管理系统所依赖的核心进行构建

安全信息和数据是安全管理的基础,其在安全预警、灾害控制、人员救助和事故后处理等各个环节均有重要作用。准确及时的信息是进行指挥决策的必要基础,天津站综合交通枢纽是一个庞大的系统工程,它涉及面广、技术复杂、专业繁多,需要各系统、各部门的协调配合,才能完成整个枢纽的运营和管理,才能为乘客提供安全、快捷、舒适的换乘环境。安全管理系统强调快速响应,这都依赖于准确及时的信息保障。信息保障依赖于综合监控系统,综合监控系统为信息综合管理平台,对综合交通枢纽的运营状态信息进行收集、分析和处理,按照早发现、早报告、早处置的原则,预测可能发生的情况,及时上报指挥中心,从而保证综合交通枢纽一旦发生灾害事件,能够做到快速反应。

4.2.2 枢纽安全管理系统的功能

根据现有研究指出的安全管理系统应具有的功能,枢纽安全管理系统的功能应包括:预防功能、警报功能、矫正功能、免疫功能和应急处理功能,以警报为导向,以矫正为手段,以免疫为目的的防错纠错机制,在发生灾害事件的情况下,进行有效的应急处置。

(1)预防功能

基于公共安全优先的综合交通枢纽安全管理系统需具备预防功能。要求从全生命周期的角度出发,从枢纽的设计阶段开始,实现全生命周期的安全管理。枢纽安全管理系统的预防功能实现需从设计和管理这几个方面实现。设计是指提高枢纽的安全度,从而减少综合交通枢纽灾害事件的发生;管理是贯穿枢纽整个生命周期的,在所有减少或防止事故及灾害的措施中,加强管理具有最为直接的效益,其涉及的内容广泛,既包括重大危险源和重要目标的动态管理,也包括安全教育、培训、规章制订及安全组织等。

(2)警报功能

警报功能是对枢纽灾害早期征兆和诱因进行识别、监测、诊断与警报的一种功能。它通过设立各类行为所可能产生失误后果的界限区域,对某些可能的错误行为或可能的波动失衡状态进行识别与警告,以此规范枢纽安全生产系统的秩序。警报职能的核心是它的识别系统的建立与完善。

(3)矫正功能

矫正功能是指对枢纽灾害早期征兆和诱因进行预控和纠错的一种功能。它依照安全管理信息,对灾害早期征兆和诱因进行主动预防控制并纠正其错误,保证枢纽处于安全运营状态。矫正职能的核心是预控行为的敏感度,即预控行为在某种过程状态下,对灾害早期征兆和诱因矫正作用的有效程度。

(4)免疫功能

免疫功能是指对同类同性质的灾害或诱因进行预测或迅速识别并提出有效对策的一种功

能。当管理过程中出现了过去曾经发生过的失误征兆或相同环境时，它能准确地预测并迅速运用规范手段予以有效制止或回避。

(5)应急功能

应急功能是指对枢纽运营中发生的灾害事件能及时做出反应并采取有效措施，以将损失降低到最低，并尽快恢复正常运营秩序的功能。应急功能包括应急处置和后处理：应急处置功能包括反应和处理两方面，其中，应急反应依赖于相关部门对事故故障的探测和判断、信息的传递和决策、对乘客及外部信息的发布等技术手段和相互关系协调，应急处理是相关部门对事故现场的处理、乘客的疏散等，防止二次灾害和衍生灾害的发生；后处理是指使枢纽恢复正常运营。

4.2.3 枢纽安全管理系统构成

根据以上分析可知，基于公共安全优先的综合交通枢纽安全管理系统需要构建一个对综合交通枢纽进行统一指挥的控制系统；一个能保证综合交通枢纽对灾害事件做到快速相应的信息系统，这一信息系统依赖于综合监控系统；一个能从组织上、制度上给以保证的载体即组织保证系统，它是整个系统得以运行的前提和保障；此外，鉴于现代安全管理系统多层次、多回路、多环节的特征，在安全管理系统内部和安全管理系统与生产系统之间，必须具备一定的信息反馈渠道，要求信息传递及时、准确。由上述分析可知，综合交通枢纽安全管理系统应包括控制系统、信息系统和组织系统三大部分，如图4-2所示。

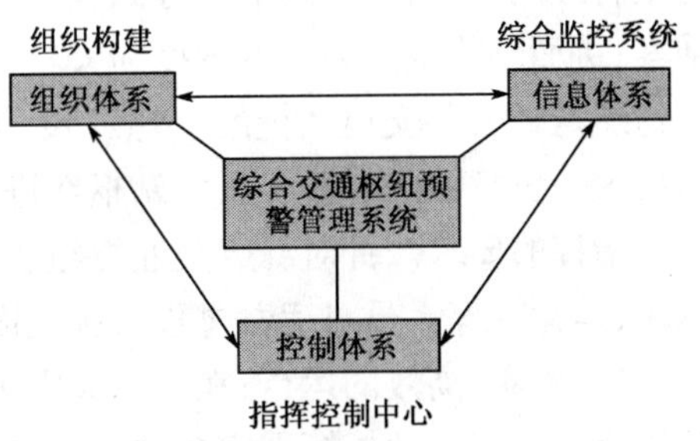

图4-2 综合交通枢纽安全管理系统结构图

基于上述分析，结合天津站综合交通枢纽实际特点，确定天津站综合交通枢纽安全管理系统从组织体系（综合交通枢纽运营管理单位）、信息体系（综合监控系统）和控制体系（枢纽指挥控制中心）三个方面构建，以保证综合交通枢纽的安全运营，如图4-3所示。

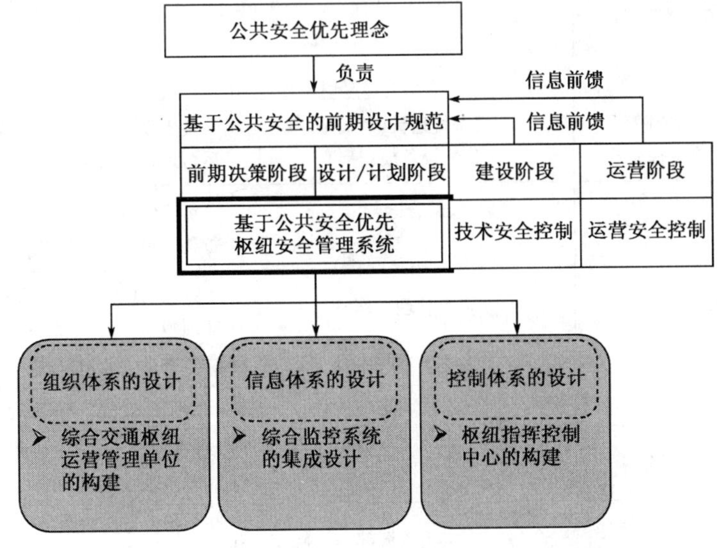

图4-3 基于安全优先理念天津站综合交通枢纽安全管理系统

4.3 天津站综合交通枢纽安全管理系统设计

第二节中通过对现有综合交通枢纽安全管理系统以及综合交通枢纽安全管理系统的设计分析，得出了基于公共安全优先的天津站综合交通枢纽安全管理系统构建框架。枢纽安全管理体系的保障—组织体系；综合交通枢纽进行统一指挥的控制系统—指挥控制中心；满足对灾害事件快速响应、能够快速疏散乘客需求的信息系统—综合监控系统。本节将具体对天津站安全管理系统这三方面进行设计研究。

4.3.1 组织体系的设计——运营管理公司(SPC)

由深圳罗湖枢纽的安全管理系统可以看出，若天津站综合交通枢纽的管理完全依据产权划分，则会导致各部门依据产权各自负责安全管理工作。这种组织管理方式违背了公共安全安全管理的统一指挥原则，将导致在发生灾害的情况下，不能在第一时间做出响应，快速疏散乘客，进而影响枢纽内乘客的生命安全，对公共安全造成影响。因此，应该针对天津站综合交通枢纽这一公共交通系统的“节点”设计特殊的运营管理公司(SPC)，其中对枢纽安全部分专门设置一负责部门对整个天津站枢纽进行统一管理，这样就能够满足基于公共安全优先下的统一指挥的要求。针对综合交通枢纽成立特殊的运营管理公司(SPC)能够确保枢纽在正常运营时，运营管理人员对运营过程实施全面的统一集中的监控和管理，确保枢纽正常运营时各系统安全、可靠、高效的运行；在发生灾害事件的情况下，迅速将信息传递到上级主管部门，根据其指令快速有序地指挥乘客疏散并协调统一指挥综合交通枢纽的灾害抢险工作，做到快速应急一联动，有利于抢险救灾工作的有效进行。表 4-2 为枢纽运营管理公司(SPC)组织机构设置图，其中阴影处为 SPC 在安全管理方面的责任。

枢纽运营管理公司组织机构设置 表 4-2

<table>
<tr><th colspan="2">成立的理论依据</th><th rowspan="2">相应的组织机构设置</th><th rowspan="2">管理职能</th></tr>
<tr><th>设施全生命周期理论</th><th>设施的全管理要素</th></tr>
<tr><td rowspan="7">规划、
计划、
预算、
运营、
维护、
变更、
评估、
处置</td><td>质量、
进度控制等</td><td>设备规划科(建设期作为设备规划部)</td><td>负责设施的整体管理规划、设施采购、设施运行过程中的维护计划等</td></tr>
<tr><td>运营、维护</td><td>综合运营维护科</td><td>负责供电设备类、机电设备类和自动化设备类等系统设备的养护维修</td></tr>
<tr><td rowspan="3">资产</td><td>资产管理运作科</td><td>负责资产的保值、增值业务，设施的变更、评估和处置</td></tr>
<tr><td>商业设施开发科</td><td>负责商铺的招租、管理</td></tr>
<tr><td>广告科</td><td>负责广告位、停车位的招租、管理</td></tr>
<tr><td>财务</td><td>财务部</td><td>负责对内的会计核算、预算分析和对外的成本清算</td></tr>
<tr><td>绩效</td><td>人力资源部</td><td>负责人员的招聘选拔、绩效评估、员工培训等</td></tr>
</table>

续上表

成立的理论依据		相应的组织机构设置	管理职能
设施全生命周期理论	设施的全管理要素		
规划、计划、预算、运营、维护、变更、评估、处置	安全管理	控制指挥中心（正常状态下）	分设中央控制室和二级结点控制室，实现对枢纽区域的监视、设备控制、乘客资讯的发布、协调和管理工作
		控制指挥中心（灾害状态下）	灾害状态下协助有关部门对天津站枢纽进行统一指挥和协调
	综合管理、风险	风险科	对日常信息进行及时分析，制定风险管理计划，及时进行风险控制
	服务	物业管理部	负责枢纽房屋及其他建筑物类的巡检、日常设施、公共设施的维修以及日常设备使用、卫生、保安等工作
	综合管理	办公室	负责文秘、机要、保密、公关、党群，监管汽车班、档案库

有关枢纽运营公司的管理范围和职责将在运营管理篇有具体论述。

4.3.2　信息系统设计——综合监控系统

综合监控系统是枢纽工程系统中一个不可或缺的重要系统，是枢纽工程能够保持正常运营的前提和保障，为整个枢纽的安全提供即时信息，供决策人员进行判断。它的完善程度和稳定运行，关系到发生灾害时，枢纽管理控制指挥中心以及相关决策人员能够通过信息的传递对整个系统快速有效地采取措施，保证整个枢纽系统的正常工作和乘客安全撤离。

天津站交通枢纽是天津市最大的交通枢纽，旅客流量密集，安全与防灾工作至关重要。本枢纽工程以地下建筑为主，枢纽内的十余个子项，分属不同的设计单位设计，而在建筑及结构界面上各子项间有许多有形连接，正常运营工况下如何保证连接部分的综合监控无遗漏，灾害工况如何保证相邻子项间综合监控系统的配合以及联动，这都是综合监控系统实际研究的重点。

1. 综合监控系统的构成及其特点

综合监控系统是指将彼此孤立的各类控制系统通过网络有机地连接在一起，监控和协调各相关子系统的工作，充分提高各类系统的工作效率，降低枢纽运营成本，提高综合管理水平，并在灾害情况下实现各系统的联动，最大限度地保护人的生命和财产安全。

天津站综合交通枢纽综合监控系统由网络管理系统、设备维护系统、大屏幕显示系统、复示系统兼培训系统、FAS 子系统、BAS 子系统、SCADA 系统和互联系统组成。表 4-3 及图 4-4 是 FAS 子系统、BAS 子系统、SCADA 系统各自的功能表述。

2. 综合监控系统功能

天津站交通枢纽综合监控系统具有监控范围广、专业和设备多样化、数据量大、通信复杂和两级管理、三级控制等特点，具有以下基本功能：

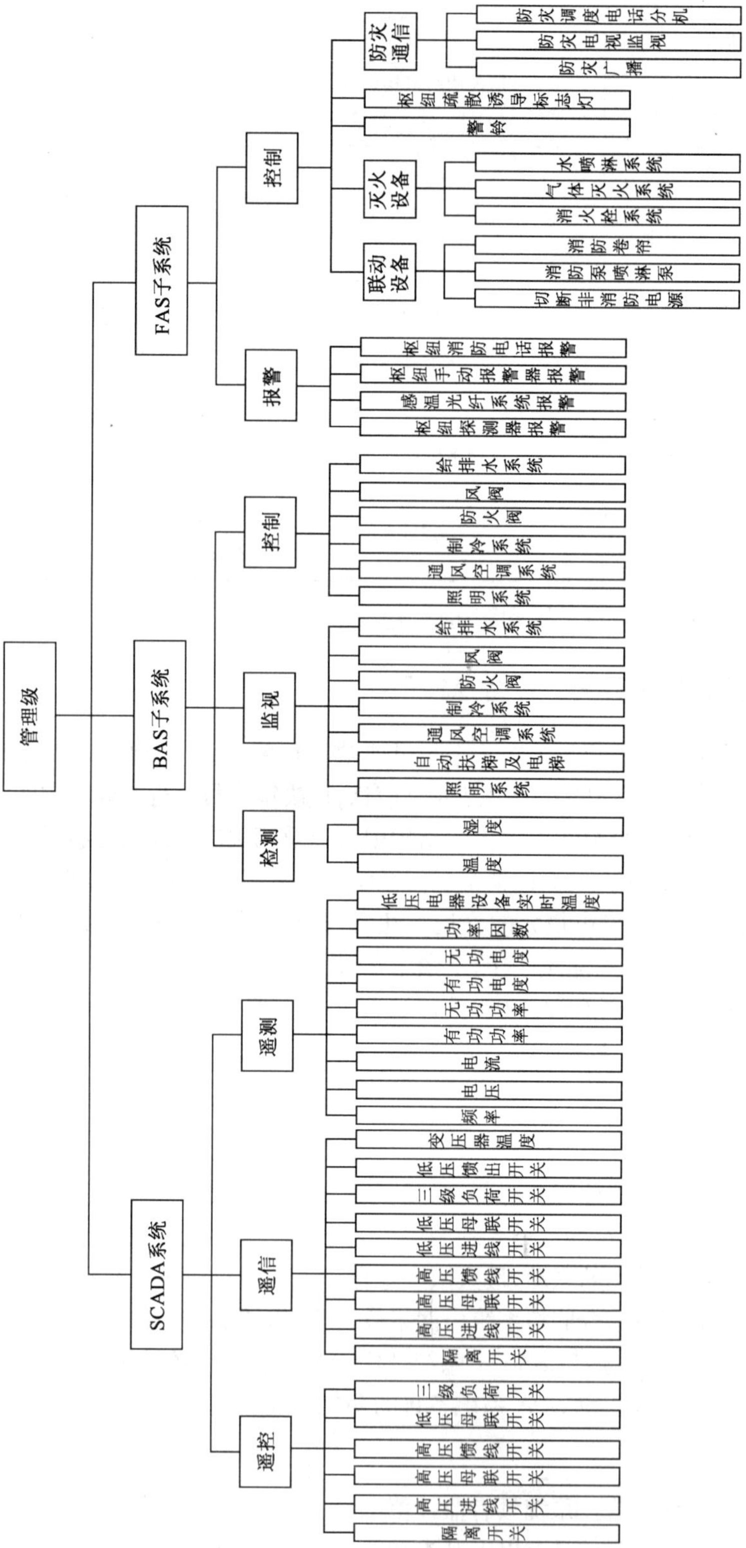

- 管理级
  - FAS子系统
    - 控制
      - 防灾通信
        - 防灾调度电话分机
        - 防灾电视监视
        - 防灾广播
      - 枢纽疏散诱导标志灯
      - 警铃
      - 灭火设备
        - 水喷淋系统
        - 气体灭火系统
        - 消火栓系统
      - 联动设备
        - 消防卷帘
        - 消防泵喷淋泵
        - 切断非消防电源
    - 报警
      - 枢纽消防电话报警
      - 枢纽手动报警器报警
      - 感温光纤系统报警
      - 枢纽探测器报警
  - BAS子系统
    - 控制
      - 给排水系统
      - 风阀
      - 防火阀
      - 制冷系统
      - 通风空调系统
      - 照明系统
    - 监视
      - 给排水系统
      - 风阀
      - 防火阀
      - 制冷系统
      - 通风空调系统
      - 自动扶梯及电梯
      - 照明系统
    - 检测
      - 湿度
      - 温度
  - SCADA系统
    - 遥测
      - 低压电器设备实时温度
      - 功率因数
      - 无功电度
      - 有功电度
      - 无功功率
      - 有功功率
      - 电流
      - 电压
      - 频率
    - 遥信
      - 变压器温度
      - 低压馈出开关
      - 三级负荷开关
      - 低压母联开关
      - 低压进线开关
      - 高压馈线开关
      - 高压母联开关
      - 高压进线开关
      - 隔离开关
    - 遥控
      - 三级负荷开关
      - 低压母联开关
      - 高压馈线开关
      - 高压母联开关
      - 高压进线开关
      - 隔离开关

图4-4 枢纽综合监控系统FAS子系统、BAS子系统和SCADA系统功能图

FAS 子系统、BAS 子系统、SCADA 系统功能表　　表 4-3

系　　统	功　　能
FAS 系统	保持管理控制中心、各子项之间的通信联络
	监视枢纽火灾灾情信息，对枢纽火灾报警及联动控制系统监控管理
	发布消防设备的控制命令，控制消防救灾设备的启、停，显示运行状态
	当启动各种防烟、排烟模式时，应联动停止通风、空调系统的运行，切断非消防电源
	完成项目间的火灾信息相互通信，并根据火灾具体位置，启动相应的火灾联动模式
	当启动各种防烟、排烟模式时，应联动停止通风、空调系统的运行，切断非消防电源
	枢纽消防设施的日常监管，进行档案管理，定期输出各类数据、报告
BAS 系统	机电设备监控功能
	执行防灾模式功能
	环境监控与节能运营管理功能
	环境和设备管理功能
SCADA 系统	遥控基本功能
	遥信基本功能
	遥测基本功能

（1）按一级保护对象设置火灾自动报警系统，自动监视枢纽火灾灾情并进行报警；启动防火、灭火设施及疏散标志系统；协助组织人员疏散、防止火灾发展和蔓延、控制和扑灭火灾；

（2）综合监控系统的集成范围包括防灾报警（FAS）、设备监控（BAS）、电力监控（SCADA）系统，并与时钟（CLK）、广播（PA）、电视监视（CCTV）、门禁（ACS）等系统互联；FAS 子系统负责火灾报警并监控消防专用设备，BAS 子系统监控正常工况运行的设备及灾害兼顾的设备，火灾时 FAS 子系统向 BAS 子系统发出火灾模式指令，BAS 子系统转为火灾运营管理模式；

（3）实现与国铁、地铁各线的综合监控系统互通火灾信息；

（4）具有中央和二级节点两级管理监控功能，可以由中央工作站、二级节点工作站、紧急控制盘发布控制命令或由程序自动判断执行及设备现场手动控制，并具有越级控制功能以及所需的各种扩展手段，遵循人工高于自动的优先级顺序，具备注册和权限设定功能。表 4-4 总结了综合监控系统不同状态下的功能。

综合监控系统不同状态下的功能　　表 4-4

二 级 系 统	状态	功　　能
中央级综合监控系统	正常状态	与各二级节点综合监控系统进行通信联络
		接收各子项火灾灾情信息、机电设备运行信息、电力设备运行信息，并对各子系统进行监控管理
		进行档案管理，定期输出各类数据、报告
		枢纽消防设施、机电设备、电力设备的日常监管
		对设备运行状况进行统计，实施设备维护管理趋势报告，提高设备管理效率
		注册和权限管理

续上表

二级系统	状态	功能
中央级综合监控系统	灾害状态	接收各子项火灾灾情信息,并对各子系统进行监控管理
		发布火灾涉及有关子项消防设备、机电设备、电力设备的控制命令
		完成子项间的火灾信息相互通信,并根据火灾具体位置,启动相应的火灾联动模式
二级节点综合监控系统	正常状态	与中央管理级进行通信联络
		监视子项内的机电设备运行信息、电力设备运行信息
		采集记录机电设备运行信息、电力设备运行信息,并报送中央监控管理级
		通过对环境参数的检测,对能耗进行统计分析,控制通风、空调设备优化运行,提高枢纽环境的舒适度,降低能源消耗
		对设备运行状况进行统计,实施设备维护管理趋势报告,提高设备管理效率
		注册和权限管理
	灾害状态	采集并监视子项内的火灾灾情
		控制子项内消防救灾设备、机电设备、电力设备的启、停,显示运行状态
		当启动各种防烟、排烟模式时,应联动停止通风、空调系统的运行,切断非消防电源
		独立或接受控制中心指令,发布火灾联动控制指令

3. 综合监控系统框架

综合交通枢纽综合监控系统的目的是将 SCADA、BAS、FAS 等系统的功能集于一体,保证所有监控系统的高效性和灾害事件处理得及时准确,所以综合监控系统的框架构建是非常重要的。

目前,监控系统均是采取分级控制的总体结构。综合监控系统的结构可分为 3 层,其结构框架见图 4-5。

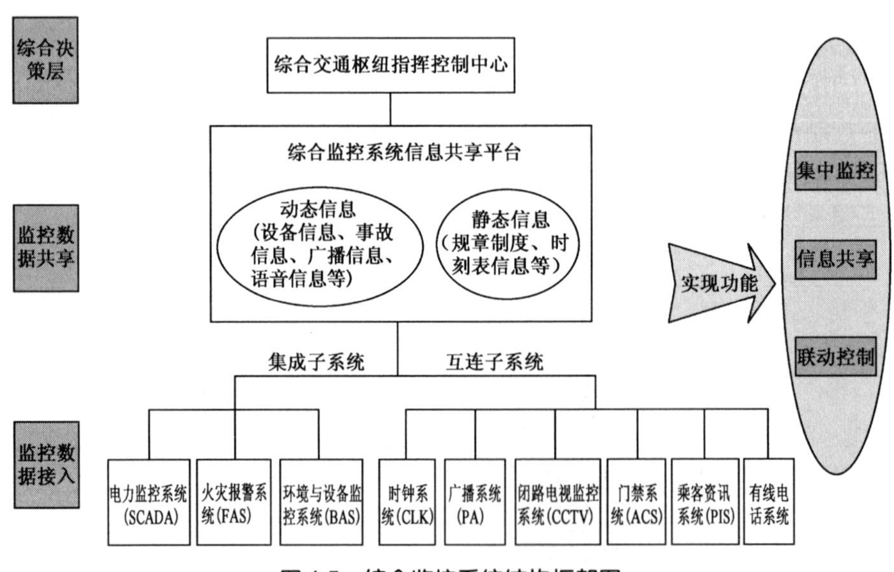

图 4-5　综合监控系统结构框架图

(1)第一层为综合决策层,统一的人机接口界面层,即决策层,用于辅助制定设备维修决策、调度指挥决策、防灾减灾决策、安全及救援决策、运营规划决策等。

(2)第二层为监控数据共享层,包括数据共享平台和通信平台,用于实现不同通信制式、不同数据格式的数据源的统一传输和共享。

(3)底层为监控数据接入层,包括电力监控系统(SCADA)、环境及设备监控系统(BAS)、火灾报警系统(FAS)等集成子系统,也包括时钟系统(CLK)、广播系统(PA)等互连子系统,其中既包括综合交通枢纽时刻表信息、枢纽规章制度等静态信息,也包括上述各系统监控所获的实时动态数据。

天津站枢纽综合监控系统的控制体系由中央级综合监控系统和二级节点综合监控系统两级组成,其中二级节点综合监控系统共包括六部分,分别如下:轨道换乘中心及前后广场联系通道综合监控系统、轨道交通换乘中心地下停车库及配套区和附属部分综合监控系统、海河东路及主广场综合监控系统、副广场综合监控系统、35kV 主变电所综合监控系统和管理控制指挥中心大楼综合监控系统。枢纽综合监控系统的中央级综合监控系统和二级节点综合监控系统纳入枢纽管理控制指挥中心中央控制室和各二级节点控制室,见图 4-6。

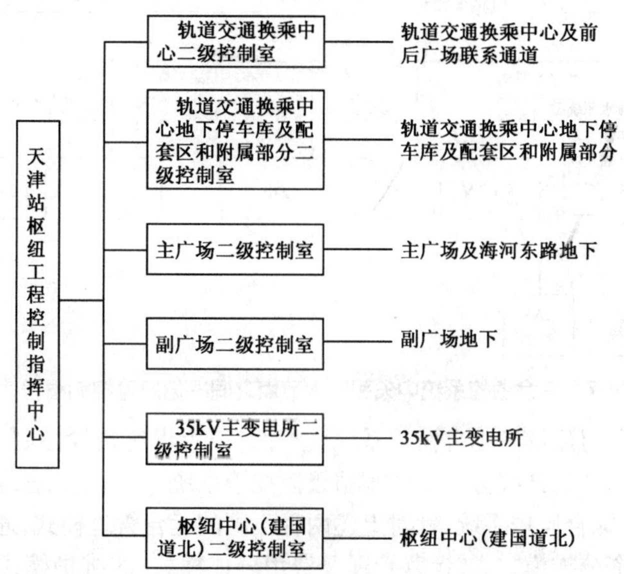

图 4-6　天津站交通枢纽综合监控系统控制节点图

综合监控系统通过通信以太网将中央级监控系统和各二级节点综合监控系统连为一体,这两级节点之间的信息流控制如图 4-7 所示。

4. 综合监控系统的不同模式比选

综合监控系统的运营管理模式可依据管理和归属方式不同划分为大集中模式和局部分散模式。

在大集中模式下,综合监控系统由中央级综合监控系统、传输网、二级节点综合监控系统构成。在大集中模式下,枢纽将 FAS 系统、BAS 系统、SCADA 系统集成为综合监控系统,并与闭路电视监控系统(CCTV)、广播系统(PA)、时钟系统(CLK)、门禁系统(ACS)、乘客资讯系统

(PIS)、有线电话系统、无线通信系统等互联，在中央级综合监控系统设置枢纽指挥控制中心，负责整个综合交通枢纽区域的监控和管理。

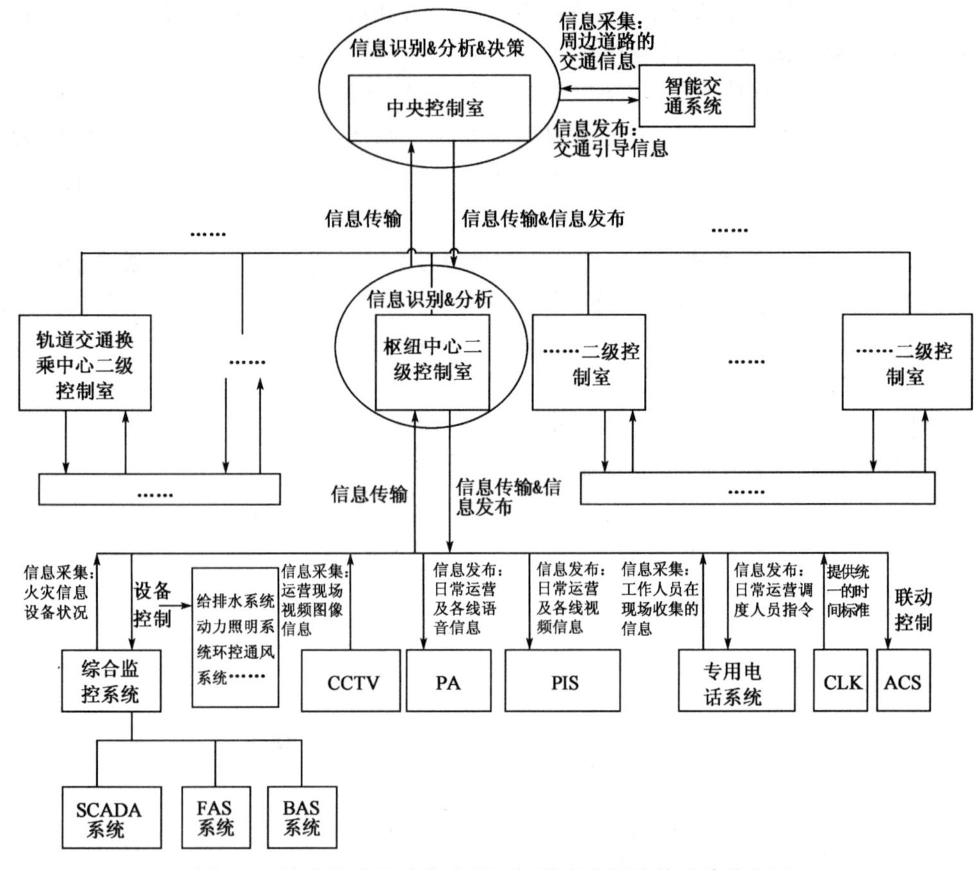

图 4-7　综合监控系统中央和二级节点之间的信息流控制图

在局部分散模式下，组建枢纽综合监控系统监控网，设置枢纽指挥控制中心，对枢纽进行集中监控管理的前提下，各地铁线分别组建车站级监控子系统，分别接入各地铁线监控系统。

对于综合交通枢纽综合监控系统，针对上述两种不同的运营管理模式，通常从以下几个方面进行对比分析：①投资分摊模式；②运营管理及费用分摊模式；③维护模式及其费用分摊模式；④综合监控系统运营管理模式；⑤与其他系统的分工。

基于上述分析，天津站综合监控系统结合实际情况从这两种模式对天津站综合监控系统方案进行优选分析（表 4-5）。

方案一：大集中模式方案

在大集中模式下，综合监控系统由中央级综合监控系统、传输网、二级节点综合监控系统构成，并在枢纽管理控制中心设置综合监控培训站。该方案中，枢纽组建 FAS 系统、BAS 系统、SCADA 系统，并在管理级对枢纽 FAS 系统、BAS 系统、SCADA 系统集成为综合监控系统。枢纽综合监控系统在中央级和二级节点与广播系统（PA）、电视监视系统（CCTV）、门禁系统（ACS）、乘客咨询系统（PIS）进行互联，同时中央级与时钟系统互联，以便使综合监控系统的时钟与枢纽各系统实现时钟同步。传输网采用千兆以太网，由通信系统统一搭建，各系统公用。

大集中与局部分散模式比较分析　　表 4-5

<table>
<tr><th>模式
对比项</th><th>大集中模式</th><th>局部分散模式</th><th>比 较 结 果</th></tr>
<tr><td>投资分摊模式</td><td>需要一个业主代表协调各投资主体之间的关系,组织项目的建设。因此除铁路以外的工程均由某一业主负责统一建设,各业主协议分摊建设费用</td><td>需要一个业主代表协调各投资主体之间的关系,组织项目的建设。本模式中由某一业主负责统一建设的工程不包括各铁路、地铁线车站级综合监控系统的费用,其中公共交通层由各相关业主协议分摊建设费用</td><td>两种模式下,枢纽综合监控系统的建筑规模和监控的设备数量基本相同,所以两种模式下的投资基本相同</td></tr>
<tr><td>运营管理及费用分摊模式</td><td>由综合交通枢纽运营管理单位的综合监控系统统一监控整个枢纽,运营管理费用通过商业开发和广告开发及各业主协议分摊</td><td>由综合交通枢纽运营管理公司对枢纽综合监控系统统一管理、统一调度,运营管理费用通过商业开发和广告开发及各业主协议分摊。各地铁、铁路车站级的监控系统,各自分别管理,运营管理费用由各自管理主体分别负责</td><td>两种模式下,枢纽综合监控系统的建筑规模和监控的设备数量基本相同,所以两种模式下的运营管理费用基本相同,但费用分摊比较复杂</td></tr>
<tr><td rowspan="2">维护模式及其费用分摊模式</td><td colspan="2">对于枢纽综合监控系统设备的维护、维修,大集中模式和局部分散模式的维护模式是相同的,具有两种方案:委托社会企业维护[1]和组建枢纽维修机构[2]</td><td rowspan="2"></td></tr>
<tr><td>整个枢纽范围内综合监控系统的维护、维修均由枢纽运营管理单位负责</td><td>在局部分散模式下,各地铁线、铁路车站级综合监控系统,由各自管理主体分别进行维护、维修</td></tr>
<tr><td>综合监控系统运营管理模式</td><td>整个枢纽范围内综合监控系统的运营管理模式均由枢纽运营管理单位确定</td><td>地铁线、铁路车站级综合监控系统的运营管理模式由各项目确定;但某项目管辖范围内发生灾害事件、故障时,需要向存在建筑接口的相关项目发送信息,各有关项目系统据此进行相应的联动控制,完成救援工作</td><td></td></tr>
<tr><td>与其他系统的分工</td><td>各地铁线、铁路车站级综合监控子系统的监控范围为屏蔽门以外的行轨区、隧道区间,其他部分纳入枢纽综合监控系统的监控范围</td><td>枢纽综合监控系统与地铁、铁路站房之间的接口的分工界面为枢纽综合指挥控制中心以太网端口处,监视范围的分工界面同建筑界面</td><td></td></tr>
</table>

注:[1]枢纽组建综合维修部自动化班组,负责监控备品的采购、运用管理巡检、日常保养和抢修工作。大、中修工作按照委外考虑,自动化班组负责安排维修计划和验收等工作。委托社会企业维护具体职责包括监控系统的巡检、日常保养、定期检修和抢修工作,包括车站环境监控系统(BAS)、防灾报警系统(FAS)、以及电力监控系统(SCADA)设备等,还负责设备性能的测试工作。实行外委维修制度,维护费用通过商业开发、广告开发及由各业主分摊来实现。

[2]组建枢纽维修机构指枢纽组建自己的维修机构,可以对维修机构进行有效地掌控。维修机构的运作及设备的维护费用通过商业开发、广告开发及由各业主分摊来实现。

在大集中模式下,枢纽综合监控系统实行三级控制(枢纽控制指挥中心、二级节点、设备现场)、两级管理(枢纽控制指挥中心、二级节点)。除铁路所属工程和李公楼立交桥以外,在各子项设置二级节点综合监控子系统,各二级节点综合监控子系统接入枢纽综合监控系统网络,由枢纽管理控制指挥中心集中监控管理。由于前后广场联络通道规模较小,不便于设置管理用房,故前后广场联络通道纳入轨道换乘中心二级节点管理。

大集中模式下,现场级 FAS、BAS 与 SCADA 系统相对独立。FAS 系统负责报警并监控包括消防泵、喷淋泵、气体灭火系统、防火卷帘、应急照明、切除非消防电源等专用消防设备。BAS 系统负责监控正常工况使用及火灾工况和正常工况兼用的设备,火灾时由 FAS 系统通过数据接口向 BAS 系统发布火灾指令,BAS 系统按预先制定的火灾模式进行消防设备的联动控制。SCADA 系统负责供电系统的自动化管理、调度及运行状态的监视。

方案二:局部分散模式方案

局部分散方案是指,在组建枢纽综合监控系统监控网,设置枢纽管理控制中心,对枢纽进行集中监控管理的前提下,地铁 2、3、9 号线分别组建车站级子系统,监控轨道换乘中心地下 2、3、4 层并分别接入各地铁线监控系统。

对于天津站综合交通枢纽综合监控系统,针对上述两种不同的运营管理模式,提出以下方案比选因素:①投资分摊模式;②运营管理及费用分摊模式;③维护模式及其费用分摊模式;④综合监控系统运营管理模式;⑤与其他系统的分工。

(1)投资分摊模式比较

①大集中模式下的投资分摊模式

在大集中模式下,为保证项目顺利的实施,项目建设需要统一协调、统筹安排,需要一个业主代表协调各投资主体之间的关系,组织项目的建设。因此除铁路以外的工程均由天津城投建设公司负责统一建设,各业主协议分摊建设费用。

②局部分散模式下的投资分摊模式

在局部分散模式下,为保证项目顺利的实施,项目建设需要统一协调、统筹安排,需要一个业主代表协调各投资主体之间的关系,组织项目的建设。本方案中除地铁 2、3、9 号线、铁路站房以外的工程由天津城投建设有限公司负责统一建设,轨道换乘中心地下一层交通层由各相关业主协议分摊建设费用;地铁 2、3、9 号线监控系统由各地铁业主建设。

两种模式下,枢纽综合监控系统的建筑规模和监控的设备数量基本相同,所以两种模式下的投资基本相同。

(2)运营管理及费用分摊模式比较

①大集中模式下的运营管理及费用分摊模式

为保证枢纽长期稳定有序的运营,由组建的枢纽运营管理公司对除铁路站房、五经路地道、综合配套楼、顺驰地块地上部分、公交中心以外的综合监控系统统一管理、统一调度。在火灾工况下,上述管理范围以外且与枢纽存在建筑接口的项目,通过项目间的接口,实现火灾信息互传及消防设备的联动控制。大集中模式下,运营管理费用通过商业开发和广告开发及各业主协议分摊。

②局部分散模式下的运营管理及费用分摊模式

在局部分散模式下,为保证项目长期稳定有序的运营,由枢纽管理公司对枢纽综合监控系统统一管理、统一调度。地铁 2、3、9 号线、铁路站房的监控系统各自分别管理。

在局部分散模式下,枢纽综合监控系统的运营管理费用通过商业开发和广告开发及各业主协议分摊。地铁 2、3、9 号线、铁路站房的监控系统的运营管理费用由各自分别负责。

(3)维护模式及其费用分摊模式比较

对于枢纽综合监控系统设备的维护、维修,大集中模式和局部分散模式的维护模式是相同的,具有两种方案:委托社会企业维护和组建枢纽维修机构;不同的是,在布局分散模式下,地铁2、3、9号线、铁路站房的监控系统,各自分别进行维护、维修。

①委托社会企业维护

枢纽组建综合维修部自动化班组,负责监控备品的采购、运用管理巡检、日常保养和抢修工作。大、中修工作按照委外考虑,自动化班组负责安排维修计划和验收等工作。具体职责包括监控系统的巡检、日常保养、定期检修和抢修工作,包括车站环境监控系统(BAS)、防灾报警系统(FAS)以及电力监控系统(SCADA)设备等,还负责设备性能的测试工作。

实行外委维修制度,维护费用通过商业开发和广告开发及由各业主分摊。

②组建枢纽维修机构

枢纽组建自己的维修机构,可以对维修机构进行有效地掌控。维修机构的运作及设备的维护费用通过商业开发和广告开发及由各业主分摊来实现。

(4)综合监控系统运营管理模式比较

在大集中方案和局部分散模式下,枢纽综合监控系统的运营管理模式是相同的;不同的是,在局部分散方案中,地铁2、3、9号线、铁路站房等的FAS系统的运营管理模式由各项目确定;但某项目管辖范围内发生火灾时,需要向存在建筑接口的相关项目发送火灾信息,各有关项目的FAS系统据此进行相应的疏散标志系统、防火卷帘及防排烟系统等消防设备的联动控制,配合发生火灾的项目完成火灾救援工作。

(5)与其他系统的分工比较

①大集中模式下与其他系统的分工

大集中模式下,地铁2、3、9号线天津站车站级综合监控子系统的监控范围为屏蔽门以外的行轨区、隧道区间及隧道通风系统、排热系统、AFC和屏蔽门系统,其他部分纳入枢纽综合监控系统的监控范围。

大集中模式下,由于五经路地道将由市有关部门接管,故五经路地道设置为独立节点,但可以通过智能交通的传输通道向枢纽管理控制中心传输监控信息。公交中心将由通沙公司接管,但由于其与轨道换乘中心存在建筑接口,火灾时需要进行联动控制,故公交中心仍作为枢纽的一个二级节点,但一般情况下枢纽对其只监不控。根据建设单位要求,综合配套楼、顺驰地块地上部分将独立运营,也不纳入枢纽综合监控系统,只与枢纽管理控制中心保持通信联系。

枢纽综合监控系统与地铁2、3、9号线、铁路站房等存在建筑接口的独立监控系统建立通信联系,互通火灾信息,协调消防设备的联动控制。与地铁2、3、9号线之间的接口,利用各线通信备用光芯,在各中央级之间采用冗余以太网接口进行通信。与铁路站房之间的接口,建立在铁路站房监控室与枢纽管理控制中心之间,采用光缆或双绞线传输,设冗余以太网接口进行通信。

②局部分散模式下与其他系统的分工

在局部分散模式下,枢纽综合监控系统与铁路站房之间的接口的分工界面为枢纽综合指挥中心以太网端口处。

枢纽与地铁各线监视范围的分工界面同建筑界面。

枢纽与地铁各线控制中心之间的接口利用各线光缆备用光芯，其分工界面为地铁各线在天津站的通信机械室光纤配线架上，从该光纤配线架至枢纽综合指挥中心的光缆归枢纽项目。

在局部分散模式下，地铁2、3、9号线之间互通火灾信息的接口方案由地铁线各项目确定，地铁2、3、9号线与枢纽FAS系统的接口需要与有关项目协商。枢纽与铁路站房、综合配套楼、顺驰地块地上部分之间的接口同大集中模式下的接口方案。

(6)比选结论

由上述“大集中方案”和“局部分散方案”模式比选可知，两个方案均能满足天津站交通枢纽综合监控系统的运营需求，但两个方案相比可得：

局部分散模式下：①多项目主体。地铁2、3、9号线在天津站的FAS子系统由各线建设、各线管理，各线与枢纽作为平等的主体，由此，节点站内存在几个平等的项目主体，建设期、运营期存在协调的困难。②多个综合监控系统。节点站内存在几个独立综合监控系统，节点站内火灾也需要各系统相互配合，使消防控制流程变得比较复杂。③监控方案各不同。地铁2、3、9号各线综合监控系统方案各不相同，相互间的接口不落实且接口方案也可能不同。④安全救援组织困难。节点站出现问题，责任不好界定，对火灾救援的组织非常不利。

大集中模式下：①建运统一。枢纽的综合监控系统统一建设、统一管理，火灾时统一指挥、统一调度，有利于项目建设工程的顺利实施和建成后系统的运营管理。②减少接口方案。只需要建立枢纽与地铁各线的接口，不需要地铁各线之间的接口，接口方案简单、容易实施。③火灾救援联动统一。节点站内火灾由一个综合监控系统报警及联动控制，不需要地铁各系统相互配合。

比较分析：

从建设成本角度分析，两种模式投资基本相同。从枢纽运营角度基于全生命周期成本(LCC)分析，大集中方案更有利于项目建设工程的顺利实施和建成后系统的运营管理，且与地铁各线的接口方案简单、容易实施。

因此，由于项目的建设和运营管理在技术上具有明显的优势，这将会大大减少运营期间的费用，使得此项目全生命周期成本进一步降低。所以经分析决定，天津站综合交通枢纽综合监控系统采用大集中方案进行设计。

①枢纽综合监控系统统一建设、统一管理；

②委托社会专业化维护队伍进行系统的维护、维修；

③与相关项目综合监控系统的接口建立在中央级，采用以太网接口方案。

4.3.3 控制系统设计——指挥控制中心

1. 指挥控制中心的功能

指挥控制中心是综合交通枢纽灾害事件发生前的安全管理和灾害发生后指挥控制核心和中枢，其主要功能为对整个综合交通枢纽进行指挥和调度，以便在安全管理和应急管理中实现有效的应急联动。

控制指挥中心的功能是，通过有效的信息集成，对枢纽区域进行监视、控制并处理枢纽内发生的灾害，从而达到保证枢纽安全运营的目的。下面分别阐述天津站综合交通枢纽工程控制指挥中心在正常情况和灾害情况下的功能。

1）天津站枢纽指挥控制中心在正常情况下的功能

指挥控制中心在正常情况下，通过信息收集、信息识别和信息分析等进行有效信息集成，主要实现对枢纽区域的监视、设备控制、协调和管理工作。在正常情况下，枢纽指挥控制中心主要完成以下功能，见图4-8。

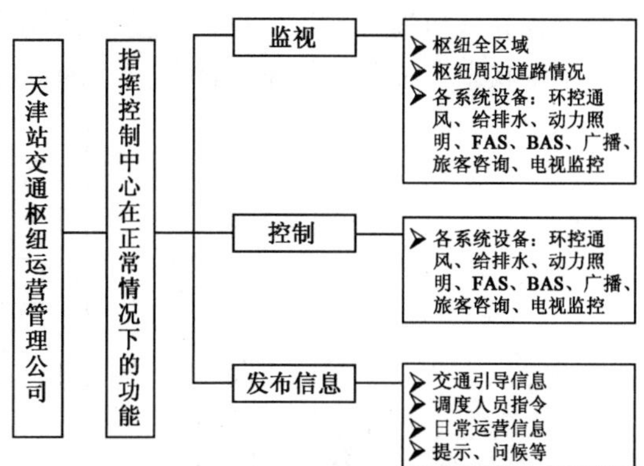

图4-8　指挥控制中心在正常情况下的功能

（1）对枢纽全区域进行有效监控，及时发现并避免可能发生的意外情况，同时掌握枢纽内各处客流的实时情况，及时地对客流进行引导。

（2）对枢纽内的环控通风、给排水、动力照明、FAS、BAS、广播、旅客资讯、电视监控等系统进行集中监视和控制，随时掌握各系统的设备运行情况，并根据枢纽内的情况变化，按照预先拟订的方案及与各业主签订的运营协议，由指挥中心有关值班人员随时对有关系统进行控制。

（3）向枢纽内的乘客发布各种提示、引导、问候等信息，以提高枢纽的服务水平，并引导乘客快速乘车或离站。

（4）对枢纽周边道路交通情况进行监视，并将该信息发布给枢纽内的乘客，以引导乘客选择合适的途径离站。

2）天津站枢纽指挥控制中心在灾害情况下的功能

在灾害状况下，枢纽指挥控制中心配合天津市交通管理委员会对枢纽范围内防灾抢险工作的统一指挥，协调各地铁线、铁路、公交及公安、消防、安全、其他政府部门等按照既定预案配合枢纽的防灾抢险工作。枢纽指挥控制中心在灾害状态下具有以下功能，详见图4-9。

（1）灾害发生时，配合交通管理委员会对枢纽范围内所涉及的各地铁线、铁路和公交等系统的相关工作人员进行协调指挥。

（2）具有与各地铁线、铁路和公交等系统的指挥控制中心之间进行直接、实时的信息交换的能力，在灾害发生时能快速地将情况通报给各地铁线、铁路和公交等系统的控制指挥中心，并协调各线联动配合。

（3）具有与消防、公安及安全等相关部门的直接的通信手段，以便快速准确地将灾害情况向有关部门汇报。

（4）具有向旅客集中发布灾害信息的功能。

（5）具有对枢纽各区域进行实时视频监控的功能。

（6）能对枢纽内各种与灾害抢险有关的设备进行集中控制。

2. 指挥控制中心信息流向设计

1）正常状态下枢纽控制指挥中心的信息流向

正常状态下，控制指挥中心的信息集成过程为：通过其硬件设施系统，由其二级控制室广泛的收集资料，并对其收集到的资料进行识别和分析，二级控制室对资料进行整理后，按照信息逐级加密的原则将信息传输到中央控制室，为值班指挥长及枢纽总指挥对于枢纽范围内出现的干扰和危机情形做出正确的预防措施提供技术保证。

正常状态下控制指挥中心的信息管理见图4-10。

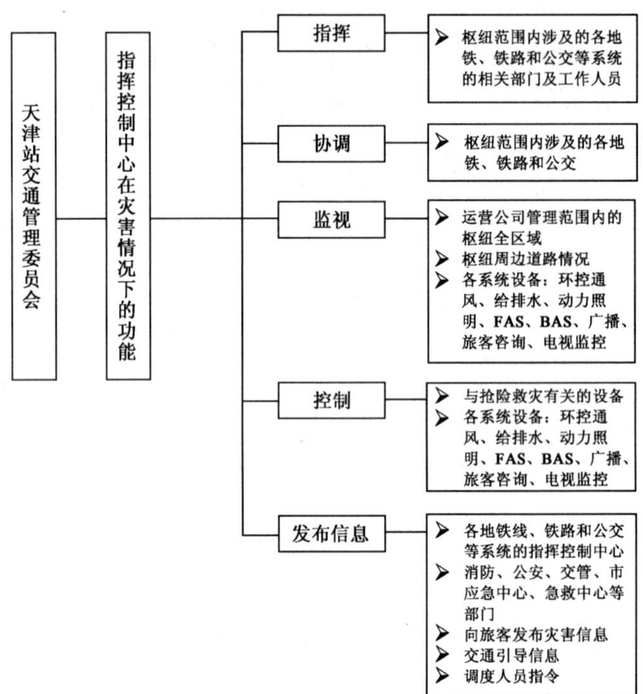

图4-9 指挥控制中心在灾害情况下的功能

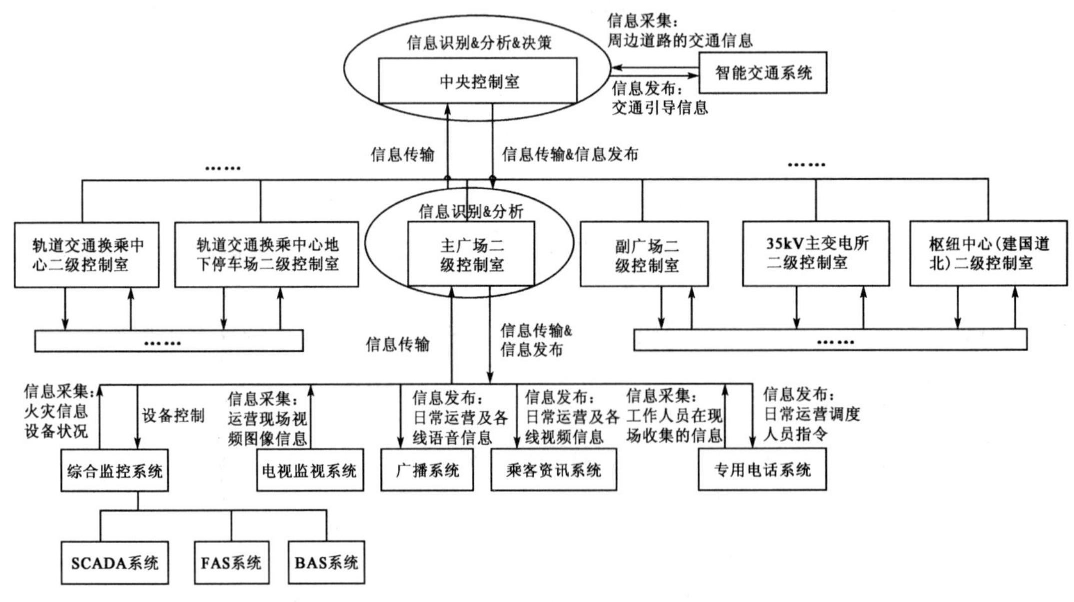

图4-10 正常状态下枢纽控制指挥中心的信息流向

2)灾害状态下枢纽控制指挥中心的信息流向

灾害状态下枢纽控制指挥中心的控制节点和信息流向

(1)成立天津站综合交通管理委员会——灾害状态下枢纽控制指挥中心的控制节点

在灾害状态下,枢纽控制指挥中心仍延续控制指挥中心在正常状态下的控制节点体系,设置6个二级控制室。

在灾害状态下,枢纽控制指挥中心需将其收集的与灾害相关的全部信息向天津站综合交通管理委员会汇报。由天津站综合交通管理委员会统一指挥枢纽范围内的防灾抢险工作,可对枢纽范围内所涉及的各地铁线、铁路和公交等系统的相关工作人员进行直接指挥,且天津站综合交通管理委员会需协调和指挥其所管辖的公安、消防、安全、市应急中心、急救中心和其他政府部门配合枢纽的抢险救灾工作,从而广泛调动社会资源,使灾害对枢纽甚至社会的影响和损害降到最低,见图4-11。

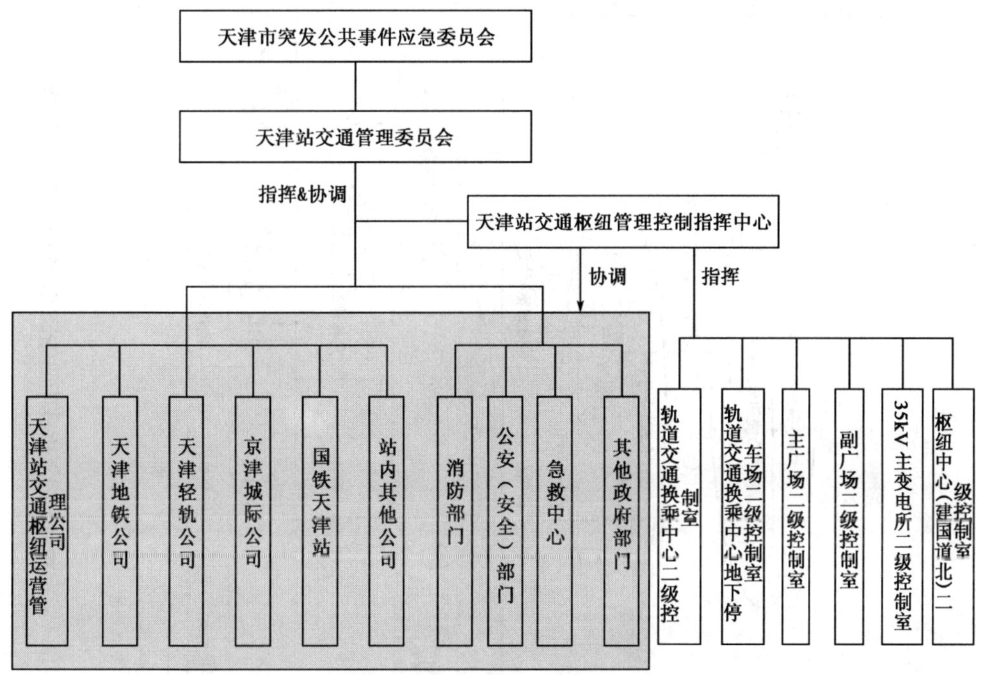

图4-11　灾害状态下枢纽控制指挥中心的控制节点体系——成立天津站综合交通管理委员会

(2)成立天津站综合交通管理委员会——灾害状态下枢纽控制指挥中心的信息流向

采取成立天津站综合交通管理委员会的方案时,灾害状态下,枢纽控制指挥中心的信息流向如图4-12。

在正常状态下,由其负责整个天津站地区的政府职能管理工作;在灾害状态下,天津站综合交通管理委员会需依据枢纽控制指挥中心提供的灾害信息,参与灾害事件的决策和处理,协调和指挥其管辖的各相关机构,迅速有效地调动社会资源,进行抢险救灾。对天津站综合交通枢纽的日常政府职能管理和抢险救灾状况,天津站综合交通管理委员会直接对政府负责。

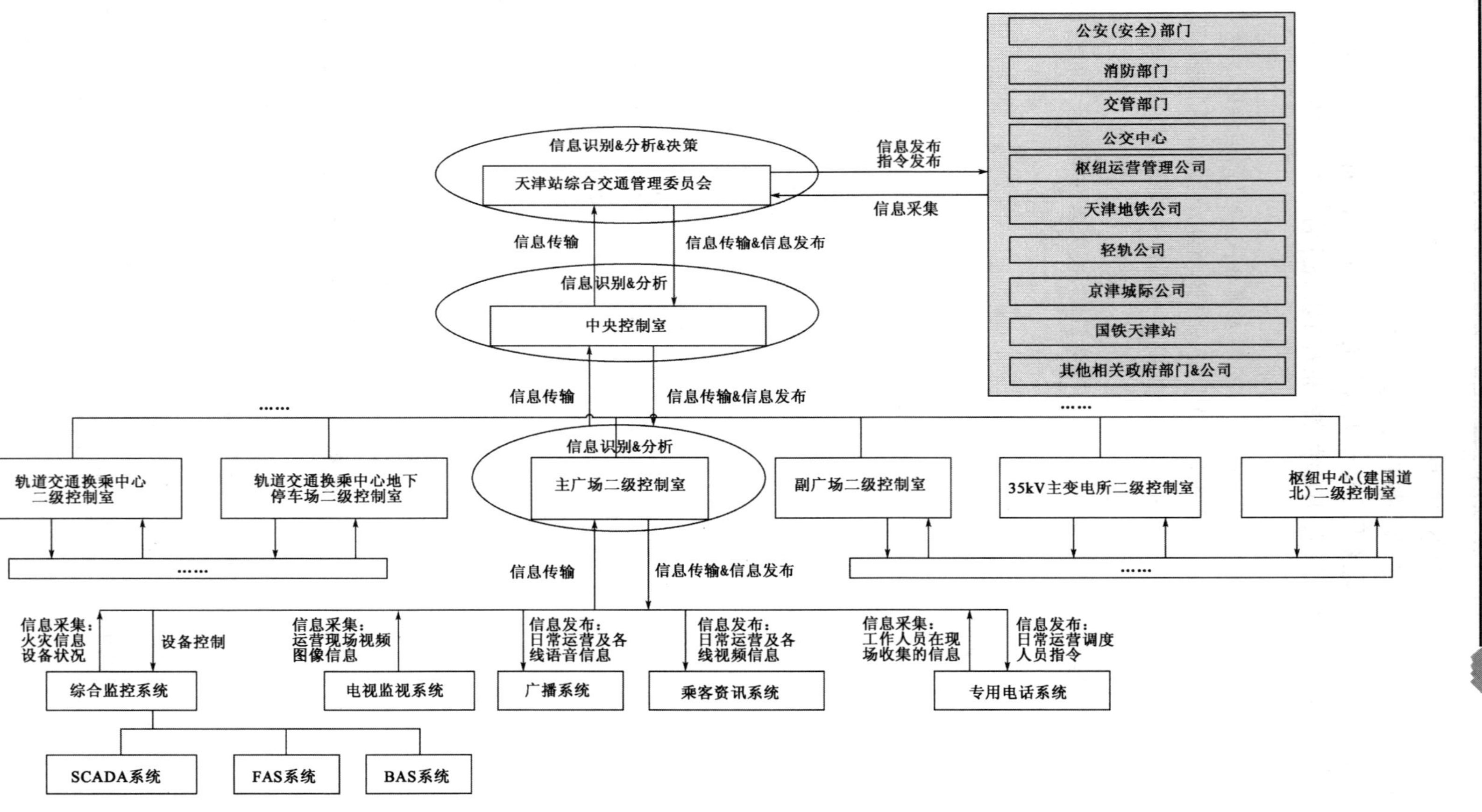

图4-12 灾害状态下控制指挥中心的信息流向——成立天津站交通管理委员会

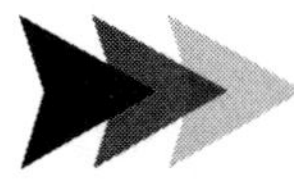

第五章　基于接口管理理论枢纽接口集成设计

接口管理历来是项目管理的薄弱环节，城市综合交通枢纽工程项目接口的基本特征是接口风险较一般项目更大。天津站综合交通枢纽工程是一项复杂的系统工程，子项工程众多，建设工程界面复杂，且设备系统繁多。为保证综合枢纽工程建运阶段设备系统的安全运行，满足公共安全的需求，需要在技术上对接口进行合理设计，尽量减少各界面接口，简化接口关系，减少项目间交叉作业，使得在多投资主体下的整个枢纽工程的设计成为一个完善、有机的整体，并保证枢纽高效的运行。

5.1　天津站综合交通枢纽接口识别分析

基于运营角度枢纽接口设计应以工程管理为界面，本着技术经济合理、界面清晰、便于管理的原则进行设计。

5.1.1　项目设计范围及责任单位

设计工作的组织模式为勘察设计总承包，总承包单位为铁道第三勘察设计院，整个工程共引进设计单位6个，另外5个分别是天津市政设计院、天津城建设计院、天津市建筑设计院、北京城建设计研究总院、总参工程兵第四设计研究院。铁道第三勘察设计院负责工程接口文件的编制、管理和协调工作。见图5-1。

天津站交通枢纽工程包含土建工程子项10个，枢纽设备系统4个，控制指挥中心1个。其余的设备包含在10个子项中。

5.1.2　天津站综合交通枢纽接口对象模型

枢纽接口对象模型的建立是为了更多地获取接口的实际内容和理清复杂接口的交叉结构内容。接口对象模型能够详尽地表达出各层次接口的数据结构信息、接口的适用范围和接口对象之间的逻辑关系。

图5-2中给出了枢纽项目接口对象模型的建立流程。主要通过图中两个层面来实现：接口模型建立层面和接口实践操作层面。

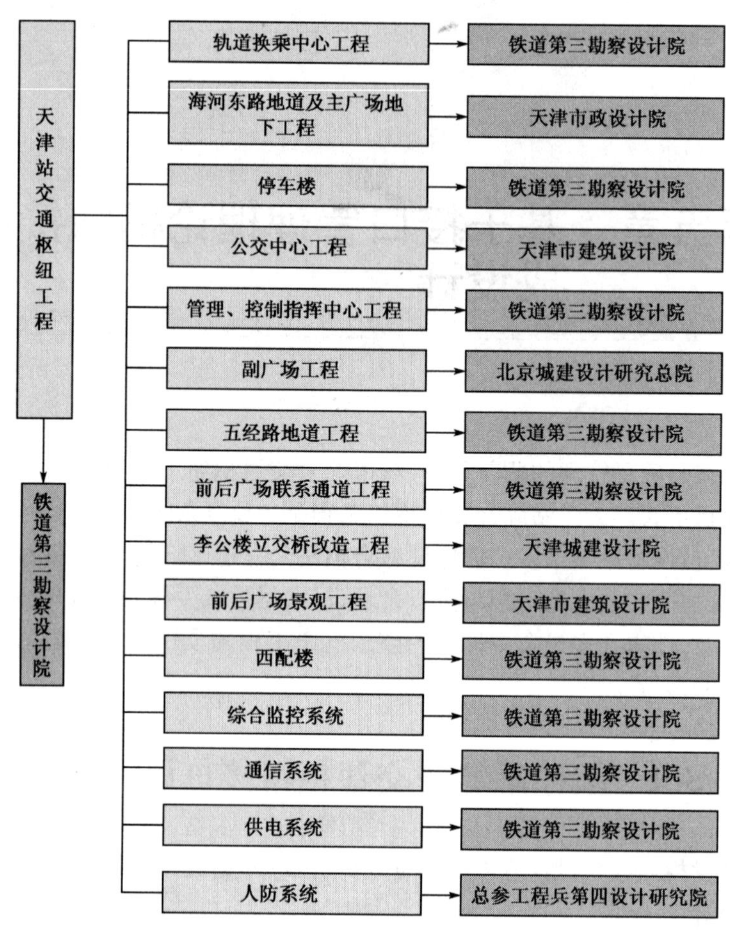

图 5-1　天津站综合交通枢纽设计组织结构

1）接口模型建立层面

这个层面包括三个主要阶段：

（1）接口分类。基于设计特点，本节将天津站枢纽工程的接口分为两类，土建接口和设备接口（图 5-3）。

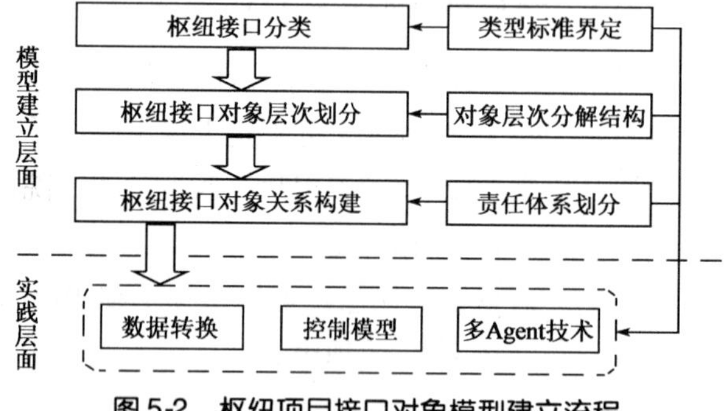

图 5-2　枢纽项目接口对象模型建立流程

综合交通枢纽工程接口的分类，是构建接口对象模型的基础，是接口层次分解和关系设计的依据。本文选择以综合交通枢纽工程的典型接口类型为接口对象的建模基础。一方面，可以通过接口分类准确定义各类接口和对接口对象的性质划分。另一方面，通过对枢纽接口分类能够快速决策，将繁杂的接口对象应用到接口对象模型中。

（2）层次划分。对枢纽项目各类接口的系统进行层次划分，使得同一层次内的接口在相同的目标体系中。在对枢纽工程接口进行分类和界定后，通过进一步的细化划分出接口层次，以增加接口对象模型的适用性。枢纽接口层次划分的目的在于无限逼近接口对象的实践工作，并通过一个层次分明的结构框图来说明接口层次的分解过程。接口层次划分见附录 3。

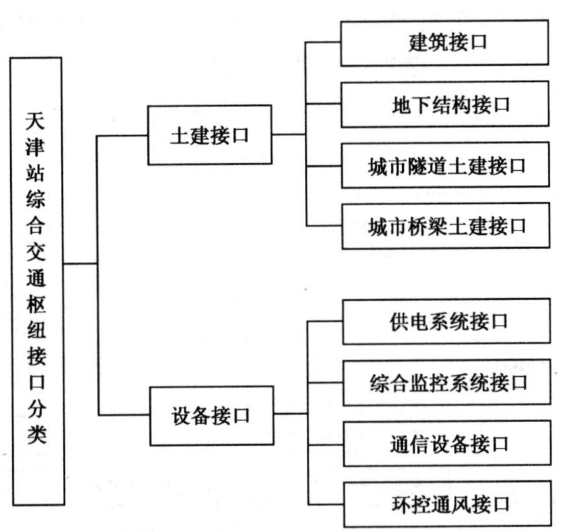

图 5-3　天津站综合交通枢纽工程接口分类

(3)就枢纽接口对象间的关系给出关联图,在图中标示出接口间的逻辑关系。

在上述三个阶段中,枢纽项目接口对象的层次分解是以接口类型细分为基础的,三个阶段的完成是将枢纽工程接口从抽象到具体的规范过程。

2)接口实践操作层面

这个层面主要是将已建好的逻辑模型通过数据转换、控制模型建立和多 Agent 技术实现交互操作。本层面的重点在于模型的技术实现手段,本研究选择多 Agent 技术,借助多个Agent来辅助完成天津站综合交通枢纽接口设计的交互操作。

5.1.3　基于全生命周期理论枢纽接口集成分析

借鉴集成思想,针对枢纽项目建设存在多投资主体、多个设备系统、多线路交错网络化特性,工程系统间接口管理具有重要作用。如果在设计阶段接口划分不清,必然导致大型枢纽项目全生命周期内接口两侧系统信息与项目功能实现传递不畅通,形成传递障碍点,在运营阶段导致系统监控出现盲区,责任不明,影响枢纽项目运行的可靠性、安全性并造成阻隔。

建设项目全生命周期集成化管理是一种新型的管理模式。它探讨的是将传统项目管理模式中相对独立的策划阶段、实施阶段、运营阶段,运用管理集成思想,要求项目利益相关方,如业主、承包商、运营商、项目管理等各方,在全生命周期内,形成适于实现集成管理组织功能的管理联合实体模式。针对交通枢纽工程项目的特点,要求基于项目全生命周期集成管理对项目内的子系统进行有序梳理,系统建立不同工况下的土建工程和设备系统运行控制方案,为项目的设计、建设管理和运营管理接口划分提供依据,有效地将设计、建设和运行阶段的接口管理控制技术进行有机集成。

建设项目全生命周期包括决策阶段、实施阶段和运营阶段,相对上述各阶段,天津站综合交通枢纽接口集成管理在工程周期维度上划分为:接口设计、接口安装调试和接口运营管理。

在项目设计、建设和运营阶段使用集成管理手段,首先应该建立一个便于控制的接口集成控制主体,使得从该项目整体出发的各子系统紧密协调,以确保该系统目标的实现。这个问题进一步复杂化为枢纽项目全生命周期内不同集成单元控制主体(PMO、指挥控制中心和运营主体)的权利义务关系协调演进。这将要求各控制主体在各系统模块化形式下,依赖项目接口集成完善自身功能,改善经过相互交融形成的特定集成关系,增加对内外部系统的一体化控制。(如图5-4所示)

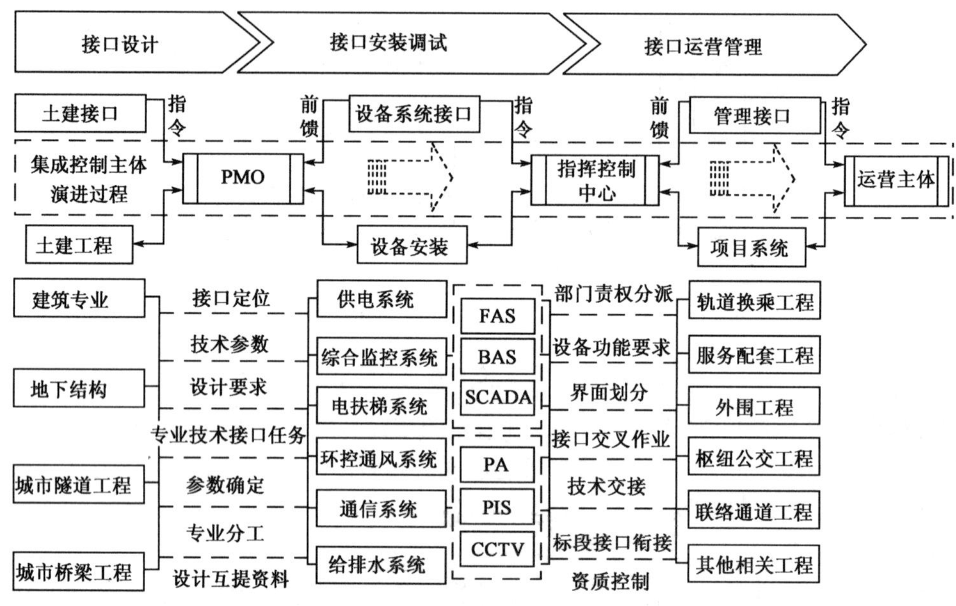

图5-4 枢纽全生命周期接口集成管理

全生命周期接口集成控制技术可以增强项目全生命周期内动态链接能力,主要包括建筑、结构、设备设施之间设计规划、实施技术、工艺之间规划、实施、验收运行、维护保养等,以功能的实现为目标,从而保证建筑空间、系统空间、功能空间三者之间的一致性。

5.2 路网的理念下枢纽换乘站综合监控系统接口方案设计

第四章安全管理系统设计中已经对综合监控系统进行详细阐述,本节主要从枢纽安全理念和全生命周期成本(LCC)理论出发,对换乘站的综合交通系统接口方案进行设计研究,以期能够通过接口方案设计,减少接口数量,优化接口方案,降低设备投资。

目前进行的综合监控系统方案研究出发点仍然是项目本身,站在路网的层面考虑问题比较少,对于路网线路间的灾害信息互传及联动控制配合的接口方案普遍没有进行深入地研究。

从安全角度看:作为一个建筑整体,换乘站是多条地铁线路的节点站,监控系统的设置对地铁运营至关重要。发生灾害时,对各线均有影响,须各条线路共同管理,整个车站的防灾设备需要统一调度。当前不少换乘站有关各线分别设置车站级监控系统,系统间有的采用继电器握手接口方式。显然,各线在换乘站分别设置车站级监控系统不利于换乘站抢险救灾的统一调度、统一指挥。同时由于继电器握手接口方式传递的信息有限,也不能很好地满足各线的运营管理。

从投资角度看:换乘站综合监控系统设置设计方案的不同势必会对相应接口和配套的设

备数量产生很大影响，接口数量和配套设备数量的多少将直接影响枢纽的造价。

最近几年，北京、广州等城市正在建设的城市轨道交通监控中心（TCC），也进一步证明路网中各线不是独立的，而是密切相关的。所以研究轨道交通监控系统时，要站在路网的层面进行研究，使一条线的监控系统适合于路网运行的需要。

1. 天津站枢纽与地铁各线接口关系分析

天津站枢纽综合监控系统与地铁2、3、9号线、铁路站房等存在建筑接口的独立监控系统，以此建立通信联系，互通火灾信息，协调消防设备的联动控制。与地铁2、3、9号线之间的接口，利用各线通信备用光芯，在各中央级之间采用冗余以太网接口进行通信。与铁路站房之间的接口，建立在铁路站房监控室与枢纽管理控制中心之间，采用光缆或双绞线传输，设冗余以太网接口进行通信，见图5-5。

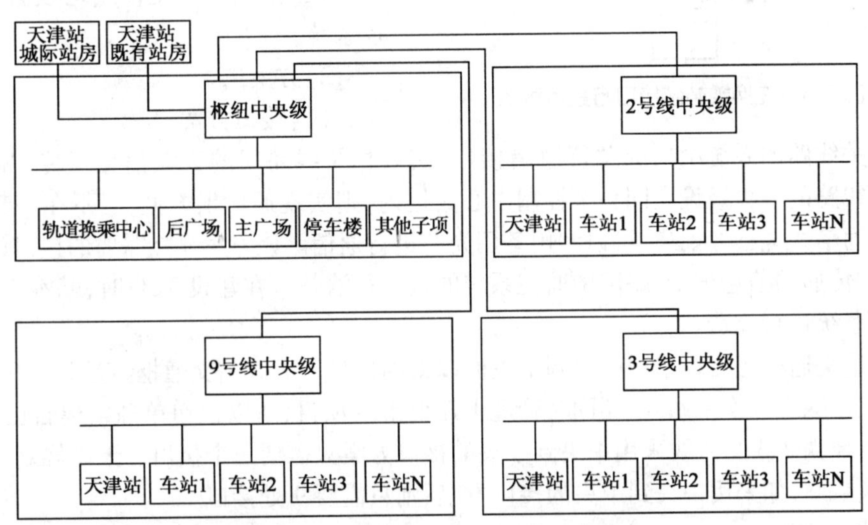

图5-5　天津站枢纽与地铁各线接口关系图

由于继电器握手接口方式传递的信息有限，所以不能很好地满足各线的运营管理。另外，在换乘站，一条线往往与其他几条线换乘，需要与其他线多处做接口。天津站枢纽采用中央到中央的以太网接口方案，每两条线之间只做一个接口。

2. 接口方案设计

根据轨道交通规划网，某号线一般有若干个站与其他线路交叉换乘，换乘站相关的线路的监控系统互连、互通十分重要。换乘站发生火灾，与该站相关的几条线都要进入火灾运行模式；另一方面与该站相临的某号线区间发生火灾，相关线进入火灾运行模式，其隧道排烟模式中也需要联动控制换乘站的风机运行。为了解决轨道交通网的灾害信息互通及设备控制联动，需要解决相关线路间的火灾信息互传问题，其解决方案要考虑路网中各控制中心的规划情况及实施顺序。对此，有以下两个可选择的接口方案。

1）方案一

（1）接口方案

在换乘站进行接口设置（见图5-6）。当多条线路换乘时，该站每条线路均需要与相关的

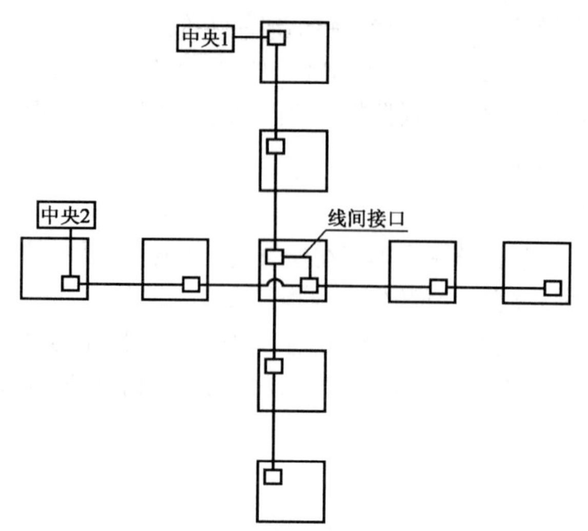

图5-6　在换乘站做接口方案示意图

其他线路设置接口，显然该方案需要的接口设备较多，投资相对较高。更重要的是，该方案使得换乘站的监控系统设置也难以很好解决。

如果天津站枢纽与地铁2、3、9号线采用此方案，则枢纽、2、3、9号线每两个项目之间均需做接口，将需要6处接口。天津当前共规划9条线，共有29个换乘站，将需要29处接口。

(2)设置方案

在换乘站，相关各线均设置车站级监控系统。

2)方案二

(1)接口方案

各相关线路的系统中央级预留通信接口，实现相关线路间的火灾信息互传(见图5-7)。如果相关线路的中央级设在同一个控制中心大楼内，则实现通信很方便，当不在一起时，由于路网间的通信光缆已经铺通，可以利用备用光芯进行通信。该方案显然需要的接口设备很少，投资很少，传递的信息很全，路网中监控系统的接口很清楚。在建设TCC时，基本不需要对线路的监控系统进行改造。

天津站交通枢纽工程采用中央到中央的以太网接口。天津站交通枢纽是2、3、9号线的换乘站，且枢纽除管理换乘站外，还同时管理十几个市政项目，所以枢纽单独组建自己的监控系统，枢纽与地铁2、3、9号线采用中央到中央的接口方案只需要三个接口。天津规划9条线，共有29个换乘站，如采用中央到中央的接口方案，则只需要9处接口。

(2)设置方案

采用中央到中央的接口方案后，应由先期建设的一条线在换乘站设置车站级监控系统，其他线路监控网则只通过该站，不再设置车站级监控系统。各线在换乘站均设置车控室，待其他线路投入运行时，在其车控室只设置复示终端即可。由于换乘站的全部信息已经通过以太网接口传递给相关线路的监控系统，因此相关线路的监控系统可以通过软件在工作站上还原换乘站的信息，好像该站也同时接在相关线路一样。采用这样的方案，换乘站的相关线路均可以减少一套车站级的管理设备，根据系统配置标准的不同，每个换乘站、每条相关线路大约可以节约投资40万~60万元。

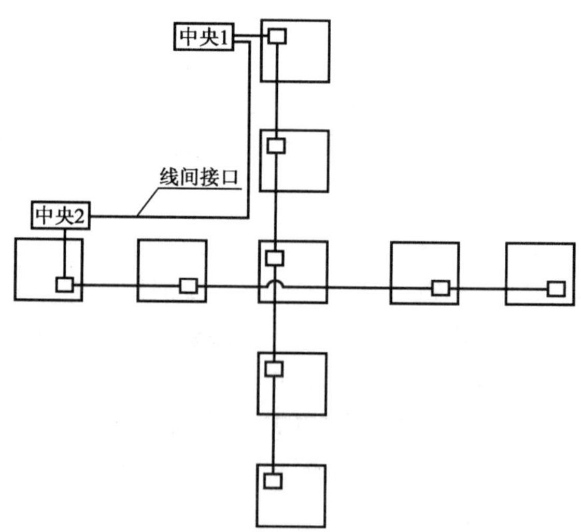

图5-7　中央到中央接口方案示意图

天津站交通枢纽监控系统采用了该方案，节约投资120万～180万元。

3）方案比较

显然，采用中央到中央的接口方案，使得整个换乘中心在灾害情况下，能够进行统一指挥协调，及时地对灾害事故进行处理。

采用中央到中央的接口方案，可以大大地简化轨道交通网线路间监控系统的接口，而且路网越复杂，效益越明显。而且以太网接口传递的信息很全，可以传递全部换乘站的信息是其他接口方案无法比拟的。

采用中央到中央的接口方案，不仅可以简化路网中线路间的接口，更可以大大简化换乘站监控系统的设置。

经过经济比较，该方案二在不影响正常功能的前提下具有明显的安全优势和经济优势。

5.3　基于多 Agent 技术天津站综合交通枢纽接口集成设计

本节将基于多 Agent 技术进行天津站枢纽接口集成设计。由于天津站综合交通枢纽接口模型系统是一个大型、动态复杂系统，该系统可以通过抽象拥有特定功能和模块化的组成实体（智能模块 Agent），通过通信、协商与协作来共同完成单个 Agent 所不能解决的复杂系统问题。因此，通过多 Agent 技术的引入，来解决大型综合交通枢纽接口系统的特定问题，可以使得每一个智能模块（Agent）能够单独发挥专项优势的同时，通过多 Agent 整合进而协调庞杂接口体系的各层次应用目标，以提高综合交通枢纽建设和运营效率。

5.3.1　多 Agent 技术

1. Agent 概述

Agent 技术是20世纪90年代中期出现的基于网络的新型分布式计算技术，它是计算机科学、人工智能、并行计算、分布式系统、知识工程、专家系统等多个研究方向交叉形成的新领域。Agent 可以理解为是一类在特定环境下能感知环境，并能自治地运行、实现一系列目标 Agent 特性的计算实体或程序，具有社会交互性和智能性。与此同时，不仅在计算机领域用到 Agent 术语，有许多相互联系很少的研究领域也在同时使用 Agent 这个术语，研究表明只要所从事的研究工作中具有分布性或是基于网络化，都可以冠以 Agent 定义，其特点有以下几方面。

（1）自治性。Agent 能自行控制其状态和行为，能在无人或无其他程序介入时自动操作和运作。

（2）感知能力和反应性。感知能力即对所监控对象状态的检测能力和对系统（环境）中其他 Agent 发送来的信息的接收、识别能力；反应性体现在 Agent 能根据环境变化而采取类似于直觉和反射的行动。

（3）通信能力。Agent 能用通信语言与其他实体交换信息和相互作用。

（4）合作协调能力。表现为协同完成任务，协调和合作解决复杂问题，协商执行某类行动等。

（5）自适应性。Agent 能够根据过去的经验和知识的积累，修改自己的行为以适应新的环境。

2. 多 Agent 技术

多 Agent 系统是由多个 Agent 组成的系统，Agent 之间以及 Agent 与环境之间，通过通信、协商与协作来共同完成单个 Agent 所不能完成的问题。多 Agent 系统的研究强调从整体上对多个 Agent 集体行为的性质进行分析与定义，以求从 Agent 个体行为、系统 Agent 关系以及环境特征出发，来预测、分析、引导和达成系统的整体目标。

多 Agent 系统一般由管理 Agent、功能 Agent 和应用 Agent 三部分组成。管理 Agent 负责对问题的划分与决策，以及对其他 Agent 的控制和监督，起到总体管理的作用；功能 Agent 能够协助管理 Agent 完成一些系统任务；应用 Agent 具有特定领域的事物处理功能，一般有多个，它们之间有层次关系、通过协商与协作完成用户需要的功能。

Agent 是可插入式运行系统。复杂系统通过分支部分的 Agent 功能强化，能够使整体功能得到整体提升。所有 Agent 是相互联系、相互协作的，可以随时满足项目系统不可预期的变化需求，而无需重新配置系统体系。

基于上述功能，枢纽工程的多 Agent 体系能够适应综合枢纽工程项目不断转换的接口类型要求。同时，建立有效的多 Agent 接口系统功能，通过不同 Agent 模块的切换，保障接口协调运行。

5.3.2　多 Agent 单元结构及其功能

图 5-8 表示了多 Agent 接口协调系统的建模过程模型，对模型和过程之间的联系进行了描述。

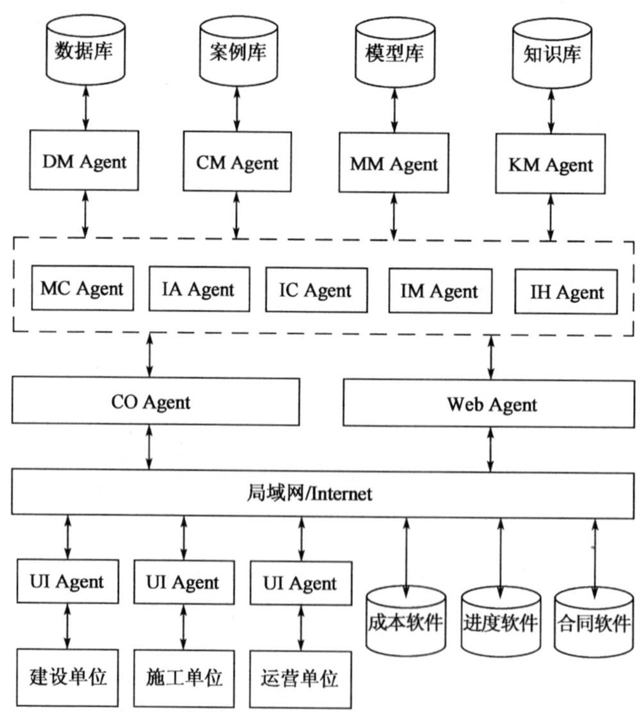

图 5-8　多 Agent 接口协调体系框架模式

根据上图5-8所示多Agent接口协调体系运作框架，给出各缩写具体说明，以明确多Agent接口协调体系的功能原理，见表5-1。

接口协调模型中缩写说明及功能介绍　　表5-1

Agent简称	内　容	功能说明
DM Agent	数据管理代理	提供系统的数据支持
CM Agent	案例管理代理	提供基于案例推理的功能，以及案例库的维护
MM Agent	模型管理代理	提供模型构建设计及功能层次划分
KM Agent	知识管理代理	提供知识扩散、知识库管理和维护
MC Agent	管理控制代理	用于根据需求分析建立接口目标层次，并控制其他Agent活动
IA Agent	接口分析代理	根据相应划分标准，进行接口识别和定位工作
IC Agent	接口控制代理	通过相对应的目标层次分类，对接口分析代理和管理控制代理共同执行组织接口设计
IM Agent	接口模型代理	根据组织接口设计标准，建立接口功能结构
IH Agent	接口协调代理	将接口功能与管理控制代理结合，给出任务流程及协调部门责权划分
CO Agent	通信代理	各代理间的信息传递
Web Agent	Web网络代理	网络内各信息和数据的搜索，监控接口对象的变化
UI Agent	用户界面代理	指导用户进行操作

5.3.3　接口系统多Agent系统的协调控制原理

基于Agent技术的系统与传统系统的运行机制及信息处理方式有着显著的差别，这主要是由Agent的特点所决定的，同时也主要体现在各Agent间的协作上，从而使基于Agent的系统可以处理单个Agent所不能完成的任务。本文所提的接口协调模型中各个Agent间的协作关系是复杂的，这些Agent通过相互协调、相互协作来完成枢纽接口协调系统中的各项具体工作，如图5-9所示。

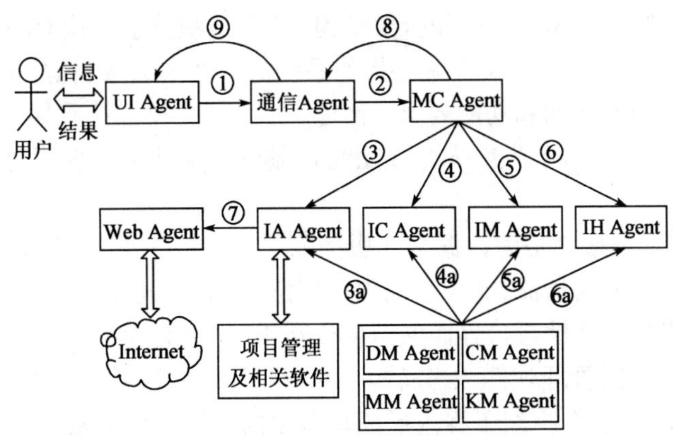

图5-9　多Agent接口协调体系各Agent协作关系

5.3.4 基于多 Agent 技术天津站枢纽接口集成设计

将 Agent 逻辑模型引入到天津站综合交通枢纽接口集成管理中，通过各逻辑单元相互配合、相互耦合，形成集成化实施效果后，能够实现对于接口集成平台的机制运行。本研究将这个过程定义在纵向 3 个层次内，用一个系统逻辑关系模型加以表达，如图 5-10 所示，分别为：

（1）面向交互环境功能实现的交互层。

（2）面向控制主体有序协调的控制层。

（3）面向子系统责权利分配的操作层。

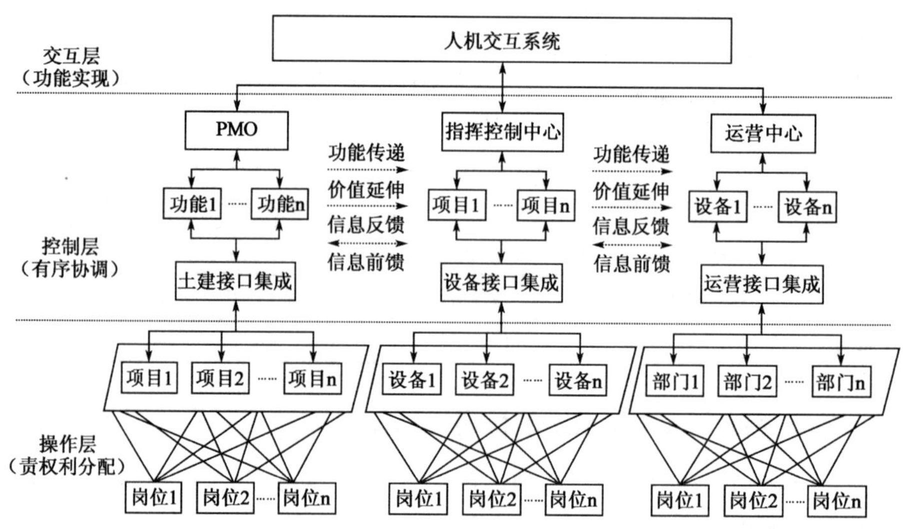

图 5-10 天津站综合交通枢纽接口集成模型

1）功能实现交互层

人机交互平台的建立是基于 CIMS 的网络互操作、数据库互访和公共集成服务支持的系统软硬件支撑人机集成环境。集成交互平台的功能主要涵盖三个方面：

（1）WBS 集成控制编码体系。工作分解结构 WBS、组织分解结构 OBS、项目分解结构 PBS 和资源分解结构 RBS 是支撑集成交互平台操作系统的最基本的数据源，可以满足集成交互平台对枢纽不同层次的控制活动和功能要求。因此，WBS 集成控制编码体系是计算机辅助项目集成管理实现人—机交互功能、人—人交互功能和虚拟对象功能等多媒体功能性界面设计的关键。

（2）数据接口。数据接口是为数据交换服务而设计的统一规范的数据结构，以保证系统数据能够形成各种正确的信息流，能被系统用户广泛、充分地利用。数据接口的设计，是为满足集成交互平台多媒体功能性接口界面的信息交互需求，提高枢纽工程功能软件的基础数据与其他应用软件（如，合同管理软件、财务软件、安全监控软件和管理系统软件）的关联效应和数据交换的对接效果，在整个枢纽工程内形成较为顺畅的信息交互系统。

（3）操作接口。操作接口的目的在于实现各系统间的“融合”，即在 PMO（项目管理办公室）、指挥控制中心和运营主体模块运行的衔接过程中，来完成项目在全生命周期维度上的功能传递、价值延伸和信息互递。此外,天津站枢纽工程集成交互平台应具有持续的接口信息集成功能,通过有效的信息交换,达到对枢纽区域监控及应急联动处理的目的。

2)有序协调控制层

天津站枢纽工程全生命周期过程中,需要有支持项目接口总控操作的协同机制和服务于项目总体的接口控制系统,如设备接口(主要包括:供电系统、综合监控系统、通信设备系统和环控通风系统等)。各子项之间的接口划分要以土建接口为依据,建立支持异构接口系统集成的设备接口技术参数布控体系,实现设备接口集成的协调控制。项目接口在全生命周期过程中协调主体及控制内容为:

(1)接口设计阶段的 PMO(项目管理办公室)是对工程总体功能要求的总控协调,提供土建接口所需的各子项间接口定位、各专业技术接口任务、接口技术参数设定、专业分工和设计资料互提。

(2)接口安装调试阶段的指挥控制中心是对工程总体项目各单位工程的总控协调(重点面向土建工程内各单位工程间的接口、设备与设备间接口),调配设备调试安装工程中各单项工程之间在时间与空间上的交叉作业,设备—设备安装接口的技术交接和安装方案的标段接口衔接,设备招投标过程中对承包商的控制,并通过多方协调使各单位工程项目协调于项目整体。

(3)接口运营阶段的运营中心是对交付使用工程的总控协调,建立支持运营主体信息监控的设备接口集成监控系统和接口管理控制体系,提供运营主体组织管理范围界面划分、设施管理的全要素界定、设备系统组织职能设定等支持运营主体接口管理的应用规范。

3)责权利分配操作层

责权利分配操作层也就是功能传递、价值延伸和信息交互的物理实现层。

(1)功能传递是以各阶段控制主体为依托,完成对土建接口—设备接口—运营接口的系统子项目功能间路径实现的过程,主要以 PMO(项目管理办公室)到指挥控制中心再到运营为核心的主要接口的功能传递,如通过指挥控制中心接口设备安装设置阶段,实现设备接口控制管理所需建立的设备功能要求、界面划分、接口交叉作业、技术交接、标段接口衔接、资质控制、部门责权分派等功能。

(2)价值延伸建立在功能传递的基础之上,主要包括资源的调配,确保资金、人员、材料和设备等资源价值使用的最优化;组织设计,从接口职责价值深入的角度,按照进度计划、供图计划、设备计划、材料计划、资金计划和作业计划同步制定各部门接口责任。

(3)信息交互,一是解决接口控制平台异构信息共享的问题,如接口间信息传输和异构系统接口信息互递。二是解决接口功能传递和价值延伸过程中信息流到物质流转换的控制问题。控制主体负责对信息的采集、处理和传输,经由总控部门处理的信息流反馈指导和控制各职责岗位的作业实施。

结合上述过程中多 Agent 接口协调体系的协作关系和层次划分,以天津站枢纽综合监控体系为例进行基于多 Agent 技术的接口分析和设计。

天津站综合交通枢纽工程综合监控体系分为三级管理,中央级监控、二级监控和现场级监控,对整个枢纽形成全过程、全方位的监控。这样庞大的监控体系,必然伴随大量的个体设备系统,各设备系统之间的接口关系异常复杂。因此,为使综合监控体系发挥最大功能,真正为枢纽做到全面、及时监控,并为决策者提供可靠、即时的信息,对其接口之间关系的理顺和设计至关重要。

基于多 Agent 技术的接口设计,并不是将所有实体都抽象为 Agent,而是将自主性和智能化特点比较明显的实体用 Agent 表示。经过分析和结合天津站综合监控体系的特点,将整个体系抽象成管理 Agent、通信 Agent、中央级监控 Agent、人机交互 Agent、二级监控 Agent、现场级 Agent,其中各 Agent 内部又包含了多个分析模块,如图 5-11。

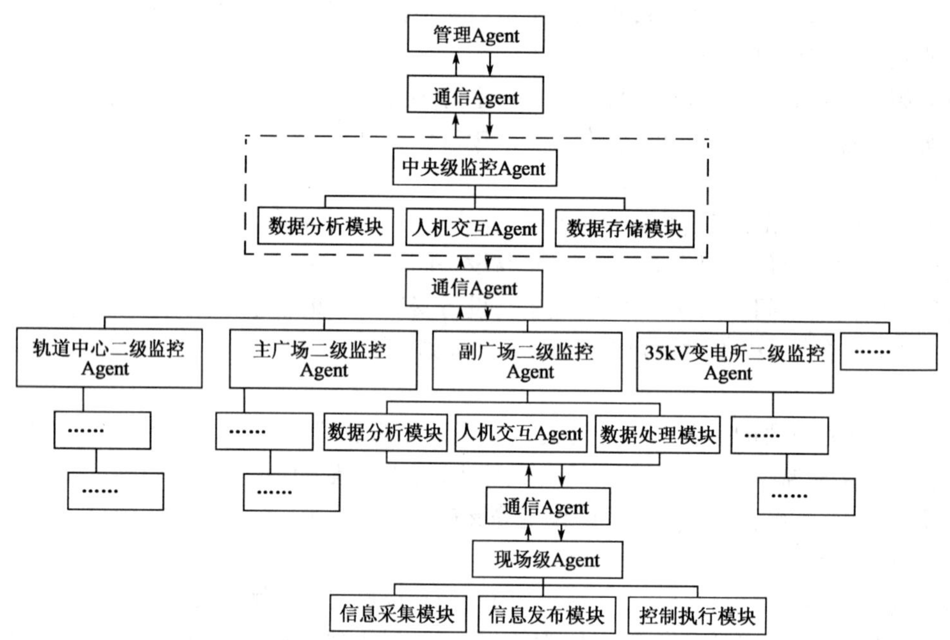

图 5-11　基于多 Agent 技术天津站枢纽综合监控体系接口集成

管理 Agent-天津站综合交通管理委员会,在灾害情况下,天津站综合交通管理委员会对整个枢纽进行负责。中央级监控系统 Agent 将灾害信息通过通信 Agent 直接传递到管理 Agent 供其进行决策控制。管理 Agent 调用其自身及外部资源对枢纽灾害进行应急管理。

中央级监控 Agent,具有数据分析、数据处理、数据储存模块,并具有人机交互 Agent。正常状态下,集中二级监控 Agent 的上传信息,通过内部数据处理分析,将信息通过人机 Agent 传递给工作人员。灾害情况下,将灾害信息由工作人员通过特殊通信 Agent 直接传递给管理 Agent,供其决策。同时接受来自管理 Agent 的指令。

二级监控 Agent 具有数据分析、数据处理模块并具有人机交互 Agent。正常情况下,通过现场级 Agent 收集信息,进行分析处理,并通过人机交互 Agent 传递给工作人员,实现对整个枢纽的监控。灾害情况下,将灾害信息通过通信 Agent 传递给中央级监控 Agent,供其处理,同时接受来自中央级监控 Agent 的指令。

现场级 Agent,主要由信息采集、信息发布系统和控制执行模块构成。正常情况下,由其进行现场数据采取,通过通信 Agent 传递给二级监控 Agent,同时也有相应信息通过信息发布系统进行发布。灾害情况下,接受二级监控 Agent 的指令,进行现场系统控制,及时对灾害进行处理。

多 Agent 系统的研究强调从整体上对多个 Agent 集体行为的性质进行分析与定义，以求从 Agent 个体行为、系统中 Agent 关系以及环境特征出发，来预测、分析、引导和达成系统的整体目标。

基于多 Agent 技术的接口设计方法为枢纽这样的大型复杂系统的接口研究提供了一种新的思路，尤其对复杂的社会系统、经济系统等具有主动性，适应性并与环境进行相互作用的智能个体系统。基于 Agent 的设计方法将有效推动对枢纽等复杂系统接口研究的发展，有助于从总体接口设计和局部系统接口设计这宏观和微观两个层次来研究大型复杂系统的接口问题。

第六章　基于全生命周期成本（LCC）枢纽关键方案设计

6.1　全生命周期成本(LCC)体系分析

全生命周期成本体系包括资金成本、环境成本以及社会成本。资金成本就是人们常说的经济成本、财务成本,它是指工程项目从项目构思到项目建成投入使用直至工程生命终结全过程所发生的一切可直接体现为资金耗费的投入的综合,包括建设成本和运营成本。建设成本是指建筑产品从筹建到竣工验收为止所投入的全部成本费用。运营成本则是指建筑产品在使用过程中发生的各种费用,包括各种能耗成本、维护成本和管理成本等。环境成本是指在项目建设活动中,从资源开采、生产、运输、使用、回收到处理,解决环境污染和生态破坏所需的全部费用。社会成本是指工程产品从项目构思、建成投入使用直至报废不堪再用的全过程中对社会的不利影响。其构成如图 6-1 所示。

6.1.1　资金成本

资金成本包括建造成本和运营成本。

(1)建造成本

建造成本即一般项目的固定资产投资部分或工程造价。工程造价的构成按工程项目建设过程中各类费用支出或花费的性质、途径来确定,是通过费用划分和汇集所形成的工程造价的费用分解结构。工程造价基本构成中,包括用于购买工程项目所含各种设备的费用,用于建筑施工和安装施工的费用,用于委托工程勘察设计应支付的费用,用于购置土地所需的费用,也包括用于建设单位自身进行项目筹建和项目管理所花费的费用等,是按照确定的建设内容、建设规模、建设标准、功能要求和使用要求等全部建成并验收合格交付使用所需的全部费用。

(2)运营成本

工程项目运营成本,也称使用成本,是指该项目建成交付使用以后,为了维持项目的正常运行和发挥项目设计使用功能而必须支付的维持运行费用。对于不同性质的工程项目运营成本会有所差别,一般会包括运营管理费、维护修理费、环境保护费、能源消耗费等。

6.1.2　环境成本

环境成本评价主要是分析公共经济活动对自然生态环境的影响。主要评价内容如下。

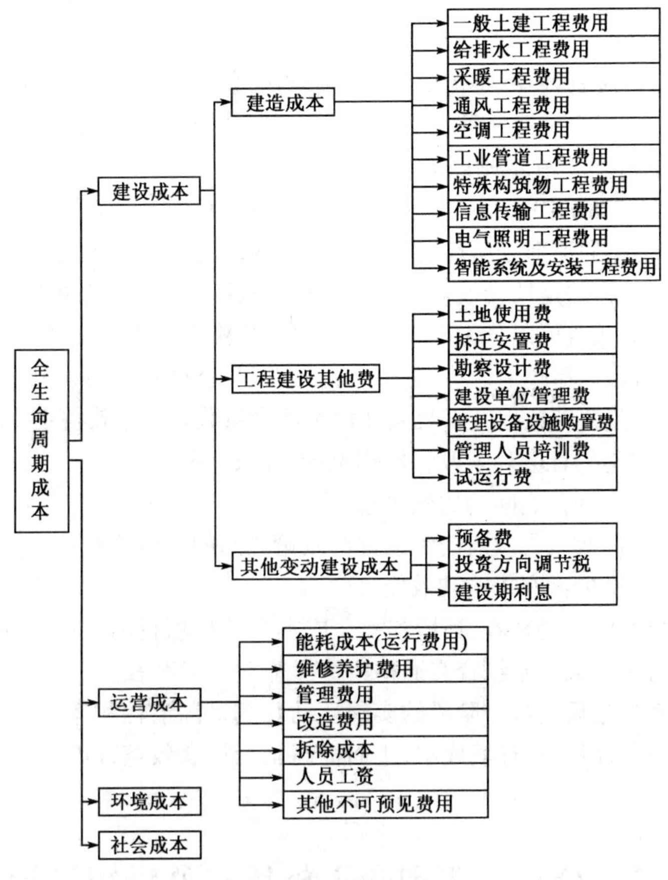

图6-1　生命周期成本构成

(1)是否会对自然生态平衡有负面作用,程度有多大。生态平衡是一种动态平衡,指的是生态系统内两个方面的稳定:一方面是生物种类(即生物、植物、微生物)的组成和数量比例相对稳定;另一方面是非生物环境(包括空气、阳光、水、土壤等)保持相对稳定。项目的建设无疑会对周边的环境产生影响,因此要分析和评估因此带来的不利影响。

(2)是否对环境造成污染,程度有多大。项目建成后产生的附属品例如废水、气、料等均会对环境造成污染,如果产生的污染的治理成本远远大于收益成本,则项目的建设是得不偿失的。因此要充分评估项目建成后的环境影响。

(3)是否会引发人类和动植物的疾病,程度有多大。可以认为是对生态系统评估的一部分,但是更突出因项目的建设而带来的对人类和植物的直接影响。

(4)是否会引发职业疾病,程度有多大。主要是评估对项目的具体建设施工、日常操作人员等特定群体的影响。

(5)是否会对周边的企业生产和居民生活产生影响。

天津站综合交通枢纽交通组织设计中的公交优先设计理念以及节能减排措施中环保材料、设备的选用等充分尊重环境,以绿色环保为基础,以降低环境成本为目标,尽可能减少枢纽全生命周期成本。

6.1.3 社会成本

社会成本通常有两种解释:一是传统经济学中的社会成本,即指部门平均成本;二是企业社会责任会计中的社会成本。第一种意义上的社会成本与环境成本有着本质的区别。而第二种意义上的社会成本与环境成本则既有区别也有联系。其联系表现在,社会成本中的具有"环境"特征的或与生态环境相联系的那部分内容,实质上就是环境成本;同样,环境成本中的外部成本,即由社会负担的那部分与环境有联系的成本,也就是社会成本。

与社会成本相互依存的是社会效益。社会效益是从社会总体利益出发来衡量某项投资活动的效果和收益。社会效益可以分为广义的社会效益和狭义的社会效益。广义的社会效益是指相对于经济效益而言,包括政治效益、思想文化效益、生态效益等等。狭义的社会效益是指一个安定团结的氛围、公共满意程度以及人文素质评价系数。社会效益主要的衡量标准有:

(1)公共项目对当地的社会环境改善所作出的贡献;

(2)社会代价与社会利益之间的比较关系;

(3)政府的公共部门政策与政府的私人部门政策之间的协调关系;

(4)公共项目对社会的潜在影响和效能。

从全生命周期成本的角度来看,环境和社会成本在工程项目的生命周期内是不可忽视的重要内容。特别是对于像天津站综合交通枢纽这样能对环境和社会产生巨大影响的工程,其决策设计等前期活动对于后续各个阶段的实施活动及其资源消耗和环境有着重大影响,需要在决策设计阶段重点关注社会、环境成本,进而提高工程社会效益,以实现公共项目的全生命周期成本最优。

6.2 公交优先理念下枢纽交通组织设计

天津站作为集普铁、高铁、城铁、地铁、轻轨、高客、公交等多种集散方式为一体的大型枢纽中心,预测到2030年天津站交通枢纽客流将达到70万人次/日,其中地下换乘客流超过38万人次/日。京津城际、津秦高速铁路、轨道交通的引入及海河改造工程均对天津站整体产生较大的影响。大量人流和车流在此集散,前、后广场的交通压力进一步加大。当前,天津站周边的路网密度很大,道路的通行能力和服务水平均较低。

为完善中心城区路网,为天津站提供快捷、便利的疏解条件,以及改善天津站的交通环境,合理组织交通流向,人车分流,最大限度的发挥现有路网的作用,是本次路网交通组织设计的主要任务。

交通组织设计包括:周边主要道路的交通组织设计、前广场交通组织设计、副广场交通组织设计和后广场交通组织设计。各广场的交通组织设计包括公交车流、出租车流、社会车流、非机动车流和客流等流向组织设计。图6-2为天津站综合交通枢纽交通组织设计图。

设计原则如下:

➢ 依据规划条件,充分体现公交优先。

➢ 综合车站前、后、副广场的交通联系,形成快捷高效换乘的立体网络。

➢ 充分利用地下空间,为各功能区建立循环、立体的交通衔接系统。

➢ 尽量减少车辆的绕行,为地下停车场提供快捷的进、出条件。

➢ 尽量减少对意式风情区和海河景观的影响。

➢ 充分利用周边道路,合理进行交通组织,提高道路通行能力,减少社会绕行成本。

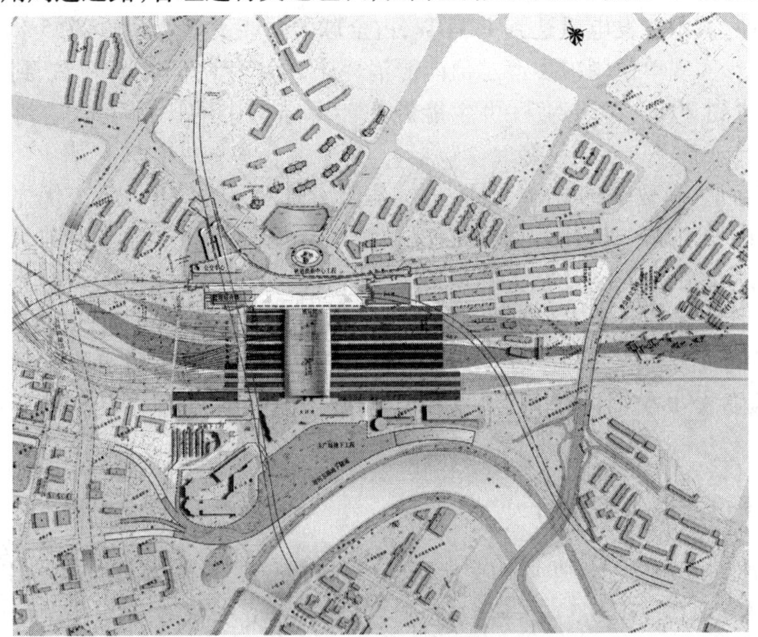

图 6-2 天津站综合交通枢纽交通组织设计图

6.2.1 公交优先背景分析

我国城镇化已经进入快速增长期。伴随着人口向城市集中,城市交通需求的总量急剧增长。在城镇化和汽车化的大背景下,城市交通的供需矛盾日益尖锐,由此也带来环境恶化、能源紧张、生活质量下降等社会问题。目前,我国大城市交通问题十分严峻,特别是北京、上海、广州等大城市交通堵塞现象十分严重,交通拥堵在时间与空间上呈现蔓延扩展趋势,拥挤程度也在不断加剧。而在多种城市交通构成中,城市公共交通在占用道路空间、道路环境污染和能源消耗等三个方面,具有其他交通方式无法比拟的优越性。若按在市区同样运送 100 名乘客计算,使用公共汽车与使用小汽车相比,道路占用长度减少近 9 倍,节省油耗约 5 倍,排放的有害气体最多可降低 15 倍左右。因此,优先发展城市公共交通是提高交通资源利用效率、缓解交通拥堵的重要手段。

提倡公交优先并不是限制人们使用私人轿车,而是创造良好的条件鼓励人们使用高效、价廉的公共交通,如城市公共汽车、地铁、轻轨等公共交通工具。在东京、伦敦、纽约等公交系统发达的城市,人们出行则更多的是选择公共交通。

同时除了过多的私家车造成的交通恶化外,过多的汽车尾气排放也是提倡公交优先的重要原因。汽车尾气的排放将会增加大气中的二氧化碳浓度,进而加剧全球温室效应。

2009 年 12 月 7 日 ~18 日在丹麦首都哥本哈根召开的《联合国气候变化框架公约》缔约方第 15 次会议,这是一次被喻为“拯救人类的最后一次机会”的会议。本次会议中气候科学家们表示全球必须停止增加温室气体排放。

中国也已经从科学和社会发展等多方面认识到了气候变化的巨大影响,并且开始进行着积极的应对。我国于2005年通过了第一部《可再生能源利用法》。在这个积极政策的引导下,截至2008年底,我国风电发电量128亿度,比上年增加126.79%。我国也已成为全球最大的光伏产业基地,太阳能发电量达到1.1GW,占全球太阳能发电总量的27.5%。此外,我国还提出了到2010年实现单位国内生产总值能源消耗比2005年降低20%左右、到2010年努力实现森林覆盖率达到20%、2020年可再生能源在能源结构中的比例争取达到16%等一系列目标。

实施以大运量、高效率的交通工具为主、其他交通工具为辅的"公交优先"战略,已经成为国外许多大中城市解决城市交通问题、保护生态环境的重要手段。目前天津市中心城区换乘枢纽建设严重滞后。公交与铁路客站、长途汽车站等交通设施的结合不够紧密。天津市中心城区基本没有实行任何公交优先措施。随着道路交通拥挤的不断加剧,公交运行环境愈加严峻,中心城区公交运行车速不及15km/h。因此,本次交通组织方案采取公交优先的原则,充分发挥公共交通的作用,为缓解中心城区的交通压力和提高中心城区的环境保护意识而努力。

6.2.2 周边交通组织设计

为解决天津站综合交通枢纽周边交通不畅,过境绕行严重等,本次交通组织设计的重点主要体现在海河东路地道(图6-3)、五经路地道以及李公楼立交桥的设计上。

图6-3 海河东路地道效果图

1. 海河东路地道

为实现快速疏散过境交通、将车辆对周边道路和建筑的影响降到最低、将其打造成意式风情区与和平区联系最快捷的通道,经过综合考虑,海河东路地道设计分为上、下行两个地道布置,地道均为地下一层,地道直接和规划的前广场地下停车场连接。南侧地道为进步道方向,是进口车道,车流方向为从西向东行驶;北侧地道为建国道方向,是出口车道,车流方向为从东向西行驶。海河东路地道单向三车道标准,机动车专用。上、下行地道在前广场地下合并,在天津邮区中心局同时上升到地面，与改造后的赤峰桥立交相连。

其技术标准如下：设计车速为30km/h；地道净空4.5m；车道宽度为3.5m和3.75m；地道引路最大纵坡采用4.5%。

2. 五经路地道

为解决地道坡道停车问题，同时能够快速到达后广场，快速疏散过境交通，将车辆的延误降到最低，综合路网功能分析，五经路地道规划为下穿铁路的规划道路（见图6-4），南侧连接大沽桥，向北下穿铁路以后在新广路路口前上升到地面。控制因素主要有现状铁路、规划城际铁路、高速铁路，地铁二号线以及沿线意式风情区的保护建筑。

图6-4 五经路地道效果图

其技术标准同海河东路地道，双向六车道标准，机动车专用。

3. 李公楼立交桥

李公楼立交桥规划为双向六车道标准，向北跨越现状铁路、规划津秦高铁、城际铁路和新兆路以后，在新开路路口前落地，与内环线新开路形成平交路口；向南与赤峰桥立交高架桥部分相接。由于快速跨越海河及铁路，该通道的设计车速较高，是沟通和平区和河东区最主要的过境通道，也是沟通前后广场的重要通道见图6-5。

图6-5 李公楼立交桥效果图

该工程起点为既有李公楼桥第四跨，终点至新开路路口。两侧非机动车地道起点与现状下穿京山铁路的地道接顺，继续下穿津秦线和京津城际铁路，终点至新兆路路口。主要控制因素有：赤峰桥立交、京山铁路、津秦高铁、京津城际的净空和建筑限界、新兆路通行净空、新开路平交口。

6.2.3 广场交通组织设计

1. 前广场交通组织设计

前广场的地下停车场按规划和功能要求需要设两层，其地下一层和海河东路地道标高相同，并通过螺旋坡道来实现停车场地下一、二层之间的沟通，见图6-6。

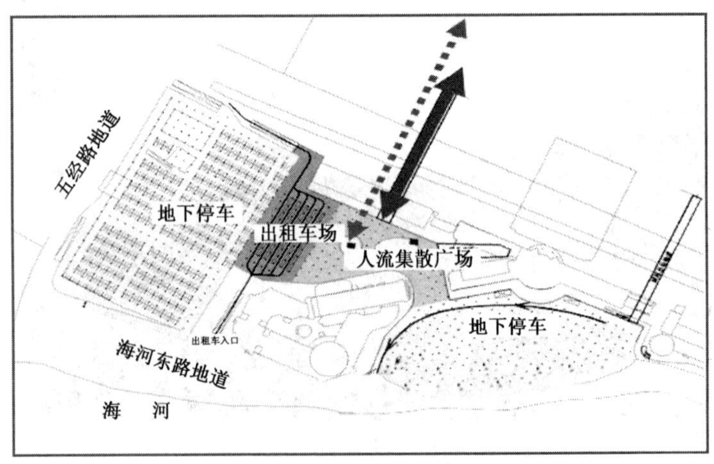

图6-6　前广场地下空间交通组织

(1)公交车流向

为减少公交车流对路网的影响，本次交通组织设计中，同一路公交车在副广场和后广场只能选择一个，进行停靠上、下客流，且即停即走。

公交车停车岛分布在主线地道两侧。地道里的公交车辆直接停靠在右侧站台，即停即走。自东向西行驶的公交车停靠在主线地道北侧，下客后继续向西行驶；自西向东行驶的公交车停靠在主线地道南侧，下客后继续向东行驶，从而提高了公交换乘运行效率，避免了局部区域的交通拥挤。

(2)出租车和社会车辆流向

出租车和社会车辆可以进入停车场地下一层下客和地下二层停靠，并通过螺旋坡道实现调头功能，其疏散坡道直接与地面相通。自东向西行驶的出租、社会车辆通过一条7.5m宽的联系通道由主线地道进入地下一层广场，于岛前下客后可以继续向西行驶，或通过广场西侧螺旋坡道下至地下二层再由坡道回到主线地道向东行驶；自西向东行驶的出租、社会车通过地道南侧一条7.5m宽的联系通道进入地下二层停车场，通过广场东侧螺旋坡道上至地下一层广场，于岛前下客后可以通过广场西侧螺旋坡道回到地下二层再由坡道上坡到主线地道继续向东行驶，或者在地下一层由通道回到主线地道向西行驶。

(3)客流流向

公交车候车岛、出租、社会车上、下客站台均通过两部上下行自动扶梯与地面相连。每个停车岛均设垂直电梯连通地面、地下一层、地下二层。京津城铁出站客流中一部分可由通道行至出租、社会车停车岛乘车离开，一部分可上至地面离开，一部分在地下一层由前后广场的联系通道进入副广场出站离开。

(4)紧急疏散流向

当发生公共安全事件时，各层人员可由楼梯直接疏散至地面。各停车岛上人员也可通过扶梯直接疏散至地面；车辆可以通过地下停车场西侧的螺旋坡道疏散至地面。

(5)非机动车流向

为实现人车分流，保证非机动车的安全，非机动车主要通过站前景观广场上的辅道，西侧和世纪钟处的环岛相连，东侧和邮局门前的辅道系统相连，然后和赤峰桥立交的辅道系统相连。

2. 副广场交通组织设计

副广场地面层为公交站台层，地下一层为出租车排队区及集散大厅，地下二层为出租车停车区及与地铁通道相连的集散大厅。

基于公交优先的设计原则，需减少公交车的绕行，提高乘客出行效率，同时减少对意式风情区景观道路的影响，经过对路网的分析，通过设置较宽的辅道。调整公交车行车单双行路线进行有效的设计。使从副广场出来的公交车和出租车均可以通过东侧的双向辅道，快速到达世纪钟环岛，然后通过解放桥和大沽桥，快速进入和平区和河西区。

同时，为了减少对意式风情区道路的影响，设置两个和海河东路地道直接相连的地下通道，直接进入副广场地下出租车停车场，副广场地下停车场也可以直接驶入海河东路地道。这样，海河东路方向的车辆可以通过地下通道迅速进、出地道，减少大量的绕行，降低了社会成本。

(1)公交进、出站流向

规划东站副广场地面设有大型的公交枢纽始末站，岛式停车，人车分离，充分保证旅客的安全，充分发挥世纪钟环岛的功能，各区进、出副广场的车辆、公交车辆均通过世纪钟环岛和三经路来解决，并在副广场地面层逆时针即停即走。

(2)出租车流向

规划出租车在副广场地下排队上客，主要通过海河东路地道地下通道以及三经路地面坡道进、出地下停车场。

(3)客流组织

出站客流的几种分散形式：

①通过地下一层集散大厅内的楼扶梯上至地面绿化广场，或乘坐公交车离站；

②出站客流可通过集散大厅与主广场之间的联络通道到达主广场乘坐公交车；

③通过集散大厅的出租车站台乘车离站；

④通过集散大厅的下行楼扶梯下至地下二层的集散大厅进入前后广场联系通道；在公交站台、出租站台的布置上，应最大限度地保证人车分流，达到最大的运行能力。

(4)社会车辆流向

社会车辆可以停放在前广场地下的停车场，停车场在前广场的地下二层。对于进入前广场地下停车场的车辆可以通过海河东路地道上、下坡道来实现。

(5)行包楼车辆流向

对于副广场的行包楼，每天都有一定数量的车辆进出装卸行李，其车辆可以通过三经路来右进右出，借用副广场最外一条公交车道，实现进出行包房的功能。

3. 后广场交通组织设计

(1)长途高客流向

长途高客所有停车位按“锯齿形”方式排列在后广场公交广场的西侧。为减少长途高客对其他交通方式的冲突，长途高客通过路网设计，使其以最快速度进入快速路系统，尽量减少区域交通压力。

(2)非机动车流向

后广场的自行车流可以通过金纬路立交的非机动车地道以及李公楼立交的非机动车地道，实现前、后广场的沟通，也可以实现区域之间的沟通。客流可以通过前后广场联系通道来沟通。

(3)公交车流向

所有的公交车均经过新广路后进入后广场的公交广场下客，上客以后由郭庄子大街离开，这样既可以减少对环岛的交通压力，也可以避免和新广路车流的交叉。

(4)社会车辆、出租车辆流向

社会车辆、出租车辆可以通过新广路、华兴道进入后广场停车或者下客，而通过新广路、新兆路和华捷道来快速疏散车流进入主干道和快速路系统。

同时，在环岛的北侧地下一层设置了可以上客的出租车岛，出租车排队候车，上客以后，可以通过新广路、华兴道的坡道驶出地面，快速离开。

6.3 天津站综合交通枢纽换乘中心设计

6.3.1 设计原则

由于各种交通工具集合，客流量巨大，任何一个综合交通枢纽设计都存在换乘问题。在过去的设计中由于未引起重视，造成乘客换乘特别远。如上海地铁1号线在人民广场的换乘，乘客要走一个很长的通道，这不仅增加社会成本，同时也带来相应的安全隐患。又如北京西部最重要的交通转换中心西直门交通枢纽在实际运营过程中反映了不同交通方式之间或换乘站点之间的衔接不紧密，不能很好地满足便捷换乘的要求。又如我国21世纪枢纽设计上一个重要里程碑的上海南站交通枢纽在运营的过程中，仍显现出一些缺陷，轨道交通与铁路之间换乘距离比较远，未能很好地满足最便捷换乘的功能要求。

由此可见，综合交通枢纽的换乘问题必须得到足够重视，在设计阶段充分挖掘枢纽利益相关者的利益诉求，同时按照项目全生命周期集成理论对建设和运营作为整体进行考虑，在使用和运营管理间找到最佳契合点，使设计和运营这两个阶段的任务有效集成，使枢纽在满足其最基本功能的条件下兼顾运营管理的方便性。

基于对枢纽未来最重要的使用者——乘客进行的需求挖掘，天津站综合交通枢纽换乘中心的设计要按照“以人为本，方便换乘”的要求，充分考虑各种交通方式之间的衔接关系，在安全优先的条件下构筑独立、安全、便捷、高效的换乘系统，实现乘客换乘总距离最短的设计原则，体现公交优先的设计理念。

6.3.2　设计背景

天津站交通枢纽轨道换乘中心工程位于既有天津站的北侧（后广场下面），由三条地铁线和京津城际客运专线组成，平行既有（京山线）铁路天津站依次向北排布，顺序为：京津城际高速客运专线、地铁9号线、地铁2号线；地铁3号线从枢纽的西侧穿过三条线（工程总平面图如图6-7）。新建的三条城市轨道交通线与京津城际高速客运专线组成“卅”字形交通枢纽。地铁2号线与9号线的站台平行等高布置，与3号线的站台呈“L”型布置。

图6-7　交通枢纽轨道换乘中心工程剖析图

本工程地下部分由地铁2、3、9号线的车站建筑主体部分（地下二、二、四层）、公共交通层（地下一层）和附属部分及与后广场相关的配套服务设施组成（车站技术参数如表6-1）。地铁2、3、9号线天津站在后广场形成的换乘节点，实现地铁2、3、9号线的乘客输送功能，同时满足地铁2、3、9号线、京津城际、国铁等乘客的换乘需要。它在城市轨道交通系统以及天津站交通枢纽中发挥了骨干的功能。

车站技术参数统计表　　表6-1

项　目	2号线	9号线	3号线
计算站台中心处轨面顶高程（m）	−18.931	−18.931	−24.822
计算站台中心处底板底高程（m）	−21.321	−21.321	−27.382
计算站台中心处地面规划高程（m）	3.2	3.2	3.5
车站外包总长（m）	542.363	369.8	248.729
标准段宽度（m）	64.886		24.9
结构总高度（m）	22.64	22.64	中心里程处为28.858

6.3.3 设计方案

1. 换乘中心设计方案

在城市轨道2、3、9号线的历次研究和设计过程中，天津站枢纽换乘布置方案均是方案研究的重点，2003年结合城际铁路的规划，设计结合天津站周边环境及交通状况，又进行了多次方案研究，其中在地铁2、3号线总体设计阶段，对各条线分散、集中布置方案及各自的优、缺点进行了分析和研究，比选方案包括天津站前、后广场集中设站、前后广场结合设站、分散设站方案。

(1)换乘中心站点布置方案选择

在换乘中心站点布置方案选择中，有关单位组织召开了天津站交通枢纽规划设计方案国际专家研讨会，来自英国、德国、日本、新加坡、香港、北京、上海以及本市的从事交通、规划、建筑等领域的18名专家学者和相关部门及设计单位参加了会议。研讨会研讨的主题之一即为换乘中心站点布置方案。经过头脑风暴法讨论，70%的专家认为2、3、9号线放置于后广场比较合适。

结合各界专家的建议和意见，针对天津站地区周围环境特点及铁路、轨道交通、公路交通、城市景观建设的要求，在综合考虑发挥轨道交通在城市公共交通系统中的骨干功能和天津站枢纽工程可实施性的基础上，结合站区规划方案，设计单位对地铁2、3、9号线在天津站地区的客流预测、线路、车站建筑平面布置、结构施工方法、交通疏导、施工工期等多方面又进行了更深入的研究。

根据客流预测的结果发现天津站地区三条地铁线之间的换乘客流具有以下显著特点：2、3号线是市区轨道线网中的骨干线路，客流量最大，在天津站这两条线之间的换乘量也是最大的，分别是2、9号线与3、9号线的1.5倍和2.1倍，也是2、3、9号线与铁路（包括城际铁路）客流量的2倍以上；2、9号线之间的换乘量次之；3、9号线之间换乘量最小。

因此，在线站位的选择上应考虑乘客的换乘总距离最小的原则，宜将2、3号车站紧密结合布置，使换乘量最大的线路换乘距离最短。2、9号线换乘量较大，9号线作为京津城际铁路二期工程的代用线，应与2号线、京津城际靠近布置，通过综合分析，设计单位认为将各种不同的交通方式集中布置比较合理，乘客的换乘快捷方便。经过多次天津站方案研究、论证，最终选定在天津站后广场设置轨道交通换乘节点。

(2)换乘方案设计

天津站综合交通枢纽换乘中心由地铁2、3、9号线交汇而成，同时随着京津城际引入天津站后广场方案的确定，设计单位对枢纽换乘方案进行了研究。

在天津站交通枢纽方案研究的初期，9号线的线位与城际铁路呈上、下重叠关系，主要的目的是力图实现台对台换乘，但考虑到城际与9号线票制不同，且客流特征之间的不匹配，将城际出站厅设置于地下一层，作为交通层，用以解决地铁、城际之间的换乘；将地铁的站厅设置于地下二层，使城际与地铁在非付费区换乘，较好地解决了票制不同的问题及城际突发客流可能造成的拥堵问题。同时为了使3条线之间换乘方便，将9号线的线位与2号线平行布置，由于3号线在车站南侧需下穿海河，线位较深，所以将3号线设置于2、9号线之下。故将2、9号线站台设置于地下三层,3 号线站台设置于地下四层,使 2、3、9 号线车站相对集中,形成轨道交通换乘中心,利于乘客的使用。

如图 6-8 所示,车站地下一层为交通层,结合市政设施布置了地下公共区、配套服务配套服务区、设备区、出租车上客区、下沉式广场、停车库等功能空间。车站的公共区主要负责转换和疏散前后广场过街客流、大部分地铁进出站客流、部分城际进出站客流、部分国铁进出站客流以及地铁、国铁、城际之间的换乘地铁的客流。

车站的地下二层为 2、3、9 号线的站厅层。中部为公共区,东西两端及北端为设备管理用房区。在出租车上客区北侧设置了地下停车库,停车库地下二层底板与车站地下一层基本位于同一层。停车库考虑为停靠小型车,停车位约为 400 辆,如图 6-9 所示。

车站的地下三层为 2、9 号线的站台层及 3 号线的设备层;南端为 2、9 号线的站台层,北端为 3 号线的设备层。地铁 9 号线为混合站台车站,2 号线为侧式站台车站,2 号线位于 9 号线北侧。9 号线车站设置有 3 个站台,中部为进站站台,所有 9 号线进站乘客均由此站台进站乘车。北侧的为出站站台,与 2 号线南侧站台共同设置,如图 6-10 所示。

车站的地下四层是 3 号线的站台层,为岛式站台,如图 6-11 所示。

(3)换乘客流组织设计

由于初、近期 2、3、9 号线之间换乘的客流较小,考虑所有换乘乘客均通过 2、9 号线底板下的换乘通道来完成换乘;而在远期客流较大的情况下,虽然换乘通道的通过能力能够满足换乘要求,但为避免换乘通道出现拥堵的情况,对客流组织进行了调整:3 号线换乘 2、9 号线的乘客依然通过换乘通道,2、9 号线之间及 2、9 号线换乘 3 号线的乘客通过站厅层来完成换乘。这样可使换乘客流成环状流动,避免了客流交叉,见图 6-12。

2. 地铁 2 号线站台设计方案

在地铁 2 号线站台设计过程中,铁三院、施工单位和运营单位进行充分交流、沟通,方案,确保设计具有较高的可施工性和可持续性,实现节省投资、缩短建设工期、提高换乘效率、方便乘客的日标。

(1)背景介绍

根据天津站换乘中心的设置方案,地铁 2、3、9 号线交汇于后广场,形成一个大型的交通枢纽,天津地铁 2 号线布置在后广场城际站房北侧的新兆路下;9 号线位于 2 号线的南侧平行紧贴布置。2、9 号线有效站台中心等高程,3 号线位于 2、9 号线的西北侧,并在 2、9 号线下方穿过。由于考虑施工工艺和城际站房施工等的要求,地铁 9 号线南边主体结构需向外扩 6m,其站台和站前折返线等均没有变化;2 号线也需跟随南移。

(2)方案设计

由于天津地铁 2 号线南移需增加车站东端住宅区的拆迁量,为避免巨额的拆迁费用,2 号线线路在不影响换乘中心整体功能的前提下,应避免向南移动 6 米。基于此,设计单位对 2 号线站台布置进行优化设计,将 2 号线原来初步设想的岛式站台改为侧式站台车站,侧式站台宽度为 9m,其中南边的侧式站台与 9 号线北边的侧式站台并列设置,形成 16m 宽岛式站台,2 号线线间距 5.2m;根据站台宽度等计算,2 号线的线路的右线北移 0.35m,左线南移了 11.15m,2、3 号线的联络线跟随线路的南移作了调整优化,部分曲线南移最大约 10 米。

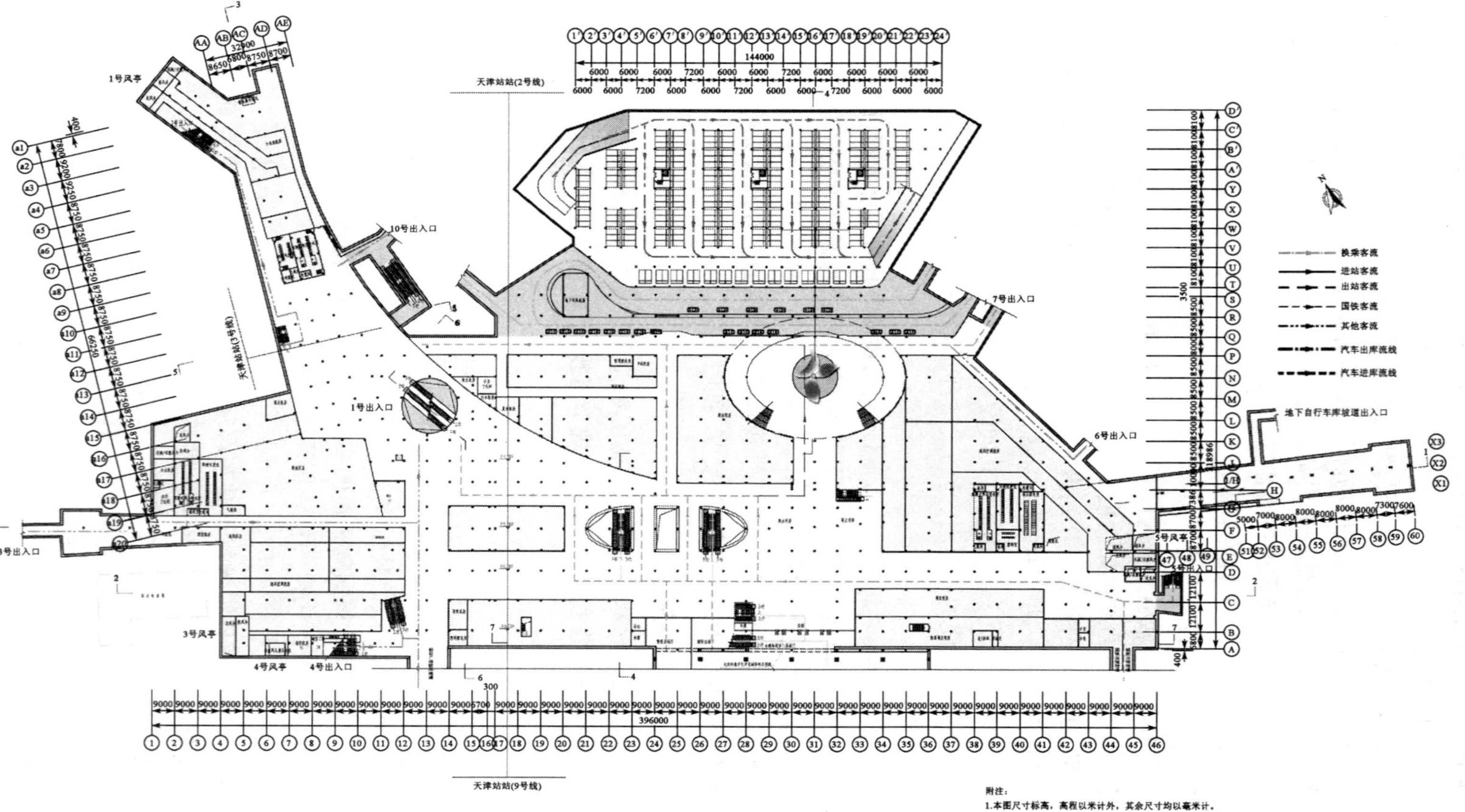

图 6-8 轨道换乘中心工程一层平面图

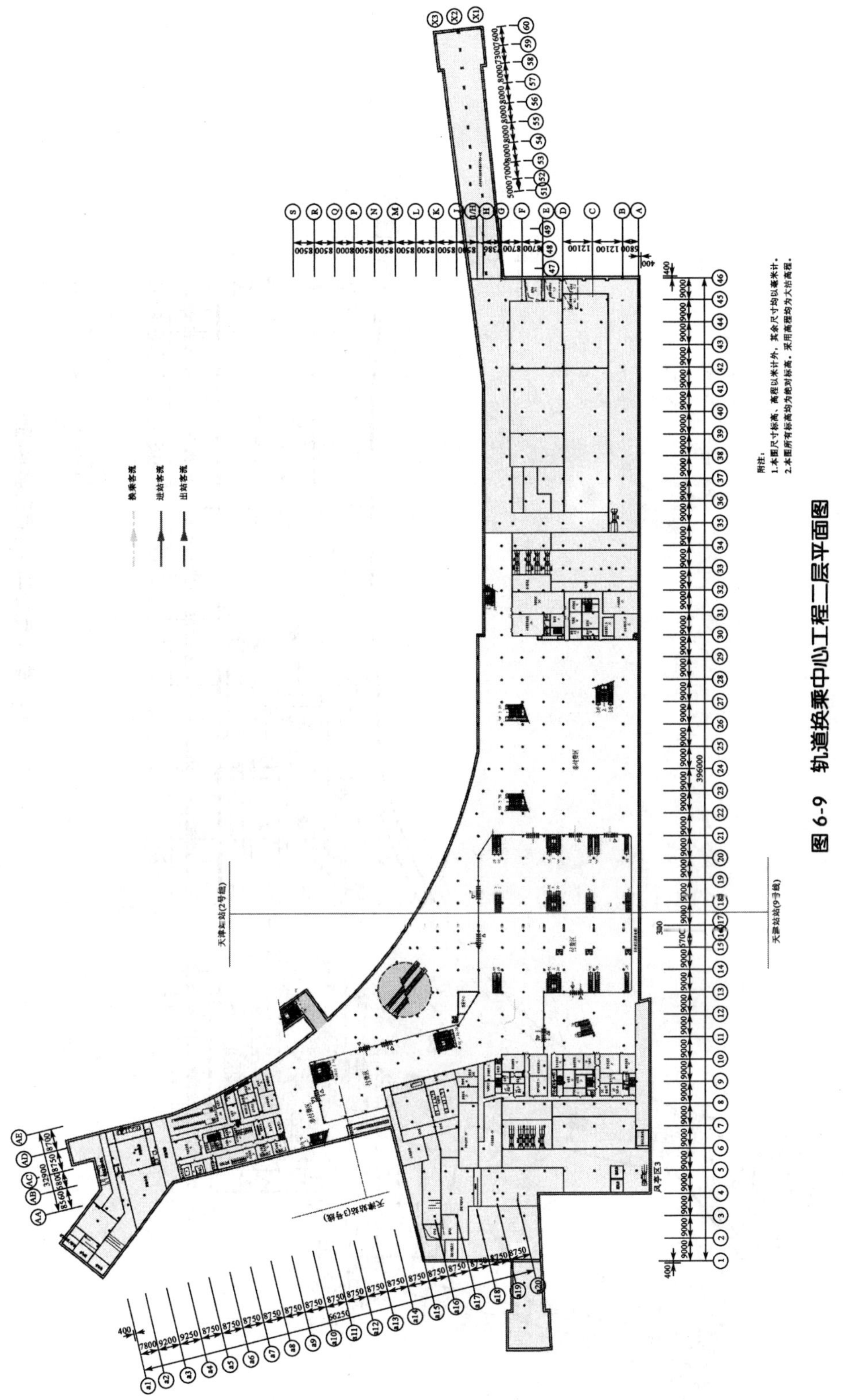

图 6-9　轨道换乘中心工程二层平面图

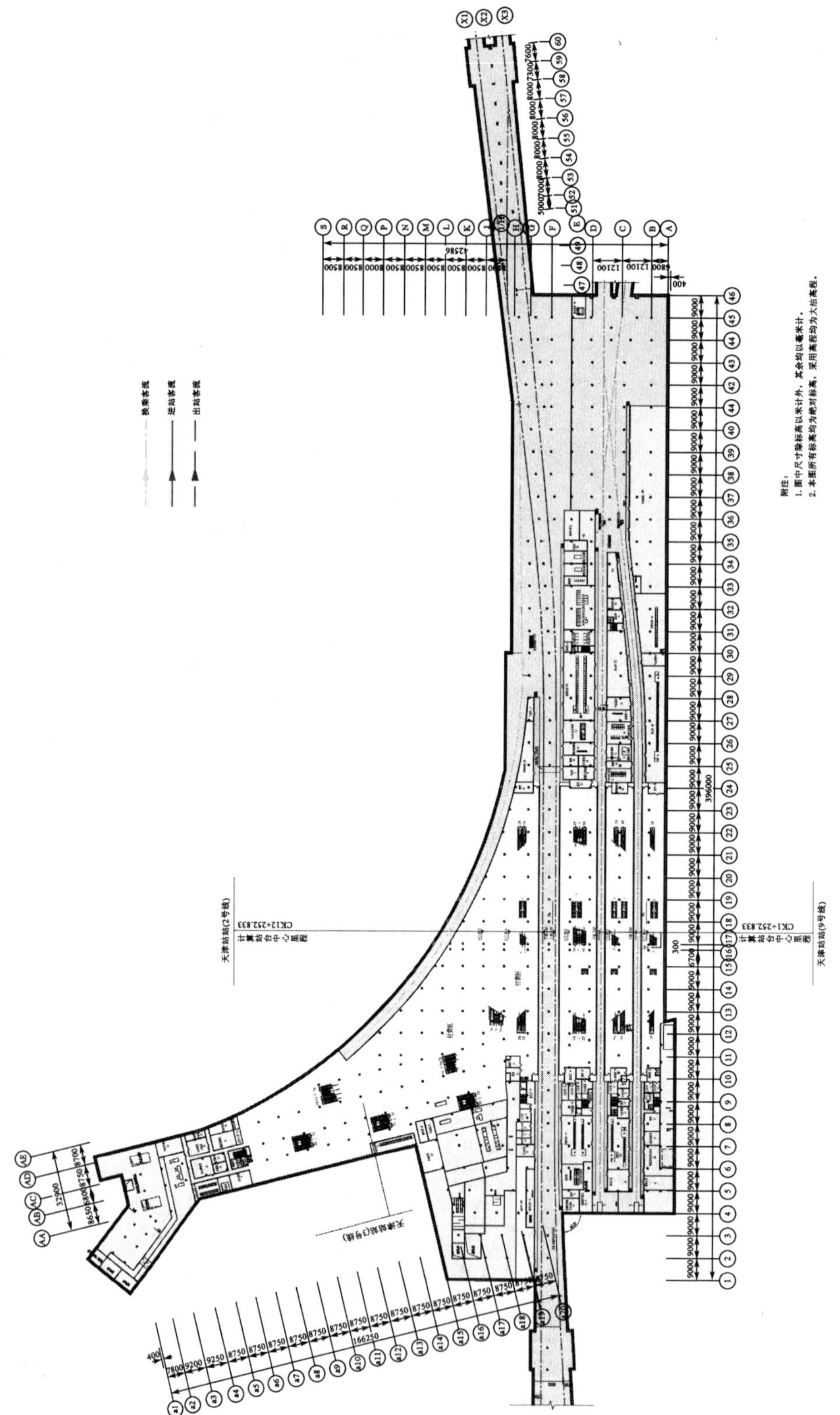

图 6-10 轨道换乘中心工程三层平面图

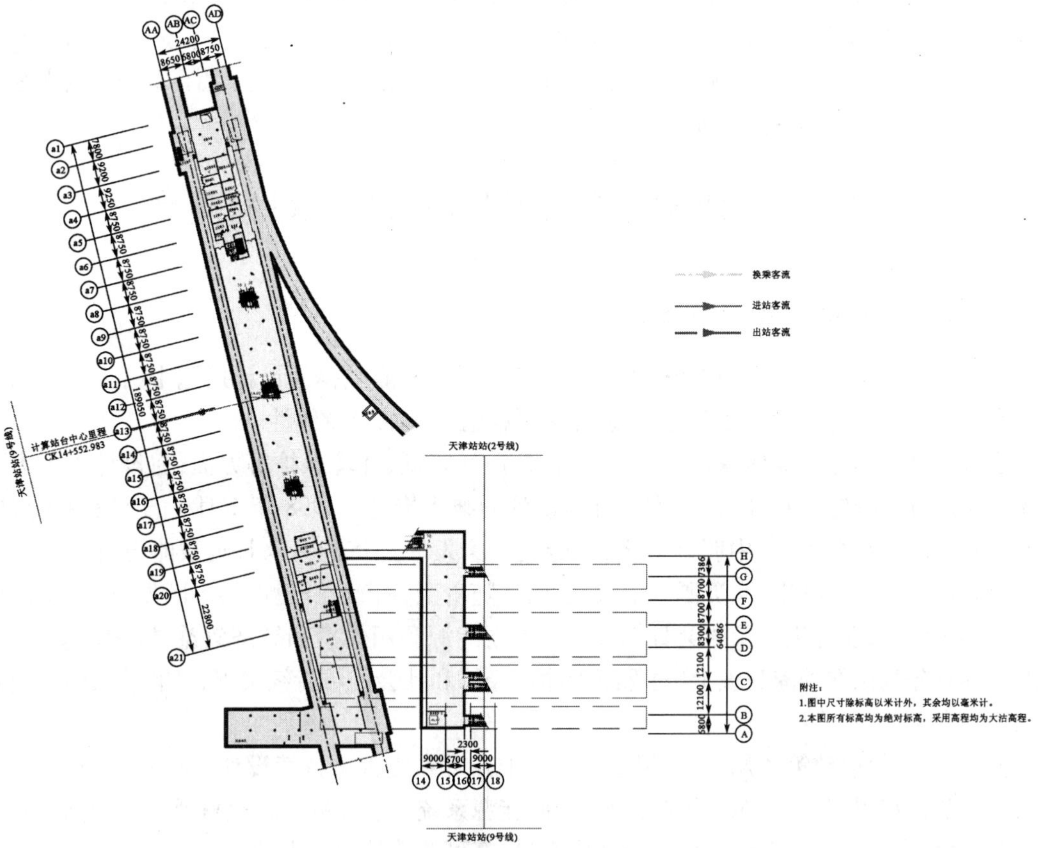

换乘客流
进站客流
出站客流
天津站站(2号线)
天津站站(9号线)
计算站台中心里程
CK14+552.983
附注：
1.图中尺寸除标高以米计外，其余均以毫米计。
2.本图所有标高均为绝对标高，采用高程均为大沽高程。

图6-11 轨道换乘中心工程四层平面图

Scott Wilson
LEGION
07:22:31:2

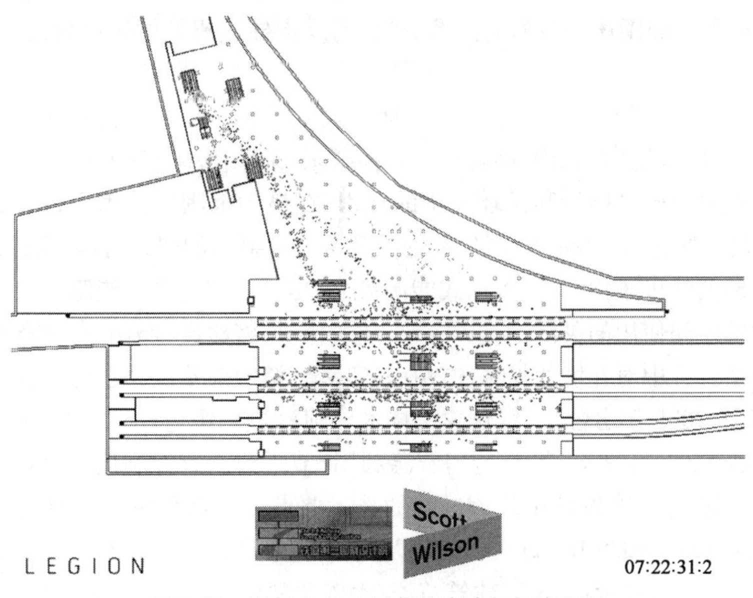

图6-12 地铁2、3、9号线路客流组织演示图

方案优化后,在不影响整体功能的情况下,地下2、3层的建筑规模较原方案减小约8800平方米,不仅缩短了建设工期,提高建设效率,同时也节约建设投资大约2亿元人民币。同时2号站台由岛式改为侧式站台后,2号站台南侧与9号站台北侧结合,实现了2、9号线乘客的同台换乘,提高了换乘效率,方便了乘客。

6.4 天津站综合交通枢纽节能减排措施

6.4.1 基于LCC的可持续设计

根据对天津站环境成本的考虑,天津站枢纽工程在节能减排的设计措施中引入全生命周期成本(LCC)与可持续设计理念与方法,提高了枢纽工程的可持续性。

建筑的可持续性主要体现在能源节约、资源消耗降低、环境保护等方面,在设计中致力于上述方面的技术措施,便构成了实施可持续设计的技术措施。1998年1月1日起实施的《中华人民共和国节约能源法》中明确规定:节能是国家发展经济的一项长远战略方针。天津市是一个人口众多的大都市,水资源严重短缺,而且随着天津市经济建设的不断发展,能源的消耗量将逐年增多,能源供需矛盾会日趋突出。提高能源利用效率和经济效益,保护环境,使有限的能源充分利用在国家建设上,对保障天津市经济和社会的可持续发展,具有重大的历史意义和现实意义。

很多研究、政府政策法规、设计规范都致力于开发和完善可持续设计的技术措施,基本都是从选址及景观规划、水资源利用和污水处理、能源系统、室内环境质量、材料及废物循环利用等角度出发,来探讨降低建筑全生命周期成本,提高可持续性的技术措施。

其中,美国Oakland Sustainable Design Guide选址、水资源、能源、室内环境质量、材料、废物循环利用、交通等方面阐述一系列的技术措施,用以指导该州的建筑可持续设计,其中比较主要的方面是:

(1)重视对设计地段的地方性、地域性的理解,延续当地场所的文化脉络;

(2)增强适用技术的公众意识,结合建筑功能要求,采用简单合适的技术;

(3)树立建筑材料蕴藏能量和循环使用的意识,在最大范围内使用可再生的地方性建筑材料,避免使用高蕴能量、破坏环境、产生废物以及带有放射性的建筑材料、构件;

(4)针对当地的气候条件,采用被动式能源策略,尽量应用可再生能源;

(5)完善建筑空间使用的灵活性,以便减少建筑体量,将建设所需的资源降至最少;

(6)减少建造过程中对环境的损害,避免破坏环境、资源浪费以及建材浪费。

我国建设部于2005年出台了《绿色建筑技术导则》,提出绿色建筑应坚持“可持续发展”的建筑理念,并从节地与室外环境、节能与资源利用、节水与水资源利用、节材与材料资源、室内环境质量等方面阐述了在设计中应该考虑的技术要点。结合我国的《绿色建筑技术导则》与美国的Oakland Sustainable Design Guide以及其他一些研究,天津站综合交通枢纽基于全生命周期成本(LCC)理论,在项目选址、建筑节能、水资源利用、节约材料等方面引入了工程可持续设计。

6.4.2 枢纽节能设计原则

天津站综合交通枢纽节能涉及原则为依靠先进技术，进行合理设计，选用低能耗、高效率、节能型设备，为运营节能创造条件。同时强化运营管理制度，保障节能措施的落实。在此基础上，力争做到以下两点：

1. 全方位节能

在地铁系统中重视并实施节能十分必要。天津站综合交通枢纽轨道换乘中心工程设计严格遵照《节能法》中的相应规定，选用节能型的车辆、机电设备、生产设施以及其他辅助设施，采用先进的设计手段，运用先进的技术为天津市新世纪的快速发展增光添彩。在满足地铁运营的前提下，一方面尽可能降低服务需要的能量，另一方面应尽可能降低设备自身的能量损耗。

2. 全过程节能

对天津站综合交通枢纽工程来讲，能耗主要是发生在开通运营时期，但因该综合工程建设过程较长，建设规模大，因而除运营期间节能外，建设期间的节能问题，也需给予考虑。

6.4.3 枢纽节能减排措施

天津站交通枢纽工程节能主要是节水、节电，主要表现为用电负荷。影响动力及照明用电负荷大小的因素有：设备的数量、容量、效率、运行方式等。本次设计主要设备有：风机、空调机、电梯、自动扶梯、屏蔽门、水泵、照明、通信、信号、售检票机、防灾报警及自动化系统、电热设备和气体消防设备等。

1. 线路设计节能

地铁车站选址对于降低项目的全生命周期成本、提高项目的可持续性具有重要意义。为节省能源，枢纽车站尽可能设置在纵断面"凸"形的坡段上，这样运营车辆进站时为上坡，有利于进站减速停车；出站时为下坡，有利于出站车辆加速。同时在满足相关专业设计要求的情况下，尽可能减少车站范围线路的埋深，以便减少上下旅客进出站的电梯提升高度。

2. 供电系统节能

1）牵引变系统节能

（1）变压器选用低损耗型变压器；

（2）整流器内元件采用大功率、低损耗型整流管；

（3）各开关设备采用功耗低的弹簧储能操作机构；

2）供电系统节能

（1）用低损耗节能型变压器。

（2）正常运行时供电臂采用双边供电方式。

（3）供电臂长度控制在一定范围内，并选择适当截面的线材，以降低输电损耗。

3. 动力照明、降压变电所系统节能

（1）在枢纽使用的电气设备及材料中，选择体积小、低损耗的产品。动力变压器采用节能型干式变压器，照明光源以节能型日光灯为主，电力线、缆均采用节能型铜材料作为导电介质。

(2)由于广告照明在枢纽照明中所占比重很大，所以广告照明光源，采用LED或微能耗的面光源。

(3)公共区工作照明分区、分时段控制，可按设计照度的100%、75%、50%、25%分组控制，并尽量做到照度均匀，其中25%兼作值班照明，从而实现非运营时段的节能管理。

(4)在变电所低压侧设置集中无功功率补偿装置，降低无功损耗及线路损耗。

(5)正确选择变配电所的位置，使其位于重负荷处和负荷中心，供电半径合理，节约能源和减少金属材料的消耗。

(6)供电方案正确，运行方式合理，变压器处于经济运行状态，以利于节能。

4. FAS、BAS、SCADA、综合监控系统节能

(1)本工程防灾与设备监控系统采用集成度高、耗电小、技术先进的高科技产品，降低了设备的能耗。

(2)设备监控系统和电力远动系统对全线的机电设备进行全面、有效的实时监控和管理，确保设备处于高效、节能、可靠的最佳运行状态；能对环境参数进行检测，对能耗进行统计分析，控制通风、空调设备优化运行，在提高整体环境的舒适度的同时，降低能源消耗。

(3)系统遵循分散控制、集中管理、资源共享的基本原则；通过提高自动化管理水平，节省人力资源配置等均体现了节约的理念。

(4)充分利用网络技术，减少金属用量。

5. 建筑节能

1)建筑节能

天津站枢纽建筑节能主要从以下几个方面考虑：降低能耗、提高用能效率、使用可再生能源。

(1)降低能耗

①利用场地自然条件，合理考虑建筑朝向和楼距，充分利用自然通风和天然采光，减少使用空调和人工照明；②提高建筑围护结构的保温隔热性能，采用由高效保温材料制成的复合墙体和屋面、及密封保温隔热性能好的门窗，采用有效的遮阳措施；③采用能调控和计量系统。

(2)提高用能效率

①合理选择用能设备，采用高效建筑供能；根据建筑物用能负荷动态变化，采用合理的调控措施。②优化用能系统，考虑部分空间、部分负荷下运营时的节能措施，有条件时宜采用热、电、冷联供形式，提高能源利用效率；采用能源回收技术；针对不同能源结构，实现能源梯级利用。

(3)使用可再生能源

充分利用场地的自然资源条件，开发利用可再生能源，如太阳能、风能、地热能、生物质能以及通过热泵等先进技术取自自然环境(如大气、地表水、污水、浅层地下水、土壤等)的能量。

2)公交中心建筑节能

天津站枢纽建筑工程主体部分节能设计冬季供暖能耗标准满足《居住建筑节能设计标

准》规定，夏季空调能耗标准满足《天津市公共建筑节能设计标准》设计；其他用房部分节能设计满足《天津市公共建筑节能设计标准》规定。

外围护墙体采用蒸压加气混凝土砌块墙体，外设聚苯挤塑板保温层，传热系数满足规定。

外窗采用断热铝框 LOW-E 中空玻璃幕墙、断热铝框 LOW-E 中空玻璃窗材料和竖向铝制遮阳板，传热系数和综合遮阳系数满足规定。

屋顶采用聚苯挤塑板保温层，传热系数满足规定。屋顶天窗采用 LOW-E 中空钢化夹胶玻璃，其面积小于屋顶总面积的 20%，满足规定。

枢纽建筑物内部设施的节能：机电设备一律采用国家质量监督部门认定合格的节能设备；机电设备的负荷率需达到国家节能设计规范要求；对机电设备加强管理，提高设备利用率。

3）车站建筑节能

车站建筑的地面用房部分应按照《民用建筑热工设计规范》及相关规范、规程的要求进行围护结构的节能设计。

车站在满足使用功能的前提下，尽量缩小车站规模，以减少环控及照明负荷。在设计中，尽量缩短风道长度，并采用合理的建筑布置等方法以降低风道的沿程阻力和局部阻力。

6. 暖通空调节能

通风、空调与采暖设备同时满足安全可靠、技术先进、经济节能的要求。充分利用自然冷、热源，尽量减少设备电量消耗。

系统设计和设备配置充分考虑了运营节能。按运营不同阶段、不同时间划分系统运行模式，选择合适的设备容量和台数，并辅以行之有效的控制方式和调节手段。

地下空间的通风空调系统设备采用微机控制，根据环境的变化自动启动或停止设备，减少不必要的损耗。

采用自动清洗式空气过滤器，以及通风季节开启大型表冷器等手段，有效降低风道的实际运行阻力，降低风机电耗。

在设计中，尽量缩短风道长度，采用合理的方法降低风道的沿程阻力和局部阻力。

7. 自动扶梯、垂直电梯、自动人行道节能

自动扶梯选用公共交通重载型，适用于客流量大、连续运载繁忙的交通场合。采用节能型电机，在相同运输效率的前提下，耗电量低。

按照各站均应设置无障碍设施的原则，各车站均设置了无机房垂直电梯。无机房电梯由于彻底取消了机房减少建筑面积，而且节省电能，非常适合在地铁车站内使用。

枢纽所有电扶梯等机电设备均选用国家质量技术监督局认证的合格产品。各项能耗指标均符合国家相关标准。选用的自动人行道具有 GB 16899 标准要求的所有安全保护装置且满足电器方面的安全要求。采用了高效率的减速器和新型扶手驱动装置、比传统产品可节省能源 30%。

8. 屏蔽门节能

屏蔽门安装在站台与行车隧道间，其目的是将站台与行车隧道分开，使车站成为单一的建筑物，免受区间隧道行车时活塞风的影响，减少车站与行车隧道之间的热交换，降低车站空调的运行能耗。

9.通信系统节能

通信专业采取如下节能措施:

(1)合理选择设备,减少不必要的冗余配置,降低能源消耗。

(2)采用集成度高、小型化、低能耗新型设备,降低能源消耗。

(3)本工程采用光数字传输设备,利用光缆进行传输,不设长途通信电缆线路,从而降低了金属实回线的对数。

10.AFC 系统节能

AFC 系统采用高效、节电、低耗的设备,并合理布置设备以达到节能目的。

(1)AFC 设备均大量采用了大规模集成电路,从而降低了设备的耗电量。

(2)AFC 电源设备采用了整流效率较高的整流器;在考虑设备布置时,选择了最佳方案,从而使电源配线最短,提高了电源的利用率。

(3)AFC 系统优先选用集成度高、小型化的 AFC 设备,减少占用空间,从而降低了 AFC 房屋的面积。

11.给排水节能

1)水资源利用

在进行可持续设计中,本着不损害设施功能的前提,最大可能减少水的消耗。水资源的节约和利用,主要考虑到如下因素:节约用水可以减轻水资源紧缺的压力,同时可以降低水处理所需要的能源和化学用品,从而降低了建筑的生命周期成本。

采用节水系统、节水器具和设备,并将生活用水、景观用水和绿化用水等按用水水质要求分别提供、梯级处理回用;景观用水利用河湖水、收集的雨水或再生水,绿化浇灌采用微灌、滴灌等措施。

2)节能节水

节约水资源是节约能源的必要措施,因此,给排水设计中在减少用水量、废水回用、选用管材设备等方面采用有效的节水措施,以节约用水。

(1)通过减少车站的冲洗次数及每次冲洗的用水量,尽量采用擦拭的方法使车站清扫用水量大大减少。

(2)采用优质、新型管材及管件,减少管道的腐蚀和滴漏。给排水及消防管径大于 DN100 的架空管道采用镀锌钢管,埋地管道采用 PE 管;可提高管道的耐腐蚀性。

(3)水龙头采用瓷片式水龙头,避免或减少因水龙头漏水带来的浪费。厕所冲洗设延时自闭式冲洗阀,节约每次冲洗用水量。

(4)采用高效、安全的节能泵,以降低能耗。

在采取以上节水措施外,应加强运营管理中节水工作,树立节水意识。

景观工程所有水景体系均采用循环水体,只需补充蒸发水量即可,并且工程设有雨水收集系统,用于做灌溉用水。

副广场工程所有给水阀全部采用节水阀门,各用户均加装水表。

卫生设备均选用节水型产品,龙头选用节水型陶瓷芯水嘴,冲洗阀选用自闭式冲洗阀。

3)排水

(1)合理布局排水系统,减少抽升次数。

(2)选用合理的污水处理方案,降低运营费用。

12. 气体消防节能

气体消防所涉及的主要能源品种为水资源和电资源。本工程采用的系统主要就是节约水资源的细水雾灭火系统,既能满足消防要求,又能减少水的用量。工程设计中要采用优质、新型管材及管件,减少管道的腐蚀和滴漏。采用高效、安全的节能泵,以减少用电量浪费。运营阶段要加强运营管理中节水工作,树立节水意识,消防用水更换时尽量将废水加以利用。

6.5　天津站综合交通枢纽景观设计

天津站综合交通枢纽地处海河东岸,位于天津市中心繁华地带,西、南两面由海河环抱。该地区范围为东北至新开路,东南至华昌道、李公楼立交、赤峰道,西南至大沽北路、五经路、进步道,西北至华龙道、民族路,该范围为天津市区的几何中心。

天津站地区有蜿蜒于海河西岸的海河带状公园、龙门大厦、北方饭店、王朝大酒店、凯德大酒店、意式风情街、中心广场、花鸟鱼虫市场等大型商业、公用娱乐设施。天津市市政府投入巨资倾心打造的海河综合开发工程已经启动,使之成为现代化的综合交通、商业、文化娱乐中心。天津站位置如图 6-13 所示。

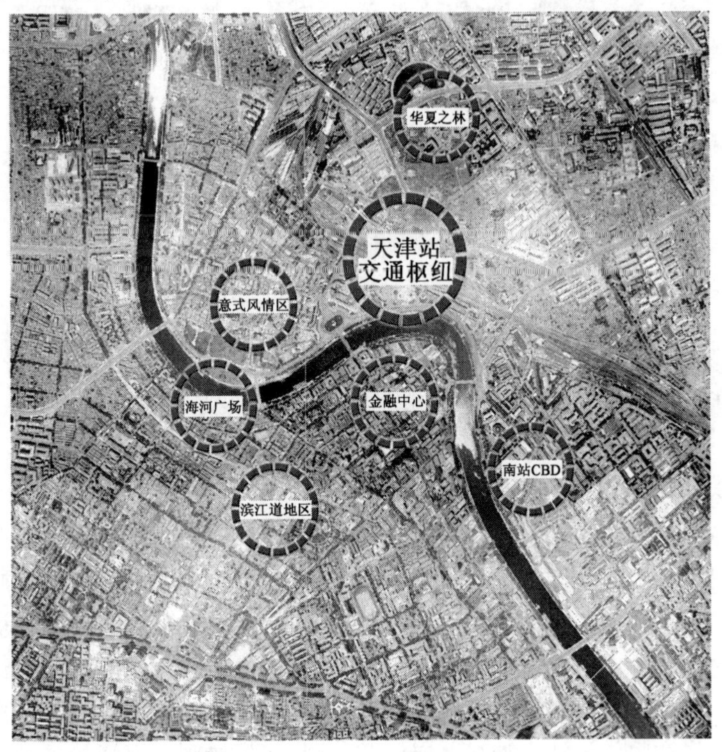

图 6-13　天津站交通枢纽工程位置图

6.5.1 景观工程社会效益分析

社会效益是从社会总体利益出发来衡量某项投资活动的效果和收益。根据第三章的分析，作为第三代综合交通枢纽，天津站枢纽建设的重要战略目标就是带动区域经济发展。这也符合本工程核心利益相关者政府宏观层面的“引导城市布局，提高区域经济发展”的利益诉求。因此天津站的建设目标不仅要使其成为代表新世纪天津市建设水平、国际先进枢纽的标志性工程，更要使其成为代表天津新时代发展创新精神、推动天津区域经济发展的城市地标性工程，打造枢纽区域和谐发展的城市空间，实现整个新车站区域功能和经济上的可持续性发展。因此，为达到上述要求，使天津站的建设与周围环境形成一个相互连接的“生活”城市，保证其与周围现有功能区域的有机连接，天津站将呈现一种全新的设计理念：将公共空间营造成一个由交通、配套服务、园林景观和建筑交织而成的有机结合体，形成“三维的公园”，如图 6-14 所示。

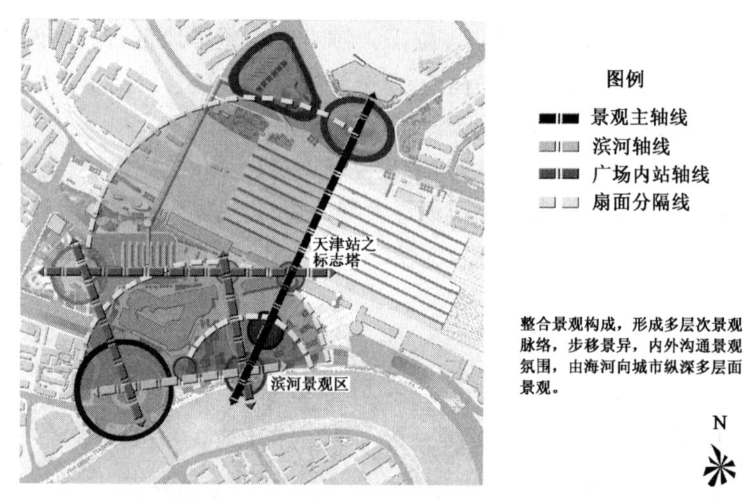

图 6-14 天津站综合交通枢纽环境与景观图

6.5.2 景观工程设计

天津站景观工程主要由前广场景观工程、副广场景观工程和后广场景观工程组成。经过设计使得周围不同功能的建筑空间、景观和交通体系将通过多层次的循环连接交织成一个有机和谐的整体，促进车站及周边区域的功能和经济持续发展。

1. 前广场景观设计

随着京津城际铁路的引入、海河东路在广场段的下穿，公交车、出租车等车辆转入地下，天津站前广场由目前的功能性广场转变为景观性广场。前广场以下沉式旱喷广场-旭日广场为中心，将主、副广场连接起来，如同律动的音符，预示着天津新的发展、新的契机、新的飞跃。蜿蜒的彩带飘落海河之畔，十二盏挺拔的灯柱讲述着天津站 120 年的历史。精致的铺装，艺术化装饰的各类设施，绿荫下的休息空间，潺潺的水声，漫步其间，让人忘却旅行的疲惫，体味生活的美好。海河堤岸在整体设计主轴线上层层跌落，将广场景观与海河景观融为一体。

前广场作为集交通、景观、休闲、浏览于一体的多功能广场，布局简洁大气而不失动感与魅力。扇形的广场肌理，既构成汇聚的空间，又呈现开放的态势。大片地状绿化、高大树木，既符合大型城市广场的特征与尺度，又构成一幅海河畔的亮丽风光。前广场以流畅汇聚的舒缓线条，释放繁忙交通中的压抑，用放射状的大尺度空间形态，整合前广场、副广场及解放桥头广场的空间构成，形成多层次序列空间，体现现代化国际大都市的开放与秩序。

同时精简地下工程的地面构筑物如出入口、进排风口等，减少对地面景观广场的影响，并与地面景观融为一体。地面进排风口布置在绿地内，采用低矮敞口形式，略高出周围地坪，并以绿化小品隐藏。地下各功能区均设楼扶梯通向一个疏散夹层，再由该夹层集中设 2 个出入口出地面，这种布置方式地面构筑物数量少，对地面景观影响小，如图 6-15。

图 6-15　天津站综合交通枢纽前广场景观

2. 副广场景观设计

副广场分为出站广场区、公交区及景观区。各分区之间以高架人行天桥连接。飘逸的线型，高耸的楼体构成整个广场区最为生动的区域。副广场工程效果图如图 6-16 所示。

图 6-16　天津站综合交通枢纽副广场工程效果图

3. 后广场景观设计

后广场的功能随着京津城际和 2、3、9 号地铁线的集中设置，从现在的次广场转变为功能性广场。后广场的功能分区自西向东依次为公交中心、环岛广场和城际站房、综合配套楼。在规划设计中,广场的中央为2500 m^2 的大型透明薄水池或下沉广场,不仅为后广场的地上提供良好的景观元素,而且为地下广场提供一个波光粼粼的水顶天窗或沟通地上、地下的过渡空间。在它的两边设置进出地下广场的自动扶梯,并在天窗的周围布置浅根的植被绿化。

后广场的整体设计把景观与建筑融为一体,体现了流畅、舒展、通透、精细且富于秩序的后广场整体空间。以交通为主的观赏形广场,简洁现代而可变性强。西侧公交枢纽广场,以铺装结合树阵式绿化,如图6-17所示。

图6-17　天津综合交通枢纽站后广场效果图

作为后广场的主要建筑之一,公交中心的设计充分体现了现代化的设计风格,强化圆形交通竖井的视觉通透性,使其成为后广场建筑群的亮点。公交中心东侧圆形的部分是与地下空间相互联通的交通竖井,向下连接三条地铁线的出站口,在地面层设置公交车场,周边布置附属办公房屋,房屋外侧采用自然坡形绿化;在二层交通竖井连接处设置公交售票厅并通过连廊分别与公交候车厅和城际站房相连,如图6-18所示。

图6-18　公交中心效果图

建设管理篇

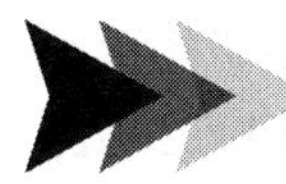

第七章　天津站综合交通枢纽建设范围管理

7.1　天津站综合交通枢纽工程战略背景分析

第一章已经论述，此处不再赘述。本节的目的主要是强调战略依据对于天津站交通枢纽工程项目的指导作用。

7.2　规划项目范围界限的定义与说明

天津站枢纽工程规划范围按顺时针由北起为：新广路、"城市之光住宅区"南界、华兴道、新环路、"裕阳花园"小区、新兆路、李公楼立交桥、海河、大沽桥、五经路、五经路地道、华龙道。

通过对天津站交通枢纽项目的利益相关者分析，将天津站交通枢纽项目划分为前广场工程、后广场工程和周边市政交通工程，以内部相对独立的人行系统连接。通过这三部分的紧密联系，最终能实现项目目标，从而满足各个利益群体的利益诉求。各部分的范围界限分析过程和说明如下。

7.2.1　前广场范围界限与说明

对天津站前广场适当改扩建，保留既有天津站房、龙门大厦等标志性建筑，拆迁行包楼西侧部分建筑，改造前广场与副广场公交车场，规划大型城市绿地，并在铁路轨道下方建设地下通道联系前、后广场。

前广场工程主要包括海河东路地道、主广场地下工程和副广场工程。海河东路地道西起三经路和进步道，东至天津站邮局门前，周边主要城市道路有海河东路、进步道、建国道、三经路，使海河东路在前广场段下穿，公交车、出租车等车辆转入地下。天津站前广场由功能性广场转变为景观性广场，前广场的景观延续天津站原有的垂直于海河的空间概念，分为主广场、西侧喷泉广场、东侧绿化广场和紧临海河的亲水广场。副广场北至火车站行包房，东至天津火车站出站口，南至龙门大厦，西至现状三经路，是对原有广场的改建，满足城市公交线路和出租车的停靠需求。

7.2.2　后广场范围界限与说明

以轨道换乘中心为核心的后广场紧邻新建城际铁路主站房，后广场规划面积约 1.8 万平方米,作为地面交通集散空间,广场地下空间主要安排换乘人流集散、部分配套服务区设施以及停车设施。其功能随着京津城际和三条地铁线的集中设置,则从次广场转变为功能性广场。地铁2、3、9号线天津站在后广场形成的换乘节点,主要实现地铁2、3、9号线的旅客输送功能,同时满足地铁2、3、9号线、京津城际、国铁等旅客的换乘需要。

后广场的功能分为轨道换乘中心、公交中心、环岛广场和停车中心。轨道换乘中心建于天津站后广场,华兴道、新广路与新兆路交汇的四叉路口处,同时在新广路与华兴道交口的北侧顺驰地块设置地下二层停车库,是地铁2、3、9号线天津站地下站台,其地下空间满足换乘人流的及时疏散功能。后广场公交中心位于天津站后广场的西侧,由新广路、新兆路、华碧道围合而成的三角形区域内设置20个城际高客发车位,周边设置满足8~10条公交线路的运营需要的停靠站(即停即走)。后广场中心的交通环岛连接新广路、华兴街、新兆路三条城市道路。停车配套楼北邻新兆路,南邻城际基本站台,东邻惠森家园高层住宅,西邻城际站房,是具有地下停放自行车部分,地上商业用房的综合停车配套楼。

7.2.3 周边市政交通范围界限与说明

通过区域交通组织发挥周边地区道路的功能,避免过境交通与进出枢纽交通产生冲突点,并为公交车、出租车、私家车的集散规划各自的线路。主要包括五经路地道、李公楼立交桥和前后广场联系通道。

五经路地道北至新广路,南至自由道,与进步道、建国道均为立体交叉,使机动车能快速到达后广场,快速疏散过境交通,将车辆的延误降到最低。李公楼立交桥位于天津市内环线以里的中央金融商务区,立交所涉及的华昌大街起点为既有李公楼桥第四跨,终点至新开路路口;新兆路起点为华捷道,终点为华昌大街;南、北侧非机动车辅道起点与现状京山铁路地道接顺,下穿津秦铁路、京津城际铁路,终点至新兆路路口。其主要功能是快速跨越海河及铁路,该通道的设计车速较高,是沟通和平区和河东区最主要的过境通道,也是沟通前后广场的重要通道。前后广场联系通道北侧与后广场地下一层连通,直通地铁2、3、9号线公共出入口是连接前后广场,满足换乘人群而设计的下穿铁路的人行通道。

7.3 项目目标及要求

通过上述项目范围的界定,结合第三章对天津站综合交通枢纽项目各利益相关者的利益诉求分析,我们可以明确项目的目标,提出各层面的要求。

7.3.1 构建天津站交通枢纽项目目标体系

通过SWOT分析,天津站交通枢纽项目处在非常好的建设时机,天津城市处在经济发展的高速期,随着天津滨海新区的开发开放,必然进一步推动天津城市经济的整体发展。而天津站目前的状况已显然与天津今后的发展战略不相符,不能满足城市经济发展的需要,不能展示天津蓬勃发展的城市形象。

当今,可持续发展已成为世界各行各业发展的主流,各国交通运输行业也都在追求可持续交通发展。因此,天津站交通枢纽项目应在可持续发展战略目标的指导下,追求项目利益相关者利益的最大化。

实现天津站交通枢纽可持续发展的战略目标,要从项目全生命周期的角度进行考虑:

(1)规划设计阶段的可持续性设计。功能上不仅要满足当前的需要,同时能够满足项目服务区域的可持续发展目标的需要。这表现在人口的增长,人口结构的变化、经济增长的需要、资源禀赋的限制等。要应用价值管理的思想,优化项目设计。

(2)建造过程满足可持续建造的要求。可持续建造是指,基于高效资源利用和生态原则的健康的建筑环境的创造及其负责的管理。

(3)运营阶段的清洁生产,尤其是清洁循环型新技术和对环境友好材料的应用。对环境的影响最小化和生命周期成本最小化。

(4)拆除阶段的循环再生型回收方式。项目的物质流、能量流实现闭环式的循环运动,实现循环型经济发展模式。

具体来讲,在范围定义阶段就是要使项目目标能够满足项目利益相关者的利益诉求。在可持续发展战略目标指导下,借鉴层次分析法的分析思想,构建天津站交通枢纽项目目标体系,如图 7-1 所示。

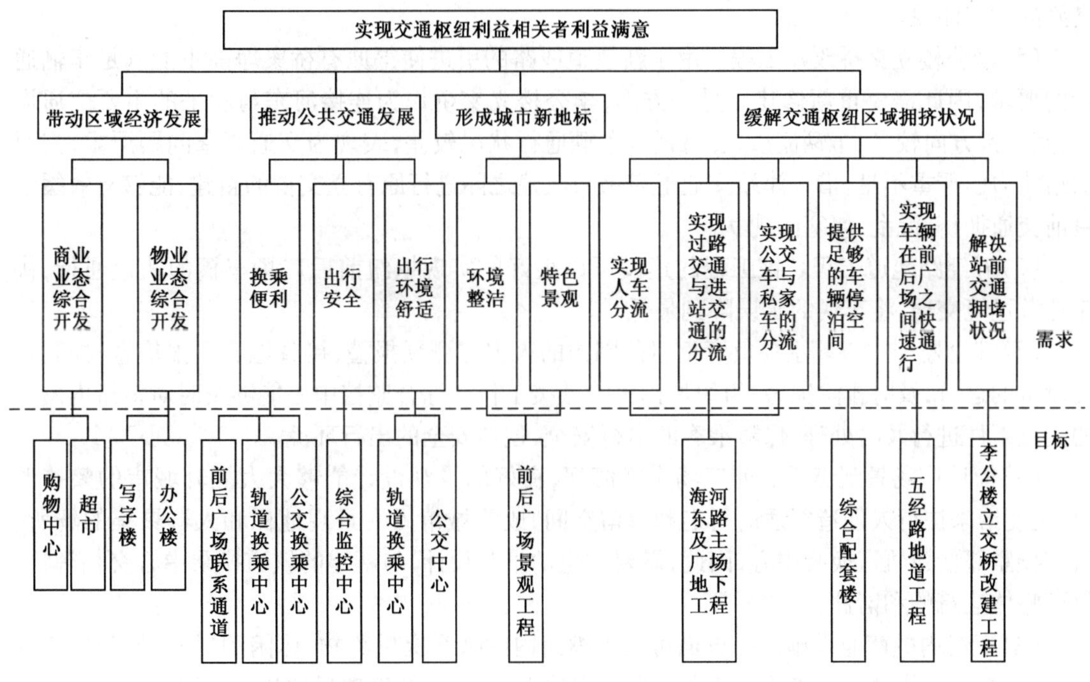

图 7-1　天津站交通枢纽项目目标体系

具体步骤如下。

第一层,目标层 A:实现天津站交通枢纽项目利益相关者利益诉求;

第二层,准则层 B:把天津站交通枢纽项目需求作为影响目标实现的准则层;

第三层,准则层 C:把天津站交通枢纽子项目需求作为另一准则层;

第四层，措施层 D：是指促使项目目标实现的措施层。

其中：

(1)前后广场联系通道的建设，是为了满足今后乘客在铁路枢纽与轨道换乘中心之间的通行。

(2)轨道换乘中心的建设，是为了满足今后轨道 2、3、9 号线引入天津站，为此所修建的轨道交通换乘场所。轨道交通作为大容量的快速交通工具，具有显著的快捷性、安全性和舒适性，能够很好的满足出行者的出行要求。

(3)公交中心工程。原有公交场站，由于场地狭窄，对行人与车辆的通行没有做出合理的规划，人车混行状况严重。新的公交中心工程将很好地解决目前的交通现状，对人、车通行路线做出科学合理的规划，满足使用者的要求，实现良好的交通秩序。

(4)海河东路及主广场地下工程。海河东路位于天津海河南边，紧邻海河，目前交通现状拥挤混乱，公交、行人、私家车辆混行状况严重。目前的天津站主广场由于区域狭窄，已不能满足交通需求的需要，表现在停车泊位不足，人、车混行，导致前广场不仅交通秩序差，而且市容环境卫生条件状况也不令人满意。这些状况给旅客留下了极为不好的印象，从而使天津的城市形象大打折扣。海河东路及主广场地下工程就是为了解决上述问题，同时很好的实现了政府部门解决这一区域交通现状的目标，也能够给旅客创造整洁、安全的交通环境，给旅客留下良好的城市印象。

(5)李公楼立交桥改建工程。由于新轨道线路的引进使得原有桥梁净高不能满足车辆通行的要求，因此需要重新修建。另一方面，李公楼立交桥作为连接河东与和平的主要交通设施，其连接方向较多，车辆流量大。目前，车辆通行状况较差，表现为交通堵塞问题严重，交通供给能力已严重不足，借天津站交通枢纽项目改建之际进行原有立交桥的新建，能够有效缓解目前交通拥挤、混乱、堵塞的现状。

(6)五经路地道工程。该工程的建设可以很好的实现枢纽前后广场车辆的快速通行，快速疏散过境交通，将车辆的延误降到最低。

(7)综合监控中心。主要负责枢纽范围内的火灾监测预报警；接收地震预报信息；控制防灾设备的运行，及时排除灾害；组织指挥抢险救援工作。综合监控中心能够及时对枢纽内发生的突发事件进行及时处理，保障乘客的出行安全，创造安全的出行环境。

(8)前后广场景观工程。前广场亲临海河，良好的景观设计能够大大提升城市的整体形象，也能给来往行人创造舒适的行走和逗留空间，成为城市另一景观地标和人群聚集的场所。后广场紧邻新建轨道换乘中心，因此，需要一定的景观设计，与新建的轨道换乘中心交相辉映，保证整体建筑的和谐性。

(9)枢纽内的商业设施。一方面可以为枢纽内的乘客提供购物、休闲的场所，提升枢纽价值；另一方面也能够为枢纽的运营者带来一定的现金流入，补偿项目的初期投资。

(10)枢纽内的部分物业设施。物业设施的开发可以吸引社会投资者参与枢纽项目的建设，通过一部分物业的开发，形成商业 + 枢纽的开发模式，形成两者的良性互动。

(11)综合配套楼。综合配套楼的建设可以弥补目前车辆停车泊位不足的缺陷，同时有一部分空间可以做商业开发，建成后可以吸引社会经营者进驻其中进行商业活动，由此产生的租金可以为运营管理单位带来一定的收益。

7.3.2 天津站项目层面要求

通过对天津站利益相关者的需求分析，在项目总体各层次目标的指导下，并依据项目层面的具体要求，天津站大型交通枢纽工程这一项目的要求必须能够充分体现天津站交付项目收益的高层次要求。包括商务、环境、技术等问题。根据天津站的发展战略和目标定位，天津站的建设需要满足四大要求，即带动区域发展、推动公共交通使用、形成城市新地标、缓解交通枢纽区域拥挤状况。四大要求的具体内容在第三章中已有详细论述，在此不再叙述。

1. 带动区域经济发展的要求

交通枢纽项目的建设，可以带来大量的人流，一定商业设施和物业设施的建设可以丰富该区域的商业业态，同时可以吸引更多的人群。天津站所在的位置是天津城市几何中心，同时该区域紧邻海河，应该与天津海河开发计划相呼应，共同打造崭新的海河沿岸。商业业态和物业业态的开发可以很好的带动天津站交通枢纽项目所在区域经济的发展，对促进天津市市政府发展海河沿岸的城市发展战略目标的实现也有很大帮助作用。

商业业态和物业业态的开发要在项目前期结合交通规划一起进行，实现整体开发，有利于保证项目整体的协调性。商业业态的形式有购物中心、超市；物业业态的形式有写字楼和办公楼等。交通系统比较发达的国家如日本，其枢纽的换乘终端多与购物中心相联接，或紧邻写字楼，枢纽所在位置商业普遍很发达。

2. 推动公共交通发展的要求

推动公共交通的发展是解决城市交通问题的有效措施，城市交通状况的改善可以有效的改善出行者的出行条件，减少环境污染，所以政府部门和使用者是这一需求的主要利益相关者。换乘便利、出行安全和出行环境舒适是出行者的主要需求，新交通设施的建设，如轨道换乘中心、公交中心、前后联系通道的建设可以更好的为出行者提供出行服务。轨道交通作为大容量的快速交通工具，能够为使用者提供更快、更便捷的运输服务，所以能够很好的满足出行者的出行要求。同时公共交通的发展也是城市交通发展水平的表现。

3. 形成城市新地标的要求

交通枢纽往往是外来出行者接触一个城市的第一站，其环境和服务质量的好坏往往会影响到整个城市在出行者心中的形象。因此，除了要有好的交通服务条件外，一定的景观设施也是必不可少的。天津站交通枢纽项目作为天津对外交通的大门，一定的景观工程建设可以把天津站交通枢纽打造成天津城市新的地标，给外来出行者留下深深的印象，提高城市的整体形象。2008 年天津作为北京奥运会的协办城市，天津站交通枢纽负责运动员的接送任务，好的景观景象也给参赛运动员留下深刻的印象，同时也加深他们对天津的印象，有助于天津走向世界。前后景观工程的建设，能够很好的满足这一需求，天津市政府作为这一需求的主要利益相关者的利益诉求也能够得到很好的满足。

4. 缓解交通枢纽区域拥挤状况的要求

由于原有交通设施已不能满足城市交通需求增长的需要，枢纽区域内交通混乱，表现为人车混行、过路交通与进站交通混行、交通堵塞状况严重。这些状况导致出行者的出行条件恶劣、不能满足出行需要,也不利于城市的进一步发展。海河东路及主广场地下工程的建设,停车配套楼、五经路地道工程和李公楼立交桥改建工程的建设可以有效地解决枢纽区域内的交通问题,满足出行者对交通通畅和有序的要求。

7.3.3 天津站各项交付成果要求

仅提出高层面的项目要求远远不足以满足对项目进行有效的范围识别和分析,因此还需要在各交付成果层面上有相应的范围要求,以保证项目各项功能的顺利实现。

天津站的规划建设目标是成为集城际高速、国铁、地铁、轻轨、公交和出租的大型综合交通枢纽。其特点为投资规模大、工期长、工作量大、工程施工技术高度复杂、利益相关者多、子项工程多并且子项工程相互间的接口复杂、专业性强,涉及到运营管理、车辆运用、通讯信号控制等多方面的基础设施建设工程等。根据整个天津站建设项目的总体布局规划与目标体系,天津站的交付成果必须与目标相一致,可交付成果层面的要求同样由海河东路地道及主广场地下工程、副广场工程、轨道换乘中心工程、公交中心工程、停车配套楼工程、五经路地道工程、李公楼立交桥改建工程、前后广场联系通道工程、前后广场景观工程组成。以上各交付成果的建设范围可以分析如下。

1. 海河东路地道及地下广场

改建的海河东路地道被规划为主干道,红线宽40m,横断面为4-34-4。地道采用双向六车道标准,其中由西向东方向地道在进步道五经路与三经路之间设地面至地下的引道;由东向西方向地道在赤峰桥西侧设由地面至地下的引道,之后沿海河东路线位至三经路,并设由地下至地面的引道连接建国道。

改建的主广场地下广场为两层,地下一层主要包括过境公交车的停靠站、出租车及私家车的停靠站、部分停车场、设备管理用房等。地下二层为停车场,共有停车位约470个,为一类停车场,防火等级为一级。地下广场及停车场总建筑面积约43597m^2,另设有自行车停车场夹层和疏散夹层共4260m^2。

海河东路地下隧道方案要能解决坡道停车问题,同时能够快速疏散过境交通,将车辆对周边道路和建筑的影响降低到最低,非封闭段露天设计要与地面景观广场相协调。

地下广场要能充分体现公交优先的原则,综合车站前、后、副广场的交通联系,形成快捷高效换乘的立体交通网络。为各功能区建立循环、立体的交通衔接系统,尽量减少车辆的绕行,为地下停车场提供快捷的进出条件,同时减少地面交通的压力。设计要尽量减少对意式风情区和河沿岸景观的影响。

2. 副广场

副广场工程主要对现状的出站广场进行改造,结合天津站区域交通组织方案,在地面布置公交车站共29路,公交车场占地面积10000m^2。在地下一层设置出租车上客站,并与既有天津站出站地道、前后广场联系通道、主广场地下停车场相连。在地下二层设置出租车停车场,布置停车泊位300个。

副广场的改建要妥善处理与城市交通、地面建筑、地下管线和周边环境的关系,减少房屋拆迁、管线改移和对地面交通、环境的影响。合理利用城市建筑的有限空间,因地制宜地确定功能布局与建筑风格。

地下空间布局方案应保证乘客使用的安全与方便，设备方案应满足平时使用时具有良好的通风、照明、卫生条件，灾害状态下满足安全疏散要求，为乘客提供高质的内部和外部环境。

地面交通要体现公交优先原则，充分利用三经路辅道、海河东路地道，减少公交绕行。要实现以人为本，人、车流线分开，提高步行者的安全性，尽可能实现零距离换乘。

出入口、风亭、冷却塔等地面附属建筑物，在有条件时与城市道路两侧建筑物合建，需要独立设置时，其位置与建筑造型应与周围环境相协调。

3. 后广场

根据天津站地区规划总体布局，后广场作为交通广场，功能定位从之前的次广场转变为主功能广场，它在城市轨道交通系统以及天津站交通枢纽中发挥了骨干的作用。地铁2、3、9号线天津站在后广场形成的换乘节点，主要实现地铁2、3、9号线的旅客输送功能，同时满足地铁2、3、9号线、京津城际、国铁等旅客的换乘需要。

4. 轨道换乘中心

轨道换乘中心主要是在满足枢纽自身交通功能的前提下，与城市其他功能相协调；按照“以人为本，方便换乘”的要求，充分考虑各种交通方式之间的衔接关系；行人优先，构筑独立、安全、便捷、高效的换乘系统；充分利用地下空间，为各功能分区间建立立体、循环衔接系统。

在其他方面，为满足不同旅客的需要，还需考虑地下交通层的商业区以及地面的商业开发用房等附属功能。

5. 公交中心

后广场公交中心设置20个城际高客发车位，周边设置满足8～10条公交线路的停靠站（即停即走）。公交车入口设置在新广路与华碧道交口处，出口设置在新兆路延长线新规划的道路上，公交车出站后沿新规划的道路至华龙道离站。

公交中心东侧圆形的部分是与地下空间相互联通的交通竖井，向下连接三条地铁线的出站口，在地面层设置公交车场，周边布置附属办公房屋，房屋外侧采用自然坡形绿化；在二层交通竖井连接处设置公交售票厅；三层设置整个枢纽的控制指挥中心，负责枢纽的日常管理和紧急状态下的统一指挥。

公交中心的设计体现了现代化的设计风格，强化圆形交通竖井的视觉通透性，使其成为后广场建筑群的亮点。

本工程的主要功能为大型公交枢纽，要能合理地解决人流和车流的畅通及便捷，并互不交叉。公交中心作为综合性强的建筑还要合理地组织公共交通、长途交通、交通调度、控制中心、办公等功能，在有限的用地中尽量做到互不干扰。

方案用地面向天津站后广场，紧邻城际站房。其景观位置十分重要。因此，采用建筑手法将大型车辆组织到建筑内部，尽可能减少对城市景观的影响，是设计的重要要求。建筑既要具有一定的标识性，又不能喧宾夺主。必须与城际站房相辅相成，共同构建后广场一侧的整体形象。

6. 综合配套楼

综合配套楼设计为地上四层、地下三层,地下为停放自行车部分,地上为商业用房。综合配套楼与地铁风亭及出入口合建,与综合配套楼融为一体。

要严格按照国家法律法规及相关规范要求进行设计,以人为本将自然环境与功能布局相结合,在理性的结构框架之下以浪漫主义手法营造出建筑与自然及周边相邻建筑的高度融合。

在平面布局上尽可能充分利用有限基地面积,满足规划部门的要求。在立面造型上,尽量使停车库与其他两个建筑保持统一性。

7. 五经路地道

新建五经路地道为城市主干道,连接铁路两侧的华龙道和五经路,向南与大沽桥相连,向北与东纵快速路相连,成为枢纽西侧的快速疏散通道。机动车道下穿铁路,布置双向六车道。

五经路地道北侧起于华龙道新广路交口,上跨地铁二号线,下穿铁路、建国道,止于进步道。华龙道出口在新广路路口北侧。通过与进步道、建国道均为立体交叉,使社会车辆能够快速到达后广场,将景山铁路线对市区的划分导致车流不顺的影响降至最低,和李公楼立交桥,海河东路地道等组成疏导天津站机动车的交通道路。

地道全长1554m,主要采用隧道和封闭路堑形式。隧道以直线下穿京山铁路,与京山铁路的交叉角度为54°,左幅隧道长1005m,右幅隧道长716m,右转匝道隧道长155m。

双车道封闭路堑长159m,单车道封闭路堑长180m,三车道封闭路堑长169m,双向六车道封闭路堑长140m。

8. 李公楼立交桥改建

该立交工程位于天津市内环线以里的中央金融商务区,立交所涉及的华昌大街起点为既有李公楼桥第四跨,终点至新开路路口,长594m;新兆路起点为华捷道,终点为华昌大街,长366m;南、北侧非机动车辅道起点与现状京山铁路地道接顺,下穿津秦铁路、京津城际铁路,终点至新兆路路口。

机动车道上跨铁路及海河两侧海河东路、滨河游览路,非机动车道下穿铁路,连接华昌道、赤峰道。由于城际铁路从桥下穿过,桥下净空要求满足铁路限界的要求。

方案选择要符合本区域道路网规划,方案设计适当超前,以适应不断增长的交通需求,满足交通快速、连续、大容量的要求。

本项目改建所处地形、地物情况较为复杂,上跨铁路,下穿城市道路,原有道路交通情况较差,交通拥堵严重。改建后作为沟通和平区与河东区最主要的过境通道,建设标准和功能定位要一致,处理好与原有路网的配合,与拟建的快速路相连应顺捷,最大限度的发挥互通立交交通功能的作用。

改建时注意与水利设施、排灌系统的相互协调,尽量减少占地,减少拆迁,降低造价;正确使用技术标准,合理选择工程方案,尽量采用较高的平、纵面指标,注意平、纵配合,使路线尽可能顺畅、直捷,减少投资,降低运营和维护费用;景观环境方面要重视环境保护,降低噪音污染,处理好道路建设与沿线环境的协调。

通行方面需满足行人一般日常通行功能外还需考虑不同需求旅客设置自动人行步道以及

无障碍设施。

安全方面应具备火灾、盗窃及其他刑事犯罪等自然及人为灾害的预防措施，灾害发生时的应急措施，并配备相应设备及管理设施。

其他方面还应考虑设置广告灯箱等一般经营性需求。

9. 前后广场景观范围

前广场作为集交通、景观、休闲、浏览于一体的多功能广场，布局要简洁大气而不失动感与魅力。扇形的广场机理，既构成汇聚的空间，又呈现开放的态势。大片地状绿化、高大树木，既要符合大型城市广场的特征与尺度，又要构成一幅海河畔的亮丽风光。

前广场的景观规划要以流畅汇聚的舒缓线条，释放繁忙交通中的压抑，用放射状的大尺度空间形态，整合前广场、副广场及解放桥头广场的空间构成，形成多层次序列空间，体现现代化国际大都市的开放与秩序。

后广场中心规划为面积7600m^2 的交通环岛，连接新广路、华兴街、新兆路三条城市道路。广场设置两条送客专用车道，围绕环岛设置4条环形车道。环岛南侧与站房之间设有出租、小汽车的下客平台，平台的形状依照站房的形体均匀布置。

后广场主要是以交通为主的观赏形广场，景观规划简洁现代而可变性强。西侧公交枢纽广场，以铺装结合树阵式绿化。后广场的整体设计要把景观与建筑融为一体，体现流畅、舒展、通透、精细且富于秩序的后广场整体空间。

7.3.4　天津站项目组件层面要求

在提出此项目可交付成果层面的要求之后，需要将这些要求进行逐级细化，然后取得组件层面的要求，以便于对项目的设计与实施进行更好的控制与管理。项目各组件的识别过程和要求如下。

1. 天津站项目组件识别

根据《项目集管理标准(第2版)》中定义，项目组件一般包括项目内的各单项目(子项工程)，同时还包括管理项目所必要的管理工作和基础结构。天津站作为规划中的大型综合交通枢纽工程，从其复杂程度上来看，各可交付成果的建设规模、完工时间要求、地质条件、周边环境等各项指标都参差不齐，若一概以各可交付成果分别作为单一的子项工程来进行建设管理，则容易出现技术难度过大，不利于进度、质量、成本的管理与控制的问题。为了解决该问题，天津站大型综合交通枢纽建设工程对某些可交付成果进行了进一步的分解。通过对可交付成果进行分标段建设，一方面降低了各子项工程的技术难度，另一方面便于招标、建设等各方面的管理。

天津站大型交通枢纽工程的建设管理工作除了要考虑各可交付成果的建设，同时还需要考虑对可交付成果以外项目建设的影响，如城际铁路建设，天津站既有主站房扩建等工程建设项目的时间及空间影响。

天津站大型综合交通枢纽工程的组件识别可分两部分，建设标段部分以及非建设标段部分。

根据各可交付成果的技术难度、地质条件、交付时间要求等特点，将天津站交通枢纽工程划分为十个建设标段。其中轨道换乘中心工程划分为一标、二标、三标三个标段，四标为李公楼立交桥的改造工程，海河东路地道及地下广场工程划分为五标、六标、七标三个标段，八标为副广场工程，九标为五经路地道工程，十标为前后广场联系通道工程。

对影响建设标段的工程进行识别，非建设标段部分涉及到的组件有前后广场景观工程，公交中心工程，城际站房工程，城际铁路工程。

2. 各组件要求

天津站大型交通枢纽工程项目组件包括建设标段部分以及非建设标段部分，在此仅对建设标段的要求进行描述，非建设标段组件要求不进行说明。

1）一标建设范围及要求

标段建设范围如图 7-2 所示。

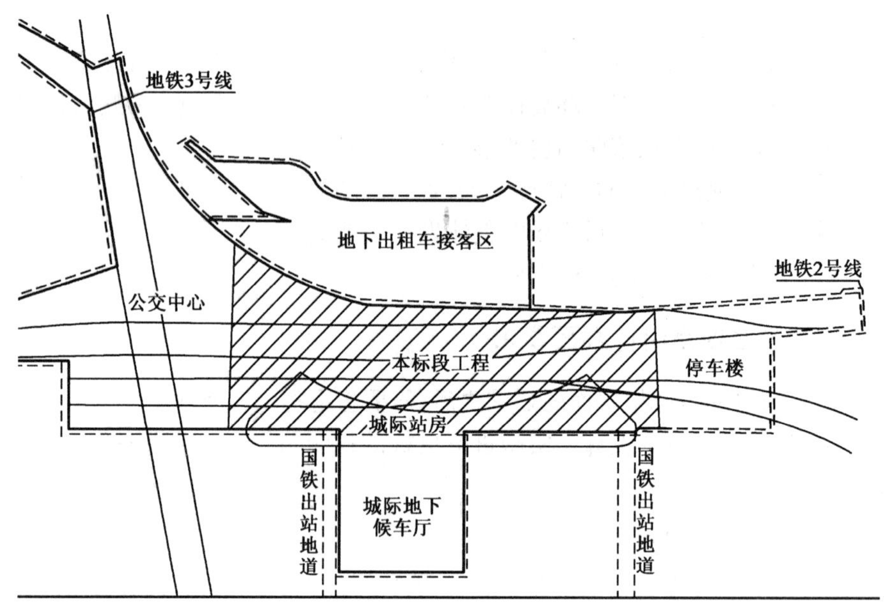

图 7-2　一标段施工范围

本标段范围为与城际铁路站房重叠部分及城际铁路站房前方区域的地铁地下结构工程。长约 264m，宽 73 ~ 105m，占地面积约 23500m²，为地下三层多跨框架结构。地下一层层高 7m，主要为城际铁路地下进出站厅，地下二层层高 6.5m，主要为城际铁路与地铁 2、9 号线路换乘层。地下三层层高是 6.7m，主要为地铁 2、9 号线站台车层，结构顶板上覆土 1.5m，总建筑面积约 70000m²。为天津站综合交通枢纽工程后广场区域中间标段。

本标段与城际主站房和地下候车厅、2、3、9 号线站台、出租车停车区、综合配套楼等工程的地下部分相连，应对相邻建筑、结构、施工过程的工期、工艺、习惯做法等各种关系进行全面、综合考虑并认真协调，制定接口的实施措施，才能保证全部建筑物整体的结构质量和使用功能，保证各标段顺利施工。

建设要求如下。

（1）建设工艺要求：由于城际铁路站房直接坐落于本标段地下结构之上，为保证按期提供站房施工场地和建设条件，此部分拟采用盖挖逆作法施工以节省工期。

（2）周边交通要求：本标段基坑位于天津站后广场新广路、华兴道、新兆路交口处，车辆种类繁多，人流量、车流量都很大，交通异常繁忙，在工程施工的相应阶段可考虑对道路过境交通临时封闭，但需要留出周边生产、生活的必要通道。

2）二标建设范围及要求

标段建设范围如图 7-3 所示。

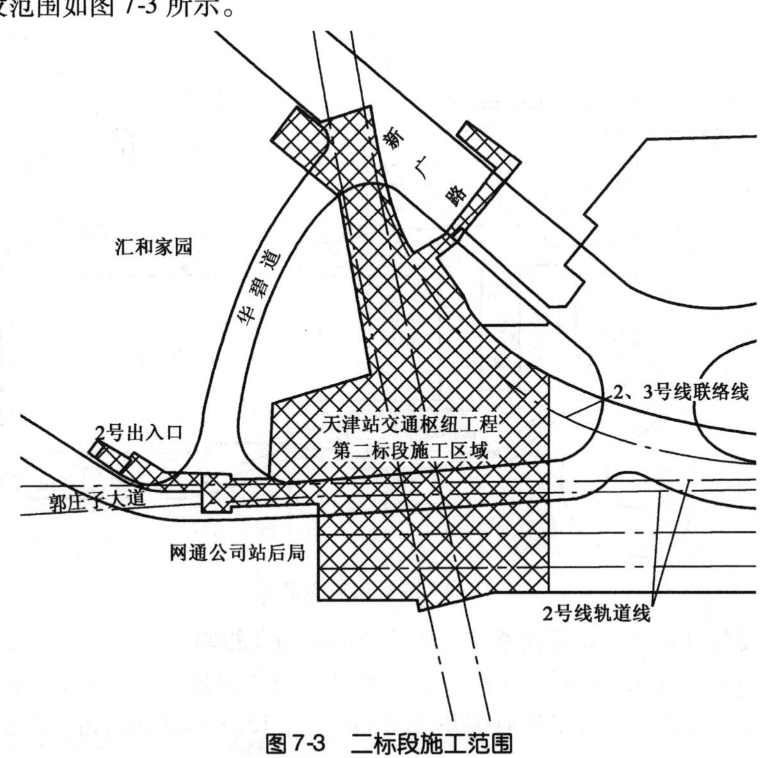

图 7-3　二标段施工范围

本标范围为地铁 2、3、9 号线天津站地下结构的一部分（地铁 3 号线天津站及地铁 2、9 号线天津站西段），位于拟建城际铁路站房西侧的地下，东西向长约 230m，南北向宽30～150m，占地面积约 1.98 万 m^2，2、9 号线部分为地下三层矩形框架结构，3 号线部分为地下四层矩形框架结构，总建筑面积约 7.20 万 m^2。2、3 号线车站为中间站，车站端头为盾构井接收井，9 号线为终点站。本次招标范围东侧即拟建城际铁路站房下部分已开工的一标段，为地下三层矩形框架结构，基坑深 25m，采用盖挖逆作法施工，目前正在施工基坑围护结构和中间桩柱部分。

建设要求如下。

（1）建设工艺要求：由于地铁地下结构有部分位于城际铁路站房之下，为了满足奥运城际铁路通车要求，重叠部分及城际铁路站房前房区域采用盖挖逆作法施工，以节省工期。其他部分采用盖挖或半盖挖法施工。

地下出租车接客区紧邻地铁地下结构的北侧，为地下一层结构。与地铁地下一层空间连通，建筑面积约 20000m^2，底板埋深 8m，采用明挖法施工。

（2）周边建筑保护要求：本工程处于天津市的闹市区，施工场地周边建筑物众多，且均距离基坑较近，其重要建筑物包括三十二中、阳光老人院、汇和家园高层、原意大利领事馆（现河北区人大常委会办公楼）、铁路行车公寓、美泽大厦、津都大厦、意式风情区建筑等。涉及学校、政府机关、企事业办公楼，因此，在施工过程中，要着重监护周边建筑物，防止因基坑开挖导致周边建筑物的破坏现象发生。

3）三标建设范围及要求

标段建设范围如图7-4所示。

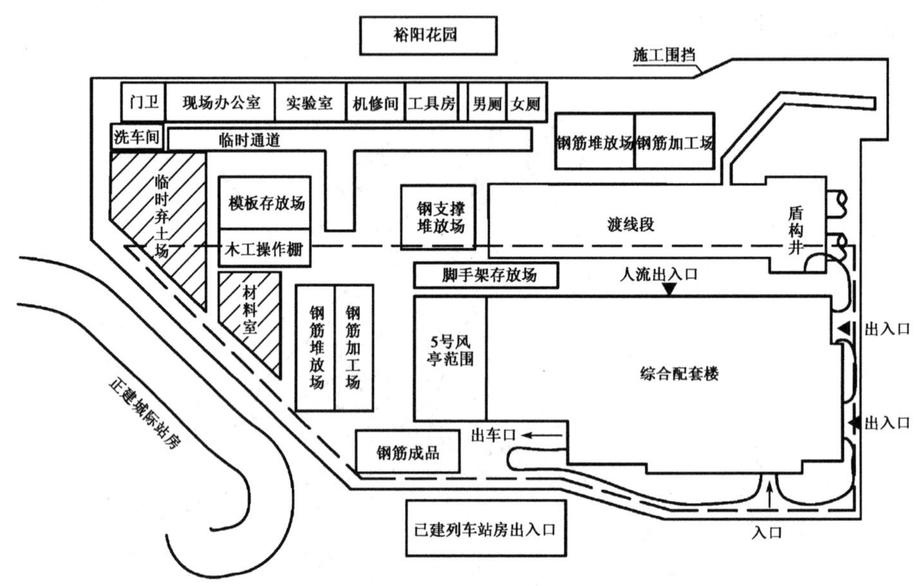

图7-4　三标段施工范围

本标段主要包含后广场轨道换乘中心工程50-60轴及相邻的综合配套楼工程。

轨道换乘中心工程50-60轴位于后广场东侧既有新兆路地下，主体为轨道换乘中心工程地铁2号线渡线段及2号线大里程盾构井，长约80m，宽13.3～20.5m，占地面积约$1500m^2$，建筑面积约$4500m^2$。

综合配套楼工程位于天津站后广场，北临新兆路及其地下轨道换乘中心工程地铁2号线渡线段，南邻城际基本站台，西邻城际站房，东邻惠森家园多层住宅。地面三层地下两层，地下二层与北侧轨道换乘中心工程地铁2号线渡线段地下一层相连，建筑总长103m，宽44m，建筑立面高20.4m，建筑面积$17674m^2$（含轨道换乘中心工程地铁2号线渡线段$1845m^2$）。

建设要求如下。

（1）防水要求：本标段的地址特殊，2号线过渡段和盾构井要按防水等级一级要求进行设计，停车配套楼地下室要按防水等级二级要求设计。防水质量是地下工程成败的关键，是本工程的重点。

（2）周围建筑保护要求：本标段工程基坑开挖深度为约25.5m，而附近建筑物距离基坑仅为10m左右，建设时必须保证周边车站建筑及居民建筑的安全，对建筑物的防护要求是本标段工程的重点。

（3）进度节点控制要求：由于本标段为地铁盾构的入口，所以要在2008年6月底完成地铁2号线新开路方向盾构井，提交盾构井进洞条件；还有2008年3月底轨道换乘中心一标段提交盾构进洞条件。同时2008年8月底地铁9号线盾构施工完成，向本标段综合配套楼交还施工条件。

(4)环境要求：本标段区域比较狭窄，在建设过程中要尽量减少噪音，粉尘等环境污染，以保证周围居民的日常生活质量。

4)四标建设范围及要求

同李公楼立交桥改建工程要求。

5)五标建设范围及要求

标段建设范围如图 7-5 所示。

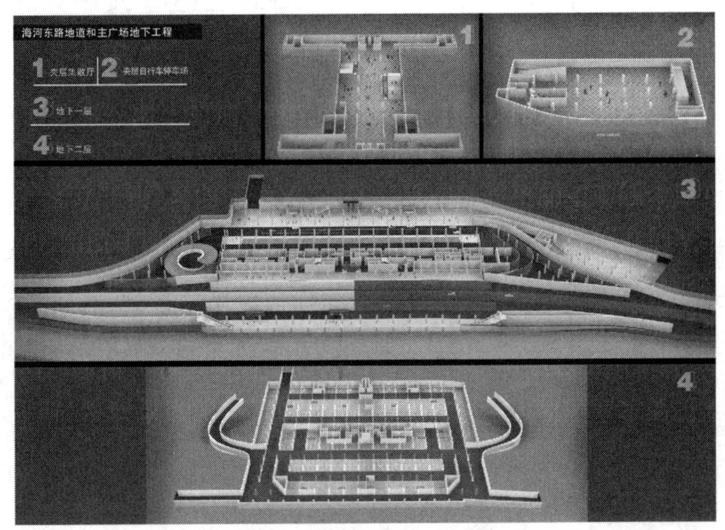

图 7-5　五标段施工范围

本工程位于地道线路里程 CK0 +88.100 ~ CK0 +231.927 范围，主体结构为地下二层。其中地下一层主要包括过境公交车的停靠站、出租车的停靠站、部分停车场、设备管理用房等；地下二层为停车场，共有停车位约 440 个，为一类停车场，防火等级为一级。地下广场及停车场总建筑面积约 43597m^2，另设有疏散夹层共 2254m^2。地下广场沿地道纵向柱网为 8.4m，横向柱网为 6 ~ 13m。地下一层层高 6.6m，局部夹层集散厅高 4.1m，地下二层层高 4.45m。顶板覆土最厚处约 2.55m，局部夹层集散厅处顶板最小覆土约 0.6m。地下主广场主体结构形式为钢筋混凝土框架结构。主广场双层基坑深度约 14.5m。在底下主广场范围内，所包含地道部分位于地下一层，设置双向 4 ~ 8 车道，钢筋混凝土箱形地道单室跨度 9.5 ~ 17.5m。地下主广场结构平面形状不规则，外轮廓局部呈曲线，最大宽度达 125.4m，最大长度达 284.71m。

建设要求如下：

(1)道路交通要求：站址区域人流、车流密度高，安全隐患多，施工干扰大。在施工时需进行交通疏导，保证道路的畅通和交通安全。

(2)城市景观与文物保护要求：城市景观形象的维护相当重要。特别是北侧与天津铁路东站相邻，铁路东站是百年老站，是重点文物保护对象，南侧即为海河景观带。

(3)自然环境要求：天津市的自然环境是富有盛名的，保护自然环境人人有责，控制施工噪声和粉尘对环境的污染，加强环境保护，实行文明施工的要求极高。

(4)建设时间要求：天津站前主广场作为奥运时的一个集交通、景观、休闲、游览为一体的多功能广场,缓解奥运高峰时天津站的交通压力,第五标段必须保证按期完工,为天津站提供足够的人流及交通疏散能力,也为前广场景观工程提供施工条件。

6)六标建设范围及要求

标段建设范围如图 7-6 所示。

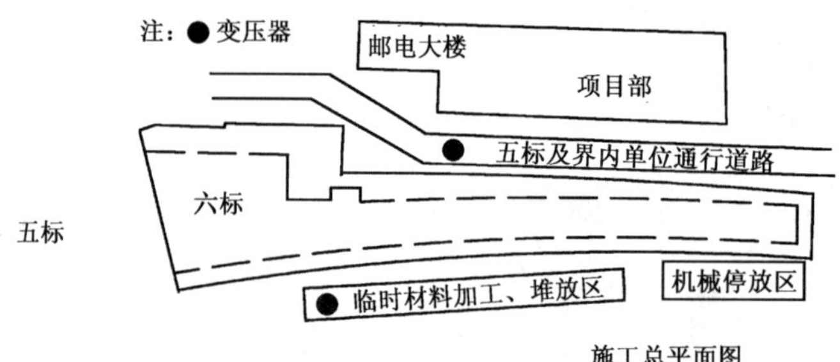

图 7-6　六标工程建设范围

海河东路地下通道工程为 U 形槽共两处,A 线宽度为 15.54m,长为 162m;B 线宽度为 15.54m,长为 166m;地道共五处,其中 A 线地道局部为单箱单室,标准结构尺寸宽为 14.3m,高为 8.2m,长约 48m,覆土出 0.5~2m;B 线地道为单项单室,标准段结构尺寸宽为 14.3m,高为 8.2m,长约 19m,覆土出 0.5~2m;C 线地道为单箱双室,标准段结构尺寸为 37.3m,高为 8.6m,覆土为 2m。六标为 C 线地下通道及地下单层广场。

建设要求:作为前广场主广场工程的一部分,要求确保完工时间,不能影响主广场的整体完工。

7)七标建设范围及要求

标段建设范围如图 7-7 所示。

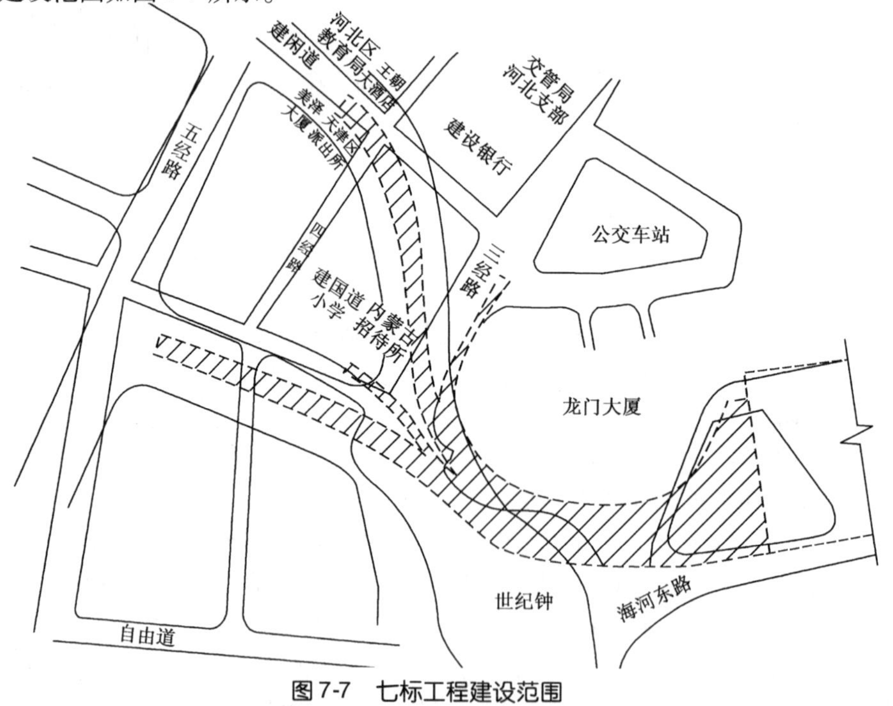

图 7-7　七标工程建设范围

本工程由海河东路地道及地下主广场组成。海河东路地道工程西侧在龙门大夏前分为进步道地道和建国道地道各为单向三车道。在A线里程AK0-a30附近预留接副广场车行通道；在B线里程BK0+600附近预留接三角地块车行通道。天津站现状广场改为地面景观广场，过境交通、进出站交通及地面停车场等交通设施全部进入海河东路地道及主广场。海河东路地道西起建国道单线地道(A线里程AK0+310~AK0+708.353)、进步道单线地道(B线里程BK0+408~BK0+612.671)，两条地道交汇为单箱双室地道(C线路里程CK0+000~CK0+551)，交汇点A线结束里程AK0+708.353。地道主线A、C线全长949.953m。根据排水要求，在里程BK0+608处设雨水排水泵房一处。

建设要求：作为前广场主广场工程的一部分，要求确保完工时间，不能影响主广场的整体完工。

8)八标建设范围及要求

标段建设范围如图7-8所示。

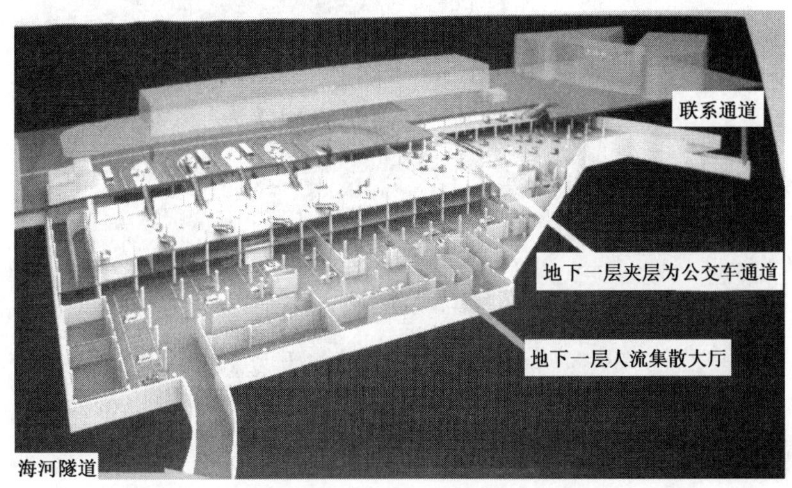

图7-8　八标段施工范围

八标副广场工程位于天津站主战房西侧广场，地面设计公交总站，地下为出租车停车场，作为主广场功能的一个延伸。整个工程的地下部分为地下两层框架结构，局部设一小夹层。地下一层东侧为联系前、后广场的旅客集散大厅，西侧为出租车和社会车接人区。地下二层为出租车和社会车临时停车库。

本工程含副广场工程地下部分主体、地面公交站及主副广场联络通道。主体地下二层(局部三层)，地上局部二层，总建筑面积为39047m^2。地下二层为停车库，建筑面积17213m^2，层高4.2m，共停车350辆。地下一层为人流集散大厅及出租车候车排队区，建筑面积16465m^2，层高5.4m。地下一层夹层为公交乘车通道，建筑面积3600m^2，层高3.9m。首层为公交站场及景观广场，局部为公交调度用房，本层建筑面积共1333m^2，层高3.3m。

建设要求如下。

(1)对周边建筑保护要求：二标副广场建设空间狭窄，周围原有的行包房、主站房、龙门大厦等建筑相距建设区域很近，在建设过程中要做好支护工作，同时要尽量减少房屋的拆迁以及管线的改移，对周边原有建筑做到最大范围内的保护。

(2)周边景观协调要求:副广场地面人流集散区域包含一个下沉式地下广场的出入口以及一些风亭、冷却塔等地面附属建筑物,这些建筑的风格都应该与周围环境相协调。

(3)建设时间要求:副广场作为整个前广场的交通中心,要保证按期完工,为前广场的投入使用提供公交车停靠站以及出租车上下客区,加强人流的疏散能力。

9)九标建设范围及要求

标段建设范围如图7-9所示。

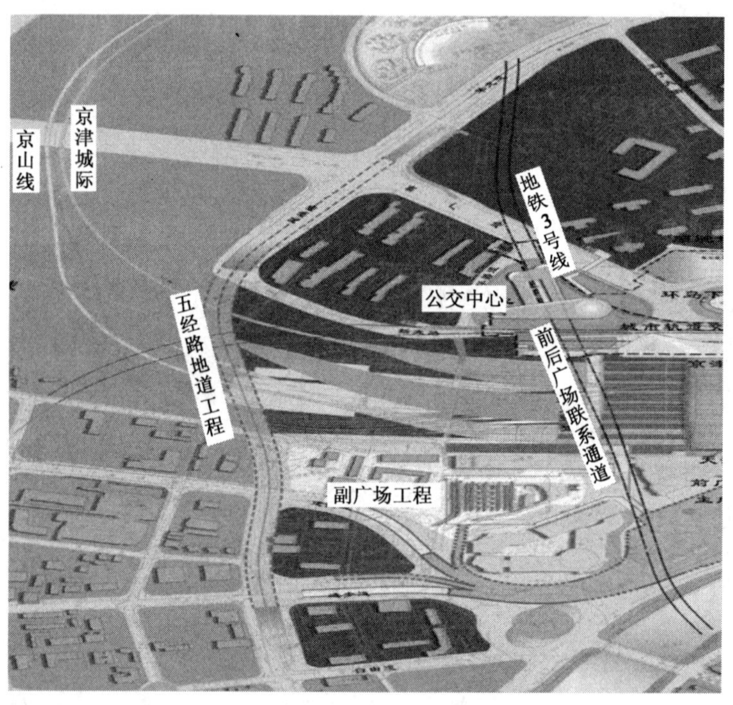

图7-9　九标段施工范围

五经路地道工程是天津站交通枢纽工程的一项子工程,其规划为下穿铁路的道路,南侧连接大沽桥,向北下穿铁路以后在新广路路口前上升到地面。北侧起于华龙道新广路交口,上跨地铁2号线,下穿铁路、建国道、止于进步道。华龙道出口在新广路路口北侧出地面。其控制因素主要有现状铁路、规划城际铁路、高速铁路,地铁2号线以及沿线意式风情区的保护建筑。

起点处道路以直线前行,在新广路交口处以 $R=7993.099$m 右转,在京津城际铁路北侧以 $R=255$m 左转,拆除天津机务段办公楼及维修整备车间,以直线下穿京山铁路后以 $R=400$m 右转,绕避意大利领事馆和铁路行车公寓后,隧道在进步道南侧出口,在五经路与自由道交叉口处与现状五经路平面相接。

左线设计起点里程 ZK0+206,设计终点里程 ZK1+760.9,路线全长1554.9m。

右线设计起点里程 YK0+206.08,设计终点里程 YK1+762.6,路线全长1556.52m。

匝道设计起点里程 ZDK0+000,设计终点里程 ZDK0+410.989,路线全长410.989m。

隧道以直线下穿京山铁路,与京山铁路的交叉角度60°,左幅隧道长1005m,右幅隧道长716m,右转匝道隧道长155m。

双车道封闭路堑长159m,单车道封闭路堑长180m,三车道封闭路堑长169m,双向六车道封闭路堑长140m。

建设要求如下。

(1)交通组织要求:由于与五经路地道建设区域交叉的道路较多,并且都为枢纽周围重要的交通疏散道路,所以在建设过程中要合理的组织交通,尽量保证交通疏散能力的最大化。

(2)施工组织要求:五经路地道工程上跨地铁3号线,下穿京山铁路、城际铁路,周围还涉及许多建筑的拆迁,管线的切改,承包方要合理的选择施工方式,妥善处理建设对周边的影响。

10)十标建设范围及要求

同前后广场联系通道工程要求。

7.4　制定项目架构

在项目利益相关者已识别利益诉求满足的前提下,天津站项目的整体管理范围和为实现功能要求的建设控制范围,为指导项目各组件顺利开始建设工作提供了各种具体目标和要求。然而,由于项目本身的复杂性和多界面性质,在以上各种具体目标和要求分析的基础上,还必须分析各组件技术特点及其内部的相互关系。这种技术特点和内部相互关系的分析逻辑架构是制定项目PWBS的平台和信息来源,以保障项目在建设过程中的进度管理和接口管理的顺利进行。具体详见第八、第九章。

7.4.1　一标段技术特点及相互关系

1.技术特点

为迎接奥运的按时开幕,确保城际铁路系统顺利开通,本标段工程主要采用盖挖逆作法施工技术以确保地面其他部分工程能够尽早启动,其盖挖部分顶板及其相应的连续墙、工程桩、桩上钢管柱都必须要在九个月内完成,必须克服工作面较狭窄、实物工程量大且周边环境运输较困难、周边接口工程复杂困难。须具有相当的科学安排组织及强大的施工能力的工程承包方承建才能顺利实现目标。本标段位于天津站综合交通枢纽工程后广场区域的中心位置,其他各标段均须要与标段进行衔接,节点复杂并由多个施工单位完成的特点。首先开工的单位合理的规划本标段的施工安排,同时也应对相连标段及周边地区情况进行认真考虑,全面分析,配合施工,这是保证工程顺利完工的控制重点。

保证全面完成里程碑节点工期,需克服施工现场场地狭窄,且施工多、劳动力多、工艺复杂、环保要求高的困难。施工过程中进行全面、整体协调和管理,确保施工紧密配合,是保证工程按期完成的重点。

工程现场处于天津市的中心区,并工期跨过奥运会期间对环境保护要求高。工程运输量很大,易给周边地区交通造成压力,需认真对待,合理解决。

本工程是天津市改善城市载体能力促进经济发展的重要举措,也是天津市标志建筑物之一。招标采用带案投标。重点是投标单位必须全面、认真地在现有资料基础上充分搜集、补充相关资料并结合本企业的已竣工程的经验体会，从设计、施工的全方位角度对工程进行考虑并认真配合，才能保证工程真正做到功能完善、质量可靠、技术合理、造价经济。

2. 一标段与其他标段的联系

（1）与二标接口：①一标和二标之间的地下封堵墙，一标负责地下封堵墙建设，二标之后进行相临土方开挖。②地铁2、3号线联络线，一标建设联络线至交接处，作接口预留预埋，等二标顺接。

（2）与三标接口：一标和三标之间的地下封堵墙，在一标将地下封堵墙建设之后，三标开始进行相临土方开挖。

（3）与城际站房接口：①城际站房和一标之间的地下封堵墙，将地下封堵墙建设之后，一标开始进行相临土方开挖。②城际站房和一标之间的负一层顶面顶板，一标负责进行顶板浇注，并作接口预留预埋。

7.4.2 二标段技术特点及相互关系

1. 技术特点

本标段为三层和四层多跨框架结构，采用盖挖逆作法施工，三层底板埋深为25m左右，四层底板埋深为30m左右，主体结构基坑采用1.2m厚地下连续墙围护，墙深分别为49、53、55m，单元标准幅宽为5m。地下四层二级基坑AA轴侧围护结构采用0.8m厚的连续墙，联络线和换乘通道处围成的三角形地段采用ϕ1000@1200的钻孔灌注桩围护结构。中间支撑桩柱地板上部采用ϕ1000mm钢管混凝入永久柱和ϕ800的临时钢管柱，永久柱下部为ϕ2200mm钻孔灌注桩，桩长自底板以下长度为50m。临时柱下部为ϕ1500mm钻孔灌注桩，桩长为自底板以下长度为35m。联络线部位柱桩为ϕ2000mm钻孔灌注桩。桩长自底板一下长度为50m。16轴线柱桩为ϕ1500mm钻孔灌注桩，桩长为自底板以下长度为50m。钻孔灌注桩兼做使用阶段的抗浮桩。

两个（3、10号）出入口通道基坑深度分别为10m和17m左右。围护结构采用ϕ800@1000和ϕ1000@1200的钻孔灌注桩+ϕ800@600旋喷桩止水帷幕，钻孔桩深度为18m和30m左右，旋喷桩深度比钻孔桩深度浅1m，基坑开挖采用明挖法施工。

2. 二标段与其他标段的关系

（1）与一标接口：①一标和二标之间的地下封堵墙，一标将地下封堵墙建设之后，二标开始进行相临土方开挖。②地铁2、3号线联络线，一标建设联络线至交接处，作接口预留预埋之后，二标作线路顺接。

（2）与公交中心接口：二标和公交中心的顶板，二标负责顶板浇注，作接口预留预埋，公交中心之后进行相临部位建设。

（3）与环岛广场接口：二标和环岛广场的相临变形缝，二标负责变形缝预留，环岛广场之后进行变形缝处理。

（4）与十标接口：二标和十标之间的地下封堵墙，二标负责地下封堵墙建设，十标之后开始进行相临土方开挖。

7.4.3　三标段技术特点及相互关系

1. 技术特点

轨道换乘中心工程50-60轴部分主体结构为矩形钢筋混凝土框架结构，采用明挖法施工，基坑深约25.5m，顶板覆土2.3m，围护结构为1.2m厚地下连续墙，设钢管内支撑体系。紧急疏散出入口长约48m，基坑深约10m，采用明挖法施工，围护结构采用SMW工法桩，设钢管内支撑体系。

综合配套楼部分结构设计为五层框架结构，柱网尺寸8.4m×8.4m，采用筏板基础复合地基，复合地基采用水泥搅拌桩，桩径500mm；围护结构采用ϕ1000钻孔灌注桩，外侧设ϕ550双排搅拌桩止水帷幕，与钻孔桩等深；支撑体系采用边桁架体系，混凝土支撑。地铁9号线盾构区间从本工程结构下方穿越。

2. 三标段与其他标段的关系

与一标接口：一标和三标之间的地下封堵墙，一标将地下封堵墙建设之后，三标开始进行相临土方开挖。

7.4.4　四标段技术特点及相互关系

四标是李公楼立交桥，是委托招标，在此不作说明。

7.4.5　五标段技术特点及相互关系

1. 技术特点

1）钻孔灌注桩垂直度

由于抗拔桩设在结构柱中心及梁中心线上，且逆作范围的抗拔桩考虑临时工段柱定位要求相对严格，为此钻孔灌注桩垂直度偏差不得超过规范和图纸要求。

施工中首先应保证钻孔灌注桩的测量放线位置准确，在开钻前挂线测量钻头位置是否对中。钻进过程中保证钻杆垂直度符合规范要求。

底下钻孔灌注桩在砂层地质条件下，成孔后极易塌孔，因此采取施工中适当控制钻进速度，加强泥浆比重护壁等措施，可以确保成孔后不坍塌。

成孔后测量钻孔垂直度（用超声波探测仪或孔规），满足规范要求后方可下放钢筋笼。

灌注混凝土前再测一次回淤量，回淤量检测合格后方可进行混凝土浇筑。混凝土灌注过程中，保证首批混凝土数量应能满足导管初次埋置深度（≥1.0m）和填充导管底部间隙的需要。

2）地下连续墙施工

地下连续墙的施工质量是保证基坑安全与基坑内施工操作正常进行的关键，同时影响周边建筑物（火车站主楼、龙门大厦），施工过程中必须保证地下连续墙的长度满足设计要求，尤其重点控制墙体垂直度，避免墙体侵入主体结构，同时不能影响海河堤岸锚杆，相邻槽段墙体结合须严密。

2. 五标段与其他标段的关系

(1)与地铁3号线接口:工程区段底下承重墙,地铁3号线负责提供技术要求,五标负责技术处理。

(2)与六标接口:①地下封堵墙,五标负责封堵墙部位的预留预埋,六标负责封堵墙部位防水处理及拆除。②管网孔洞预留,五标负责接口预留,六标负责接口处理。

(3)与七标的接口:①地下封堵墙接口,七标负责建设接口部位地连墙,五标负责接口部位的变形缝防水处理,地连墙拆除。②预留预埋接口,七标负责接口预留预埋,五标负责预留预埋出的防水处理。

(4)与八标的接口:①联系通道主体结构浇筑,两工程之间接口通道由八标负责地下工程主体建设,五标负责至主体接口变形缝处。②围护结构,五标负责封堵墙部位的预留预埋,八标负责封堵墙部位防水处理及拆除。

7.4.6 六标段技术特点及相互关系

1. 技术特点

本工程主体结构共三种结构形式,分别为U型封闭式路堑结构、箱体隧道结构和地下单层广场。U型封闭式路堑结构长179m,宽28m,由底板、侧墙组成,底板厚1.0~1.2m,侧墙厚0.9m;箱体隧道结构长59m,宽32m,由底板、侧墙及中隔墙组成,底板厚1.2m,侧墙厚0.9m,中隔墙厚0.4m,顶板厚1.0m;地下单层广场短边85m,长边135m,宽81m,右底板、侧墙、立柱及顶板组成。地下广场周边20m范围内逆作法施工,其他部位及地道、U型槽顺作法施工。

2. 六标与其他标段的关系

与五标的接口:地下封堵墙,五标负责封堵墙部位的预留预埋,六标负责封堵墙部位防水处理及拆除。

7.4.7 七标段技术特点及相互关系

1. 技术特点

本工程环境保护要求高。本工程桩基工作量大,施工时泥浆废液多,加上场地狭窄,基坑距周围建筑物较近,基坑围护结构施工时,容易引起周围环境污染。根据招标文件规定合同工期中的总工期要求。要求2007年3月15日开工,2008年12月31日竣工,总工期二十一个半月。工期比较紧、影响工程进度的因素较多。本工程工期跨越冬季和雨季;还有逆作施工,特别是需要拆除两个人防建筑,对工程施工工期有一定的影响。对加上周围环境复杂,工程施工涉及到拆迁等各方面影响施工的进度的因素。为此,从施工部署、施工方案、技术方案、技术措施、设备配置、材料供应、劳动力安排等各方面为本工程施工提供优先条件,一定使本工程尽早开工,尽快完工。保证2008年6月30日完成地下广场。地道主体及地面恢复2008年12月31日完成全部工程。

2. 七标与其他标段的关系

(1)与八标的接口:地下封堵墙,七标负责建设地下封堵墙,八标负责地连墙拆除。

（2）与五标的接口：①地下封堵墙，七标负责建设接口部位地连墙，五标负责地连墙拆除。②变形缝，七标负责接口预留预埋，五标负责接口部位防水处理。

7.4.8　八标段技术特点及相互关系

1. 技术特点

本标段主体结构采用双层（局部三层）多跨矩形结构，本工程地下为现浇钢筋混凝土框架剪力墙结构，四周为钢筋混凝土咬合桩围护结构，内部采用钢管混凝土柱、连续梁等结构。

其中围护结构应采用 ϕ1000mm@ 800 咬合桩，咬合桩深度 18.7～20.2m。桩基采用扩底桩与直桩，扩底桩桩径 ϕ1800mm，底梁下桩基长度 14～24m，空钻深度 14.8m，桩底作 ϕ3000mm 扩大头；直桩底梁下桩基长度为 30m，空钻深度 14.8m。

中间立柱采用 ϕ800mm 钢管柱，钢管柱柱身材料 Q345 钢，壁厚 16mm，柱内灌注 C50 微膨胀混凝土；在局部直径 800mm 的钢筋混凝土圆柱。

三层板标准从上到下依次是 700mm、400mm、300mm，局部夹层顶板厚 600mm，底板厚 400mm，侧墙为 500mm。

本工程需采用盖挖逆作与明挖顺作相结合的工艺。

2. 八标段与其他标段的关系

（1）与十标接口：八标和十标之间的地下封堵墙，八标负责地下封堵墙建设，十标之后开始进行相临土方开挖。

（2）与七标接口：七标匝道和八标之间的地下封堵墙，等七标建设地下封堵墙之后，八标再进行相临地区土方开挖，进行主体建设。

（3）与五标接口：①五标地下一层与八标地下一层联系通道，在五标预留变形缝接口之后，八标进行联系通道建设，并作变形缝处理。②五标地下二层与八标地下二层联系通道，在五标预留变形缝接口之后，八标进行联系通道建设，并作变形缝处理。

7.4.9　九标段技术特点及相互关系

1. 技术特点

本标段的隧道主体结构分为单层单跨、单层双跨、单层三跨结构。结构的净宽为：单跨单车道框构（7m），单跨双车道框构（8.9m），单跨三车道框构（12.65m），三跨连续框构（7.6m＋8.9m＋12.65m），两跨不等跨连续框构（12.65m～13.35m＋12.65m～17.5m），两跨连续框构（12.65m＋12.65m）。隧道主体结构顶板的覆土厚度为 0.5～5.7m。

根据结构的具体情况：对于跨度大覆土厚地段采用拱形结构，对于覆土较浅地段、跨度较小的结构采用矩形结构，与地下直径线路堑交叉地段采用矩形结构。

本标段隧道部分整体全长 1005m（即 ZK0＋550～ZK1＋555），根据功能布置，该隧道从小里程到大里程由单跨双车道框构、三个单跨平行框构（单跨单车道、单跨双车道、单跨三车道）、三跨连续框构（单车道＋双车道＋三车道）、两跨不等跨连续框构（三车道＋三车道）、两跨连续框构（三车道＋三车道）的五种不同的结构段落组成。

2. 九标与其他标段的关系

(1)与京山铁路的接口:五经路与京山铁路交汇段,配合京山铁路提出工期安排,待京山铁路段隧道完工后,九标负责隧道顶的覆土施工,然后京山铁路进行铁路线铺设。

(2)与京津城际铁路的接口:五经路与京津城际交汇段,配合京津城际提出工期安排,在京津城际段隧道完工后,九标负责隧道顶的覆土施工,然后京津城际进行铁路线铺设。

7.4.10 十标段与其他标段的关系

与其他标段的关系:

(1)与八标接口:八标和十标之间的地下封堵墙,等八标地下封堵墙建设完,十标之后开始进行相临土方开挖。

(2)与二标接口:二标和十标之间的地下封堵墙,等二标地下封堵墙建设完,十标之后开始进行相临土方开挖。

7.5 制定 PWBS(含接口)

结合天津站项目范围的分析、项目目标的分析、项目要求的分析,通过组件间关系的识别可以制定出天津站大型交通枢纽工程项目 PWBS。该 PWBS 体现了项目中各组件的特征、能力、可交付成果、时间和外部接口。

第八章　天津站综合交通枢纽建设进度管理

城市大型综合交通枢纽已经不仅仅用来解决交通换乘问题，交通枢纽的建设实质已上升至城市设计的高度，其城市职能转为对已有交通中心环境进行优化和整合。在这一过程中，综合交通枢纽建设的进度至关重要。

1. 交通枢纽建设受地区经济发展的制约

随着我国经济的不断发展，对城市交通提出了空前高的要求。城市大型交通枢纽尤其是铁路交通枢纽位于城市对外交通和城市内部交通的交汇点上，是人流、物流的集散重地，为改善地区的客运条件、加快地区经济发展发挥了重要作用。同时，快捷的交通条件为商贸活动、人员交往提供了方便，还能促进旅游资源的开发和旅游事业发展。所以，城市化进程要求城市内部交通与城市的发展规模相适应，也就是要求枢纽工程要采用先进的技术，尽可能节能节地，在保证质量的同时，尽快完成工程建设，满足城市发展的需求。

2. 满足周边商业区域的需要

交通枢纽工程多位于城市中心繁华地段，交通繁忙，人口和商业活动高度集中，因此，尽早完成枢纽工程建设，一方面可以减少工程施工对周边环境的不利影响，另一方面也可借助综合交通枢纽带来的客流，为周边商业和金融产业的发展注入新的活力，引导这一区域的商业繁荣和发展，并进一步辐射连带其周围区域的发展。

3. 满足建设运营者的需要

作为交通枢纽工程投资者，首先要能够保证其投资能够得到很好的补偿，这就需要开发一些可经营性设施，以供其运营和管理，用这些收入来补偿建设投资及其运营管理部分设施的正常运营。因此，尽早完成枢纽工程建设，早交付，早运营，早收益，有利于企业实现良性运营。同时，通过参建这种大型建设项目，建设方能够获得大型工程建设管理的经验，有助于其今后参与类似工程的建设，提升其在行业内的知名度和影响力，实现企业的战略目标。

同时天津市是2008年奥运会足球比赛的分会场之一，天津站作为天津的重要门户，要求其在奥运会期间必须为铁路天津站客流提供必要的进出站条件和优美的地面景观。同时，根据天津市“十一五”发展纲要，地铁2、3、9号线在天津站设站，并于2010年投入运营，这些都决定了天津站综合交通枢纽工程的工期具有绝对刚性的特点。因此，进度管理是天津站综合交通枢纽工程建设管理的核心内容，通过进度管理实现在资源约束、环境约束和技术约束等条件下的时间优化和进度控制,保证天津站综合交通枢纽工程能够顺利实现进度目标。

8.1 项目进度管理理论

项目进度管理(Project Schedule Management),也称项目时间管理或项目工期管理,是项目管理的一个重要方面,它与项目成本管理、质量管理和范围管理等协调作用,相辅相成,合力确保准时合理安排资源供应,节约工程成本,如期高质量的完成项目目标。有关项目进度管理的概念有以下几种解释。

戚安邦认为,项目进度管理是为确保项目按时完工所必需的一系列管理的过程和活动。

朱宏亮指出项目进度管理是指在项目实施过程中,对各阶段的进展程度和项目最终完成的期限所进行的管理,其目的是保证项目能在满足其时间约束条件的前提下实现总体目标。

白思俊从确定进度目标角度,认为项目进度管理就是采用科学的方法编制进度计划和资源供应计划进行进度控制,在与质量、费用等项目目标协调的基础上,实现工期目标。

许成绩认为项目进度管理是指在项目的进展过程中,为了确保项目能够在规定的时间内实现项目目标,对项目活动进度及日程安排所进行的管理过程。

由上述定义可以看出,项目进度管理是项目管理中的一个关键职能,对于项目进展控制至关重要。它是建立在项目范围确定的基础上,通过确定合理的工作顺序,采用一定的方法对项目范围所包含的工作及其之间的相互关系进行分析,在满足项目时间要求和资源约束的情况下,对各项工作所需要的时间进行估计,并在项目的时间期限内合理地安排和控制所有工作的开始和结束时间,使资源配置和成本消耗达到均衡状态的一系列管理活动和过程。

在市场经济条件下,时间就是金钱,效率就是生命。一个工程项目能否在预定工期内竣工交付使用,这是投资者最关心的问题之一,也是项目管理工作的重要内容。以建立电厂为例,一个 12.5 万 kW 的发电厂,每提前一天发电就可生产 300 万度电,多创造价值几十万元。可见,按期建成投产是早日收回投资、提高经济效益的关键。由此决定了进度计划在项目管理中的重要性。项目进度管理的技术和模型有很多,这里选择具有代表性的技术和模型作简单的介绍。

8.1.1 进度里程碑控制

一般来说,在项目开始时项目经理都会对开发项目进度制定一个详细的计划。通常情况下,这需要采用一些具体的开发模式技术,最常用的技术是网络计划和里程碑计划。网络计划是任务导向,以工作分解结构(WBS)为基础;里程碑计划是目标导向,以目标分解结构(OBS)为基础。有时两种方法可以混合使用,如在网络计划中设置里程碑,在此主要介绍进度里程碑计划。

里程碑是一个目标导向模式,它表明为了达到特定的里程碑需要完成的一系列活动。里程碑式进度管理是通过建立里程碑和检验各个里程碑的到达情况，来控制项目工作的进展和保证实现总目标。

建设项目生命周期中有三个与时间相关的重要概念——检查点、里程碑和基线。检查点是指在规定的时间间隔内对项目进行检查，比较实际进度与估算计划之间的差异，并根据差异进行调整。我们可以将检查点看作是一个固定“采样”时点，而时间间隔根据项目周期长短不同而不同。里程碑是指一个具有特定重要性的事件，通常代表项目工作中一个重要阶段的完成。在里程碑处，通常要进行检查。基线则是指一个配置在项目不同时间点上通过正式评审而进入正式受控的一种(里程碑)状态。

这三个概念的关系是：重要的检查点是里程碑，重要的需要业主确认的里程碑，就是基线。有一句通俗的话形象概括了三个概念之间的关系：没有检查点，工作难进展；不设里程碑，项目往后推；基线不评审，业主吃不准。

8.1.2　关键路径法(CPM)和计划评审技术(PERT)

1956 年，美国杜邦公司和兰德公司为了制订内部不同业务部门的系统规划和管理技术，首先提出关键线路法(Critical Path Method，简称 CPM)。1959 年，美国海军特种计划局和洛克希德系统工程部、艾伦和哈密尔顿咨询公司，根据研发北极星导弹—核潜艇的需要，又共同研制出计划评审技术(Program Evaluation and Review Technique，简称 PERT)。这一技术把该工程的 200 多家承包商和 1 万多家分包商有效的组织起来，使该项目提前两年完成。自此，网络计划技术开始得到各方面的重视。随后，美国“阿波罗”载人登月计划应用 PERT 取得成功，更是使其声誉大振，举世瞩目，并迅速推广到各行业中。CPM 和 PERT 虽然彼此相互独立地产生，在具体步骤和术语上也有所不同，但两者在基本原理、图形结构、确定关键路线的思想与方法上都是一致的，所不同的仅仅是前者主要侧重于成本控制，各道任务的活动时间是确定的；而后者侧重于不确定活动时间的估计。因此，两者很快便相互融合地发展，形成了现在以 CPM/PERT 为核心的网络计划技术。

8.1.3　TOC 理论

TOC 是 Theory of Constraints 的简称，是由以色列的一位物理学家 Eliyahu M. Goldratt 博士于 19 世纪 80 年代中期在最优化生产技术(OPT)基础上所创立的，中文译为“约束理论”。美国生产及库存管理协会(APICS)又称它为约束管理(Constraint Management)。

约束理论的核心思想可以归纳为两点：①所有现实系统都存在约束。如果一个系统不存在约束，就可以无限提高产出或降低成本，而这显然是不实际的。因此，任何妨碍系统进一步提升生产率的因素，就构成了一个约束。约束理论将一个企业看作一个系统，在企业内部的所有流程中，必然存在阻碍企业进一步降低成本和提高利润的因素，这些因素也就是企业的约束。②约束的存在表明系统存在改进的机会。虽然约束妨碍了系统的效率，但约束也恰恰指出了系统最需要改进的地方。一个形象的类比就是“木桶效应”，一只木桶的容量取决于最短的那块木板，而不是最长的木板。因此，对约束因素的投资，才是最有效率的改进系统效率的方法。

与其他管理理念不同，约束理论将制约企业发展的约束看作企业突破现状不断取得改进

的关键,因此约束具有正面的意义。在这种理念的基础上,为了有效提升系统的效率,约束理论提出了五大关键步骤:

(1)找出系统中的约束因素;

(2)决定如何挖掘约束因素的潜力;

(3)使系统中所有其他工作服从于第二步的决策;

(4)提升约束因素的能力;

(5)若该约束已经转化为非约束性因素,则回到第一步,否则回到第二步,要注意不要让思维惯性成为新的主要约束因素。

这五个步骤构成一个不间断的循环,帮助系统实现持续改进。

总而言之,TOC 理论指导企业人员如何找出运作上的“瓶颈”(或称制约,Constraints),及如何尽量利用他们手上有限的资源(资金、设备、人员等),令企业在极短时间内及无需大量额外投资下,达到运作及盈利上的显著改善。

8.1.4 关键链理论

关键链项目管理(Critical Chain Project Management,简称 CCPM)方法是约束理论(TOC)在项目管理中的应用,已经成为近年来项目管理领域理论研究的一个热点。关键链项目管理方法自提出以来,就引起了广泛的反响,被认为是项目管理领域自发明关键路线法(CPM)和计划评审技术(PERT)以来最重要的进展之一。

如果将一个项目看作一个系统,那么应用约束理论的第一步,就是要确定项目的约束。从 CPM 和 PERT 开始,项目中的关键路线就被看作项目管理的基础。但是,关键路线法仅分析紧前关系,并不考虑项目实际能调动的资源是有限的,因此关键路线法被广泛批评的一点就是其进度通常不具有可行性,而是需要进行后续调整。与关键路线不同,关键链不仅考虑项目中各任务的紧前关系,也充分考虑项目中现实存在的资源约束。如图 8-1 所示,在关键路线法中,任务 A、D、E、F 组成了项目的关键路线,但如果考虑资源限制,假设任务 C 和任务 E 需要同一种资源,例如需要同一台设备进行加工,而该设备一次只能执行一项作业,那么事实上任务 C 和任务 E 是不能同时进行的。因此,在考虑资源约束的情况下,项目的关键任务为 A、D、E、C、F,这五个任务就构成了项目的关键链。可见,是关键链而不是关键路线,决定了项目在给定的紧前关系和资源条件下完成项目所需的最短时间。

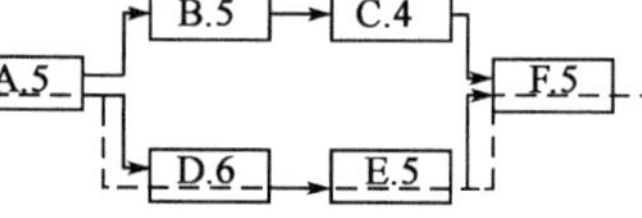

图 8-1 项目中的关键链

如果将关键链看作项目的“约束”因素,那么应用约束理论的第二步就是要考虑如何来挖掘该约束因素的潜力,即如何缩短关键链所需的时间,因为关键链所需的时间正是完成项目所需的时间。在关键路线法中,为了保证任务能够有较高的概率在计划时间内完成,同时也由于项目组成员普遍存在的风险规避心理,一般的计划时间都大于完成任务所需的平均时间,也可以看作是在任务所需的平均时间上增加了一块“安全时间”(Safety Time 简称 ST)。这样的处理方式具有两方面的效果,正面效果是提高了管理不确定因素的能力,负面效果则是延长了完成项目所需的时间。关键链方法采取了另一种方式,用任务所需的平均时间作为最终的计划时间,但考虑到任务内在的不确定性,在关键链的末端附加整块的安全时间,也就是项目的缓冲时间(Project Buffer,简称 PB)。可以认为关键链方法是重新配置了关键路线法中分散存在的安全时间,但这样的重新配置能够缩短项目所需的时间,因为根据概率理论,在整合安全时间后,在相同概率下,只需要较少的时间就可以完成所有任务。图 8-2 直观地说明了关键链方法在这方面的优越性。

在完成关键链的进度安排后,还需要保证所有关键链上的任务(关键任务)不受其他非关键任务的影响,以保证项目能够按计划及时完成。在现实的项目实践中,虽然采用了增加安全时间的方法,但仍然有大量的项目未能按期完成。造成项目延期的原因很多。首先,紧前任务的延迟会导致后续任务的延迟。第二,当存在多个紧前任务时,延迟最久的任务起了决定性作用,导致项目的延迟,而提前完成的任务并不能使后续任务提前开始。第三,由于任务时间包含了安全时间,导致项目组成员在心理上觉得还有充裕的时间,结果使得任务启动过晚,同时调查还发现,项目成员总是倾向于完全消耗掉任务分配到的时间。其中第三个原因也是关键链方法采用平均时间的理由,以期推动项目组成员能够全力以赴地开展工作。而前两个原因则使关键链方法引入了非关键链缓冲时间(Feeding Buffer,简称 FB)这一概念。

如图 8-3 所示,任务 C、D、E 组成了项目的关键链,而任务 A、B 为非关键任务。由于任务 B 是任务 E 的紧前任务,为了防止任务 A 和 B 可能发生的延迟导致任务 E 不能按时开始,因此需要在任务 B 之后安排一定的缓冲时间,或者说让任务 A 和 B 有一定的提前量。这样,就可以有效地防止非关键任务对关键链产生负面影响。与项目的缓冲时间类似,非关键链缓冲时间整合与压缩了所有非关键链任务的安全时间。

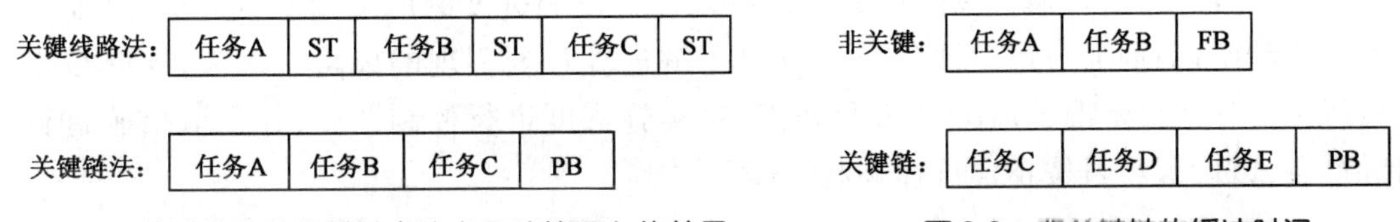

图 8-2　关键线路法和关键方法在风险管理上的差异

图 8-3　非关键链的缓冲时间

非关键链缓冲时间能够保护项目按计划进行,不受任务的不确定因素影响,同时还可以作为一种预警机制。如果紧前任务因为不确定因素而没有在计划时间内完成,那么其后续任务就无法按计划时间启动,其结果就是缓冲时间被占用。缓冲时间被占用得越多,就说明越有可能延误后续的关键任务。因此,当占用比例到达一定程度,比如三分之一或三分之二,就需要发出一个警告信号来提醒项目经理对延迟的任务加以关注,并考虑是否采取措施防止任务进一步延期。

非关键链缓冲时间可以保护关键链任务不受非关键链任务的影响,但还需要考虑资源约束对关键链的影响,尤其是同一资源在不同任务间切换常常需要一定的准备时间。因此,关键链方法引入了资源缓冲(Resource Buffer,简称 RB)的概念,以防止关键链任务因资源没有及时到位而发生延误。与缓冲时间不同,资源缓冲本质上是一种警示信号,用来提醒项目经理或者部门经理保证资源及时到位。关键链方法要求在关键任务所需的资源被紧前的非关键任务占用时,应当提前一定时间在项目进度计划上标识资源缓冲,以便及时提醒项目经理协调资源,防止因资源不能及时到位而延误关键任务。

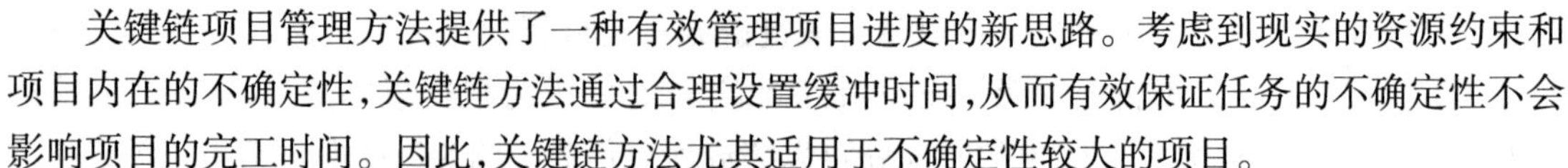

关键链项目管理方法提供了一种有效管理项目进度的新思路。考虑到现实的资源约束和项目内在的不确定性，关键链方法通过合理设置缓冲时间，从而有效保证任务的不确定性不会影响项目的完工时间。因此，关键链方法尤其适用于不确定性较大的项目。

8.2 进度管理风险分析

综合交通枢纽工程项目，是一个开放性的系统，也是一项极其复杂的系统工程，包括项目本身构造主体、与项目相联自然环境、社会环境。进度控制作为综合交通枢纽工程项建设管理三大控制目标（质量、进度、投资）之一，十分重要。在项目的实施过程中，不可避免地会受到各种各样的不确定因素的影响，并引发工程项目的质量、进度和投资控制目标不能实现的风险。工程进度若失控，必然会导致资源浪费和经济损失，甚至可能影响工程建设质量和安全。综合交通枢纽工程项目一般投资大、周期长，在实施前对建设完成时间和计划都需要进行反复的研究和论证，并明确制定完成时间（工期）目标和进度计划，作为工程建设项目实施的进度控制基准，但由于工期目标和进度计划制定建立在工程建设理论和经验之上，存在着主观因素的不确定性。另外大中型交通枢纽工程项目有其本身客观情况和特殊性，实施前工期目标和进度计划制定的工程环境等状态与工程建设和生产过程的环境工程等实际状态有偏差，工程建设项目进度控制的基准存在不确定性，工程建设项目进度控制存在偏离工期目标的风险。因此，为保证综合交通枢纽工程项目建设进度控制全面、客观、有效和具有前瞻性，在项目实施前对建设进度控制进行风险因素的识别和风险评估分析是十分必要的。通过风险因素识别可以了解影响进度的风险因素有哪些，从而进行重点控制和防范；而通过风险评估分析可以了解进度计划实现的风险有多大，同时根据实施过程中实际建设情况的风险分析和修正，对实施进度进行控制调整，并采取措施进行应对和准备，以确保项目按预定目标顺利完成。

8.2.1 天津站工程进度风险因素识别

本次研究运用头脑风暴法，通过大量资料调研对综合交通枢纽工程进度的影响因素进行归纳总结，旨在通过对天津站综合交通枢纽工程进度影响因素的识别和评价，为进度管理决策提供参考和依据。所制作的调查问卷分为两部分（见附录4），第一部分是关于专家背景的了解，包括：年龄、性别、受教育程度、所属组织类型、从业时间、专业领域六大部分，对专家的基本情况有所了解，以便于后期对调查数据结果的进一步研究。其中所属组织类型包括：业主、监理、承包商、设计、其他共五大部分。第二部分是调查问卷最重要的部分，也是其核心之所在，主要关注影响工程进度的因素，专家们需要对36个公认的进度影响因素做出自己的判断和评价，从1（不重要）~5（相当重要）区分出他们的重要程度，这些影响因素总结归纳成10大部分，依次如下所示。

（1）业主原因：工程款的支付、业主方组织协调、决策质量、业主提供的实施条件；

（2）承包商原因：专业分包、现场管理、施工方法、计划的合理性、施工错误、新工艺的使用、施工经验；

(3)设计方原因:图纸质量、图纸准备、图纸审批;

(4)监理咨询原因:合同管理、质量控制、监测和检验、审批;

(5)政府原因:政策、政府审批;

(6)合同相关方原因:主要争端和洽商、各方沟通、接口衔接;

(7)人员和设备原因:劳动力供给、劳动技能、机械设备;

(8)原材料原因:材料质量、材料供给、材料管理;

(9)变更原因:业主提出的变更、设计提出的变更、承包商提出的变更;

(10)外部原因:天气、与施工周围各方关系、未能预见的现场状况、不可预见的其他情况。

在正式派发调查问卷之前,研究组先将初期调查问卷的样本送交天津站,让一些专家进行评估,保证了问卷质量的科学性和适用性,这在后期调查中得到了各方专家的认可。

这次问卷总共派发158份,全部收回,其中147份有效,问卷通过天津站派发其中业主方20份,监理方19份,承包商87份,设计方14份,其他方7份。在数据统计的过程中,研究组首先将各方的数据进行统计,最后汇总得到总体的数据统计结果,此次数据统计应用相关重要系数 RII,得出的结果更加科学与客观。

$$RII = \sum W/(A \times N)$$

其中 W 为重要级别与频数的乘积,A 即为重要级别中的最高级。此次问卷中即为5,N 为总人数,依次代入数据得到影响进度因素各自的相关重要系数 RII,对 RII 进行排序,得到进度影响因素的排序,最终得到调查问卷的最终结果。

8.2.2 进度风险因素分析

为使各工程参与方在工程施工过程中能对重要因素进行防范和控制,按既定工期完成相应的工程,本研究分别从总体和各工程参与方的角度对影响工程进度因素调查结果进行分析,具体分析结果和内容如下。

1.基于总体角度分析

工程建设项目进度控制是一个动态过程,影响因素多,风险大,应认真分析和识别,合理采取措施,在动态控制中实现进度目标。综合交通枢纽工程建设项目进度控制依据为工程进度计划,进度控制风险反映在计划基准存在不确定性,具体指由于实际项目实施中,政治、经济、气象、水文、施工方案、资源供应、施工环境等不确定因素的影响,导致了工程项目实施中工作(工序)持续时间、工作(工序)衔接关系(逻辑关系)的随机性,进度控制存在着风险。

由于综合交通枢纽工程项目具有庞大、复杂、周期长、相关单位多等特点,影响进度控制网络计划的工作持续时间因素很多,现归纳为人的因素,技术因素,材料、设备与构配件因素,机具因素,资金因素,水文、地质与气象因素,其他环境、社会因素以及其他难以预料的因素等。并根据计算的相关重要系数 RII 值进行影响因素重要程度分层,有如下四层。

第一层见表8-1。

基于总体角度影响因素重要程度第一层排序 表 8-1

问卷数据统计													
排序层次		因素识别	专家打分										RII
			1		2		3		4		5		
			频数	频率	频数	频率	频数	频率	频数	频率	频数	频率	
第一层	1	不可预见的其他状况	15	10.20	50	34.01	34	23.12	12	8.16	36	24.48	0.60
	2	工程款的支付	35	23.80	29	19.72789116	35	23.80952381	18	12.24489796	30	20.40816327	0.571428571
	3	未能预见的现场状况	12	8.163265306	54	36.73469388	59	40.13605442	19	12.92517007	3	2.040816327	0.527891156
	4	天气	12	8.163265306	60	40.81632653	60	40.81632653	12	8.163265306	3	2.040816327	0.510204082
	5	决策质量	40	27.21088435	38	25.85034014	33	22.44897959	26	17.68707483	10	6.802721088	0.502040816
	6	政策	57	38.7755	23	15.64625	27	18.36734	16	10.88435	24	16.32653	0.5006
	7	与施工周围各方关系	19	12.92517007	64	43.53741497	45	30.6122449	15	10.20408163	4	2.721088435	0.492517007
	8	业主提供的实施条件	49	33.33333333	30	20.40816327	29	19.72789	31	21.08843	8	5.442176871	0.489795918
	9	政府审批	56	38.0952	28	19.04761	28	19.04761905	12	8.163265306	23	15.6462585	0.488435374

根据天津站进度因素调查问卷结果，结合所有利益相关者对各进度要素重视程度，可以看出，占第一层次分别由来自于外部原因、业主方原因和政府机构原因。对于外部原因，因为其不确定性可能存在的风险系数较高，进而影响项目进度的程度也会较大，可能出现由于重新决策、勘测、审核、协调等造成工期的长时间延误。其次是业主方原因，业主决策、工程款的支付以及业主所提供的条件均会对工程的进度造成影响。

第二层见表 8-2。

基于总体角度影响因素重要程度第二层排序 表 8-2

问卷数据统计													
排序层次		因素识别	专家打分										*RII*
			1		2		3		4		5		
			频数	频率	频数	频率	频数	频率	频数	频率	频数	频率	
第二层	10	质量控制	48	32.653061	28	19.04761	40	27.2108	25	17.006	6	4.08163	0.4816
	11	图纸准备	38	25.8503	46	31.2925	41	27.8911	10	6.8027	12	8.16326	0.4802
	12	现场管理	54	36.734693	23	15.64625	31	21.0884	36	24.4897	3	2.0408	0.4789
	13	专业分包	41	27.891156	39	26.53061	40	27.2108	23	15.646	4	2.7210	0.4775
	14	施工经验	54	36.734693	23	15.6462	36	24.4897	29	19.7278	5	3.4013	0.4748
	15	图纸质量	49	33.333333	40	27.210884	29	19.7278	18	12.2448	11	7.4829	0.4666
	16	计划的合理性	52	35.374149	29	19.727891	36	24.4897	25	17.00680	5	3.4013	0.4666
	17	施工方法	56	38.09523	26	17.6870	33	22.4489	27	18.3673	5	3.4013	0.4625
	18	施工错误	58	39.455782	27	18.367346	34	23.1292	18	12.244	10	6.8027	0.4571

对整个项目的进度影响占第二层次的是来自于监理咨询原因和施工方原因,监理咨询原因主要是指与图纸有关的质量和准备情况,这些都直接影响项目的建设时间以及可交付成果的质量。施工方是与项目建设最密切相关的角色者,其施工组织设计的合理性、工程师的经验影响到项目的进度。

第三、四层见表 8-3。

基于总体角度影响因素重要程度第三、四层排序 表 8-3

问卷数据统计													
排序层次		因素识别	专家打分										*RII*
			1		2		3		4		5		
			频数	频率	频数	频率	频数	频率	频数	频率	频数	频率	
第三层	19	审批	54	36.7346	39	26.5306	21	14.2857	25	17.0061	8	5.4421	0.4557823
	20	主要争端和洽商	42	28.57142857	49	33.3333	32	21.7687	21	14.2857	3	2.0408163	0.4557823
	21	业主方组织协调	54	36.7346	32	21.76870748	33	22.44897959	23	15.6462585	5	3.4013605	0.454421769
	22	劳动力供给	50	34.0136	36	24.48979592	42	28.57142857	16	10.88435374	3	2.040816327	0.444897959
	23	图纸审批	56	38.0952	42	28.57142857	23	15.6462585	14	9.523809524	12	8.163265306	0.442176871
	24	材料供给	55	37.4149	32	21.7687	43	29.25170068	13	8.843537415	5	3.40136	0.442176871
	25	机械设备	56	38.0952	25	17.0068	50	34.01360544	14	9.523809524	2	1.36054	0.438095238
	26	设计提出的变更	52	35.3741	41	27.8911	30	20.40816327	24	16.3265	0	0	0.43537415
	27	检测和检验	57	38.7755	39	26.5306	26	17.68707483	19	12.92517007	6	4.081632653	0.434013605

续上表

问卷数据统计													
排序层次		因素识别	专家打分										RII
			1		2		3		4		5		
			频数	频率	频数	频率	频数	频率	频数	频率	频数	频率	
第四层	28	各方缺少沟通	46	31.2925	46	31.2925	43	29.25170068	10	6.802721088	2	1.360544218	0.431292517
	29	接口衔接	57	38.7755	31	21.0884	41	27.89115646	16	10.88435374	2	1.360544218	0.429931973
	30	业主提出的变更	45	30.6122	52	35.3741	34	23.1292517	16	10.88435374	0	0	0.428571429
	31	新工艺的使用	59	40.1360	29	19.7278	42	28.57142857	15	10.20408163	2	1.360544218	0.42585034
	32	劳动技能	56	8.0952	31	21.0884	48	32.65306122	10	6.802721088	2	1.360544218	0.424489796
	33	材料质量	62	42.1768	29	19.7278	37	25.17006803	16	10.88435374	3	2.0408163	0.421768707
	34	承包商提出的变更	49	33.3333	48	32.6530	39	26.53061224	10	6.802721088	1	0.680272109	0.417687075
	35	合同管理	64	43.5374	35	23.80952381	29	19.72789116	13	8.843537415	6	4.081632653	0.412244898
	36	材料管理	66	44.8979	22	14.96598639	46	31.29251701	11	7.482993197	2	1.360544218	0.410884354

影响进度因素的第三、第四层次是来自于合同相关方、人材设备以及各方的合同变更原因,其影响程度不大。

2. 基于业主方角度分析

业主在项目管理中是占主导地位的,是所有角色的总调度,业主对项目的控制是主动地、全面地和系统地。通过对参与天津站综合交通枢纽项目建设的天津城投集团的相关人员进行的问卷调查,得出了共36个主要的影响因素,将这36个影响因素的影响程度按照由大到小的顺序排列,然后将他们划分为四层。

第一层见表8-4。

基于业主方角度影响因素重要程度第一层排序 表8-4

问卷数据统计													
排序层次		因素识别	专家打分										RII
			1		2		3		4		5		
			频数	频率	频数	频率	频数	频率	频数	频率	频数	频率	
第一层	1	政策	2	0.1	3	0.15	2	0.1	7	0.35	6	0.3	0.72
	2	施工经验	1	0.05	1	0.05	7	0.35	9	0.45	2	0.1	0.7
	3	政府审批	1	0.05	3	0.15	6	0.3	5	0.25	5	0.25	0.7
	4	现场管理	0	0	3	0.15	7	0.35	9	0.45	1	0.05	0.68
	5	施工方法	0	0	4	0.2	8	0.4	6	0.3	2	0.1	0.66
	6	专业分包	2	0.1	1	0.05	9	0.45	7	0.35	1	0.05	0.64
	7	计划的合理性	1	0.05	3	0.15	8	0.4	7	0.35	1	0.05	0.64
	8	施工错误	1	0.05	3	0.15	9	0.45	5	0.25	2	0.1	0.64
	9	机械设备	0	0	5	0.25	9	0.45	6	0.3	0	0	0.61

从业主的角度考虑，对天津站建设影响较大的进度因素为：政策、施工经验、政府审批、现场管理、施工方法、专业分包、计划的合理性、施工错误、机械设备。政策对天津站建设影响最大，因为天津站建设的利益相关者较多，各利益相关者的诉求不同，奥组委等国家政府部门对天津站的进度影响较大，从而使得天津站建设的刚性较大。施工方的施工经验对天津站建设的进度的影响也是比较大的，施工方是项目具体实施的主要责任主体，施工经验的好坏，直接对工程进度的提前或滞后有很大的影响。这就要求招标单位在进行工程招标的时候，对承包单位的资质要严格审查。业主方是和政府相关部门最主要的沟通方，从事政府和项目之间的沟通协调，为项目的顺利实施提供必要的条件。从以上分析可以看出，从业主的角度出发，首要的进度控制任务还是以管理工作为主的，主要强调对施工企业的组织管理和施工工艺的控制。其在实际的进度管理中不需要承担具体的项目管理任务，不直接管理承包商、供应商、设计单位，主要承担项目的宏观管理以及与项目相关的外部事物。

第二层见表8-5。

基于业主方角度影响因素重要程度第二层排序　　表8-5

问卷数据统计													
排序层次		因素识别	专家打分										*RII*
			1		2		3		4		5		
			频数	频率	频数	频率	频数	频率	频数	频率	频数	频率	
第二层	10	与施工周围各方关系	0	0	7	0.35	5	0.25	8	0.4	0	0	0.61
	11	接口衔接	0	0	9	0.45	3	0.15	7	0.35	1	0.05	0.6
	12	材料供给	3	0.15	4	0.2	5	0.25	6	0.3	2	0.1	0.6
	13	不可预见的其他状况	1	0.05	5	0.25	9	0.45	3	0.15	2	0.1	0.6
	14	未能预见的现场状况	0	0	6	0.3	10	0.5	3	0.15	1	0.05	0.59
	15	图纸质量	1	0.05	6	0.3	8	0.4	4	0.2	1	0.05	0.58
	16	业主提供的实施条件	2	0.1	6	0.3	5	0.25	6	0.3	1	0.05	0.58
	17	劳动力供给	1	0.05	6	0.3	7	0.35	6	0.3	0	0	0.58
	18	劳动技能	0	0	6	0.3	11	0.55	3	0.15	0	0	0.57

第二层中主要是业主方与项目的承包单位沟通协调，在这层中，影响工程施工进度的主要责任单位是业主方和施工方，主要有：与施工周围各方关系、接口衔接、材料供给、不可预见的其他状况、未能预见的现场状况、业主提供的实施条件、劳动力供给、劳动技能。

第三层见表8-6。

基于业主方角度影响因素重要程度第三层排序 表8-6

问卷数据统计													
排序层次		因素识别	专家打分										RII
			1		2		3		4		5		
			频数	频率	频数	频率	频数	频率	频数	频率	频数	频率	
第三层	19	业主方组织协调	3	0.15	7	0.35	3	0.15	6	0.3	1	0.05	0.55
	20	设计提出的变更	1	0.05	7	0.35	8	0.4	4	0.2	0	0	0.55
	21	天气	1	0.05	6	0.3	10	0.5	3	0.15	0	0	0.55
	22	图纸准备	0	0	9	0.45	9	0.45	1	0.05	1	0.05	0.54
	23	材料管理	2	0.1	6	0.3	8	0.4	4	0.2	0	0	0.54
	24	决策质量	6	0.3	4	0.2	4	0.2	3	0.15	3	0.15	0.53
	25	质量控制	0	0	10	0.5	8	0.4	2	0.1	0	0	0.52
	26	承包商提出的变更	1	0.05	8	0.4	9	0.45	2	0.1	0	0	0.52
	27	各方缺少沟通	2	0.1	8	0.4	7	0.35	2	0.1	1	0.05	0.52

在这层中涉及到业主方、施工方、设计方。主要是工程变更、决策质量、各方之间的组织协调及天气影响，主要的影响因素有：业主方组织协调、设计提出的变更、天气、图纸准备、材料管理、决策质量、质量控制、承包商提出的变更、各方缺少沟通。

第四层见表8-7。

基于业主方角度影响因素重要程度第四层排序 表8-7

问卷数据统计													
排序层次		因素识别	专家打分										RII
			1		2		3		4		5		
			频数	频率	频数	频率	频数	频率	频数	频率	频数	频率	
第四层	28	业主提出的变更	2	0.1	7	0.35	9	0.45	2	0.1	0	0	0.51
	29	检测和检验	2	0.1	10	0.5	5	0.25	3	0.15	0	0	0.49
	30	图纸审批	3	0.15	8	0.4	7	0.35	2	0.1	0	0	0.48
	31	材料质量	4	0.2	7	0.35	6	0.3	3	0.15	0	0	0.48
	32	新工艺的使用	2	0.1	10	0.5	7	0.35	1	0.05	0	0	0.47
	33	合同管理	3	0.15	9	0.45	7	0.35	1	0.05	0	0	0.46
	34	审批	3	0.15	10	0.5	5	0.25	2	0.1	0	0	0.46
	35	主要争端和洽商	3	0.15	12	0.6	3	0.15	2	0.1	0	0	0.44
	36	工程款的支付	8	0.4	5	0.25	5	0.25	1	0.05	1	0.05	0.42

在第四层中，从业主的角度出发，将工程款的支付排在最后一位。说明以政府为投资主体的建设工程中，工程款支付推迟问题，发生的机会很小，在其他项目建设中，往往工程款的支付问题是影响工程施工进度的主要因素。

3. 基于设计方角度分析

从对设计方调查的结果来看，影响进度的因素的重要性排序与其他各方也有一些相似之处，即不可预见（未能预见）的外在情况依然是影响进度的最重要因素之一。具体如表 8-8 所示。

第一层见表 8-8。

基于设计方角度影响因素重要程度第一层排序　　表 8-8

问卷数据统计													
排序层次		因素识别	专家打分										RII
			1		2		3		4		5		
			频数	频率	频数	频率	频数	频率	频数	频率	频数	频率	
第一层	1	未能预见的现场状况	1	0.071428	4	0.285714286	9	0.642857	0	0.045918	0	0.003279	0.554300
	2	与施工周围各方关系	1	0.0714	8	0.571428	5	0.357142	0	0.025510	0	0.001822	0.479373
	3	劳动力供给	2	0.142857	4	0.285714	7	0.5	1	0.035714	0	0.002551	0.473979
	4	材料管理	3	0.214285	1	0.071428	8	0.571428	2	0.040816	0	0.002915	0.449854
	5	不可预见的其他状况	2	0.142857	6	0.428571	5	0.357142	0	0.025510	1	0.001822	0.436516
	6	审批	2	0.142857	6	0.428571	5	0.357142	1	0.025510	0	0.001822	0.436516
	7	各方缺少沟通	0	0	5	0.357142	6	0.428571	2	0.030612	1	0.002186	0.426676
	8	机械设备	2	0.142857	4	0.285714	6	0.428571	2	0.030612245	0	0.002186	0.426676
	9	劳动技能	2	0.14285	4	0.285714	6	0.428571	2	0.030612245	0	0.002186	0.426676

从调查的结果中很容易看出，在人、机、料、法、环中，从设计方看来影响进度最重要的因素还是来自“环”。比如第一层中就有未能预见的现场状况，不可预见的其他状况等，同时交流和沟通也是设计方认为影响工程进度的主要因素。因为沟通不及时和不畅通，来自业主或其他方的变更信息就不能及时的传达给设计方，这样就会影响设计进度，从而也影响工程的施工

进度,这就需要妥善处理好周围的各方关系,采取有效的沟通方式和方法,保证沟通渠道的畅通。

材料和机器是工程中的两个重要资源,资源供应是指工程项目建设中所需各项材料、构(配)件、制品、各类施工机具和生产使用的国内制造的大型设备、金属结构以及国外引进的成套设备或单机设备等的供给。资源供应有计划、顺畅是实现进度目标的根本保证。工程项目的建设过程是各种材料、机械与设备的消耗过程,任何一种材料、机械与设备如果不能在适当的时间,以规定的质量、数量和价格保证供应,都会影响到工程项目的顺利进行,造成停工待料生产中断。供应时间过早就会增大仓库和施工场地的使用面积,过晚则会造成停工待料,影响施工进度计划实施;数量过多会造成超储积压,战胜流动资金,过少则会出现停工待料,影响进度,延误工期。

当然,工程施工的进度并不是单纯某一方的责任,设计方本身的某些因素也会对进度有影响。例如,设计、供图的高效性对工程项目顺利完工有着重要的影响。设计水平的高低、图纸的质量好坏影响工程的投资和进度,不完善的设计,图纸的不及时供应往往影响工程进度的实现。其中设计变更是进度计划执行中的最大干扰因素。设计变更是指设计部门对原施工图纸和设计文件中所表达的设计标准状态的改变和修改。根据这个定义,设计变更仅包含由于设计工作本身的漏项、错误或其他原因而修改、补充原设计的技术资料。

4. 基于监理方角度分析

监理是工程施工部门承包建筑工程时,受建设单位的委托,指派专人负责按设计文件对照检查该工程和确认工程是否按设计文件实施的业务。从监理的角度来分析天津站的进度影响因素也是四个层次。如表 8-9 ~ 表 8-12 所示。

第一层见表 8-9。

基于监理方角度影响因素重要程度第一层排序 表 8-9

层　次	排　序	因素识别
第一层	1	不可预见的其他状况
	2	未能预见的现场状况
	3	与施工周围各方关系
	4	政府审批
	5	决策质量
	6	现场管理
	7	天气
	8	政策
	9	劳动技能

在监理的进度影响因素中,不可预见的其他状况与未能预见的现场状况仍然排到了最前方,不确定因素是监理所面对的最大问题,另外与施工周围各方关系、决策质量、现场管理、天气、政策等均为监理所不可控的因素,也不是其职责与权力之所在。

第二层见表 8-10。

基于监理方角度影响因素重要程度第二层排序　　表8-10

层　次	排　序	因素识别
第二层	10	劳动力供给
	11	主要争端和洽商
	12	专业分包
	13	材料供给
	14	施工经验
	15	图纸准备
	16	计划的合理性
	17	图纸质量
	18	新工艺的使用

在第二层中,劳动力的供给在首位,天津站是一个巨大的工程,必然需要巨大的劳动力投入才可以保证工程项目保质保量的完成,同时还可以看到图纸质量与新工艺的使用在较后的位置,图纸的质量与新工艺的使用与其他因素相比更加可控,风险较小,并且就图质量会有监理进行图纸审查,新工艺的使用也会有监理的参与。

第三层见表8-11。

基于监理方角度影响因素重要程度第三层排序　　表8-11

层　次	排　序	因素识别
第三层	19	机械设备
	20	施工错误
	21	各方缺少沟通
	22	工程款的支付
	23	接口衔接
	24	施工方法
	25	图纸审批
	26	业主提供的实施条件
	27	材料质量

在第三层中可以看到业主原因里“工程款的支付”与“业主提供的实施条件”,这是对于业主工作最大的肯定,同时还可以看到“材料质量”在最下方,这是监理的职责之所在,是自己可控的。

第四层见表8-12。

基于监理方角度影响因素重要程度第四层排序　表 8-12

层　次	排　序	因素识别
第四层	28	业主方组织协调
	29	材料管理
	30	质量控制
	31	承包商提出的变更
	32	业主提出的变更
	33	设计提出的变更
	34	合同管理
	35	检测和检验
	36	审批

第四层中的因素基本上都是与监理相关的比如:质量控制、承包商提出的变更、业主提出的变更、设计提出的变更、合同管理、监测和检验、审批等。

5. 基于施工方角度分析

根据《天津站进度因素调查问卷》施工方调查结果可知,施工方认为,对施工进度影响最大的原因是一些不可预见情况的发生和业主方的工作不到位。比如,不利的气象条件,如长时间的暴雨、台风、暴风雪、冰雹、沙尘暴、酷暑、严寒等给工程实施过程带来不便,甚至破坏,造成工期时间和经济的损失;工程款的支付不及时,施工图纸的审批、准备不及时等。工程建设的顺利进行必须有足够的资金作保障,建设过程中业主要按期付给施工单位工程进度款。如果业主出现资金短缺的现象,将会直接影响到施工单位的施工速度。项目建设初期,需动用大量的流动资金用于征地移民、材料采购、设备订购与加工以及临时工作和其他准备工作,如果资金不足必然影响到施工任务计划完成的进度。在项目建设过程中,如果建设单位不能按期支付工程价款,也会造成施工资金短缺,以致影响项目施工进度,影响工程及时投产运营。

而业主方认为,对施工进度影响也比较大的原因,是施工方与周边相关利益者的组织协调沟通问题和政府的政策等。比如,相关利益者之间的争端,专业分包的合理性,政府部门的审批情况等。

再有,能够影响到施工进度的就是施工方自身的一些原因。比如:

(1)施工组织计划不当。计划不周,导致停工待料和相关作业脱节,工程无法正常进行。各施工单位、各专业、各工序间交接,配合上的矛盾,打乱计划安排。施工现场情况千变万化,常因施工单位对劳动力和施工机械的调配不当而影响进度计划的实现,即施工组织不当。承包商缺乏完善的企业的组织管理,难以与有关部门进行良好的信息沟通,不能及时做好进度计划的调整和抓住进度执行中的主要矛盾,进度计划的实现出现了问题。

(2)施工方案不当。施工方案是根据合同、施工图纸和其他规范要求,参考现场实际情况,对如何具体实施的全过程预先策划设计,其内容一般包括:拟定施工程序、确定施工顺序、选择施工方法及施工机械等。施工方案选择是施工组织设计的核心问题,施工方案合理与否将直接影响到工程施工效率、施工质量、工期和施工技术经济效果。施工方案设计与施工进度计划互为影响,施工方案、施工工艺是否科学,并切合实际,施工工序安排是否合理;保障措施是否充分、可靠、可行，施工进度计划是否符合、满足目标工期的要求，对计划的顺利实施起到了很大作用。施工方案考虑不当，轻则造成施工缺乏效率，施工成本增加和时间延长；重则出现工程质量和安全事故，造成工程停工或报废，工期时间无法追回、挽救，工程完工时间推迟。

6. 基于其他方角度分析

不确定的外在因素是各方一致认为对工程进度影响最大的因素，对于不可抗的外力有时并不是说它的影响最严重，而是因为发生的概率和性质都不确定，所以很难采取相关的措施进行预防和可能控制；另外，变更也是重要的影响因素，这也跟变更的内容和范围的随机性有关，变更发生的概率并不是很高，但是一旦发生就会给进度带来很大的影响。基于其他方角度影响因素重要程度排序见表 8-13。

基于其他方角度影响因素重要程度排序　　表 8-13

问卷数据统计													
层次排序		因素识别	专家打分										RII
			1		2		3		4		5		
			频数	频率	频数	频率	频数	频率	频数	频率	频数	频率	
第一层	1	不可预见的其他状况	1	0.142857143	0	0	2	0.28571	3	0.428571428	1	0.142857143	0.6857
	2	未能预见的现场状况	1	0.142857	1	0.142857143	2	0.285714286	3	0.428571429	0	0	0.6
	3	天气	0	0	2	0.285714286	5	0.714285714	0	0	0	0	0.5428
	4	与施工周围各方关系	1	0.14285	2	0.285714286	3	0.428571429	1	0.142857143	0	0	0.51428
	5	新工艺的使用	2	0.285714286	2	0.285714286	3	0.428571429	0	0	0	0	0.4285
	6	施工经验	1	0.142857143	4	0.571428571	2	0.285714286	0	0	0	0	0.42857
	7	业主提出的变更	2	0.28571428	3	0.428571429	1	0.142857143	1	0.142857143	0	0	0.42857
	8	设计提出的变更	2	0.28571428	3	0.42857	1	0.142857	1	0.142857143	0	0	0.428571429
	9	承包商提出的变更	2	0.2857	2	0.285714286	3	0.428571429	0	0	0	0	0.428571429

7. 结论分析

天津站综合交通枢纽工程建设项目具有规模大、建设的一次性和结构与技术复杂等特点，在进度控制上，表现了极强的特殊性，主要表现在：

(1)对于天津站这样大型的项目集群来说，影响其进度的，不是其施工的难度和技术、方法，其进度更多的是由项目集群外部的利益相关者来决定的。这也证明了对于天津站类似的大型工程建设项目来说,在进度管理要求上需要进行治理的要求。

(2)类似天津站这样的综合交通枢纽工程,由于参与方从多和项目本身具有的复杂性,各参与方对于影响进度的风险的认识和利益关系是不一样的。这在实际的项目建设过程中将会在项目集群进度管理的风险管理中存在认知上和沟通中的风险。

(3)本研究为今后类似天津站这样的综合交通枢纽工程项目集群编制进度管理方案提供了坚实的基础。

8.3 天津站综合交通枢纽建设进度体系建立分析

8.3.1 进度体系建立的指导思想

天津站综合交通枢纽工程是天津市“十一五”期间的重点项目,具有关系复杂、设计施工协调难度大、工期时间紧等特点,是一项超特大型综合工程。天津市是2008年奥运会足球比赛的分会场之一,天津站作为天津的重要门户,要求其在奥运会期间必须为铁路天津站客流提供必要的进出站条件和优美的地面景观。同时,根据天津市“十一五”发展纲要,地铁2、3、9号线在天津站设站,并于2010年投入运营,这些都决定了天津站综合交通枢纽工程的工期具有绝对刚性的特点。而本工程规模大,子项工程繁多,各子项工程间搭接关系复杂,具有明显的“时空效应”,给本工程的进度管理提出了巨大的挑战。如果不能按期交付城际站房施工场地、不能抓住铁路站场改造的大好时机,势必导致整个工期延长,造成极大的负面社会影响和投资成本的增加。因此,进度管理是天津站综合交通枢纽工程建设管理的核心内容,通过进度管理实现在资源约束、环境约束和技术约束等条件下的时间优化和进度控制,保证天津站综合交通枢纽工程能够顺利实现进度目标。

基于对本工程的特征分析,进度管理系统采用关键链技术实现对多项目在资源约束下的进度管理。根据并行工程的理论,来协调各子项工程之间的制约关系和施工冲突,控制项目间的开工顺序。同时在子项工程的进度管理中,采用快速跟进法作为总的指导思想,从整体上缩短工程的工期,并在进度落后的情况下运用赶进度法、调整工序顺序等方法保证工程在资源约束下按预定计划完成。

8.3.2 进度体系的设计原则

根据天津站综合交通枢纽工程项目的性质和特点,综合考虑影响天津站综合交通枢纽工程进度的各关键因素和各子项工程间复杂的搭接关系,以进度管理为核心,围绕整体计划开展质量、技术、安全、成本管理的项目群管理思想为指导,综合运用关键链技术、并行工程、快速跟进法等现代项目管理的理念和方法,进行天津站综合交通枢纽工程的进度管理。在天津站综合交通枢纽工程的进度管理应中遵循以下原则:

1. 以快速跟进为总体指导思想的原则

根据天津站综合交通枢纽工程进度要求的特点,在进行进度管理时,以快速跟进为总的指导思想,以缩短整个工程建设的持续时间。

快速跟进法(Fast-Tracking):是指通过调整施工各活动的顺序,令原本按先后顺序进行的工作同时进行，仅在前一活动的某一阶段完成而非完全完成时，即启动下一活动的工作，使两活动同时进行或交叉进行。例如在工程的初步设计工作完成后即开始施工的招投标工作等，或者在土建施工结束前即开始装修和设备安装等工作。由于各阶段或活动有同时进行的重叠部分，从而缩短了完成一个工程所需的时间要求。由于快速跟进法能够从整体上压缩工程的工期，同时后续阶段工序能够及时发现问题为前期工序提供有用信息，如施工过程中发现施工条件或地质条件等与勘探结果不符，则设计单位能够进行修改，从而避免后期变更对进度及投资等所带来的种种不利影响。快速跟进法能够从一定程度上解决天津站综合交通枢纽工程工期时间紧的要求，因此快速跟进法在本工程的进度管理中是适用的，也是必要的。本篇把快速跟进法作为整个工程进度管理的指导思想，指导各子项工程的建设。

2. 以关键链技术为基础指导战略级进度管理的原则

在战略级进度管理中，基于关键链技术实行关键链调度机制、同步化机制和缓冲管理机制等三大机制，从宏观上对天津站综合交通枢纽工程进度进行管理。

关键链调度过程包括任务间共享资源的优化调配和项目关键链的确立。

关键链调度的实施过程如下：

(1)以50%概率可能完工时间作为每个任务的工期估计，缩短任务时间；

(2)任务在必要时才开始；

(3)通过资源平衡化解资源冲突；

(4)找出项目最长任务链，确立为关键链；

(5)在关键链尾部设置项目缓冲(Project Buffer，PB)，以整体的项目缓冲来保护项目的工期；

(6)在非关键链到关键链的入口处设置汇流缓冲(Feeding Buffer，FB)来保护关键链；

(7)采取必要措施如增加资源或利用新技术关键链，缩短项目工期。

经过关键链项目调度，不但可以缓解资源共享造成的冲突，避免多任务工作的产生，并且让项目整体时间明显的变短；同时有时间缓冲的设置，更能吸收项目内不确定因素产生的波动。

同步化机制可以减少任务间不确定因素的影响，保证项目的工期。同步化调度机制就是通过有效的调度使得资源间的冲突最小化，加快共享资源在任务间的流通速度，以降低不良的多任务工作。同步化调度的目的就是确保各任务间要有足够的错开时间以平衡资源的过载负荷。

缓冲管理机制，对项目整体任务进度进行监控。通过及时更新项目进程，计算缓冲的消耗情形，以此判断项目的执行状况，从而决定资源使用优先权。

3. 关键链上资源供给优先原则

基于约束理论，在项目实施过程中，资源的利用率不可能保持平衡。项目进度受瓶颈资源的影响最大。瓶颈资源利用率越高，项目进度就越快。要加快项目进度，就必须提高瓶颈资源的利用率，防止由于非瓶颈工序延误导致瓶颈资源处于等待状态，造成整个项目延误。

4. 采用并行工程协同各子项工程原则

处理好项目的界面问题，综合考虑影响工程建设的各种关键因素和各子项工程间的关系，进行协调，合理安排各子项工程的顺序，使它们相互配合，确保按时完成工期。

8.3.3 三级进度管理体系描述

由于天津站综合交通枢纽工程包含众多子工程，且各子工程结构关系复杂，而对本工程的工期要求又具有绝对的刚性，这就要求天津站综合交通枢纽工程的进度管理系统既要从全局角度科学地制定本工程的进度目标和计划，又要协调各子工程间的各种关系，并监督保证各子工程均能按时完工。天津站综合交通枢纽工程进度管理系统采用三级进度管理体系，从工程全局、内部协同和具体各子项工程三个不同层次，对天津站综合交通枢纽工程的进度进行管理和控制：第一级为战略级进度管理，从天津站综合交通枢纽工程的整体出发，根据各子工程间的紧前紧后关系及各种资源制约因素，利用关键链法求出工程的关键链，指导对整个工程的进度管理和控制；第二级为总控级进度管理，根据协同思想，采用并行工程的方法，对天津站综合交通枢纽工程各子工程相互间复杂的制约关系和冲突进行协调，保证本工程各子工程按时完工；第三级为子项工程级进度管理，主要是对诸具体的单项工程的施工进度进行监督，并在必要时采取赶进度、快速跟进等方法，纠正进度拖延的问题。天津站进度管理体系分析示意图如图 8-4 所示。

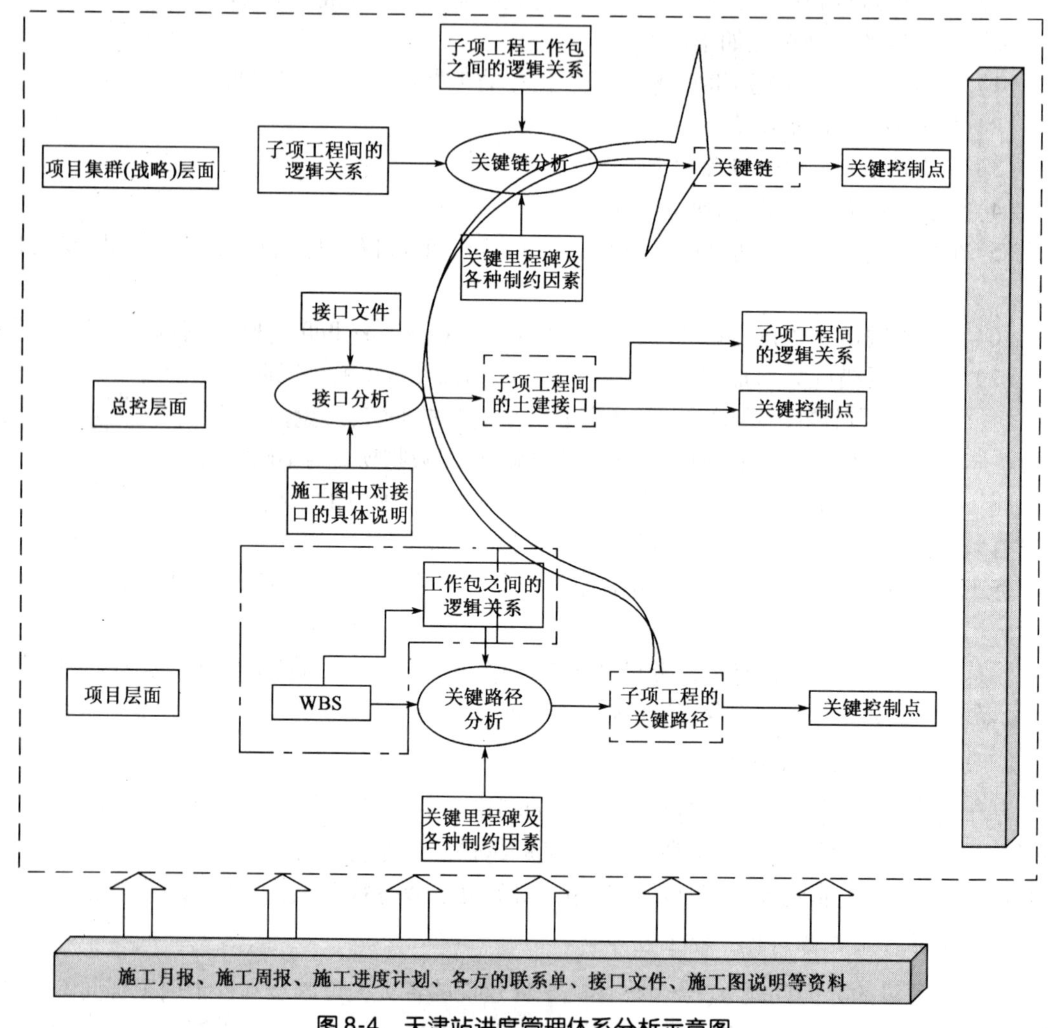

图 8-4 天津站进度管理体系分析示意图

天津站综合交通枢纽工程的三级进度管理体系与工程的建设方、监理方和施工方紧密联系，三方在各级进度管理体系中科学分工，各负其责，形成以建设方为核心、以监理方为控制纽带，依据合同标准实现项目的共同目标。其中建设方主要负责战略级进度管理的工作，全局把握整个工程的进度，并指导监理方的工作，必要时参与下两级的决策工作；监理方负责总控级上的协调工作和单项工程级的监督指导工作，保证天津站综合交通枢纽工程能够按照进度计划执行；施工方负责制定详细的施工计划，并严格执行，实行自检制度，同时全力配合监理方的监督指导工作。如图 8-5 所示，这种管理体系对于整个工程工期控制的保证有着重要的作用。从而从进度的计划周密性方面保证了整个项目的工程工期的协调和合理。

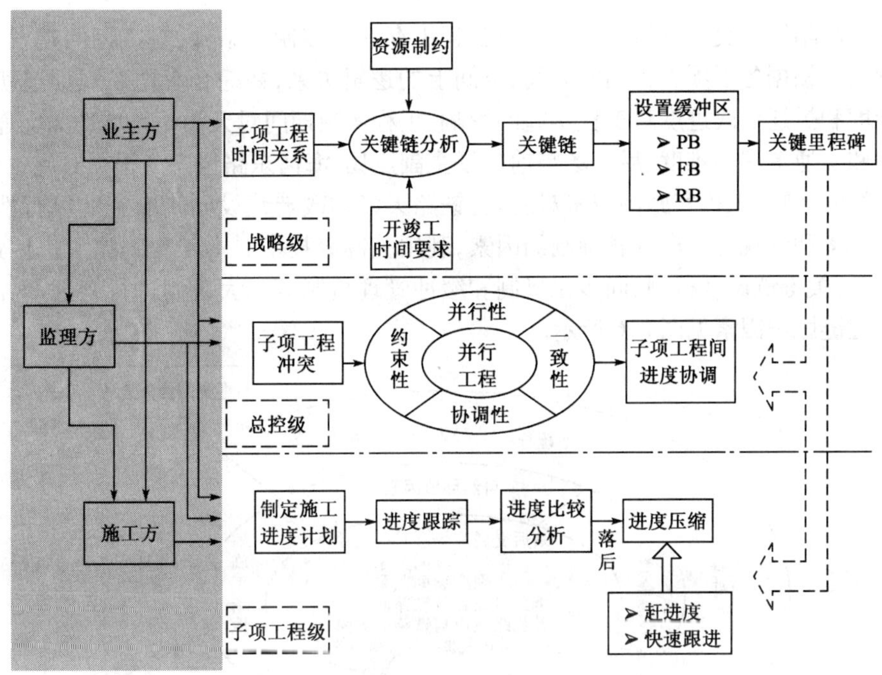

图 8-5　天津站三级进度管理体系示意图

8.4　战略级进度管理体系控制

8.4.1　战略级进度管理理念

建设方编制总进度计划时遵循目的性、系统性、动态性和实用性原则。在项目实施过程中，资源的利用率是不可能保持平衡的，因此建设方运用关键链法解决在资源约束下如何安排各项目的开竣工日期，再由关键链确定的里程碑工期对项目进行进度控制。

1. 关键链法

关键链法（CCS）：关键链法是综合考虑项目中各任务的紧前关系和项目中现实存在的资源约束的进度管理方法。关键链为决定项目最早完工时间的有序活动所组成的链路。

在运用关键链法时,要求建设方将工作的重点放到真正影响项目完成的关键性问题上。因此更为准确合理地体现了项目真正的关键与约束所在。CCS 通过缓冲区机制,在相应位置设置 PB、FB 和 RB,在项目实施过程中不会像 CPM 那样经常改变进度计划,可以减少不必要进度变更。

建设方可以引入激励机制使项目成员的行为趋向于尽早完工。管理基本原理表明:

人的工作绩效 = 能力 × 激励水平

对于承包商,尤其是承担关键链工序的承包商的提前或拖延完工应以合同的形式规定奖励或处罚的措施,做到奖赏、惩罚分明。

2. 关键链的确定

由于天津站综合交通枢纽工程在建设工程中存在众多制约条件,对工程的建设工期具有很大的影响。根据各子项工程间的时间、空间上的逻辑关系,并综合考虑工程拆迁切改量、拆迁切改难度和拆迁切改进度对工程实施的影响、工程实施期间对天津站区域地面交通、市民出行的影响和交通疏解的难度、后广场与前广场主副广场、海河东路地道工程同时施工对天津站旅客进出站的影响、工程实施的技术难度、与铁路天津站改造建设同步实施的可行性、奥运会期间城市环境和景观的要求等各种制约因素,利用关键链技术对本工程的施工进度进行宏观调控,并实行关键链调度机制、同步化机制和缓冲管理机制等三大机制进行管理和控制,站枢纽工程关键链影响因素见图 8-6 所示。

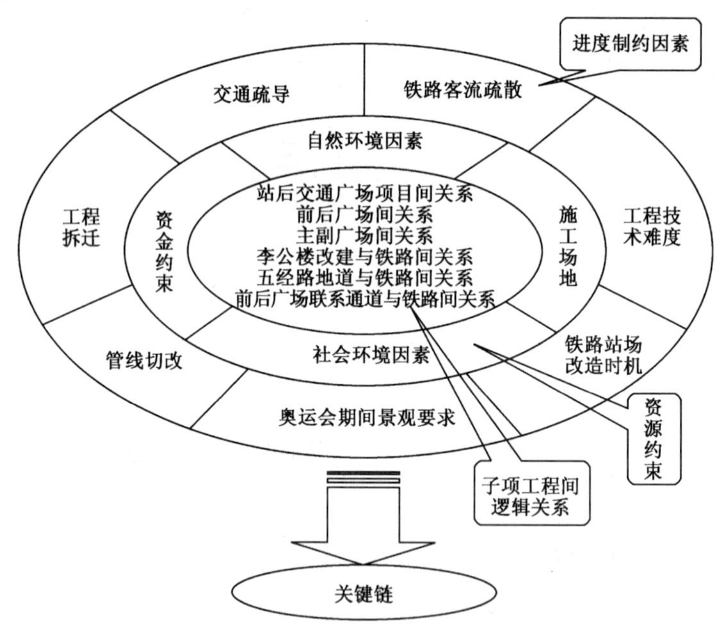

图 8-6　天津站关键链影响因素

通过综合分析各影响因素,关键链的确定流程如图 8-7 所示。

关键链确定过程中重要环节主要包括:

1)绘制网络图

拟制网络草图,通常包括明确计划目标、开列工作清单、绘制网络草案、检查调整布局、进

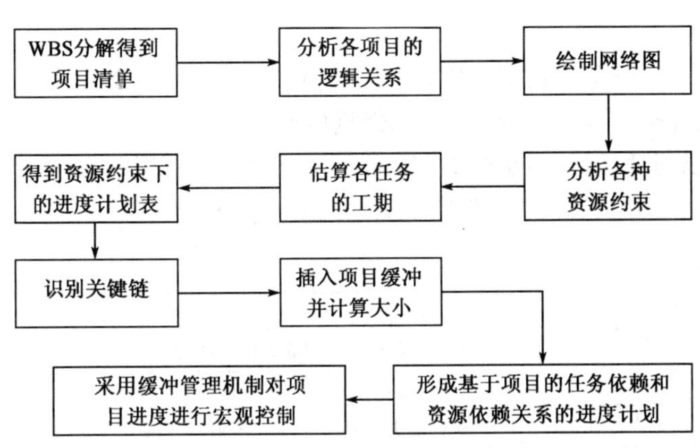

图8-7　关键链确定流程

行编号注记等五个步骤。

(1)明确计划目标,进行任务的分析和分解。

(2)编制明细表(工作清单)。编制明细表的过程,实际上就是对任务进行分析和分解的基础上,调查研究、分析比较,找出完成任务的方法和途径的过程。

(3)绘制网络草图。网络草图的绘制是根据工作清单列出的内容及有关绘制网络图的原则和方法编排出来的。

(4)检查调整布局。检查调整的内容通常有避免线路交叉和检查修订。

(5)进行编号注记。包括给事项编号和给工作标记。

2)资源约束的分析

对于工程进度的影响因素,一般认为有人为因素、技术因素、资金因素、施工场地因素、地基因素、气候因素、环境因素等。

3)项目缓冲的设置

在项目执行过程中,把每道工序的安全时间综合起来,作为项目的一个公共资源统一调度、统一使用。通过设置项目缓冲(PB)、输入缓冲(FB)和资源缓冲(RB)来降低风险,保障项目的进行。

各缓冲的插入位置和计算方法如下:

PB设置在关键链的尾端,50%的工期估算是很容易出现延误的,设置缓冲区将延误设置在预期范围内,保证项目如期交付。

FB设置在非关键链与关键链的汇合处,主要是为了保证关键链上工序如期开始而不会受非关键链上工序延误的影响,亦非关键链上节省时间的总和的一半作为其大小。

RB设置在关键链上工序的前面,目的是保证当关键链上工序开始时所需要的资源已经准备就绪,资源缓冲实质上是一种预告机制,即在工序来临前1周、前3天、前1天发出预先警告提醒人们。项目负责人可以通过对缓冲区的监控了解缓冲的剩余情况和项目进展情况,及时采取措施进行调控。

4)缓冲管理

通常将各项缓冲均分为三等分进行项目监控。

当任务链的缓冲消耗量低于总缓冲时间的1/3时,任务的执行进度良好,按原定进度进行实施；

当缓冲时间进入 1/3 ~2/3 时，认为任务执行发生问题，建设方必须开始检视项目是否发生问题，找出问题点并拟定应对策略，同时加强进度监控；

当任务链执行以消耗缓冲时间超过 2/3 时，表示项目执行的进度出现严重问题，必须立即采取行动，执行相应对策避免项目进度持续恶化。如图 8-8 所示

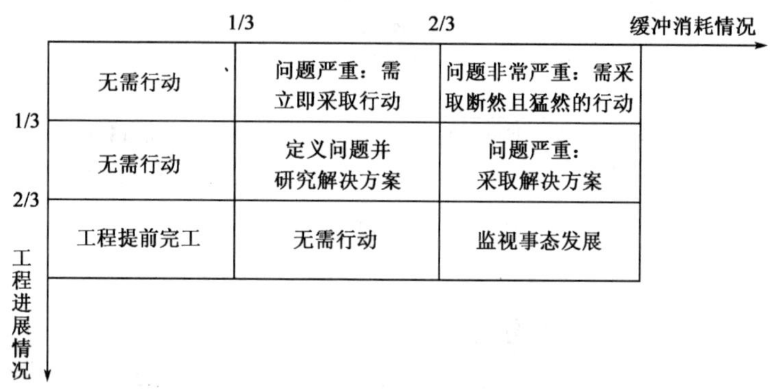

图 8-8　缓冲消耗与工程对策

8.4.2　战略级进度管理流程

1. 进度管理流程

战略级进度管理流程如图 8-9 所示。

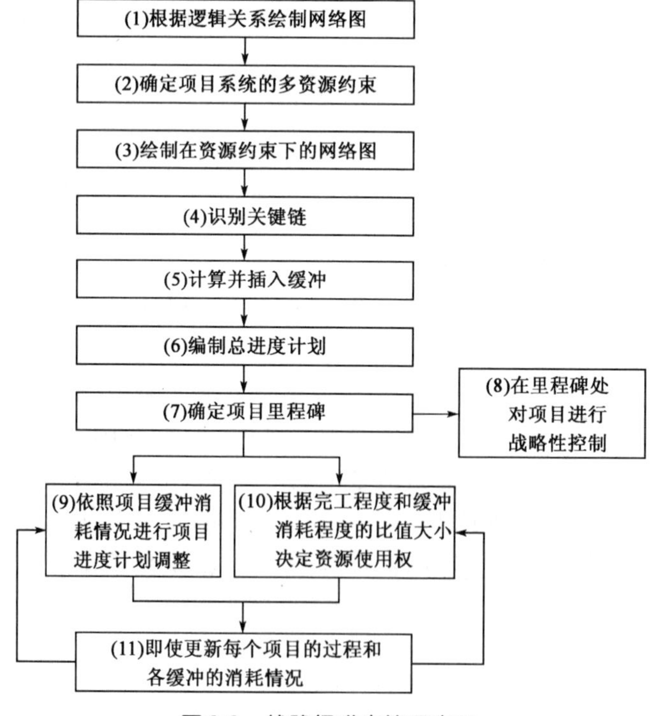

图 8-9　战略级进度管理流程

2. 流程说明

战略级进度管理说明如表8-14所示。

战略级进度管理说明　表8-14

流程步骤	流程说明
(1)根据逻辑关系绘制网络图	包括明确计划目标、开列工作清单、绘制网络草案、检查调整布局、进行编号注记等五个步骤
(2)确定项目的多资源约束	如图8-9所示
(3)绘制在资源约束下的网络图	根据(1)、(2)把(1)中并行的工程串行排列,把资源共享的项目错开,交错各个项目减少项目间的影响
(4)识别关键链	在(3)所绘制的新的网络图上识别关键链
(5)设置缓冲	在项目执行过程中,把每道工序节省下来的安全时间综合利用起来,通过设置项目缓冲(PB)、输入缓冲(FB)来降低风险,保障项目的进行。加入产能缓冲RB设置在关键链上工序的前面,目的是保证当关键链上工序开始时需要的资源已经准备就绪。加入的产能缓冲并不实际消耗时间
(6)编制总进度计划	天津站枢纽工程可分为30多个子项目,根据逻辑关系分析,资源约束的分析,在确定各关键链和设置缓冲的基础上,制定各子项目的开竣工时间
(7)确定项目里程碑	在确定关键链的基础上设定里程碑,设定里程碑数量时,应尽量消除或减少里程碑(milestone)或阶段点的数量,而不应将其作为任意的校核点来使用。从风险的角度来看,里程碑数量越少,风险的聚合效应将越显著,项目延期风险相应降低
(8)在里程碑处对工程进度进行宏观上的控制	
(9)依照项目缓冲消耗情况进行项目进度计划调整	缓冲区除了为项目变化提供保护之外,缓冲区消耗的程度可充当项目进度风险的传感器。当缓冲消耗超过规定的界限时,我们从战略角度来重新分配缓冲时间。具体操作时可考虑采用以下步骤: ①当工期延误不超过缓冲区时间的1/3时,可暂不采取任何措施; ②当工期延误超过缓冲区时间的1/3时,甄别出现问题的环节并准备好应对措施; ③当工期延误超过缓冲区时间的2/3时,开始实施事先准备好的应急方案
(10)根据完工程度和缓冲消耗程度的比值大小决定资源使用权	在项目实施过程中,必然导致资源在项目中的多重任务分配,从而导致项目间的资源预占(preemption)。在使用资源的过程中,通过计算完工程度和缓冲消耗程度的比值大小(比值越小使用权越高)决定资源使用权
(11)及时更新每个项目的过程和各缓冲的消耗情况	在项目执行中,进度出现偏差必然会消耗缓冲时间,这时需要及时计算调整缓冲区域
	返回(9)、(10)循环往复,对进度进行不断的优化调整

8.4.3　天津站综合交通枢纽工程里程碑工期

借鉴国内外大型综合性工程建设经验,结合枢纽工程建设的特点,按照关键链理念,统筹考虑、统一安排各子项工程的土建、装修和设备安装、调试工期计划，设定三个工程里程碑工期，将枢纽工程建设划分为三个建设阶段。

(1)以2006年底完成后广场地铁2、9号线盖挖逆作部分顶板浇筑施工，为城际高架站房提供施工条件为关键工程里程碑工期。

因城际铁路站房和高架候车厅分别坐落于地铁2、9号线地下结构和城际地下候车厅之上，相应工程需在2007年2月底前封顶。2、9号线地铁车站与城际站房重叠部分地下建筑面积4.8万m^2，如采用一般的明挖法施工，土建工期长达30个月，无法保证城际站房按期开工，为此该部分拟采用盖挖逆作法先行开工。计划2006年8月1日开工，2008年12月底土建完工。

(2)以确保2008年奥运会前站前海河东路地道及主广场地下工程及景观工程、五经路地道工程、前后广场联系通道和李公楼立交桥改建工程竣工投入使用为关键工程里程碑工期。

考虑城际铁路开通时由于后广场地铁工程尚处于施工阶段，无法提供进出站条件，旅客需通过地下出站通道从站前主广场出站以及站前交通组织的需要，故安排站前海河东路地道及主广场地下工程先期施工，并于奥运会前建成投入使用。考虑留出必要的铁路旅客进出站通道和集散空间，副广场工程在海河东路地道及主广场地下工程完工以及奥运会后开工建设。

(3)以确保2010年初至2011年6月地铁工程陆续开通试运行为关键工程里程碑工期。

为配合地铁工程于2010年初陆续建成通车试运行的要求，天津站土建工程计划于2009年初全部完工。装修、设备安装、调试计划于年底完成，为地铁工程整体系统联调提供施工条件。

综合配套楼位于地铁9号线区间段上方，其地下部分与9号线区间段同期实施，地上部分待9号线区间段施工完毕后进行实施，计划2010年上半年投入使用。

公交中心位于地铁3号线车站上方，待该段地下结构完工后开始施工，计划2010年初投入使用。

8.5 总控级进度管理体系

8.5.1 总控级进度管理理念

天津站综合交通枢纽工程项目总控级进度管理中主要采用并行工程的思想来协调各项目间的冲突，使各子项工程的施工能够顺利进行。并行工程是将具有串行关系的作业进行交叉运作，使若干作业或作业的一部分同时进行，从而大大缩短工程的持续时间的管理模式。并行工程强调工程实施的各个功能环节之间实现最大限度的交叉、协同。并行工程的项目管理以实现项目目标为目的，并按照项目内在的逻辑规律进行有效的计划、组织、协调和控制。天津站综合交通枢纽工程项目的总控级进度管理遵循并行工程的并行性原则、约束性原则、协调性原则和一致性原则四大原则，对各子工程间的制约关系和冲突进行协调，保证工程总工期目标的实现。

天津站综合交通枢纽工程项目是一个集普速铁路、京津城际铁路、津秦客运专线铁路、天津站—西站地下直径线及地铁2、3、9号线、长途、公交、出租各种交通方式于一体的现代化综合交通枢纽项目，共分为五大功能分区，包含10个子项工程，30多个单项工程，是一项规模大、投资大、技术难度高、工期要求紧的综合性群体工程。天津站综合交通枢纽工程项目的各子项工程存在时间上的先后顺序、空间上的搭接关系和各种逻辑关系，错综复杂、相互制约。同时，2008年北京奥运会的召开和2010年天津地铁2、3、9号线的开通运营，均为天津站综合交通枢纽工程的按时完工提出了严格要求，使本工程的工期具有绝对刚性的特点。同时，由于天津站综合交通枢纽工程项目地处天津市中心，其施工对市民出行等日常生活以及交通疏散、市容市貌产生很大的影响，这也要求天津站综合交通枢纽工程能够尽早完工。基于所有对天津站综合交通枢纽工程项目工期的各种硬性及软性制约，以及各子项工程间错综复杂的关系，要求天津站综合交通枢纽工程项目在总控级的进度管理中必须采取并行工程的管理思想，为天津站综合交通枢纽工程项目的顺利完工提供保障。

8.5.2　总控级进度管理流程

天津站综合交通枢纽工程总控级进度管理的主要内容是对各项目间的制约和冲突进行协调管理，其过程主要包括四个步骤：冲突检测、提出冲突协调方案、方案评价以及方案决策。冲突处理流程如图8-10所示。

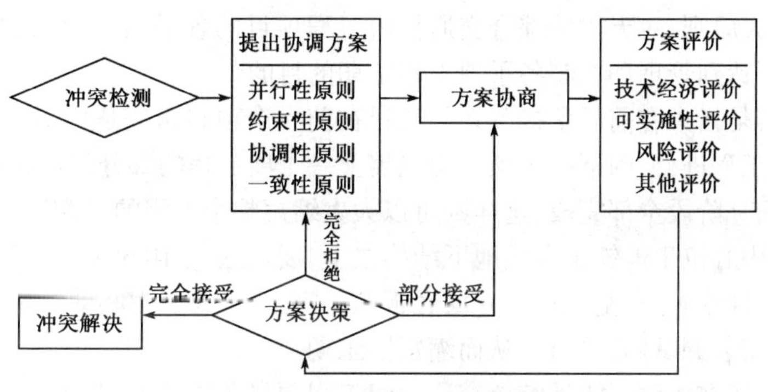

图8-10　冲突处理流程图

对以上各步骤的解释说明如下：

(1)冲突检测

各项目之间的冲突包括进度计划制定阶段各子项工程相互制约产生的冲突的和工程施工过程中出现的冲突。因此，要求监理单位对施工过程进行跟踪，并对进度执行情况进行监督和分析，及时发现可能对其他子项工程造成影响的问题，以便提前制定协调方案，进行主动控制。

在工程实施过程中，工程进度信息的收集和处理工作是进行工程进度跟踪的重点之一。因此，要加强信息的管理工作，施工方及各监理单位要及时准确的将工程的实施情况进行汇报和汇总，以便及时预测或发现工程延期问题和各子项工程间的冲突。并建立汇报制度，通过召开定期和不定期的会议，对涉及多方的冲突或进度问题进行研讨协商。

(2)提出协调方案

对于检测到的各子项工程间已经出现及可能出现的各种冲突,进行分析,根据并行工程的思想,遵循并行工程并行性、约束性、协调性和一致性四大原则,提出各种解决方案,来协调子项工程冲突,保证工程的顺利进行。

(3)方案协商

由业主组织监理方、发生冲突子项工程的施工方(必要时聘请相关专家)对所提出的各协调方案进行协商,提出方案的修改意见。

(4)方案评价

从协调方案的经济性、可实施性、安全性等角度,对各协调方案进行评价,以便为决策提供依据。

(5)方案决策

业主方综合各方的意见以及对各方案的评价进行决策。决策的结果分为部分采纳、完全接受、完全拒绝等,其中部分采纳需要提出建议重新进入冲突协商过程,需要时采用几种方案同时使用;决策结果为完全接受,则表示冲突已经解决,各子项工程根据协调方案继续施工;完全拒绝表示方案不可接受,应重新提议协调方案,直到冲突解决。

8.5.3 总控级进度管理协调方案的处理原则

在天津站综合交通枢纽工程项目的总控级进度管理中,以并行工程的管理思想为指导,遵循并行工程的四大原则,对天津站综合交通枢纽工程项目的各子项工程间的各制约关系和冲突进行协调,从而达到管理和控制各子项工程工期的目的。

并行性原则:是指具有前后承接关系的项目在前一个项目未完成时后一个项目就开始启动。将每个子项工程进行,则下一子项工程只需上一子项工程的部分阶段完成后,就可以开始进行,而不需要前一阶段全部完成,这样则可以大大缩短整个工程的工期。

后广场公交中心位于地铁3号线地下结构之上,要求公交中心需等地铁3号线竣工后才可施工,根据并行性原则,在基坑地下一层底板施工完工后,公交中心即开始施工,与地铁3号线的装修及设备安装调试同时进行,从而缩短了工期。

约束性原则:指在协调天津站综合交通枢纽工程项目各子项工程,进行总控级进度管理和控制时,要考虑技术、环境条件等各种约束条件,同时在制定协调方案时,要考虑时间效益,成本效益等的约束。

地铁2号线盾构区间、京沪高速地下直径线与五经路地道三线相交,结构受力复杂,工法转换困难,先后实施的难度大,综合考虑各子项工程的情况及技术约束,采取同步施工的方案。

五经路地道需下穿京津城际铁路、京沪高速铁路地下直径线以及既有京山铁路。若待城际铁路开通后施工,需采用管幕支护顶进法进行施工,难度大,且须对城际铁路采取加固保护措施,投资、工期均大幅增加,从技术经济角度分析是不合理的,根据约束性原则,出于对时间效益和成本效益约束的考虑,确定五经路地道工程在京津城际铁路开通前竣工。

协调性原则:各子项目间的进度要有协调性,关联项目间其中某一个项目的进度发生偏差势必会影响其他项目。监理应运用并行工程的思想,在编制进度控制计划时就考虑这些因素。

京津城际铁路、津秦客运专线需下穿李公楼立交桥，而既有桥梁的梁下净高不能满足上述铁路限界的要求，且桥墩位置与其线路位置重叠。根据协调性原则，确定李公楼立交桥的拆除改建工作于2007年10月底完工，以保证京津城际铁路、津秦客运专线能够顺利开工。

一致性原则：在对各子项工程的工期要求和施工冲突进行协调时，以总进度计划为总体目标，从全局出发，以最优地达到本工程的总体进度目标为前提，进行各子项工程间的协调与协同。

由于2008年奥运会期间后广场工程无法提供进出站条件，旅客只能通过地下出站通道从前广场出站。因此要求前广场主广场和海河东路地道工程采用环形盖挖施工方法，确保奥运会期间能够提供旅客进出站条件。

8.5.4 天津站迎奥运工程进度计划

根据上述总控级进度管理的协调原则，为满足2008年奥运会需要，天津站结合枢纽工程建设的特点，统一安排受奥运影响的各子项工程的土建、装修和设备安装、调试工期，特编制迎奥运工程进度计划如表8-15所示。

天津站迎奥运工程进度计划 表8-15

子项工程名称	进度要求
海河堤岸改造	5月底前完成石材铺装和园林绿化
主副广场装修	5月底完成地下二层装修，6月底完成负一层和夹层装修
前后广场联系通道	5月25日前完成8、9、10段主体结构，为站场铺轨提供条件，6月5日前完成全部土建结构，7月20日前完成与城际站房西出站通道相接部分的装修和照明
城际站房外立面整修	邮政枢纽、龙门大厦、行包楼5月底完成施工，6月5日前拆除脚手架；主站房6月5日完成立面整修，6月10日拆除脚手架
景观广场	5月20日完成大面积园林绿化，5月底全部完成；5月底完成大面积石材铺装，6月底完成收口
海河东路隧道进步道段	6月5日完成土建结构，7月15完成地面道路
海河东路隧道建国道段	6月10日完成土建结构，7月10日完成地面道路(含三经路)，7月20日完成U型槽辅道
五经路隧道进步道口	6月15日完成主体结构，7月15完成地面道路
五经路隧道建国道口	6月25日完成主体结构，7月25完成地面道路
主副广场设备安装	6月25日完成安装，7月20日完成二级节点联调和运营演练，具备使用条件
世纪钟环岛道路	7月10日完成面层施工

8.6 子项工程级进度管理体系

8.6.1 子项工程级进度管理理念

天津站综合交通枢纽工程的第三级进度管理是面向各单项子工程的进度管理,这一级的进度计划由施工方根据本工程的总体计划进行编制,由于本工程工期时间紧,为保证按时完工,在制定这一级的施工进度计划时,遵循快速跟进的指导思想。本级的进度计划由监理方负责审批,及在施工过程中的跟踪和控制工作,对子工程施工的进度情况进行分析,在施工进度出现问题时指导施工方采取相应的措施来解决工期落后的问题,通常方法有调整工序顺序的快速跟进法和压缩工序所需时间的赶进度法等。

1. 快速跟进法

通过同时执行按先后顺序进行的阶段或活动,使各阶段或活动有同时进行的重叠部分,从而加快整个工程的进度。施工方依据快速跟进法的思想制定各自的施工进度计划。由于快速跟进法的种种特点,决定了采取快速跟进法时需要注意以下几点:

(1)需要进行严格的论证,以避免或减少返工和变更;

(2)由于快速跟进法会增加资源的消耗强度,因此需要考虑资源约束并对资源安排进行调整;

(3)在实施快速跟进时,会有多个工序或任务同时进行,往往会出现施工干扰,必须做好协调工作;

(4)做好各阶段的信息管理和交流工作,尤其是后续工序对前期工序的信息反馈,例如施工过程中所发现的问题要及时反映给设计单位,给工程设计提供有利信息。

2. 赶进度法

赶进度法指通过对费用和进度进行权衡,确定如何在尽量少增加费用的前提下最大限度地缩短工程所需时间,或采用有效的技术手段,改变施工顺序,达到压缩工程工期的目的。施工方为了能缩短工程施工所需的时间所采取的措施主要有:

(1)延长每天的施工时间;

(2)增加所需资源如劳动力、施工机械的数量;

(3)采用先进的施工技术等。

但采取赶进度方法时,需要正确选择进行赶进度作业的工序或任务,只有在对关键工序或任务上压缩其持续时间才会对整个工程的进度有贡献。

8.6.2 子项工程级进度管理流程

通过控制流程,将施工单位进度实施与建设单位、监理单位的进度目标相结合,注重沟通与审核,在自身系统管理的基层上,建立业主、监理方的审核机制,确保工程进度并且通过业主、设计、监理及其他参建单位的密切配合,力争满足施工进度并尽量缩短工期。

子项工程的进度管理流程如图 8-11 所示。

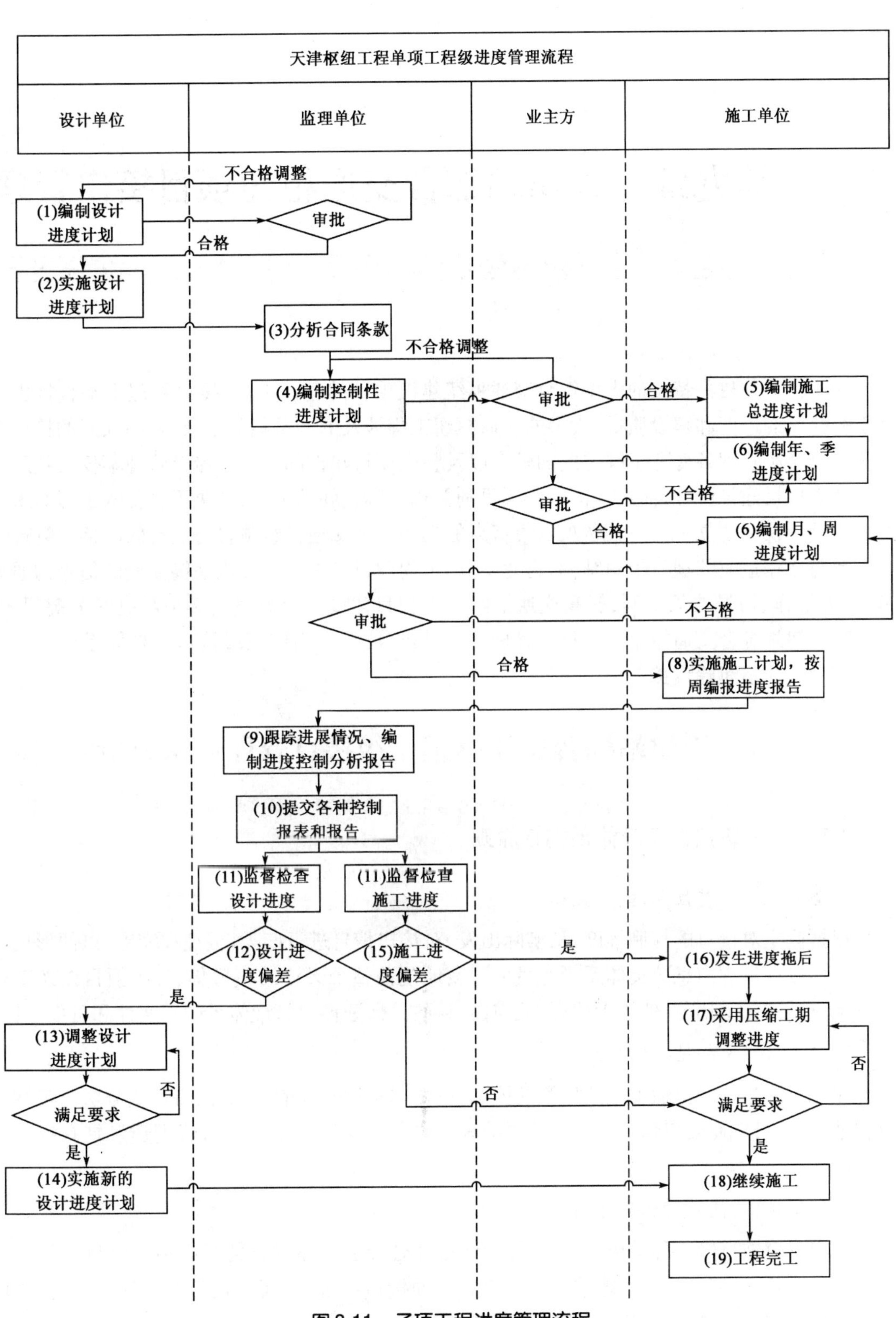

图 8-11　子项工程进度管理流程

第九章　天津站综合交通枢纽项目接口管理

对于具有项目集特点的大型综合交通枢纽建设项目的建设来说，接口管理水平直接影响到工程建设的进度和建设质量，大型的交通枢纽工程涉及的利益相关方众多，相互间的接口管理不当也会影响到各专业工程之间的配合以及整个项目建设的工期。接口管理不仅要熟悉工程的各子项目建设流程，而且要协调好项目利益相关者之间的关系，解决不必要的工程纠纷导致的工期延误。建立一套对具备项目集特点的大型综合交通枢纽项目行之有效的接口管理体系以及与之相适应的项目组织结构，为业主方、工程项目各参与方提供通畅便捷的信息沟通渠道、业务协作、协调决策机制，提高交通枢纽工程项目建设综合效益是必须解决的关键问题。本文就天津站综合交通枢纽建设接口管理体系进行分析，提出用三级接口管理体系对整个天津站综合交通枢纽建设接口进行管理。

9.1　天津站综合交通枢纽三级接口管理体系分析

9.1.1　三级接口管理体系构建原则

1. 全面性与完整性相结合的原则

根据业主对接口的控制程度，从实际出发，对接口信息进行归类、整理和完善，以便形成一个完整的接口管理信息分类体系。并最大限度地覆盖整个天津站项目集、各子项目以及工程的各个方面和各个环节，使之无遗漏、无空白，目的是保证接口管理体系的真实性和可借鉴性。

2. 定性与定量相结合的原则

建立天津站综合交通枢纽接口管理体系，应考虑接口管理的特殊性，将定量分析与定性分析相结合，尽可能使接口信息对工程的影响采取量化。保证提出的接口管理建议具有针对性和典型性。

3. 简化接口，便于管理的原则

工程建设项目接口种类繁多，尤其像天津站综合交通枢纽这样的具有项目集特点的大型建设项目，不同的划分标准可能造成不同或更多的接口出现，从而导致管理混乱。因此，本篇广义的接口构建，以简化接口、便于管理为基本原则。

9.1.2　三级接口管理体系划分

由于天津站综合交通枢纽建设项目接口复杂、建设规模大、子项目多,无法按常规的接口管理分类方法来进行归类管理，通过对业主对接口控制程度和接口对项目的影响两方面进行矩阵分析发现,天津站建设项目接口管理系统课划分为三级。如图 9-1 所示。

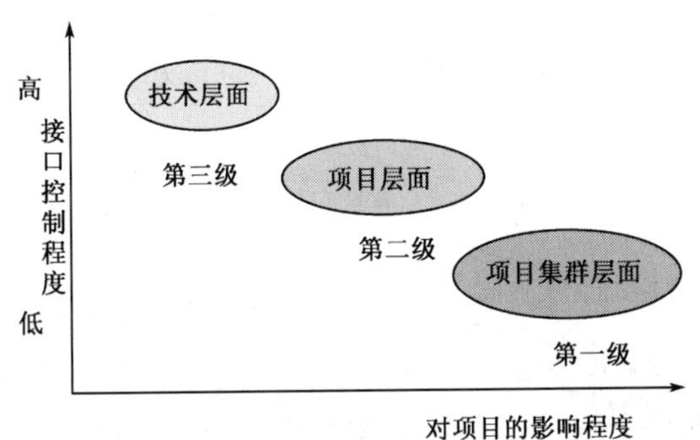

图 9-1　天津站三级接口管理层次

第一级为项目集群层面。项目集层面的接口对城投建设有限公司而言,信息属于非协调层面,强制性的,只能执行。主要包括政府、投资人、奥组委、银行等。此层面的接口管理主要是对项目集群利益相关者进行协调,保证信息的顺畅,获取更多的支持。

第二级为项目层面。该层面属于协调和半控制层面,主要是对项目参与具体建设的各方进行鼓励和控制,包括施工方、设计方、监理方、咨询方、供应商、设备商等。以及对项目具体建设外围,但对项目的建设起着监督、支持作用间接参与方进行协调,保证工程的顺利进展。主要包括政府部门(规划部门、建委、质检站、消防部门)、人防部门、周边居民、周边工程、民间组织、新闻媒体等。该层面的接口管理主要内容是通过对各方的协调和控制保证项目的按质、顺利开展建设。

第三级为技术层面。该层面属于控制层面,对于此层面的接口管理,只要严格按照技术规范要求,此层面的接口管理对于城投建设有限公司来说,属于绝对控制层面。主要包括土建接口和专业系统接口。此层面的接口管理内容主要对技术接口的控制和管理,保证工程质量,以及各项功能的圆满实现。

9.2　项目集层面接口管理

在功能规划上,为了达到天津站项目建设上的各个子项功能完全互补,实现了众多交通运输形式的“零换乘”,并且天津站项目是一项涉及多个项目、多个投资方、多个设备系统,而且各项目之间、各项目的设备子系统与枢纽系统之间又必须互相协调、紧密配合的项目集,为使各项目间能够密切配合,所涉及的功能和要求得到充分保证,必须建立有效的接口管理体系 。

9.2.1　项目集层面接口识别

项目集层面的接口识别就是项目集层面的利益项目者识别,也是对关键利益相关者的识别。根据利益相关者理论我们知道利益相关者是对组织及组织运营的环境的成功具有既定利益的个人或集体。工程项目的利益相关者，主要是指对工程项目及项目运营环境的成功具有既定利益的组织或个人。关键利益项目者就是对项目的进展、功能等能起着决定性影响的组织或个人。

天津站综合交通枢纽设计方案是集普速铁路、京津城际轨道交通、津秦客运专线、地下直径线、城市轨道交通、公共交通以及其他交通方式为一体的大型综合交通枢纽，是目前国内最大且复杂的综合交通枢纽之一，涉及十几个工程子项目，几十个专业，功能复杂，自然接口复杂、繁多，如图 9-2 所示。

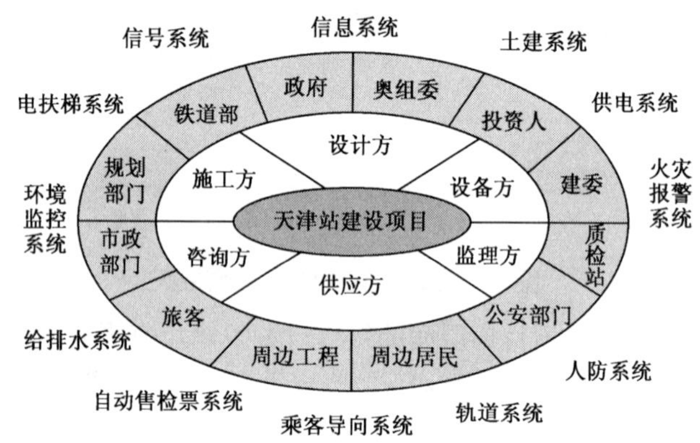

图 9-2　天津站项目集层面的接口识别

从天津站项目的重要性来看，作为天津市的重要形象门户，天津站综合交通枢纽建设项目被纳入天津市“十一五”期间的重点项目。从建设时间跨度上，天津市作为 2008 年奥运会足球比赛的分会场之一，天津站在奥运会期间必须为铁路天津站客流提供必要的进出站条件和优美的地面景观。因此协调好政府和奥组委之间的接口关系，保证信息的通畅和及时，成为接口的一类。

从天津站交通枢纽建设项目代建方的组建过程来看，该项目由天津城投集团、天津地铁总公司、天津津滨轻轨有限公司、铁道部、市财政、海河公司和管网公司共同出资建设。各投资人之间的利益如何协调，成为天津城投建设有限公司的一类重要接口。

从项目本身复杂的程度上来看，天津站作为规划中的大型综合交通枢纽，集普速铁路、京津城际高速铁路、城市轨道交通、公交和周边市政道路功能于一体。实现功能之多，涉及专业之复杂。因此各专业之间配合成为接口的一类。

从项目所在地来看，天津站建设项目以前后广场为核心，集中在东至李公楼立交桥，西至五经路，南至海河，北至新开路区域范围内。正处城市繁华地区，拆迁工程巨大、道路交通复杂、能使用到的面积狭小、周边高层建筑多、在建项目多，如何处理项目与项目周边的关系成为接口的一类。

项目集层面是将天津站综合交通枢纽建设项目的各个子项目，如拆迁工程、轨道换乘中心、海河东路地道及主广场地下工程等看成一个整体，作为一个层面。项目集层面接口管理主要是对项目集层面的利益相关者进行分析，通过分析他们对天津站综合交通枢纽建设项目利益诉求，提出如何系统管理天津站综合交通枢纽与各项目集层面的利益项目者之间的关系。结合实际本文将天津站综合交通枢纽建设项目的关键利益相关者分为政府、奥组委、铁道部、银行、城投建设集团、使用者，如图9-3所示。

不同利益对天津站综合交通枢纽建设项目有不同的利益需求，对项目的影响不同。因此，项目集群层面的接口管理的重点是对关键利益相关者的管理。

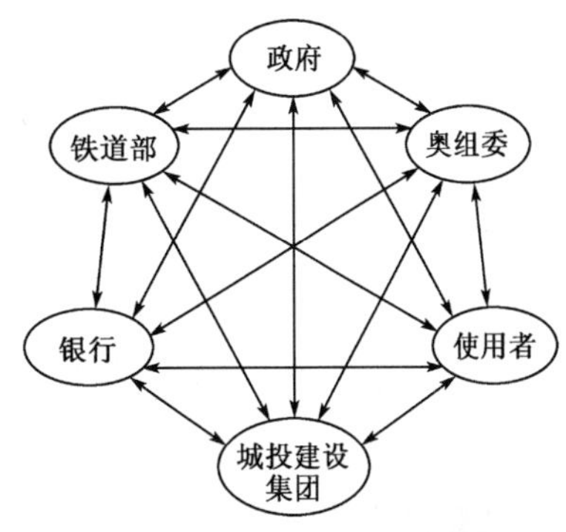

图9-3 天津站建设项目关键利益相关者

9.2.2 项目集层面接口管理对策

天津站众多、复杂的利益相关者，需求不一、要求不同。通过对项目集层面的利益相关者需求进行分析，得到各利益相关者对项目的利益诉求，天津城投建设有限公司对不同利益项目者采取了接口管理对策和信息沟通工具。如表9-1所示。

接口管理对策和信息沟通工具 表9-1

利益方	接口工具	内容
政府	工作汇报	项目进展、安全控制情况
奥组委	进度汇报	项目进度情况等
城投集团	集团汇报	投资情况、进度调整措施等
银行	资金使用情况汇报	资金使用情况、固定资产形成情况等
使用者	新闻发布	项目进度、项目功能、周边影响情况等

1. 工作汇报

定期进行工作汇报，使整个分项目的进度得以加快。工作汇报还包括承包商的项目进度计划、质量标准集质量检测手段、承包商的人力资源及设备投入情况。

2. 进度汇报

进度汇报主要包括施工进度报告、工程质量定期验收。承包商根据工作分解结构绘制工程网络图或甘特图，比较进度计划与实际的偏差，并及时的纠正调整，对关键路线进行实时跟踪与监控。在保证工程质量的前提下，最大限度的缩短工期，降低项目成本。

3. 集团汇报

向项目建设公司汇报工程进度，资源的利用状况和成本控制方面的问题，及时的采取相关措施调整进度。

9.2.3 项目集层面接口管理信息流程

天津站建设项目利益相关者（城投建设有限公司、政府、投资人、奥组委、铁道部、银行）之间存在相互影响的关系，图9-4是在对接口管理提供对策的基础上制定的有关接口管理的信息流程示意图。

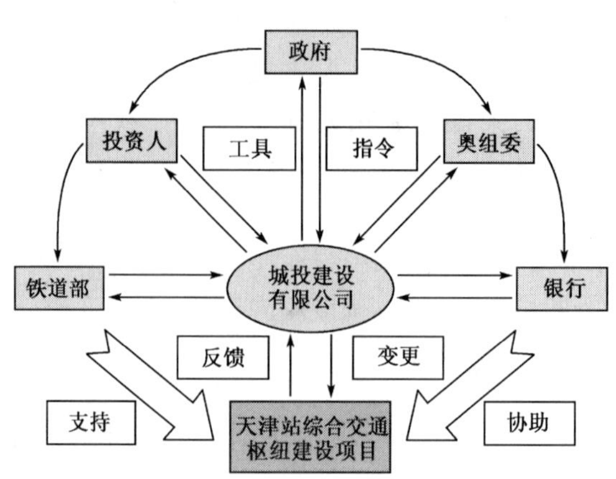

图 9-4　接口管理的信息流程示意图

9.2.4　项目集层面接口管理案例

项目集层面接口管理其实质是项目关键利益相关者的需求管理和信息管理。下面以城投建设与奥组委之间的接口管理为例说明天津城投集团如何保证与奥组委之间的信息沟通，满足奥组委对天津站项目的进度需求。

1. 制定奥运会工程进度安排

根据奥组委对天津站综合交通枢纽的需要，以及预测京津城际开通后，对天津站的建设项目的影响，制定了“天津站综合交通枢纽奥运会工程进度控制计划”，并上报奥组委。如图 9-5、图 9-6 所示。

图 9-5　天津站综合交通枢纽迎奥运工程计划(前广场)

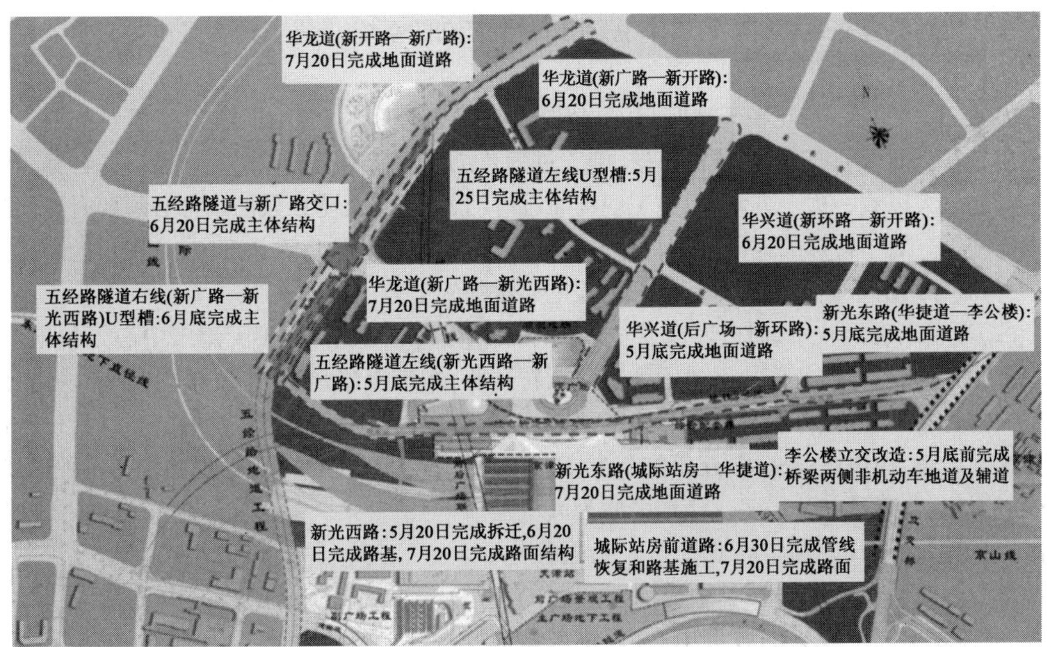

图9-6 天津站综合交通枢纽工程迎奥运工程计划(周边路网)

2. 制定奥运工程责任制

为保证奥运工程计划顺利开展,并最终满足奥组委对天津站综合交通枢纽工程的进度需求,天津城投建设集团制定了奥运工程责任制度,有项目总工程师牵头工程部、各子项工程现场指挥部,对奥运工程涉及的各子项工程的承包商加以严格的进度控制,同时有公司副总经理牵头财务部,对所需资金、物资等进行优先调配,确保奥运工程按时完工交付。

3. 定期进展汇报

在奥运工程实施过程中,根据各子项工程上报进展情况,以及存在的问题,进行分析,提出解决方案和应对措施。并定期上报给奥组委,获得奥组委的对工程进展的建议和指令。最后汇总、部署、实施。

9.3 项目层面的接口管理

项目层面的接口管理主要是对项目具体参与的各方进行协调和控制,以及对项目具体建设外围,但对项目的建设起着监督、支持作用的间接参与方进行协调。项目参与方是工程建设的主体,在项目整个生命周期,业主在达到项目目标的基础上充当着对项目参与各方协调者、控制的角色,如何协调好参与方之间的冲突和利益是项目层面接口管理的核心。

9.3.1 天津站项目层面接口识别

一般工程建设项目的项目层面接口管理比较简单,因为涉及的各方比较少、关系简单,

但对于天津站综合交通枢纽项目集来说,就是一个复杂的系统工程,其原因是由项目本身特点决定的:

(1)工程难度大,特点在于地基超深,超跨度,软质地基。天津站枢纽工程规划范围内地下土质属软土质,不利于深基坑的开挖,施工过程若组织不恰当会造成严重后果。如各标段地基沉降差太大以致一边土方倾塌,施工现场靠近海河,地下水沉降以及防水都必须要有专门的技术措施等。对于特殊的地段采用特殊的施工方法,如与城际站房重叠部位,采用盖挖逆作法施工;与城际站房重叠部位西侧基坑采用盖挖逆做的施工方法。

(2)项目所在地狭窄,周边环境复杂。天津站地处海河东岸,位于天津市中心繁华地带,西、南两面由海河环抱。该地区范围为东北至新开路,东南至华昌道、李公楼立交、赤峰道,西南至大沽北路、五经路、进步道,西北至华龙道、民族路,该范围为天津市区的几何中心,位于市中心繁华地段,周边商业密集,建筑物众多,毗邻海河。天津站地区的用地现状包括多种形式,其中以居住、公建及办公居多。该地区原为高级住宅区,解放后独立式的住宅转化为多户杂居住宅。天津市中心城区结构形态呈单中心圈层放射的特点,同时体现出高度聚集的城市中心,近年来该地区建设了部分高层写字楼,使得该项目的周边环境相当复杂。

(3)项目参与方多。由于该项目涉及范围广泛,工程庞大,项目建设过程中相互间的协调问题有待于解决。天津站大型交通枢纽建设工程参与方涉及:天津市政府、地铁总公司、津滨轻轨公司、铁道部、市财政、天津管网集团、铁道第三勘察设计院、天津市建筑设计院、中铁十六局、天津三建、中原监理。如图9-7所示。

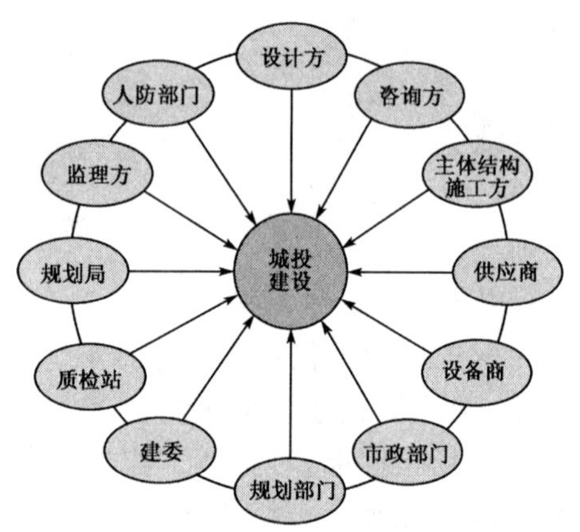

图9-7 天津站综合交通枢纽工程项目参与各方

9.3.2 项目参与方之间关系

天津站综合交通枢纽建设项目利益相关者之间的关系,主要是城投建设、设计方、监理方、咨询方、主体结构施工方、机电设备安装方、供应商、人防部门、规划局、质检站、建委、市政部门的关系。下面对部分项目参与方相互间的关系进行简单的分析:

1.城投建设与铁三院的关系

铁三院对工程变更进行审查,负责特殊情况下工程变更处理,参加天津城投建设有限公司组织的工程变更的技术经济评审,提出设计方意见;按变更设计通知的要求,按时完成变更设计图纸及工程数量表;向建设公司发送工程变更设计文件。对工程变更的总体原则和方案实施的技术可行性负责,并负责变更设计的总体审定。铁三院对城投建设集团负责,主要是按时交付设计图纸,组织设计图纸交底会议,对关键施工技术环节进行交底,对承包商提出的有关问题进行解答。

2. 各施工方与铁三院的关系

施工方根据设计图纸，在规定的工期内实施现场施工，保证质量、工期，做好施工材料和施工机械进场检验工作；编制施工方案和施工计划并报业主审核；上报施工技术人员资质证明；上报施工机械进场情况、做好安全文明施工准备工作，并上报有关部门备案。各施工方所有的施工均是按照铁三院的设计思路及设计内容进行施工。各施工方要能正确理解铁三院的设计内容，进行正确的施工。铁三院为各施工方提供依据，进行必要的设计说明，以便各施工方能进行正确的施工，达到天津站项目的总体目标。

3. 各施工方的关系

各个施工方在施工阶段中需要合理的协调，以确保各个不同标段能够顺利的衔接，在施工过程中，各个施工方是合作制约的关系。各分包商做好相互配合、合作、制约，积极参加监理组织的工程变更初审和天津城投建设有限公司组织的技术经济评审，以及特殊情况下工程变更处理，提出承包方意见并提供施工预算；按《工程变更令》及工程变更设计文件的要求，负责工程变更的施工，建立工程变更台账。

4. 主体结构施工方与机电安装方的关系

先施工的结构施工方为机电安装方做好预留预埋，并提供工作面，但因为预留预埋和施工工作面对机电安装方形成制约。合理安排主体结构与机电安装的接口搭接的施工顺序。主体结构施工方与机电安装方的关系为合作与制约的关系。

5. 周边居民与城投建设的关系

天津站建设工程项目地处市中心，周边高层建筑多、社区多，降水、土方开挖施工可能给周边高层建筑带来不均匀沉降；工程施工为周边居民生活、出行、周边环境带来不利影响。因此，城投建设有限公司需要与周边居民处理良好的关系，确保工程顺利进展。

9.3.3　城投建设项目层面接口管理对策

1. 强化合同网络关系

一个庞大的系统工程，可以说是由各种各样的合同组合而成。合同除了是一种法律文件外，也是一套解难题的准绳。而合同关系则是项目内部各方的行为的指导。合同关系分为两种，直接合同关系和间接合同关系。各种不同的合同关系形成一套合同关系网络。各方按照合同关系网络为指导完成各自的任务。天津站建设项目合同网络关系如图 9-8 所示。

城投建设有限公司通过强化合同关系，明确接口部位任务以及各参与方的关系，制定接口管理的基本原则，很好地简化了各方关系接口。

2. 建立接口管理流程

在实际工程中，接口部位由于涉及的参与方众多，不确定性因素也多，导致接口部位容易发生变更，为了便于管理接口部位的变更，城投建设建立了接口管理流程图。如图 9-9 所示。

指定供应商
指定分包商
供货合同
施工合同
业主
勘察设计合同
咨询监理合同
勘察设计
咨询监理
承包商
虚线表示：
间接合同关系
供货合同
施工合同
供应单位
分包商

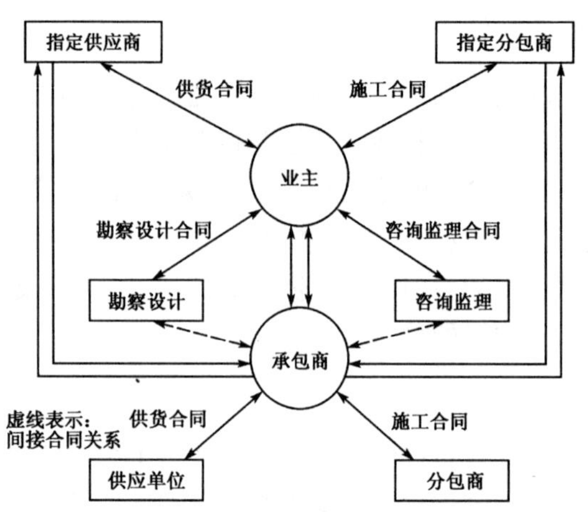

图 9-8　天津站建设项目合同网络关系

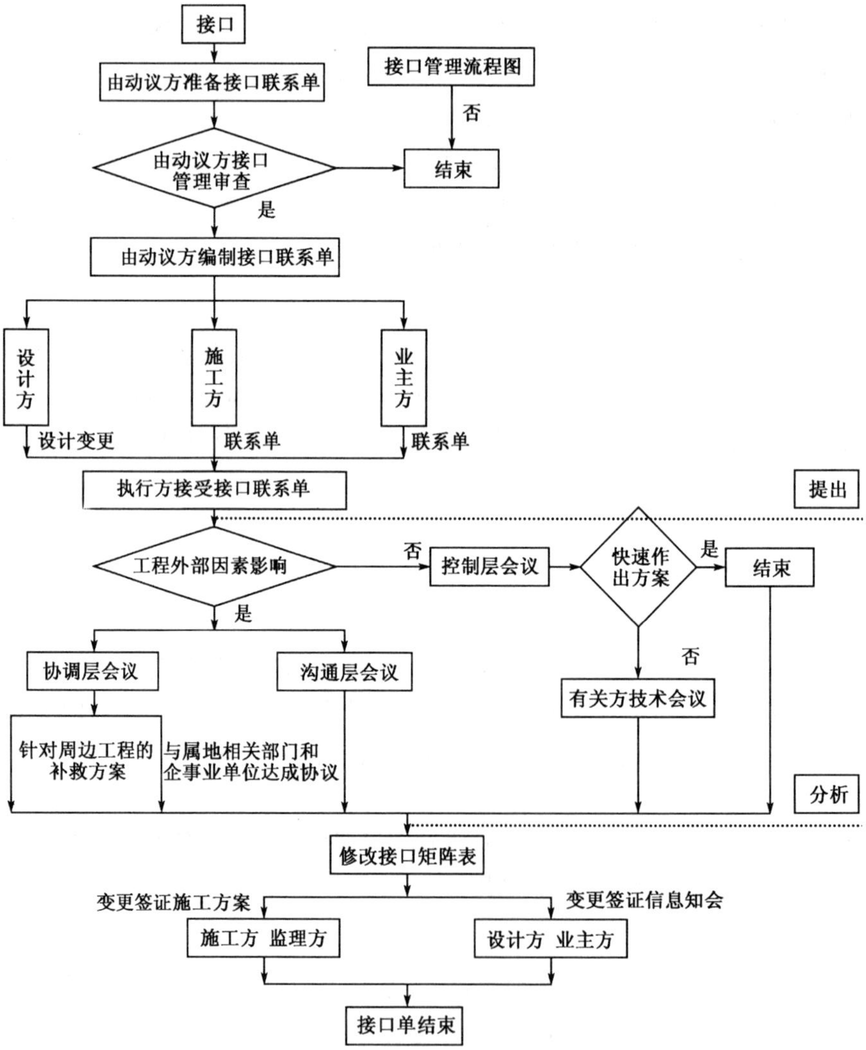

接口
由动议方准备接口联系单
接口管理流程图
否
由动议方接口
管理审查
结束
是
由动议方编制接口联系单
设计方
施工方
业主方
设计变更
联系单
联系单
执行方接受接口联系单
提出
工程外部因素影响
否
控制层会议
快速作
出方案
是
结束
是
否
协调层会议
沟通层会议
有关方技术会议
针对周边工程的
补救方案
与属地相关部门和
企事业单位达成协议
分析
修改接口矩阵表
变更签证施工方案
变更签证信息知会
施工方 监理方
设计方 业主方
接口单结束

图 9-9　天津站建设项目接口管理流程

3. 组织结构合理化,责任明确化

城投建设作为天津站项目的建设方,其组织结构和职能是否合理关乎项目建设后续工作,对于处在项目层面上的城投建设有限公司来说,一个合理的组织结构和明确的分工,以及责任的明确对整个项目的顺利进展具有重要意义。以天津站轨道换乘中心工程为例进行说明。

1)轨道换乘中心工程组织结构

轨道换乘中心工程组织结构如下图9-10所示。

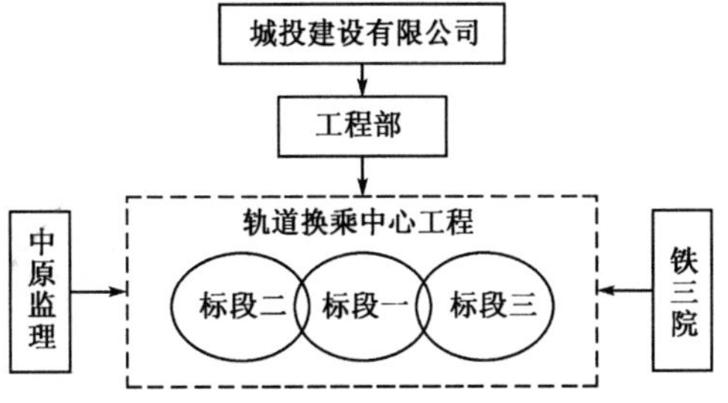

图9-10　轨道换乘中心工程组织结构

2)各方职责

业主:①确定工程接口参与各方的职责;②合同确认各承包商的重要接口任务;③批准接口管理程序;④对重大接口问题进行决策指挥;⑤审批涉及接口问题的重要设计变更;⑥处理外部接口。

监理方:①制定接口管理程序;②实施工程接口管理的日常协调、管理;③负责督促、监控工程接口的实施;④负责审查并向业主申报工程接口实施过程中的设计变更。

承包商:①提出所负责的系统或工程的接口任务;②执行工程接口管理监理传达的各项工程接口方面的指令;③负责工程接口任务。

设计单位:①开列接口控制点明细表,并专门制定接口设计质量保证措施、实施细则交设计监理或业主;②按阶段汇报控制动态,在会审施工图及设计交底过程,重点部分应详细,明确交底。

工程指挥部:①组织各方参与编制接口管理文件;②制定各接口参与单位的分工和职责;③组织各监理单位监督、检查接口任务的实施;④制定接口验收标准并组织接口质量验收;⑤监督接口管理整体实施进度。

3)优势

轨道换乘中心工程的组织结构的建立相对传统工程具有明显的优势。由于轨道换乘中心工程分成三个标段,分别有不同的三家主体结构施工单位施工。但三个标段紧密相连,都是地铁2、3、9号地铁线穿过的地方。因此采用一个设计方和一个监理方,大部分轨道换成中心内部的接口协调工作都有监理和设计方来内部协调处理,工程部只需要负责工程外部接口即可,大大缓解了城投建设有限公司的协调工作压力,提高工作效率。

9.4　技术层面的接口管理

主要指工程技术层面的接口管理,此层面的接口管理对工程质量达标、项目功能的实现具有重要意义,主要包括土建接口管理和专业系统接口的管理。技术层面接口管理的内容首先是研究各种技术,然后是对各种进行关联分析,从而确定接口部位、接口载体、接口内容。最后对控制技术接口制定控制点和控制标准,保证系统之间成功对接。

技术接口主要在设计阶段进行重点研究,在第五章中已有描述。

9.4.1　项目技术层面接口识别

大型综合交通枢纽一般设计到的专业繁多、复杂,且专业与专业之间相互交错,因此,技术层面的接口管理一直是综合交通枢纽建设项目成功的关键。特别是土建接口、设备接口(设备安装、联调),以及土建与设备的接口,以下是对天津站综合交通枢纽工程接口示意图9-11。

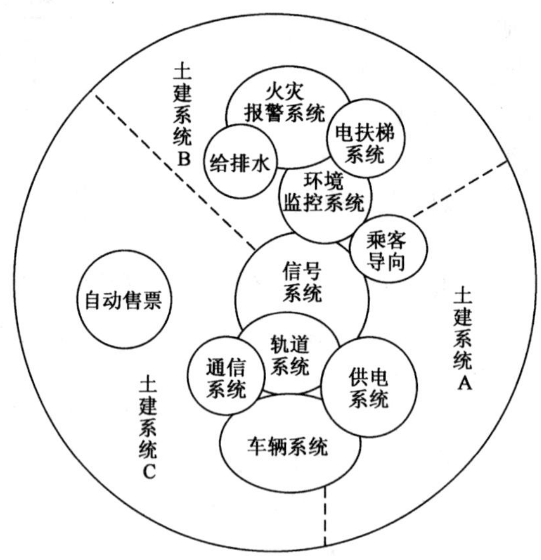

图9-11　天津站综合交通枢纽工程接口示意图

9.4.2　接口的分类

1. 接口划分原则

(1)按照各工程所属的专业进行接口划分;
(2)本着尽量减少接口、简化接口关系的原则对枢纽各子项工程进行接口划分;
(3)按照各子项工程施工的先后顺序进行划分;
(4)原则上按照各子项工程的接口位置进行划分。

2. 接口分类

天津站综合交通枢纽项目工程的接口分类如图9-12所示:

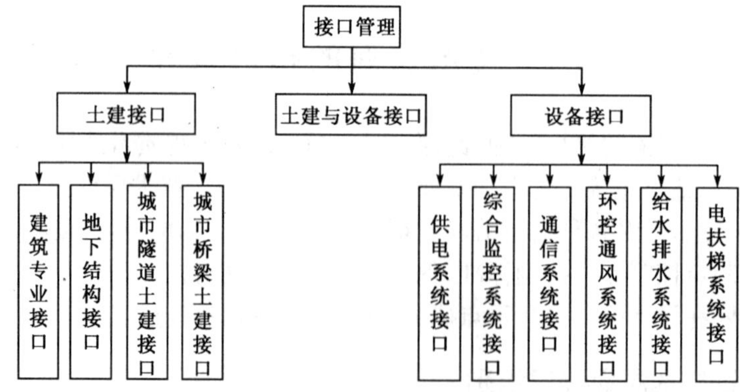

图9-12　天津站综合交通枢纽项目工程的接口分类

天津站综合交通枢纽建设工程接口主要分为土建接口、设备接口、土建与设备接口三大类。其中,土建接口分为建筑专业接口、地下结构接口、城市隧道土建接口、城市桥梁土建接口。设备接口包括供电系统接口、综合监控系统接口、通信系统接口、环控通风系统接口、给水排水系统接口、电扶梯系统接口。土建与设备接口主要是土建系统与设备系统两两交叉接口。具体技术接口及管理办法见附录3。

运营管理篇

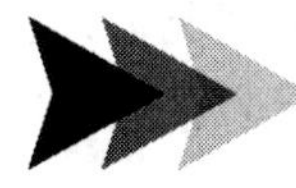

第十章　天津站综合交通枢纽运营管理公司的组建

天津站综合交通枢纽工程规划以满足枢纽的交通功能为前提,与城市的其他功能相协调,同时充分考虑到与各种交通方式的衔接关系,突出表现为“大交通流量、多种形式便捷换乘”的特点。而要实现天津站综合交通枢纽规划功能,使其建设和管理都达到国内领先、世界先进水平,无疑对枢纽正常运营管理提出了非常高的要求。

天津站综合交通枢纽工程的先进性、综合性、复杂性决定了迫切需要引入先进的管理模式和理念。从项目全生命周期管理理论出发,项目策划、项目建设和项目运营管理系统应该进行有机集成,实行“设计、建设、运营”集成管理模式。通过第二章第五节中的理论分析,天津站综合交通枢纽工程建议采取“资产所有权归投资各方,由枢纽运营管理公司统一进行项目运营管理”的管理模式实现项目全生命周期内的集成管理。

天津站综合交通枢纽组建枢纽运营管理公司以及实现公司持续经营,成为天津站综合交通枢纽工程可持续发展的关键问题。以下从枢纽运营管理公司管理的范围确定、组织机构设置等几方面进行详细阐述。

10.1　枢纽运营管理公司管理范围的确定

天津站交通枢纽工程是天津最大的综合性交通枢纽,汇集了普速铁路、京津城际铁路客运专线、地铁2、3、9(津滨轻轨)号线以及前后广场的公交中心、综合配套楼、市政工程等项目,组成多种交通方式集中换乘的特大型公共交通设施。它是由多家业主投资,涉及十余个工程子项目、几十个专业,内部系统功能复杂的庞大工程。

由于整个天津站交通枢纽范围内存在众多管理界面,界面矛盾就在所难免,而界面矛盾是组织中普遍存在的客观现象,也是界面管理的主要对象。对于天津站交通枢纽运营管理公司而言,需要在确定枢纽工程的建筑界面、设备系统界面的基础上,明确公司的具体管理范围。

10.1.1　枢纽子项工程范围界面

天津站交通枢纽工程的建筑界面是根据建筑是否具有物理边界,功能上是否独立,能否独立运营来划分的。天津站交通枢纽工程总计可以划分为10个子项目,分别为公交中心、综合配套楼、轨道交通换乘中心、35kV变电站、海河东路地道与主广场地下工程、副广场地下工程、

控制指挥中心、前后广场联系通道、景观工程、李公楼立交改造工程。

10.1.2 枢纽运营管理公司具体管理范围

对综合交通枢纽运营管理公司而言，需要在确定枢纽建设的设施范围，各类设施的分类和投资建设、运营管理主体分析后，确定运营单位的管理范围，只有在管理范围明确的情况下，运营单位才能够根据管理设施的性质设计公司的组织机构和职能。天津站交通枢纽运营管理公司的具体管理范围如图 10-1 所示。

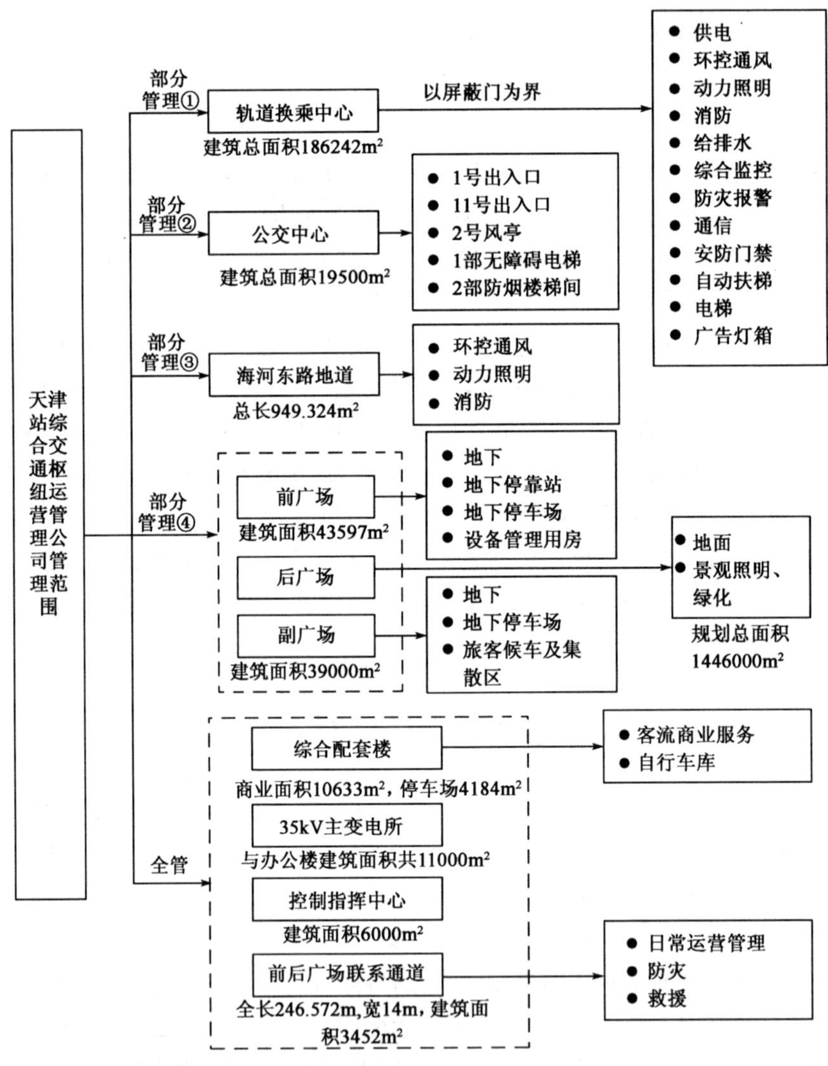

图 10-1 天津站综合交通枢纽运营管理公司管理范围

注：部分管理①——原则上只负责屏蔽门以内设施的通风、照明、监控、控制等全面管理；部分管理②——原则上只负责公交中心与轨道换乘中心相连处的监视、照明、正压送风及控制等；部分管理③——原则上只负责其环控通风、照明和消防；部分管理④——原则上只负责前、副广场地下工程的管理和前、后、副广场地面的景观照明、绿化；全管——进行监视、控制、维护、协调等全面管理。

1. 轨道换乘中心(后广场地下四层含顺驰地块)

除与各线行车相关的通信系统、AFC系统、牵引供电系统、隧道通风(TVF及U/O)系统(含相应供电及控制)、屏蔽门等由各线独立运营管理外,其余设备系统(供电、环控通风、动力照明、消防、给排水、综合监控、防灾报警、通讯、安防门禁、自动扶梯、电梯、广告灯箱)由枢纽运营管理公司统一管理。

2. 李公楼立交、五经路地道

将李公楼立交、五经路地道两项工程全部分离出去,交相关市政管理部门管理、维护,监视内容纳入智能化交通管理,由智能化交通管理系统,统一向枢纽控制中心传递信息进行监视。

3. 海河东路地道

按将主体结构、路面维护和地道排水分离划分,交由相关市政管理部门管理,其中环控通风、动力照明、消防、纳入枢纽运营管理公司管理范围。路面监视内容纳入智能化交通管理,由智能化交通管理系统,统一向枢纽控制中心传递信息进行监视。

4. 公交中心

公交中心建筑交由投资方通莎公司运营管理,但与轨道换乘中心相连的1、11号两个出入口、1组风亭、1部无障碍电梯、1部消防专用电梯、2部防烟楼梯间设置在公交中心地块内,且上述内容的监视、照明、正压送风及控制等纳入枢纽运营管理公司管理。

5. 前广场与副广场

前广场和副广场地面部分,除景观照明外全部分离出去,监视内容纳入枢纽运营管理或公安安防管理。

6. 综合配套楼

综合配套楼(含地下相应功能)由枢纽运营管理公司统一管理,由枢纽供电系统供电,其监控系统与枢纽监控系统联网。

7. 枢纽控制指挥中心

在正常工况状态下,枢纽控制指挥中心隶属于枢纽运营管理公司,其工作全面纳入枢纽运营管理公司的管理范畴。

8. 35kV主变电所

35kV主变电所包括35kV供电用户站和35kV供电公用站,其检查、监视、维护、控制等工作纳入枢纽运营管理公司统一管理。

9. 前后广场联系通道

前后广场联系通道日常的运营管理、防灾、救援等工作纳入枢纽运营管理公司统一管理。后广场地面景观照明、绿化等纳入枢纽运营管理公司统一管理。

10.2 枢纽运营管理公司组织机构设置

10.2.1 枢纽组织机构设计

按照国际设施管理协会(IFMA)最新的定义,设施管理是一种包含多种学科,综合人、地方、过程及科技以确保建筑物环境功能的专门行业。它以保持业务空间高品质的生活质量和提高投资效益为目的,以最新的技术对人类有效的生活环境进行规划、整合和维护管理,它将物质的工作场所与人和机构的工作任务结合起来。尽管国外的设施管理行业发展迅速,但至今仍没有通用的设施管理理论体系,这可能和设施管理是门实践性很强的学科有关。设施管理的理论框架如图 10-2 所示。

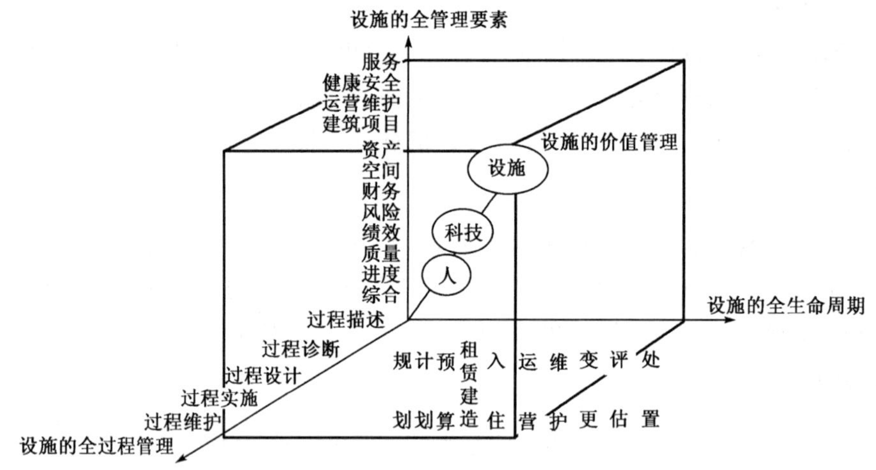

图 10-2 设施管理理论框架

天津站交通枢纽运营管理公司的组织机构设计,需要从全生命周期设施管理的理论出发,从设施的全生命周期角度来分析天津站枢纽公司运营业务和相关设施增值的渠道,确定以业务定组织机构和相应的管理内容、管理职能,具体见表 10-1 所示。

其中,天津站枢纽控制指挥中心综合考虑正常状态和紧急情况下的功能,不同状态下与枢纽运营管理公司所处的关系有所不同。

运营管理公司组织机构设置 表 10-1

成立的理论依据		相应的组织机构设置	管理职能
设施全生命周期理论	设施的全管理要素		
规划、计划、预算、运营、维护、变更、评估、处置	质量、进度控制等	设备规划科(建设期作为设备规划部)	负责设施的整体管理规划、设施采购、设施运行过程中的维护计划等
	运营、维护	综合运营维护科	负责供电设备类、机电设备类和自动化设备类等系统设备的养护维修
	资产	资产管理运作科	负责资产的保值、增值业务,设施的变更、评估和处置
		商业设施开发科	负责商铺的招租、管理
		广告科	负责广告位、停车位的招租、管理

续上表

成立的理论依据		相应的组织机构设置	管理职能
设施全生命周期理论	设施的全管理要素		
规划、计划、预算、运营、维护、变更、评估、处置	财务	财务部	负责对内的会计核算、预算分析和对外的成本清算
	绩效	人力资源部	负责人员的招聘选拔、绩效评估、员工培训等
	安全管理	控制指挥中心（正常状态下）	分设中央控制室和二级结点控制室，实现对枢纽区域的监视、设备控制、乘客资讯的发布、协调和管理工作
		控制指挥中心（灾害状态下）	灾害状态下对天津站枢纽工程及各线、协助有关部门进行统一指挥和协调
	综合管理、风险	风险科	对日常信息进行及时分析，制定风险管理计划，及时进行风险控制
	服务	物业管理部	负责枢纽房屋及其他建筑物类的巡检、日常设施、公共设施的维修以及日常设备使用、卫生、保安等工作
	综合管理	办公室	负责文秘、机要、保密、公关、党群，监管汽车班、档案库

10.2.2　枢纽组织机构设计及岗位确定

1. 领导班子组成

由天津市城投建设公司主管领导兼任运营管理公司执行董事、书记。运营公司设总经理1人，副经理3人。

2. 各部门岗位数量及定员

根据各部门管辖对象和业务量的大小，各部门、科室的岗位设置如表10-2所示。

各部门岗位设置和定员数预测　　表10-2

项目 单元科室		换乘中心	ABCD地块地下	主广场及地下工程	副广场	前后广场联系通道	其他	部门定员数	总定员人数
财务部		主任1人，员工3人						4人	173+4（领导班子定员）=177人
资源开发部	资产管理运作科	3人						9人（含主任1人）	
	商业设施开发科	3人							
	广告科	3人							

续上表

单元科室 \ 项目		换乘中心	ABCD地块地下	主广场及地下工程	副广场	前后广场联系通道	其他	部门定员数	总定员人数
办公室		主任1人,员工3人						4人	173+4(领导班子定员)=177人
人力资源部		主任1人,员工3人						4人	
设备部	设备规划科	主任1人,员工3人						4人+48人=52人	
	综合运营管理科(三班组)	2人/班组/班		1人/班组/班	1人/班组/班	与换乘中心共用			
控制指挥中心	中央控制室	主任1人,值班主任1人/班,设备控制值班1人/班组/班						17人+48人+2人=67人	
	二级结点综合控制室	2人/班	2人/班	2人/班	2人/班	与换乘中心共用	35kV主变电所2人/班,建国道2人/班		
	风险科	2人							
物业管理部	综合管理科(主任1人)	3人/班巡检	出租车等候区、地下车库管理人员4人/班	4人/班巡检;出租车等候区、地下车库管理人员5人/班	巡检人员5人/班;地下车库管理人员2人/班	与换乘中心共用,1人/班巡检	前后广场景观巡检人员4人/班	28人(实际需27×4=108岗位,其余委托)	
	客户服务科	1人/班						4人	
	卫生保安	委托专业管理公司						—	

注:设备部综合运营管理科部分专业人员也可外聘,物业管理部综合管理科的巡检人员和管理人员定员数根据实际情况可相应调整。

10.2.3 枢纽运营管理公司内部组织机构及外部组织界面

基于上述分析,充分考虑枢纽运营管理公司在正常状态和灾害状态下的功能,综合枢纽运营管理公司与城际铁路、地铁2、3、9号线等各线运营公司以及与消防、公安、安全等各相关政府部门间的组织关系,可得出如图10-3所示的正常状态和紧急状态下枢纽运营管理公司内部组织机构关系和外部组织界面关系总示意图。

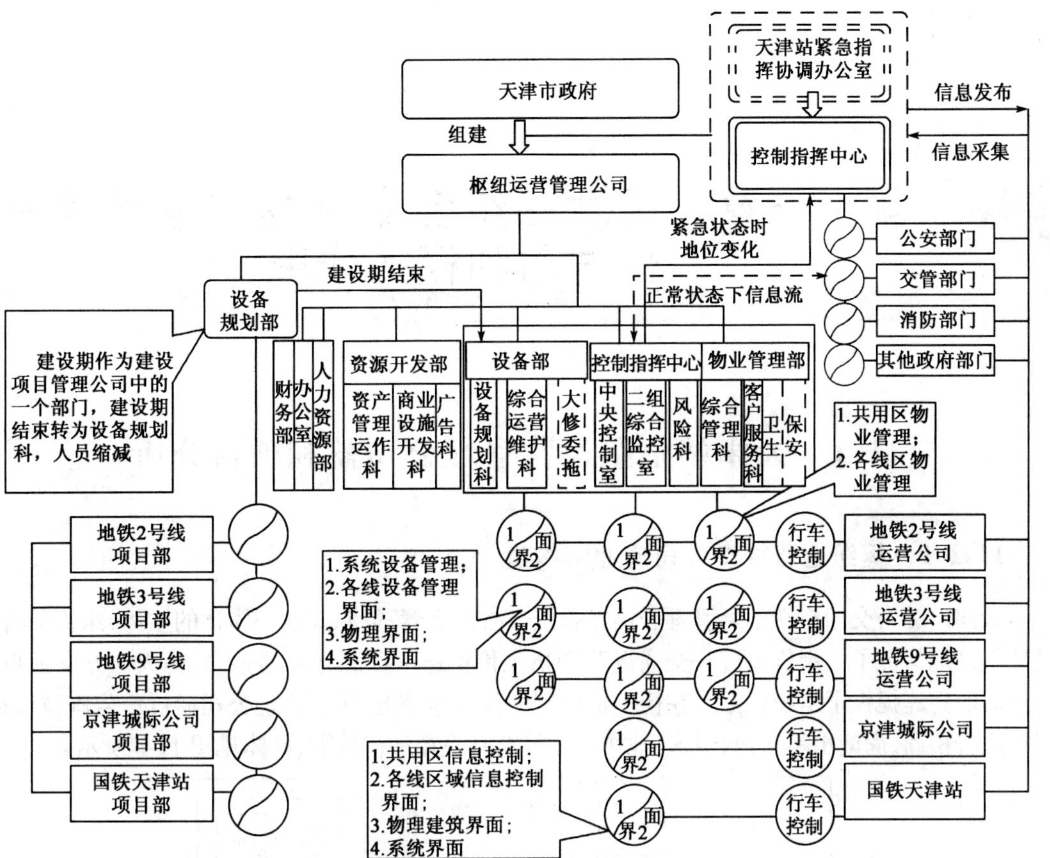

图 10-3　天津站综合交通枢纽运营管理公司内部组织机构以及外部组织界面示意图

第十一章　天津站综合交通枢纽运营管理公司盈利模式研究

11.1　天津站枢纽运营管理公司盈利项目分析

11.1.1　枢纽运营管理公司产业链构建

天津站综合交通枢纽运营管理公司是投资、建设、运营、资源开发一体化的主体，组织的有效设计很好地保证了关键价值链—交通运营和衍生价值链—资源开发的整合，为天津站交通枢纽产业链的构建提供了组织保证。在衍生价值链的盈利途径上，运营管理公司通过广告牌位出租、视频广告招商、商铺出租、公网引入、地块开发等获利途径进行挖掘，具体见图 11-1 所示。

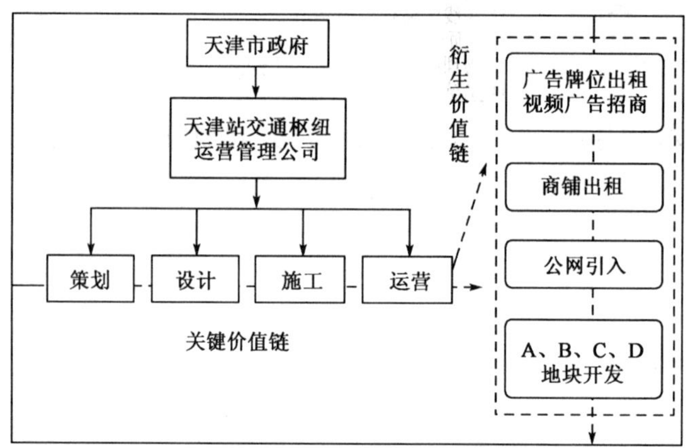

图 11-1　天津站综合交通枢纽运营管理公司产业链的构建

11.1.2　运营管理公司投资成本分摊范围确定

天津站综合交通枢纽的工程分为五类，分别为轨道换乘中心工程、商业开发工程、枢纽配套工程、市政道路与桥梁改造工程以及广场景观工程。

1. 轨道换乘中心工程

轨道换乘中心工程是本次投资建设的主体工程，地铁工程建成后，与行车有关的部分交给地铁各线运营管理，公共及配套部分由枢纽统一管理，地铁各线根据客流量，分摊枢纽运营的成本。在灾害状况时，接受枢纽协调指挥。

轨道换乘中心是天津站综合交通枢纽运营管理的主体，是枢纽运营公司管理的核心。轨道换乘中心的运营成本支出也将占整个运营公司成本的较大比例，同时该部分的运营没有明确的收益。因此，天津站综合交通枢纽管理的重点为轨道换乘中心，轨道换乘中心运营管理的难点在于地铁各线之间成本的分摊。综合分析，提出如下管理原则：

(1)广告、商业出租、停车区等方面的收入及成本由枢纽公司负责，不参与分摊；

(2)按运营管理模式各运营线路独立使用的设备设施，由各线投资，运营过程中由各线负责管理和维修；

(3)按运营管理模式应当集中设置的设备，集中投资建设，设计和建设中应当充分考虑运营中的计量方便性，从而便于运营成本的合理分摊；

(4)不能分劈的公共区域，通风、消防等系统的运营成本，可以根据各线的客流状况，共同分摊成本。

2. 商业开发工程

商业开发工程主要包括后广场的综合配套楼、公交中心。这些工程从功能上讲，具有相对独立性，因此建成以后，组建独立的实体，单独管理，独立核算。

3. 枢纽配套工程

枢纽配套工程主要包括前广场的主、副广场地下工程。配套工程也是枢纽工程组成部分，是枢纽正常运转不可缺少的有机整体。

4. 市政道路与桥梁改造工程

市政道路、桥梁改造工程包括五经路地道、海河东路地道、李公楼立交桥改造等。这些工程从其性质上看，是完全的市政配套项目，由于与枢纽建设密不可分，因此本次建设进行了统一的设计及建设。其收入和成本应参照天津相关规定划归相关市政部门。

5. 广场景观工程

广场景观工程包括前、后广场景观工程。景观工程是枢纽工程的组成部分，但同时也是天津市的景观工程，景观工程无商业收入，但每年还要投入一定的资金进行维护。

通过以上分析可以看出，枢纽实际管理并承担其成本的项目为：轨道换乘中心、海河东路地道与主广场连接处的消防和通风、主广场工程、副广场地下工程(不包括地面)、前后广场(地面照明、绿化、卫生)、前后广场联系通道。

11.2　天津站枢纽运营管理公司收支构成分析

11.2.1　收支构成分析

天津站综合交通枢纽运营管理公司的财务分析将从基本收入、支出、政府补贴等三个方面入手，构建该公司的盈利模式。运营管理公司经营的基本框架分析如图 11-2 所示。

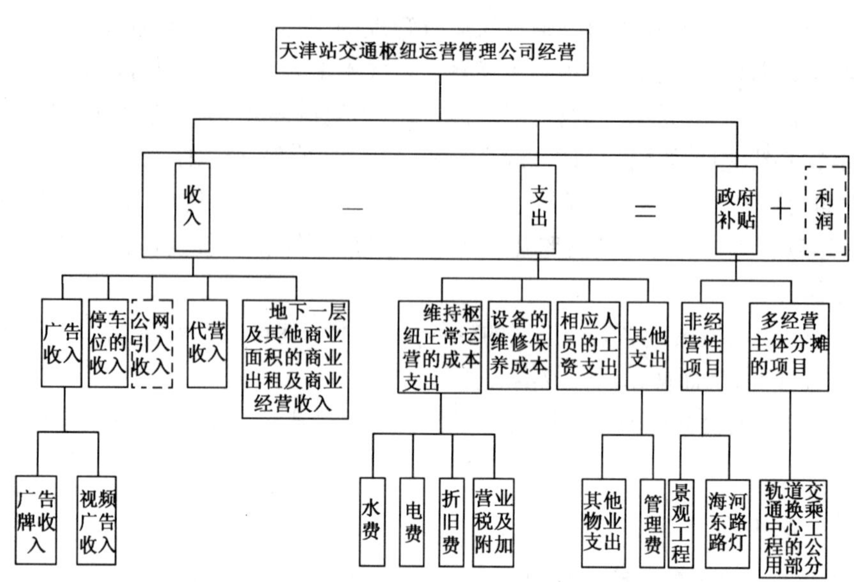

图 11-2　天津站综合交通枢纽运营管理公司收支分析框架

注:公网引入用红色虚框表示该子项至今仍在商榷中,不确定包括在收入中,利润一项用红色虚框表示此处利润为保证枢纽正常运营的最低限度。

需要特别指出的是,天津站综合交通枢纽工程是一项建设和运营成本巨大、财务周期长的工程。作为具有公益性质的产业,天津站综合交通枢纽的社会效益与经济效益不对等,其社会效益远远大于经济效益。为了维持正常的生产经营,政府有必要对其进行扶持,并给予适当的补贴,以保证运营管理公司实现持续经营。天津站综合交通枢纽运营管理公司的收入分为以下几个部分:

1. 广告收入

1)广告资源的开发形式

天津站交通枢纽广告资源的开发形式主要是综合交通枢纽站台、站厅和出入口广告牌的招商和地铁各条线的视频广告招商两种。广告区域主要分布在轨道换乘中心,包括出入口两侧墙面、地下1至3层面向公共区墙面以及地下4层轨道两侧墙面和地下通道墙面。轨道换乘中心工程的墙面面积如表11-1所示。

轨道换乘中心工程的墙面面积统计　　表11-1

分　项	面积(m^2)
出入口【包括出入口两侧墙面】	2030.3
地下一层【面向公共区墙面】	2048
地下二层【面向公共区墙面】	1036.7
地下三层【面向公共区墙面,2号线两侧式站台中柱两侧悬挂双面广告($412m^2$),9号线站台南侧站台墙面】	1576
地下四层【轨道两侧墙面$400m^2$,地下通道墙面$451m^2$】	851
总　计	$7542m^2$,屏蔽门内可做广告面积为$6730m^2$(扣除两侧式站台中柱两侧悬挂双面广告及地下通道墙面)

2）广告收入的计算依据和单价确定

天津站交通枢纽广告收入的计算依据和单价确定具体见下表 11-2 和 11-3 所示。

天津站交通枢纽运营管理公司广告收入计算依据　　表 11-2

内　容		计算依据
广告收入	广告牌收入	广告牌收入 = 广告牌单价（元/m^2）× 广告牌面积（m^2）× 广告卖出率
	视频广告收入	视频广告收入 = Σ 每条线路视频广告单价（元/天·条）× 视频广告的数量（条/天）/ 每条线路的途径站台数

天津站交通枢纽运营管理公司广告收入的单价确定　　表 11-3

内　容		计算依据
广告牌单价	出入口广告单价	方案一：按上海地铁 1、4、5 号线套装价目折算 出入口单价 = 上海地铁站厅单价 × 城市化系数比值 × 出入口与站厅的客流量比例 = 1733 元/月 × 0.86 × 1.33 = 2000 元/月
		方案二：通过询问天津申远广告公司，以实际签订的广告单价为准 出入口单价 = 1000 元/月
	站台广告单价	方案一：按上海地铁 1、4、5 号线套装价目折算 站台广告单价 = 上海地铁站厅单价 × 城市化系数比值 = 1733 元/月 × 0.86 = 1500 元/月
		方案二：通过询问天津申远广告公司，以实际签订的广告单价为准 站台广告单价 = 1500 元/月
	站厅广告单价	方案一：按上海地铁 1、4、5 号线套装价目折算 站厅广告单价 = 上海地铁招商价格 × 城市化系数比值 = 1733 元/月 × 0.86 = 1500 元/月
		方案二：通过询问天津申远广告公司，以实际签订的广告单价为准 站厅广告单价 = 1000 元/月
视频广告单价		参考地铁视频广告单价 视频广告单价 = 地铁视频广告单价 = 68000 元/月·条/10 = 6800 元/月·条

注：轨道交通换乘中心工程的广告单价的确定。

择选原则：方案一参考了上海各条地铁线路的套装广告单价，但是考虑到城市化差别很难准确量度，因此方案一虽然找到了很好的标准，却由于地区差异太大，很难保证合理性；方案二通过询问天津申远广告公司，以实际签订的广告单价为参考标准设定了轨道交通地下工程的广告单价，更贴切地估算出了相应的广告单价，被认为是与实际偏差最小的方案。

择选结果：方案二出入口广告单价为 1000 元/月，展厅广告单价为 1000 元/月，站台广告单价为 1500 元/月。

3）广告客户行业分类及投放比例

广告的客户行业类型多种多样，投放比例各有不同。图 11-3 所示为广州地铁广告客户行业的类型和投放比例。天津站综合交通枢纽广告客户行业的类型和投放比例可参照广州地铁，并根据实际情况不断调整。

2. 停车位的经营收入

停车位经营收入主要是由停车位的数量和停车单价决定。

3. 商贸资源的开发

1）商贸资源的开发形式

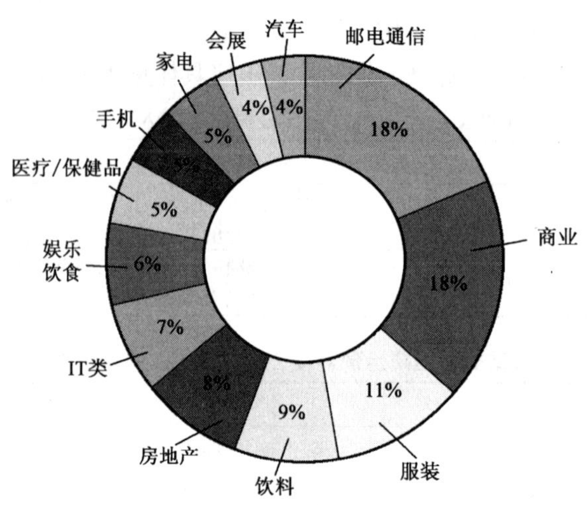

图 11-3　广州地铁广告客户行业的类型和投放比例

注:图中的投放比例数据为参照广州地铁的投放比例设定。

天津站综合交通枢纽建成后必将形成很大的集聚作用,将巨大的人流汇集在综合交通枢纽这个功能齐备的综合体内,因此综合交通枢纽内具备巨大的商机,通过出租的方式将富余面积交由商家经营是天津站交通枢纽运营管理公司商贸资源开发的主要形式。

2)商铺出租的计算依据和单价确定

(1)计算依据:商业出租收入(元/年)= 商业出租单价(元/天 · m^2)× 出租面积(m^2)× 365 × 当年平均商铺出租比率。

(2)单价确定:通过调查上海徐家汇地下书店租金、天津写字楼的租金、金耀广场 4 楼招商的租金,商业出租单价 =2 元/天 · m^2。

3)商铺租赁的行业分类及租赁面积比例

商铺租赁的行业类型多种多样,其租赁面积比例各有不同,图 11-4 所示为广州地铁商铺租赁行业类型和租赁面积比例。天津站综合交通枢纽商铺租赁行业类型和租赁面积比例可参照广州地铁,并根据实际情况不断调整。

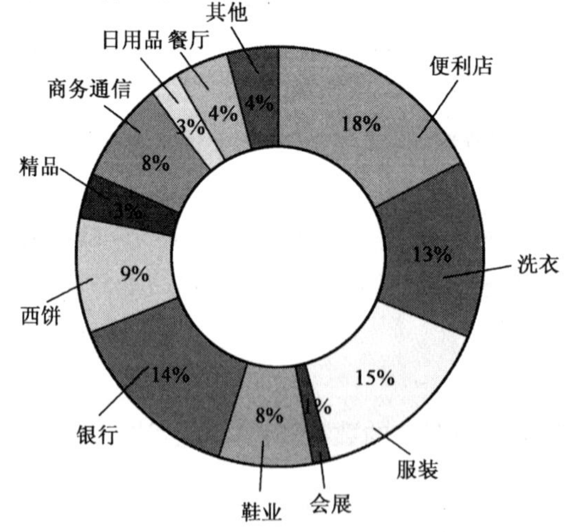

图 11-4　商铺租赁的行业分类及租赁面积比例

4. 代管收入

代管收入是由地铁 2、3、9 号线每年上交给天津站综合交通枢纽运营管理公司的固定收入。

5. 政府给予的行政补贴

政府给予的行政补贴包括下面两种形式：

(1)财政资助；

(2)扶持和优惠政策。

运营管理公司的支出包括以下几个部分：

(1)维持枢纽运营正常运转的成本支出；

(2)相应的人员工资支出；

(3)设备的维护维修保养成本等。

综上，天津站交通运营管理公司具体的收支构成内容及计算依据如表 11-4 所示，其收支项目的详细阐述及财务分析见附表。

天津站综合交通枢纽运营管理公司具体收支构成表　　表 11-4

<table>
<tr><th>项　目
财务分析</th><th colspan="2">内　容</th><th>计 算 依 据</th></tr>
<tr><td rowspan="6">收入</td><td rowspan="2">广告收入</td><td>广告牌收入</td><td>广告牌收入 = 广告牌单价(元/m^2) × 广告牌面积(m^2) × 广告卖出率</td></tr>
<tr><td>视频广告收入</td><td>视频广告收入 = ∑每条线路视频广告单价(元/天・条) × 视频广告的数量(条/天)/每条线路的途经站台数</td></tr>
<tr><td colspan="2">停车位收入</td><td>停车位的经营收入(元/年) = 停车位单价(元/天) × 停车位 × 利用率 × 周转率 × 365</td></tr>
<tr><td colspan="2">公网引入收入</td><td>公网引入收入经协商确定一个固定的数额(万元/年)</td></tr>
<tr><td colspan="2">商业出租及
商业经营收入</td><td>商业出租收入(元/年) = 商业出租单价(元/天・m^2) × 出租面积(m^2) × 365 × 当年平均商铺出租比率</td></tr>
<tr><td colspan="2">代管收入</td><td>管理费经协商确定每年各线路上交固定数额的管理费　管理费 = 900 万元/年(暂定)</td></tr>
<tr><td rowspan="7">成本</td><td colspan="2">相应人员的工资支出</td><td>相应人员的工资支出 = 各级人员工资单价(万元/年) × 各级人员数量</td></tr>
<tr><td rowspan="4">枢纽维持正常
运行的成本支出</td><td>水费</td><td>水费 = 水费单价(元/t) × 使用量(t/年)</td></tr>
<tr><td>电费</td><td>电费 = 电费单价(元/kW・h) × 使用量(kW・h/年)</td></tr>
<tr><td>折旧费</td><td>一般折旧费 = 机械预算价格 × (1 − 残值率) × 时间价值系数</td></tr>
<tr><td>营业税
及附加</td><td>营业税及附加 = 营业税 + 城市建设维护税 + 堤防费、义优金、河道管理费 + 教育附加费 = 营业额 × 5.58%</td></tr>
<tr><td>设备维修
保养成本</td><td>经常修
理费</td><td>经常修理费(万元/年) = 设备投资 × 4% × 0.8%/10</td></tr>
<tr><td colspan="2">其他支出</td><td>其他支出包括管理费和其他物业支出　其他支出 = 收入 × 8%</td></tr>
<tr><td rowspan="3">政府补贴</td><td rowspan="2">非经营性项目</td><td>景观工程</td><td rowspan="2">这两个工程属于纯公益性，因此政府应该对其所有的支出给予补贴</td></tr>
<tr><td>海河东路
路灯</td></tr>
<tr><td>多经营主体
分摊项目</td><td>轨道换乘
中心工程
公用部分</td><td>由于分摊冲突造成的枢纽运营管理公司的亏损应由政府给予相应的补贴</td></tr>
</table>

11.2.2 动态分析

天津站综合交通枢纽在对公共区域管理的过程中，首先应做到高效管理、成本节约、通过广告等收益弥补成本的支出；不足的成本依据合理的标准由相应的运营单位进行分摊。

剔除公交中心、海河东路地道、李公楼立交桥、五经路地道等四个项目后，天津站综合交通枢纽运营十年间财务盈亏情况见表 11-5 和表 11-6。

天津站综合交通枢纽运营十年间财务盈亏分析表（分项目）　　表 11-5

项　目	运营期年份										合　计
	1	2	3	4	5	6	7	8	9	10	
停车收入	403.0	564.1	1208.9	2014.8	2014.8	2014.8	2014.8	2014.8	2014.8	2014.8	16279.6
商业租金	138.0	210	413.9	459.9	459.9	459.9	459.9	459.9	459.9	459.9	4001.2
广告收入	1082.3	1716.7	2985.7	3302.9	3302.9	3302.9	3302.9	3302.9	3302.9	3302.9	28905.0
公网引入	100.0	100.0	100.0	100.0	100.0	100.0	100.0	100.0	100.0	100.0	1000.0
代管收入	900.0	900.0	900.0	900.0	900.0	900.0	900.0	900.0	900.0	900.0	9000.0
收入合计	2621.3	3510.8	5608.5	6777.6	6777.6	6777.6	6777.6	6777.6	6777.6	6777.6	59185.8
设备维修费	1575.4	1575.4	1575.4	1575.4	1575.4	1575.4	1575.4	1575.4	1575.4	1575.4	15754.0
原料动力费（包括水费与电费）	2630.6	2630.6	2630.6	2630.6	2630.6	2630.6	2630.6	2630.6	2630.6	2630.6	26306.0
折旧费	2466.4	2466.4	2466.4	2466.4	2466.4	2466.4	2466.4	2466.4	2466.4	2466.4	24664.0
营业税及附加	86.6	115.9	185.1	221.7	221.7	221.7	221.7	221.7	221.7	221.7	1953.5
管理费	256.2	300.6	405.4	463.9	463.9	463.9	463.9	463.9	463.9	463.9	4209.5
其他物业支出	153.7	180.3	243.3	278.3	278.3	278.3	278.3	278.3	278.3	278.3	2525.4
工资支出	884.0	884.0	884.0	884.0	884.0	884.0	884.0	884.0	884.0	884.0	8840.0
项目支出合计	8052.9	8153.2	8390.2	8522.3	8522.3	8522.3	8522.3	8522.3	8522.3	8522.3	84252.4
收入支出对比	-5429.6	-4642.4	-2781.7	-1744.7	-1744.7	-1744.7	-1744.7	-1744.7	-1744.7	-1744.7	-25066.6

天津站综合交通枢纽运营十年间财务盈亏分析表（分工程）　　表 11-6

子项工程	运营期年份										合　计
	1	2	3	4	5	6	7	8	9	10	
轨道换乘中心盈亏额（万元/年）	-19.5	527.6	1704.7	2164.7	2164.7	2164.7	2164.7	2164.7	2164.7	2164.7	17365.7
控制中心盈亏额（万元/年）	-783.0	-783.0	-783.0	-783.0	-783.0	-783.0	-783.0	-783.0	-783.0	-783.0	-7830.0
主广场地下工程盈亏额（万元/年）	-880.8	-782.5	-450	-94.6	-94.6	-94.6	-94.6	-94.6	-94.6	-94.6	-2775.5

续上表

子项工程	运营期年份										合　计
	1	2	3	4	5	6	7	8	9	10	
副广场盈亏额（万元/年）	-1272.6	-1226.4	-1067	-893.3	-893.3	-893.3	-893.3	-893.3	-893.3	-893.3	-9819.1
前后广场通道盈亏额（万元/年）	30.3	126.1	317.7	365.6	365.6	365.6	365.6	365.6	365.6	365.6	3033.3
35kV 主变电所（万元/年）	-526.7	-526.7	-526.7	-526.7	-526.7	-526.7	-526.7	-526.7	-526.7	-526.7	-5267.0
各系统盈亏额（万元/年）	-690.1	-690.1	-690.1	-690.1	-690.1	-690.1	-690.1	-690.1	-690.1	-690.1	-6901.0
景观工程盈亏额（万元/年）	-403.4	-403.4	-403.4	-403.4	-403.4	-403.4	-403.4	-403.4	-403.4	-403.4	-4034.0
工资盈亏额（万元/年）	884.0	884.0	884.0	884.0	884.0	884.0	884.0	884.0	884.0	884.0	8840.0
合计（万元/年）	-5429.6	-4642.4	-2781.7	-1744.7	-1744.7	-1744.7	-1744.7	-1744.7	-1744.7	-1744.7	-25066.6

表 11-5 显示，天津站综合交通枢纽十年亏损 25066.6 万元；表 11-6 显示景观工程成本 4034 万元，因此剩余亏损 21032.6 万元。

根据前面所叙述的成本分摊原则，景观工程成本 4034 万元应由市政府进行补贴。剩余亏损 21032.6 万元补贴建议如下：初期，由于配套设施未完善，客流量小，应由政府进行补贴；后期，由枢纽公司和各地块签定协议，由各地块的经营收入对枢纽运营管理公司进行补贴。这些地块包括顺驰地块（A 地块，综合性商业开发）、建国道以北地块（D 地块，行政管理中心及 220kV 主变电所）、三经路至五经路地块（C 地块，写字楼及高档酒店、商业办公）、停车配套楼地块（B 地块，商住写字楼）。

天津站综合交通枢纽运营十年间现金流量表（分项目）　　表 11-7

项　目	运营期年份										合　计
	1	2	3	4	5	6	7	8	9	10	
现金流入											
1.1 停车收入	403.0	564.1	1208.9	2014.8	2014.8	2014.8	2014.8	2014.8	2014.8	2014.8	16279.6
1.2 商业租金	96.6	161	358.73	446.1	459.9	459.9	459.9	459.9	459.9	597.9	3959.8
1.3 广告收入	757.6	1526.34	2605.0	3207.7	3302.9	3302.9	3302.9	3302.9	3302.9	4292.9	28904.1
1.4 公网引入	100.0	100.0	100.0	100.0	100.0	100.0	100.0	100.0	100.0	100.0	1000.0
1.5 代管收入	900.0	900.0	900.0	900.0	900.0	900.0	900.0	900.0	900.0	900.0	9000.0
现金流出											
2.1 设备维修费	1575.4	1575.4	1575.4	1575.4	1575.4	1575.4	1575.4	1575.4	1575.4	1575.4	15754.0
2.2 原料动力费（包括水费与电费）	2630.6	2630.6	2630.6	2630.6	2630.6	2630.6	2630.6	2630.6	2630.6	2630.6	26306.0

续上表

项　目	运营期年份										合　计
	1	2	3	4	5	6	7	8	9	10	
2.3 营业税及附加	86.6	115.9	185.1	221.7	221.7	221.7	221.7	221.7	221.7	221.7	1953.5
2.4 管理费	256.2	300.6	405.4	463.9	463.9	463.9	463.9	463.9	463.9	463.9	4209.5
2.5 其他物业支出	153.7	180.3	243.3	278.3	278.3	278.3	278.3	278.3	278.3	278.3	2525.4
2.6 工资支出	884.0	884.0	884.0	884.0	884.0	884.0	884.0	884.0	884.0	884.0	8840.0
3 净现金流量（1-2）	-3329.3	-2435.3	-751.2	612.7	721.7	721.7	721.7	721.7	721.7	1849.6	-444.9

注：商业租金和广告收入每年的现金流入为该年应收现金的70%，其余的30%在下一年流入。

$$第\ i\ 年的广告收入现金流入 = A_i \times 70\% + A_{i-1} \times 30\%$$

式中：A_i——第 i 年应收广告收入。

$$第\ i\ 年的商业出租收入现金流入 = B_i \times 70\% + B_{i-1} \times 30\%$$

式中：B_i——第 i 年应收商业出租收入。

通过表11-7的数据显示，天津站综合交通枢纽运营管理公司在运营的前三年净现金流量为负值，运营管理公司无法保证可持续的经营状态，因此政府必须在前三年给予大力的补贴支出以保证公司的可持续发展，从第四年开始净现金流量开始转正，运营管理公司开始可以自主可持续性经营，但总的现金流量合计仍然为负。因此政府需要给予一定的优惠政策，才能保证运营管理公司的持续运营发展，保证公司交通运营延伸向更多盈利的业务领域发展。

11.3　天津站综合交通枢纽政府补贴机制研究

基于上述分析结果，可以看出在天津站综合交通枢纽运营管理的盈利模式中，必须要有政府相应的补贴。同样从经济学的角度来看，综合交通枢纽属于公共项目中的准经营性项目，其产生的社会效益远远大于经济效益，如果没有有效的收益机制，运营单位将无法获得足够的运营费用来维持枢纽正常的生产经营。为此运营单位一方面需要通过加强管理、提高运营效率来降低建设与运营成本；一方面需要依靠商业化行为来增加运营收入；还有一方面就是需要一套合理的政府补贴收益机制以弥补不足进而来维持枢纽正常的运营。这将是本节研究的重点，本节将从天津站综合交通枢纽外部性分析入手构建政府补贴机制，以确保天津站枢纽的正常运营。

11.3.1　枢纽外部性分析

外部性的概念源于马歇尔1890年出版的《经济学原理》中提出的“外部经济”概念。1920年，庇古在《福利经济学》中进一步研究和完善了外部性问题，并最终形成了外部性理论。庇古认为，对边际私人收益小于边际社会收益的项目，即存在正外部性，政府应采取的经济政策应是给予企业扶持与补贴,这种政策建议被称为“庇古津贴”。

科斯在《社会成本问题》一书中从产权的角度提出解决外部性问题的思路,即把外部性问题转变成产权问题,然后讨论什么样的财产权能达到效率。科斯认为,外部性的产生并不是市场制度的必然结果,而是由于产权没有界定清晰,有效的产权可以降低甚至消除外部性。科斯将其进一步发挥成为所谓的科斯定理,即只要产权是明晰的,私人之间的契约同样可以解决外部性问题,实现资源的最优配置。

天津站枢纽是产生巨大正外部性的典型公共品,主要表现在消费者效益、区域经济效益和社会效益三个方面。

1. 消费者效益

消费者效益是指综合交通枢纽的消费者所享受到的效益,基于天津站枢纽公共品的性质和其巨大投资额,使用者乘车过程中所支付的费用远远低于综合交通枢纽内各交通方式的运行成本以及使用者从乘坐各条线路中所获得的效益。

2. 区域经济效益

区域经济效益是指综合交通枢纽的建成,对沿线地区经济开发起促进效应,使沿线地区的商业和旅游业繁荣,沿线不动产增值,使该区域经济因枢纽的建设得以快速发展。

3. 社会效益

1)缓解交通压力

天津站综合交通枢纽站点的建成,令旅客方便地在各种交通方式之间换乘,缓解了城市交通的压力,促进了城市公共交通的发展。

2)提供就业机会

天津站枢纽项目是一项耗资巨大的项目,不仅建设需要投入巨大的人力、物力,运营期间也需要物业人员、管理人员、财务、资源开发等管理人员,这就为天津站周围地区提供大量的就业机会。

综上所述,基于综合交通枢纽外部性所带来的效益,其受益者主要有三类:第一类是使用者,枢纽站点的建成为城市的提供了便捷的交通换乘方式和舒适的换乘空间,既带来了便捷和轻松的出行方式,又节约了使用者的出行时间;第二类是政府,枢纽站点的建设为提供了就业机会,减少了路面人口的拥挤,促进城市公共交通的发展;第三类是商家,综合交通枢纽提高了居民的可达性,同时带动了枢纽地区的经济繁荣和人口的集聚,促进了沿线土地增值和商业的发展。

11.3.2 枢纽外部收益机制分析

1.“庇古津贴”,即政府补贴

通过以上的分析可以看到天津站枢纽给城市的居民,给沿线的商家、社会都带来了巨大的经济和社会效益。由于项目正外部性的存在,这部分效益却无法通过一定的经济收益返还给运营单位。基于“庇古津贴”,政府需要通过一定的补贴方式对运营单位进行相应的补贴。见图 11-5 所示。

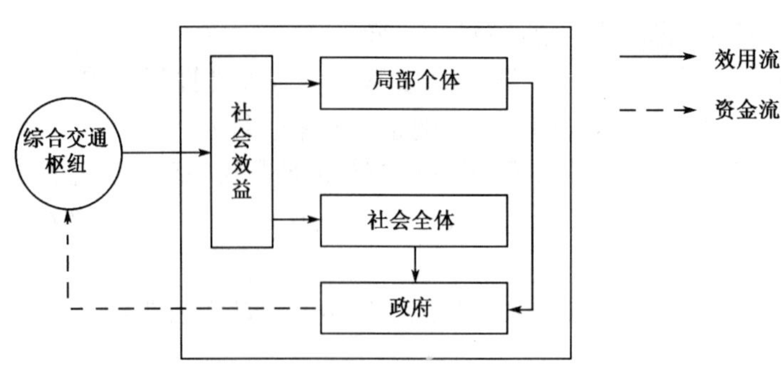

图 11-5　天津站综合交通枢纽外部收益的形成

2. 科斯定理——交易成本最低化原则

科斯认为在交易费用为零或很低的情况下,界定清晰的产权关系可以降低甚至消除外部性。从理论上讲,在产权明晰的情况下,通过市场机制可以解决外部性问题。基于此,综合交通枢纽运营单位需通过和获得沿线收益的房地产所有者(包括政府、企业以及个人等)进行谈判,以转移支付的方式来获得补偿。但这种方式并不具有实际操作性,原因如下:首先,受益者人数众多,谈判的成本巨大,也就是交易成本很高;其次,无法避免部分业主拒绝支付。因此,单纯通过市场机制解决综合交通枢纽外部性问题是很难实现的。国内学者基于外部性理论对城市轨道交通的收益机制相关研究也表明,综合交通枢纽的盈利从本质上讲是属于"政策性盈利",政府应当运用政策手段给予综合交通枢纽运营单位相应的补贴。因此本文将以外部性理论为指导研究政府对综合交通枢纽的补贴机制。

11.3.3　枢纽政府补贴机制构建

天津站综合交通枢纽和其他交通项目相比有其特殊性,但从经济属性上讲都属于公共交通项目,在这一点上有其共性,所以各地政府对于公共交通项目的扶持与补贴政策对于天津站综合交通枢纽运营的政府扶持和补贴有一定的借鉴意义。

1. 综合交通枢纽和轨道交通经济属性比较

通过对国内对轨道交通项目和综合交通枢纽项目的文献分析,本文总结了下表 11-8,分别从特殊经济属性的几大关键点对两者进行比较,归纳出两者在属性上的共通性和存在的差异性。

城市轨道交通项目与综合交通枢纽项目经济属性比较　　表 11-8

经济属性	综合交通枢纽项目	轨道交通项目
项目的经营性分析	交通枢纽具有很强的收益性。枢纽的基本功能是提供航空、高速铁路、磁浮线、地铁、公共汽车、出租车等交通服务。围绕这些基本功能,还提供一系列的相关功能服务和延伸功能服务,包括停车、代理、商业、办公、酒店、餐饮娱乐等。这些服务不仅改进和完善了枢纽设施的基本功能,也是枢纽设施经营收入的重要来源。因此,综合交通枢纽项目包含公益性、准经营性和经营性的子项目	城市轨道交通尽管有收费机制的资金流入,但其票价制订政策更多地反映了社会公益性因素,在相当长的时间内,其收入根本无法弥补巨额的建设成本。因此,城市轨道交通属于准经营性项目

续上表

经济属性	综合交通枢纽项目	轨道交通项目
项目的外部性分析	大型对外交通枢纽对区域经济有集聚与辐射效应,优化城市空间布局,减少相关路段的拥挤和提高服务质量和乘车效率。枢纽以其规模优势和区位优势,实现人流进一步集聚,促进了资源的合理利用,减少了对生态环境的影响,同时以其对外交通枢纽功能,有利于城市化进程中由单中心向多中心的发展	轨道交通产品就是存在着巨大外部性的一种典型产品。轨道交通企业在提供产品时会产生正的外部性,并且这个外部性是非常显著的。其正外部性表现在以下两个方面:①对整个城市发展的支持;②轨道交通对沿线房地产的正外部性
项目的公共物品属性	综合交通枢纽项目是城市公共交通的重要发展趋势,多种交通方式一体化的换乘特性和多种功能发展的综合功能特性是综合交通枢纽最大的特点,枢纽内各交通工具的通过各自的收费口排除不付费的消费者,而在运能以内增加一个消费者的边际成本几乎为零。因此综合交通枢纽内的交通服务是准公共性。同时综合交通枢纽内部的停车、代理、商业、办公、酒店、餐饮娱乐的衍生功能服务是带有非公共物品的性质	城市轨道交通属于准公共物品的自然垄断物品。城市轨道交通这种自然垄断物品具有"拥挤性"。在城市轨道交通运营过程中,当乘客的数目从零增加到某一个正数,达到了拥挤点时,就十分拥挤。在未超过拥挤点以前,增加额外的乘客不会发生竞争;超过拥挤点后,更多的乘客将减少总效用

表11-8对综合交通枢纽项目和轨道交通项目进行分析,可以看出两者在经济属性上具备很大的共通性。因此本文考虑到国内在综合交通枢纽运营管理和盈利模式构建上缺乏相应研究,通过借鉴国内在轨道交通盈利模式研究上的成果,为本文奠定素材基础。

2. 补贴机制构建原则

政府对产生正外部性的产品提供补贴,能增加对社会有益产品的供给,是一种纠正市场机制失灵的行为。对当前世界各地对枢纽运营单位的补贴进行总结,有四种原则政府在对轨道交通进行补贴时需遵循。

(1)"合理报酬"原则。政府在进行补贴时,应充分考虑企业经营成本,并将企业利润作为总成本的一个必要组成部分,企业通过政府补贴即可达到其"合理回报率"。

(2)"盈亏平衡"原则。政府给予优惠措施、扶持政策,甚至给予财政补贴,使轨道交通公司在运营亏损期间盈亏平衡。

(3)"亏损比例补贴"原则。对于轨道交通公司的运营亏损,政府只补贴亏损额中的一部分,即按一定比例给予补贴,由轨道交通公司通过其他渠道或方式解决其余部分。但政府的补贴应保证企业有足够的现金流,保持资产适当的流动性,以能够对外举债。

(4)"客运周转量补贴"原则。客运周转量是轨道交通公司运营绩效评价的一个重要指标。为了在对轨道交通公司进行补贴的同时,也不失去对公司的激励,政府可采用按客运周转量给予补贴的方式。客运周转量大,补贴力度大;客运周转量小,补贴力度也小。

对以上四种补贴原则优缺点进行对比分析,如表11-9所示。

政府补贴原则优缺点分析 表 11-9

补贴原则	优缺点	
“合理报酬”	优点	合理回报率补贴方式对企业来说比较理想,企业不用担心运营状况,不管运营好坏,政府都将补贴至轨道交通公司的资本回报率
	缺点	该方式不利于调动轨道交通公司的经营积极性,且政府的补贴压力很大
“盈亏平衡”	优点	对政府补贴压力相对较小,在实际轨道交通运营中,一般建议政府给予轨道交通公司盈亏平衡的补贴方式,以保证轨道交通的持续发展
	缺点	公司容易产生惰性
“亏损比例补贴”	优点	轨道交通公司形成激励,迫使其寻求其他方式或渠道解决亏损
	缺点	给轨道交通公司带来较大的运营压力,不利于轨道交通的持续发展
“客运周转量补贴”	优点	将政府的补贴与公司经营业绩挂钩,从而调动轨道交通公司培植客流和提高业绩的积极性,改善其“造血”功能,增加收入
	缺点	实际操作中对客运周转量的补贴额度难以评估,操作难度较大

3. 国内各地政府补贴机制分析

国内城市对轨道交通的扶持补贴政策很多,见表 11-10 所示。

国内各城市对轨道交通扶持政策 表 11-10

城市	各城市对轨道交通的扶持政策和优惠政策
上海	给予较大的自主经营权,实行财政退税、房产税减免、所得税优惠(轨道交通盈利起 5 年内所得税优惠)、在成本计提上不提折旧或少提折旧、享受多种经营补贴
北京	用电单一计价、设备更新贴息贷款、技术改造专项财政拨款、土地使用税减免、地下建筑房产税减免等优惠措施,同时在折旧计提、成本核算等方面也给予了实际的优惠,给予综合交通枢纽公司更大的经营自主权,允许公司探索合理的资本结构和管理机制
广州	用电单一计价(市政府专门为综合交通枢纽确定了一个高于大工业用电、低于商业用电的价格)、贷款本息政府包干(市政府全额减免了综合交通枢纽的建设长期贷款偿还及其利息)、综合交通枢纽沿线部分土地物业开发权、房地产的税费优惠、在成本方面还享受不计提折旧(运营公司仅承担运营成本部分)。在会计政策上允许综合交通枢纽按照经营状况适当提取年度折旧和在发生当期列支大修理支出等

综合国内城市对轨道交通的扶持政策和优惠措施,主要包括:自主经营、电费优惠(目前国内轨道交通都实行电费单一计价,即电力公司只按照电量收取电量电费,而免除基本电费)以及税费优惠、不计提大修理基金、适当提取折旧、贷款利息减免等。

另外,通过给予综合交通枢纽运营单位沿线房地产开发权也是国内常见的政府补贴方式,是一种解决综合交通枢纽运营单位收益问题的有效途径。

4. 天津站综合交通枢纽政府补贴机制建立

结合各地政府对交通枢纽的补贴原则和补贴机制,本文将其总结并定义为三种。①政府直接补贴。也就是政府直接以货币的形式给予运营单位财政资助,资助阶段分为运营前期和运营稳定期。②政府间接补贴。政府不以货币的形式直接补贴运营单位,而是采用相应的优惠政策,如电费优惠、税费优惠、适当提取折旧、贷款利息减免等间接扶持政策。政府对运营单位的间接补贴虽然不是现金的资助，但确实也能够为运营单位节省运营成本，激励运营单位主观能动性的发挥。③政府交叉补贴。即政府给予非主营业务的优惠政策，通过非主营业务的收入弥补主营业务的亏损，如给予综合交通枢纽运营单位一定的地产开发权，因综合交通枢纽站点的建成使周围的房地产大大增值，通过房地产开发权的优惠给予就使得这部分增值转化为综合交通枢纽运营单位的收益。城市综合交通枢纽政府补贴机制的最终建立如图 11-6 所示。

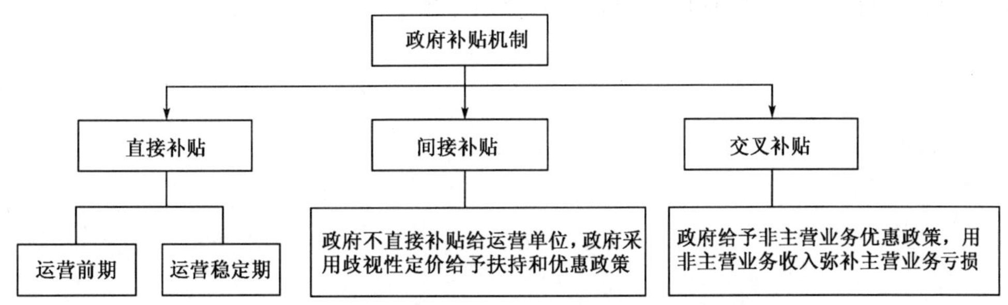

图 11-6　城市综合交通枢纽政府补贴机制

基于外部性理论，分析了国内交通枢纽政府补贴的原则和获得方式，并从直接补贴，间接补贴和交叉补贴三种形式出发构建城市综合交通枢纽中政府补贴机制，也为政府保证天津站综合枢纽的持续发展和激励运营单位的有效经营提供了理论基础和决策依据。

天津站综合交通枢纽的运营方式在全国属于一种较独特的方式，从国内各地来看，对轨道交通项目的政策扶持和优惠政策主要体现在轨道交通线路的运营上，也包括了枢纽节点的管理。而天津站综合交通枢纽的运营管理在线路管理和枢纽节点的管理是分开的，这是天津站综合交通枢纽运营管理的特殊性，但由于各地的对于轨道交通的扶持与优惠政策中包含了枢纽节点的扶持与优惠政策，所以这些扶持与优惠政策对于制定天津站综合交通枢纽节点的扶持与优惠政策有一定的参考意义。

1）天津市政府对天津站综合交通枢纽工程直接补贴

（1）在运营的前期阶段，客流量不稳定，政府应该采用“合理报酬”的原则，这样做可以保证运营公司前期的可持续发展。

（2）当运营进入成熟稳定期，客流量趋于稳定，运营管理公司的经营业务范围有了一定的扩展，政府应该采用“按客运周转量补贴”的方式，将补贴方式与企业经营业绩挂钩，这样做形成对运营管理公司的有效激励。

（3）天津站综合交通枢纽工程的景观工程和海河东路的路灯工程属于纯公益性的项目，该项目没有收费机制，完全按照市场资源配置是无法实现有效供给，该类项目主要体现社会效益和环境效益，运营管理公司每年要花费一定数量的金额去维护，因此政府需要对这两个子工程给予大力的财政补贴支持。

（4）轨道换乘中心工程的支出中分为交通枢纽运营管理公司的支出和地铁 2、3、9 号线和城际铁路四家经营主体分摊的支出，这之间如果内在分摊冲突和协调不一致就会导致运营管理公司的损失，而政府在此项工程中应给予运营管理公司一定的补贴以弥补相应的损失。

2)天津市政府对天津站综合交通枢纽工程间接补贴

折旧的不计提或优惠计提,优惠电费单价。折旧费和水电费都是支出中比例较大的一部分,如果天津市政府能够在折旧和电费上采取合理的优惠政策,必定可以有效地减少天津站运营管理公司的支出,保证公司正常的运营和可持续发展。

3)天津市政府对天津站综合交通枢纽工程交叉补贴

天津市政府已经给了天津站综合交通枢纽运营管理公司四个地块(A、B、C、D)的开发权,该部分的收入可以帮助运营管理公司有效地补贴亏损。

第十二章　天津站综合交通枢纽控制指挥中心功能及定位

为了实现天津站综合交通枢纽资源共享、运行协调、管理统一，有必要设立天津站综合交通枢纽控制指挥中心，枢纽控制指挥中心以现代信息技术为基础，可以有效地实现信息集成和共享，从而为天津站综合交通枢纽的决策者提供支持。在正常状态下，天津站综合交通枢纽控制指挥中心对整个交通枢纽进行监视、控制和协调管理；在灾害状态下，根据上级主管部门指令，按照应急预案，对整个枢纽进行统一指挥，以保证抢险救灾工作快速、有效地进行，降低灾害对整个枢纽乃至社会的不良影响。指挥控制中心效果图如图12-1所示。

图12-1　天津站综合交通枢纽指挥控制中心效果图

12.1　枢纽控制指挥中心设立的重要性

按照风险管理理论，天津站综合交通枢纽在运营管理过程中的风险表现为三种情形：干扰情形、危机状态和突发事件。干扰情形是指由内部和外部因素引起的程度轻微的通常会使系统偏离初始计划，并影响计划实施的情形；危机状态是指由意外事件引起的危险和紧急状态；突发事件是指在一定区域内突然发生的，规模较大且对社会产生广泛负面影响的，对生命和财产构成严重威胁的事件和灾难。尽管三种情形所处的状态不同，但干扰情形、危机状态和突发事件均具有不可预知性和不确定性。对应于风险的三种情形，存在三个层次的管理概念，分别是：干扰管理（Disruption Management）、危机管理（Crisis Management）、应急管理（Emergency Management）。

由于灾害事件的爆发性、连锁性、衍生性和交叉性，对灾害事件的管理不当会使灾害事件导致的人员伤亡、经济损失和社会影响有进一步加重的趋势。如果不能及时发现并对干扰情形和危机状态进行有效管理，则会使干扰情形和危机状态转化为灾害事件。因此，需要存在一个部门，对整个系统的运行进行监控，及时发现系统中出现干扰情形和危机状态并对其进行有效管理，以避免其转化为灾害事件；且在发生灾害事件的情况下，可以迅速组织所需的各种资源来应对灾难性事件，使人员伤亡、经济损失和对社会的影响降到最低。

图 12-2 表示天津站综合交通枢纽指挥控制中心的管理过程。在正常情况下，对枢纽区域进行监视、设备控制、协调和管理，以及时发现干扰情形和危机状态，并采取积极地事前管理措施对其进行纠正，从而避免发生灾害事件，以满足其正常运营管理的需要。在灾害情况下，接受天津市交通管理委员会的指令，对枢纽进行集中统一的指挥，并与地铁 2、3、9 号线、京津城际铁路及既有国铁的指挥系统和公安、交管、消防等政府部门的协调配合，从而保证抢险救灾工作快速有效的进行，减少灾害带来的人员伤亡、经济损失和对社会造成的影响。

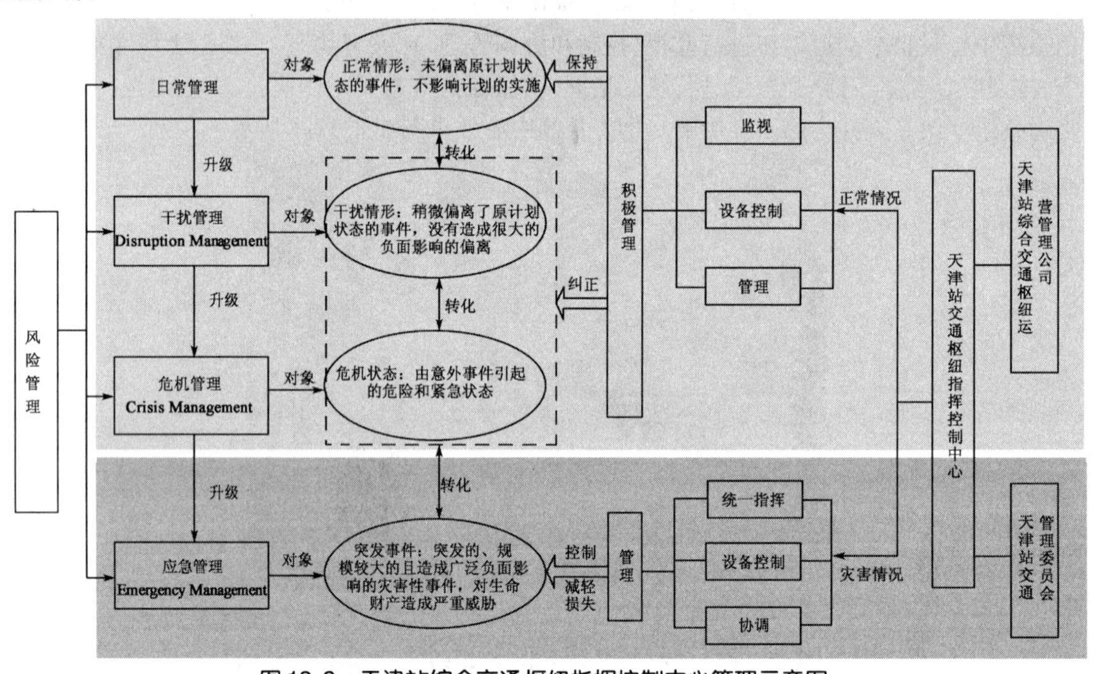

图 12-2　天津站综合交通枢纽指挥控制中心管理示意图

依照 HSE 管理体系，需要枢纽运营管理公司运用系统分析方法，对其经营活动全过程中存在的职业健康、安全生产、环境保护风险进行分析，确定可能发生的危害及其产生的后果，并通过系统化的预防机制消除各类事故的隐患，从而有效地减少可能引起的人员伤害、财产损失和环境污染。HSE 管理体系的基本原理是 PDCA 循环原理，强调事前控制和持续改进，因此，HSE 管理体系具有系统性、连续控制性、适用性和经济性，是一种现代化的管理模式。HSE 管理体系的运作过程是一个有序地收集并处理大量信息的过程，即需要进行有效的信息集成，达到良好地信息共享。基于此目的，需要建立控制指挥中心，利用现代化的信息技术，对整个枢纽的信息进行收集、加工和传输，用经过处理的信息流指导和控制枢纽的运营管理，从而支持项目最高决策者进行规划、协调和控制，建立信息化的 HSE 管理体系，为枢纽的正常运营提供保障。

综上所述，天津站综合交通枢纽有必要设置控制指挥中心，以满足枢纽日常运营管理和灾害抢险的功能要求。

12.2　枢纽控制指挥中心的功能

控制指挥中心的功能是，通过有效的信息集成，对枢纽区域进行监视、控制并处理枢纽内发生的灾害，从而达到保证枢纽安全运营的目的。下面分别阐述天津站综合交通枢纽工程控制指挥中心在正常情况和灾害情况下的功能。

12.2.1　控制指挥中心在正常情况下的功能

控制指挥中心在正常情况下，通过信息收集、信息识别和信息分析等进行有效信息集成，主要实现对枢纽区域的监视、设备控制、协调和管理工作。地铁 2、3、9 号线、京津城际铁路的运行控制应保持独立，枢纽控制指挥中心不应参与各线的正常运营指挥，非灾害状况下各线的行车运营人员也不接受枢纽控制指挥中心的指挥。在正常情况下，枢纽控制指挥中心主要完成以下功能，见图 12-3。具体功能说明在第四章中有所阐述，在此不再说明。

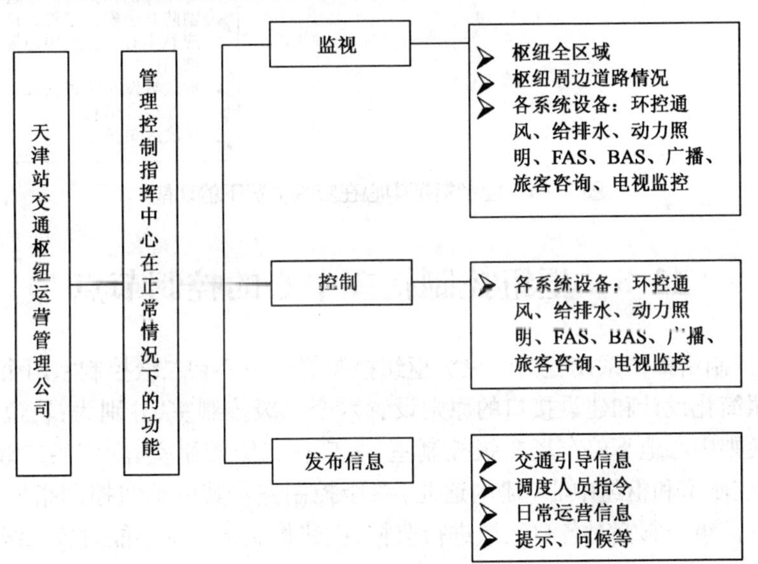

图 12-3　控制指挥中心在正常情况下的功能

12.2.2　控制指挥中心在灾害情况下的功能

在灾害状况下，由枢纽控制指挥中心将信息上报于天津市交通管理委员会，根据交通管理委员会的指令，控制中心配合交通管理委员会对枢纽范围内的防灾抢险工作，并协调各地铁线、铁路、公交及公安、消防、安全、其他政府部门等按照既定预案进行防灾抢险工作。

枢纽控制指挥中心在灾害状态下具有以下功能，见图 12-4。具体功能说明在第四章中有所阐述,在此不再说明。

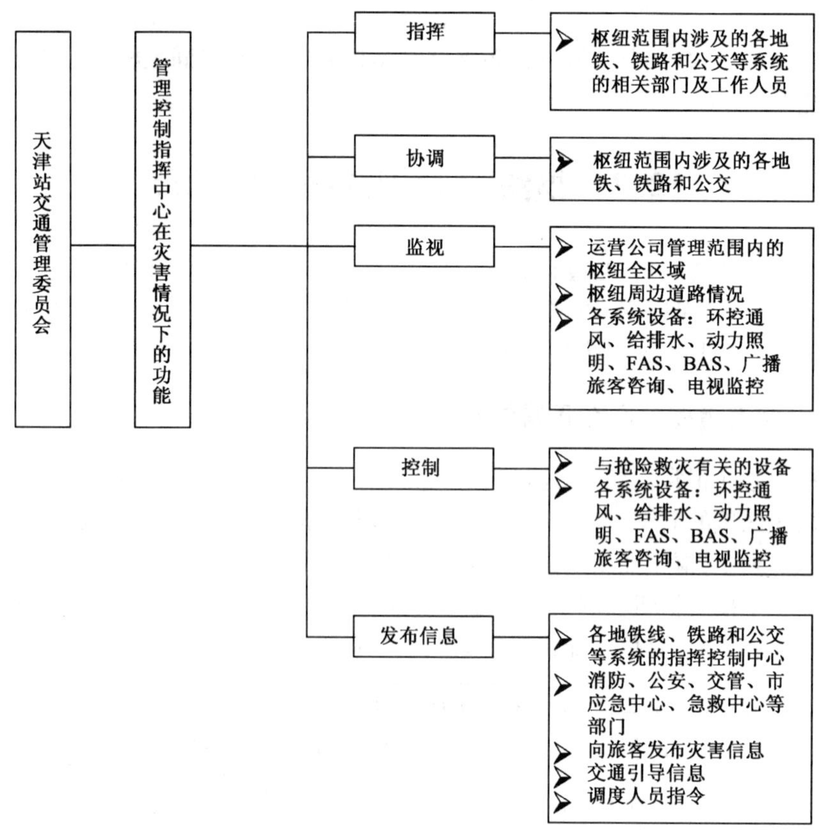

图 12-4　控制指挥中心在灾害情况下的功能

12.3　枢纽控制指挥中心的控制节点

枢纽管理控制指挥体系设置为中央级枢纽控制指挥中心和二级控制室两个级别。在本研究范围内,按照简化设计和建设接口的原则设置六个二级控制室,分别为:轨道换乘中心二级控制室、轨道换乘中心地下停车场二级控制室、主广场二级控制室、副广场二级控制室、35kV主变电所二级控制室和枢纽中心(建国道北)二级控制室。其中枢纽控制指挥中心管辖范围覆盖全枢纽,各二级控制室对各自区域进行监控,枢纽控制指挥中心能对各二级控制室进行直接指挥控制。

各二级控制室的监控范围如下:

- 轨道换乘中心二级控制室对轨道交通换乘工程及前后广场联系通道进行监控;
- 轨道换乘中心地下停车场二级控制室对城市轨道换乘中心地下停车场进行监控;
- 主广场二级控制室对主广场地下及海河东路地道进行监控;
- 副广场二级控制室对副广场地下进行监控;
- 35kV 主变电所二级控制室对 35kV 主变电所进行监控;
- 枢纽中心(建国道北)二级控制室对枢纽中心(建国道北)进行监控。

详细的控制节点关系见图 12-5。

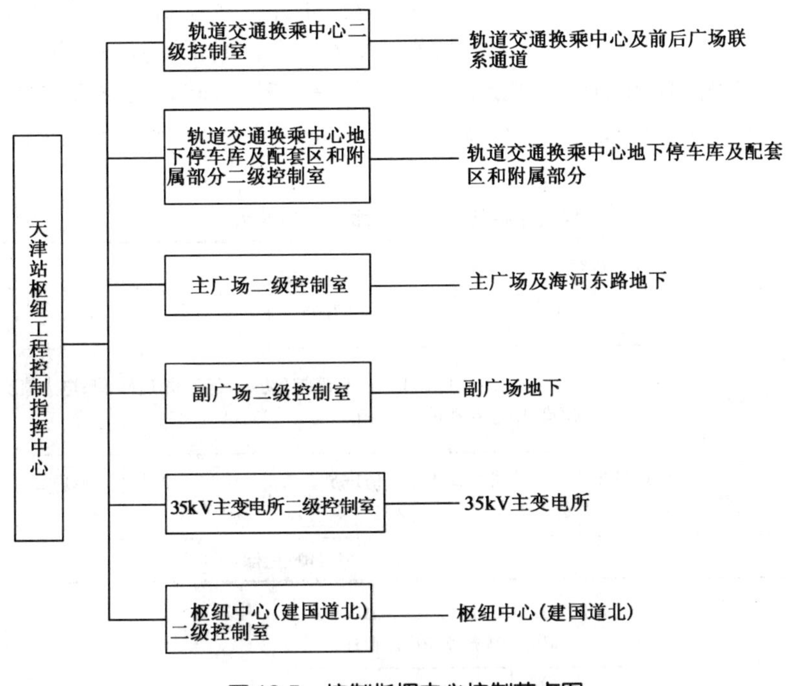

图 12-5　控制指挥中心控制节点图

12.4　枢纽控制指挥中心组织体系及管理流程

12.4.1　正常状态下控制指挥中心组织体系及管理流程

枢纽指挥控制中心由值班员、值班指挥长和枢纽总指挥等三级管理指挥人员组成。枢纽总指挥具有最高指挥决策权,直接对枢纽的日常运营和灾害抢险负责。值班指挥长负责指挥综合控制中心的各值班员,并负责向枢纽总指挥汇报请示,在紧急情况下由值班指挥长直接发出指令。

考虑天津站综合交通枢纽的实际需要,枢纽指挥控制中心的值班员应设置环控(防灾)值班员和电力值班员。因枢纽内有部分区域为 24 小时运行,枢纽值班员也应采用倒班制保证 24 小时有人职守。公安和交管部门也可在中央控制室设置相应的人员,作为公安及交管部门派驻枢纽的协调管理人员,对枢纽的情况进行及时准确的了解,将相关信息及时反馈到各自部门的有关管理机构,以便公安及交管部门针对枢纽内发生的情况及时与枢纽控制指挥中心配合工作。除上述人员以外,枢纽指挥控制中心还应配备相应的设备维护人员和管理人员,以保证指挥中心的正常运转。具体人员设置见表 12-1。

枢纽指挥控制中心的基本管理流程为:在正常状态下,枢纽指挥控制中心各二级控制室值班员负责日常监视工作,负责监视自己二级控制室管理范围内的情况,且枢纽指挥控制中心监控室的值班员有权调看任何一个二级控制室的信息。当值班员发现干扰或危机情形或接到枢纽内工作人员报告后，由中心值班员负责向值班指挥长汇报。值班指挥长接到值班员汇报后，根据干扰或危机事件的情形，积极采取纠正控制措施，指挥二级控制室值班员启动相应设备，并由控制室值班员指挥枢纽内相关区域的相关工作人员进行纠正干扰或危机事件的工作，从而有效地进行灾害事前控制，避免干扰或危机事件进一步升级，转化为灾害事件。同时，值班指挥长应向总指挥长汇报情况并请示，如总指挥有进一步指令，则按照该指令执行，见图12-6。

枢纽指挥控制中心基本人员设置表　　表12-1

<table>
<tr><th colspan="2">管理范围
科室名称</th><th>轨道交通换乘中心及前后广场联系通道</th><th>轨道交通换乘中心地下停车场</th><th>主广场地下及海河东路</th><th>副广场地下</th><th>35kV 变电所</th><th>枢纽中心（建国道北）</th></tr>
<tr><td rowspan="2">指挥控制中心</td><td>中央控制室</td><td colspan="6">枢纽总指挥1人；值班指挥长1人/班；环控（防灾）值班员1人/班；电力值班员1人/班；设备维护员1人/班；中心管理员2人/班</td></tr>
<tr><td>二级控制室</td><td>值班员2人/班</td><td>值班员2人/班</td><td>值班员2人/班</td><td>值班员2人/班</td><td>值班员2人/班</td><td>值班员2人/班</td></tr>
<tr><td colspan="2">倒班制度</td><td colspan="6">四班三倒</td></tr>
</table>

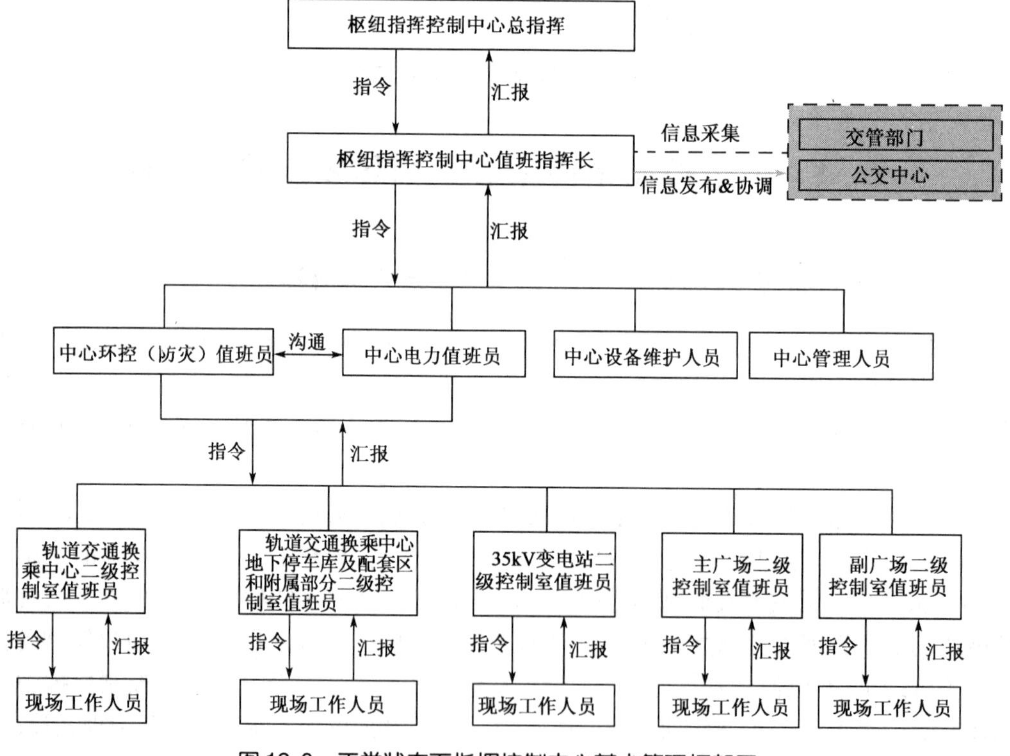

图12-6　正常状态下指挥控制中心基本管理框架图

12.4.2　灾害状态下控制指挥中心组织体系及管理流程

在灾害状态下，枢纽抢险救灾的运营管理组织可有两个不同方案：第一个方案是成立紧急指挥协调办公室，由其负责枢纽的抢险救灾工作；第二个方案是成立天津站交通管理委员会，由其负责枢纽的抢险救灾工作。天津站交通枢纽选择的是第二个方案——成立天津站交通管理委员会。

成立天津站综合交通管理委员会，在正常状态下，由其负责整个天津站地区的政府职能管理工作；在灾害状态下，天津站综合交通管理委员会需依据枢纽指挥控制中心提供的灾害信息，参与灾害事件的决策和处理，并协调和指挥其管辖的各相关机构，迅速有效的调动社会资源，进行抢险救灾，使灾害造成的影响和损失降到最低。对天津站交通枢纽的日常政府职能管理和抢险救灾状况，天津站交通管理委员会直接对政府负责。

在灾害状态下，枢纽指挥控制中心仍延续管理控制指挥中心在正常状态下的管理体系，按照不遗漏、不重复的原则设置六个二级控制室，分别为：轨道交通换乘中心二级控制室、轨道交通换乘中心地下停车场二级控制室、主广场二级控制室、副广场二级控制室、35kV 变电所二级控制室和枢纽中心（建国道北）二级控制室。其中枢纽管理控制指挥中心管辖范围覆盖全枢纽，各二级控制室对各自区域进行指挥控制，枢纽指挥控制中心能对各二级控制室进行直接指挥控制。

在灾害状态下，枢纽指挥控制中心需将其收集的与灾害相关的全部信息天津站交通管理委员会汇报。由天津站综合交通管理委员会下达指令，在指挥控制中心的配合下统一指挥枢纽范围内的防灾抢险工作，对枢纽范围内所涉及的各地铁线、铁路和公交等系统的相关工作人员进行直接指挥。天津站交通管理委员会需协调和指挥其所管辖的公安、消防、安全、市应急中心、急救中心和其他政府部门配合枢纽的抢险救灾工作，从而广泛调动社会资源，使灾害对枢纽甚至社会的影响和损害降到最低。详见图 12-7。

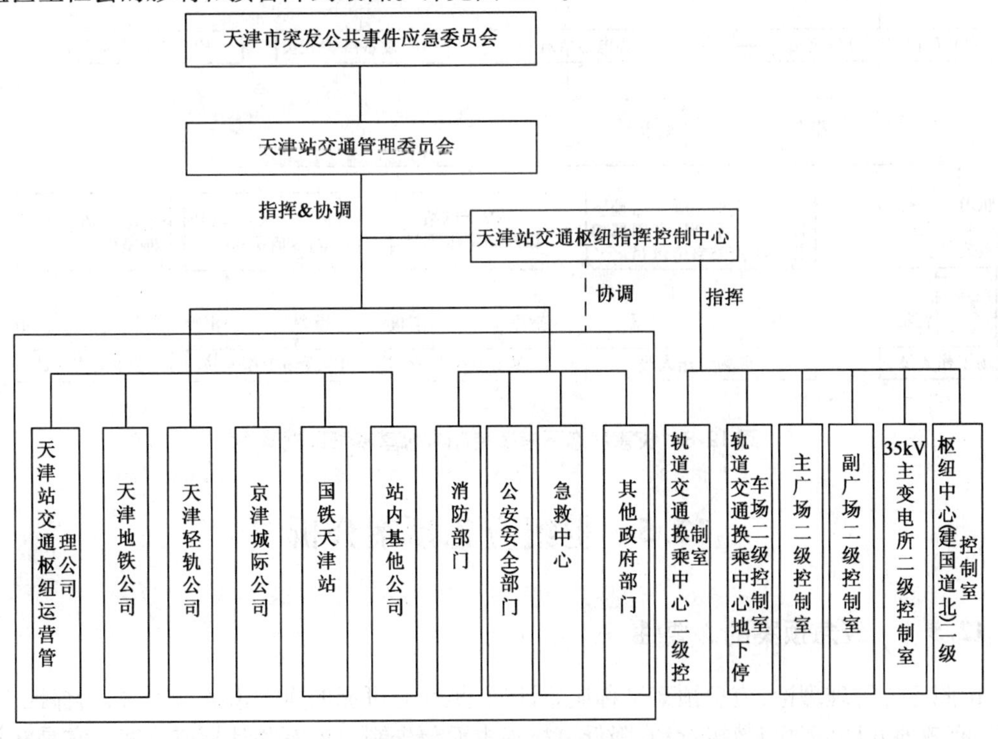

图 12-7　灾害状态下枢纽指挥控制中心控制体系

采取成立天津站综合交通管理委员会的方案时,枢纽指挥控制中心应由值班员、值班指挥长、枢纽总指挥、各相关政府部门代表和天津站交通管理委员会主任等管理指挥人员组成。枢纽总指挥即正常状态枢纽指挥控制中心总指挥长。枢纽指挥控制中心总指挥长需向天津站交通管理委员会主任汇报灾害情况并请示,天津站交通管理委员会主任具有最高指挥决策权,直接对枢纽抢险救灾负责。各相关政府部门代表具体人员数量根据灾害情况而定。指挥控制中心值班指挥长和值班员人员数量与正常状态下的设置相同。

枢纽指挥控制中心的基本管理流程为:在灾害状态下,枢纽指挥控制中心各二级控制室值班员负责监视各自负责区域内的灾害情况,且枢纽指挥控制中心监控室的值班员有权调看任何一个二级控制室的信息;由值班指挥长统一向枢纽控制中心总指挥长汇报,枢纽控制中心总指挥长向天津站交通管理委员会主任汇报情况并请示,按照天津站交通管理委员会主任的指令执行抢险救灾的各项工作。详见图 12-8。

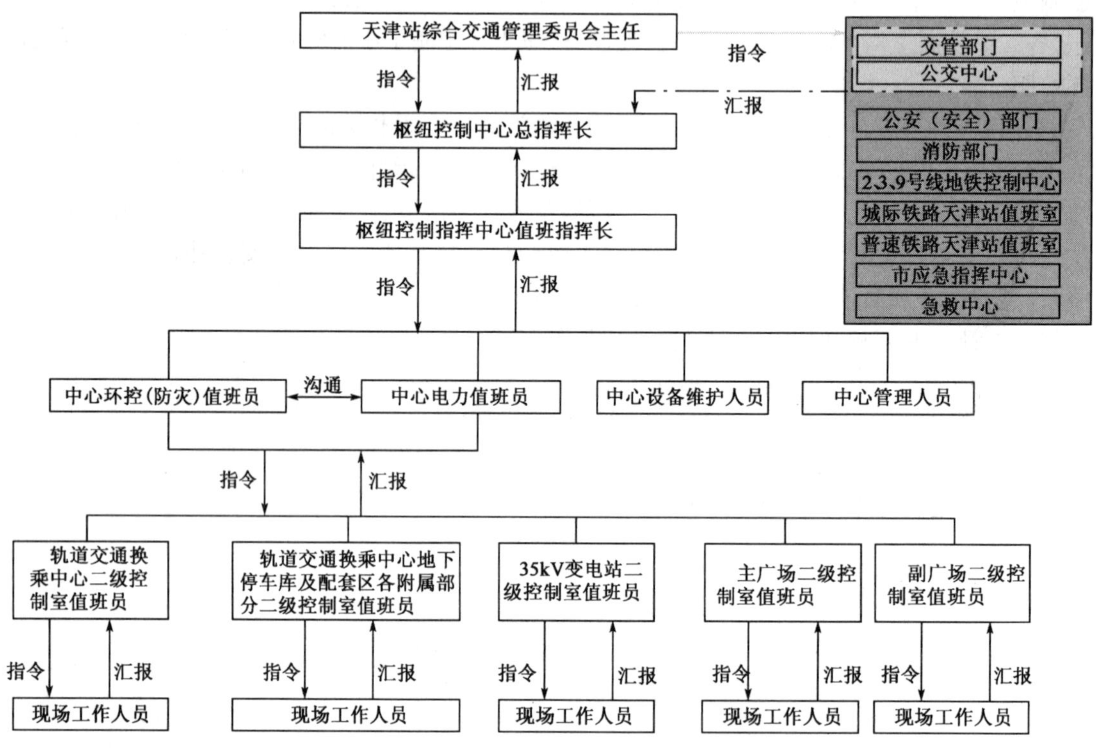

图 12-8 灾害状态下指挥控制中心基本管理框架图

12.5 枢纽应急预案分析

12.5.1 应急预案的必要性

按照应急管理理论,应急预案又称应急计划,是针对可能的重大事故或灾害,为保证迅速、有序、有效地开展应急与救援行动、降低事故损失而预先制定的有关计划或方案。它是在辨识和评估潜在的重大危险、事故类型、发生的可能性、发生过程、事故后果及影响严重程度的基础上，对应急机构与职责、人员、技术、装备、设施（备）、物资、救援行动及其指挥与协调等方面预先做出的具体安排。应急预案明确了在灾害发生之前、发生过程中以及刚刚结束之后，谁负责做什么，何时做，以及相应的策略和资源准备等。

预案管理是指通过对信息的分析，预测事物的发展趋势，识别可能带来的威胁，并对这些情况制定相应的预备性处置方案，一旦预测的情况发生，就可以按照预定的方案行动；同时，根据具体的事态发展及时调整行动方案，以控制事态的发展，将可能发生的损失降至最低，维护整体利益和长远利益。具体地讲，预案管理的内容有预案的编制、预案的演练、预案的选择、预案的评估、实施过程中预案的动态调整、预案的修订等。

预案面对的是灾害事件，这类事件有发生的可能，但不知何时会发生，而一旦发生会对整个天津站综合交通枢纽造成极为严重的后果。预案管理的目的就是通过事前的准备，使应急管理走在灾害事件发生之前，以保护整个交通枢纽的生命及财产安全。预案管理的基础是信息，即是通过枢纽控制指挥中心这样一个信息集成平台，有效地收集、分析和评估信息，及时发现枢纽在运营过程中的干扰和危机情形，采取措施，从而保证枢纽正常运营。

综上所述，预案在天津站综合交通枢纽的应急管理中具有十分重要的作用和意义。针对不同的紧急情况制定有效的应急预案，不仅可以指导应急行动按计划有序进行，帮助实现快速、有序、高效，还可以指导应急人员的日常培训和演习，保证各种应急资源处于良好的备战状态。因此，在应付灾害事件的过程中，预案具有消除隐患、及时出动、动态调整这三大功能，编制应急预案对于天津站综合交通枢纽的正常运营是很有必要的，而且是非常重要的。

12.5.2　应急预案的编制

一个完备的应急预案需要具备六个要素，遵守四个设计原则。

预案应具有的六个要素为：情景、客体、主体、目标、措施、方法。其中，情景为一切涉及预案编制和实施的有关灾害事件的情况和背景的总称；客体为预案实施的对象；主体为预案实施过程中的决策者、组织者和执行者等组织或个人；目标为预案实施所欲达到的目的或效果；措施为预案实施过程中所采取的方式、方法和手段。

预案设计的四个原则为：科学性、可操作性、动态性和系统性。

应急预案是针对可能发生的重大灾害事件所需的应急准备和应急行动而制定的指导性文件。预案按照处置灾害事件的过程可分为五个方面的要素，分别是方针与原则、总体策划、应急准备、应急响应和灾后恢复，其核心内容包括：预测、预警、职责分配、处置的基本方案、应急资源和灾害恢复。

应急预案的编制流程见图12-9。

综上所述，为保证枢纽在灾害情况下可以快速、有序、高效地进行抢险救灾，保证枢纽的正常运营。天津站综合交通枢纽控制指挥中心应按照上述要素、设计原则、编制流程等，依据《中华人民共和国安全生产法》、《生产安全事故报告和调查处理条例》、《国务院关于特大安全事故行政责任追究的规定》、《城市轨道交通运营管理办法》、《国家处置城市地铁事故灾难应急预案》、《天津市突发公共事件总体应急预案》、《天津市处置轨道交通突发事件应急预案》及有关法律法规，针对不同类型、不同等级的灾害事件编制应急预案，以保证在发生灾害事件的情况下抢险救灾工作的有效性。

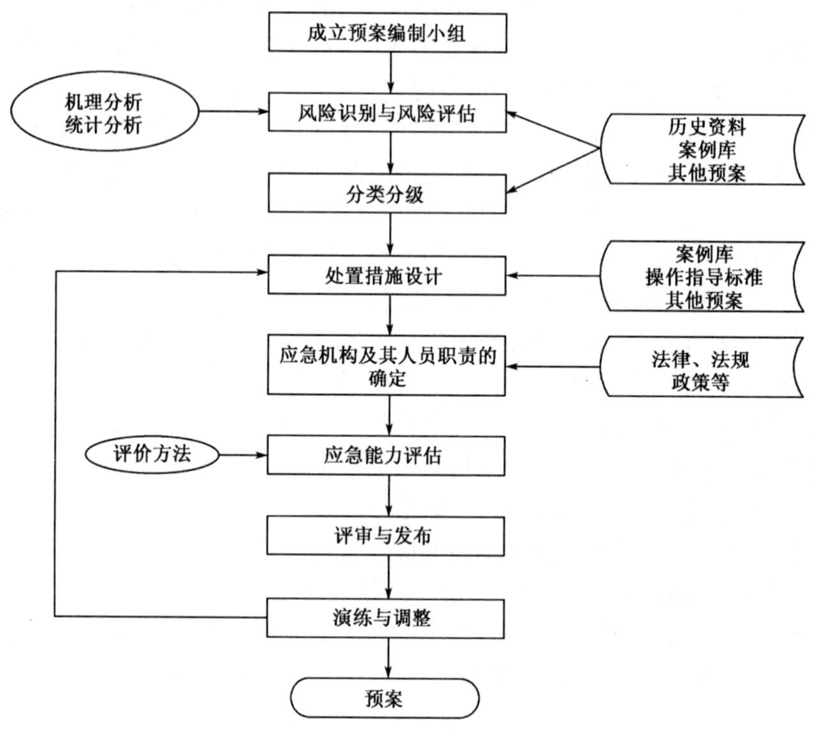

图12-9　预案的编制流程图

12.5.3　应急预案框架

1. 总则

该部分主要说明预案的编制目的、编制依据、适用范围等，并对突发事件进行分类分级。

(1)编制目的

(2)编制依据

依据《中华人民共和国安全生产法》、《生产安全事故报告和调查处理条例》、《国务院关于特大安全事故行政责任追究的规定》、《城市轨道交通运营管理办法》、《国家处置城市地铁事故灾难应急预案》、《天津市突发公共事件总体应急预案》、《天津市处置轨道交通突发事件应急预案》及有关法律法规，制定本预案。

(3)预案组成

依据国家和天津市预案体系制定本预案的组成。

(4)事件等级

不同的灾害事件类型需要不同的预案来应付，因此，必须先对事件进行分类分级，进而制定不同类型和不同级别的预案。事件的分类主要是根据事件的性质，对事件的分级主要是根据事件的八大要素：影响范围、危害/损失程度、扩散要素、时间要素、认知程度、社会影响程度、公众心理承受度和资源保障度。

(5)适用范围

适用范围中应说明本预案适用的范围。

2. 组织机构与职责

组织机构与人员职责的确定是预案编制的一个重要环节,在本部分应明确规定预案启动后不同环节或方面需要执行和实施预案的组织机构和人员职责。

(1)指挥机构及职责

(2)办事机构及职责

(3)成员单位及职责

(4)现场指挥部及职责

3. 监测预警

根据天津站综合交通枢纽工程运营突发事件的危害程度、发展情况和紧迫性等因素,制定预警级别、预警发布和解除、预警响应和预警变更等,其目的主要是及时提醒有关部门和公众采取预防措施。

(1)预警级别

(2)监测预警

(3)预警发布和解除

(4)预警响应

(5)预警变更

4. 应急响应

监测预警是对平时的预防工作提出指导意见,应急响应则主要规定突发事件爆发后的应对工作的指导原则,即分级响应,就是对不同级别的事件启动不同级别的应急预案,以使用与事件级别匹配的资源。

(1)先期处置

(2)分级响应

(3)应急结束

5. 信息管理

信息是应急管理工作顺利进行的一项重要保障,该部分对首报、续报和总报程序、报告内容等进行明确规定。

(1)信息报告程序

(2)信息报告内容

(3)信息发布和新闻报道

6. 后期处置

后期处置是应急管理的重要工作之一,主要内容是灾后的恢复重建、对预案、预防工作以及应急工作的总结,对原因的调查和对相关人员的监督检查与奖惩。

(1)恢复重建

(2)总结和调查评估

(3)监督检查与奖惩

7. 保障措施

该部分主要对顺利进行应急管理工作需要的保障措施作出规定。

(1)技术通信保障

(2)救援与装备保障

(3)队伍保障

(4)物资保障

(5)资金保障

8. 宣教、培训和演练

宣传教育、培训和演练是应急预案管理的一个重要环节,通过宣传教育、培训和演练可以从中查找问题并加以改进,以提高预案的合理性、有效性和可操作性。本部分需明确规定宣传教育、培训和演练的负责机构和面向对象和目的等。

(1)宣传教育

(2)培训

(3)演练

9. 附则

该部分主要是对内容的一些解释,可包括以下内容。

(1)名词术语

(2)预案管理

①预案制定;

②预案审查;

③预案修订;

④预案实施。

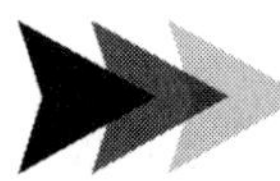

第十三章　天津站综合交通枢纽设备系统运营管理模式

天津站综合交通枢纽工程设备系统众多,包括通风空调系统、通信系统、供电及电力监控系统、给排水及消防系统、综合监控系统、广播系统、乘客资讯系统、自动扶梯系统等多个系统。这些设备系统,对运营阶段枢纽的正常安全运行将起到十分关键的作用,所以对设备系统运营管理模式的研究是至关重要的。

13.1　天津站综合交通枢纽设备系统构成

天津站综合交通枢纽工程设备系统众多,具体设备系统构成见图13-1。

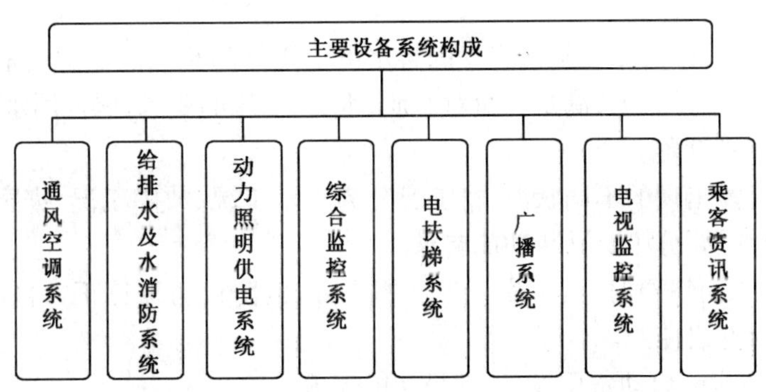

图13-1　枢纽设备系统构成

天津站综合交通枢纽运营阶段,设备系统要充分发挥其预期的功能,满足枢纽运营的需要。所以对设备系统构成的研究要在确定系统功能的基础上完成。

13.1.1　各设备系统功能

天津站综合交通枢纽工程设备系统功能要求,主要是从设备系统的一般功能要求以及在不同工况下的功能要求两方面进行研究。见图13-2。

1. 通风空调系统功能

1)基本功能

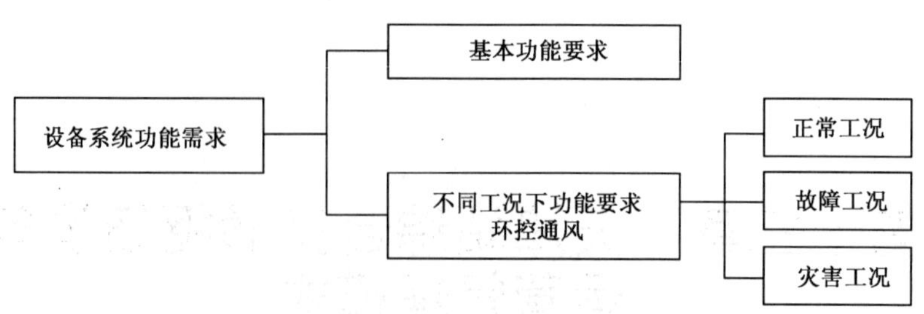

图 13-2　设备系统功能划分

通风空调系统应达到枢纽相关工程内部空气环境质量标准、满足人员的生理、心理条件要求并且在设备系统运行过程中,达到节能的目的。

2)不同工况下的功能要求

通风空调设备系统应在不同工况下满足相应的功能要求。

(1)正常工况:保证枢纽内部空气环境在规定的标准范围内满足空调季节小新风、全新风和非空调季节全通风工况,提供舒适的环境。根据运营时段、季节进行不同模式的调节、控制。

(2)故障工况:空调通风系统可以对阻塞隧道进行机械通风,为列车空调系统提供运行所需的空气冷却能力和新风量,向疏散的乘客提供足够的新鲜空气。

(3)灾害工况:根据不同地点发生火灾,对事发点采取有效的通风、排烟措施。

2. 给排水及水消防系统功能

1)基本功能

给水系统设置的任务,就是经济合理的将水由枢纽外部给水网输送到枢纽内部的各个生产、生活和水消防用水设备处,满足枢纽对水质、水量、水压的要求,保证用水可靠安全。

2)不同工况下的功能要求

根据枢纽内可能出现的不同状况,将工况分为正常工况、故障工况、灾害工况。在对各个设备系统进行设计时要分工况满足功能要求。

(1)正常工况:保证枢纽内日常生产生活用水,水消防设备保持正常自动控制状态,当火灾发生时可以及时开启使用。

(2)故障工况:能够启动备用设备,满足功能需求。

(3)灾害工况:水消防设备能提供可靠的水压和水量,各个相关设备可以正常开启(消防栓设备,自动喷淋设备),有效控制火势、消除火情。

3. 动力照明供电系统功能

1)基本功能

动力照明供电系统的功能包括为枢纽内子项工程的动力照明负荷(不含牵引负荷)提供可靠的电力供应;为各个用电负荷单位的用电设备进行电能分配和必要的计量;为实现供电系统自动化管理、调度及用电设备的自动化监控提供条件,如图 13-3 所示。

根据枢纽内可能出现的不同状况,将工况分为正常工况、故障工况、灾害工况。在满足上述功能的基础上,供电系统的功能应满足枢纽在三种不同工况下的电力供应要求,为项目各相关系统提供安全、可靠的电能。

2)不同工况下的功能要求

(1)正常工况:保证枢纽相关设备的用电可靠性,满足日常枢纽运营要求。

(2)故障工况:多路电源互为备用,当其中任一路电源失电时,可由另一路电源负责失电电源供电范围的全部负荷。

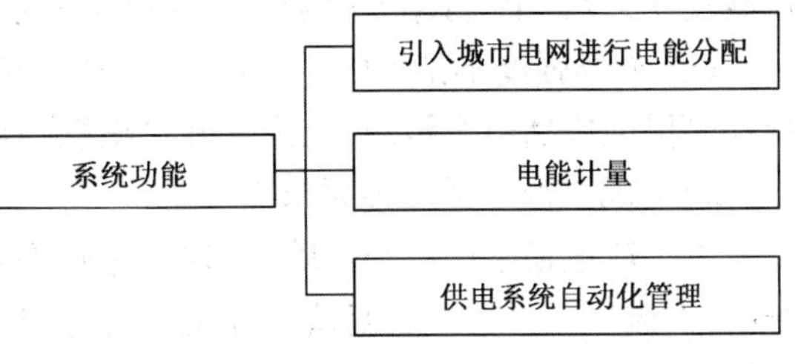

图13-3　动力照明供电系统功能

(3)灾害工况:火灾报警系统能及时发出信号,供电系统能及时的向消防设备供电进行灭火。在必要时,应停止枢纽各项目的正常运营,依靠各项目备用电源进行人员的疏散。

4.综合监控系统功能

天津站综合交通枢纽综合监控系统具有监控范围广、专业和设备多样化、数据量大、通信复杂等特点,枢纽综合监控系统功能包括以下几点:

(1)按一级保护对象设置火灾自动报警系统,自动监视枢纽火灾灾情并进行报警;启动防火、灭火设施及疏散标志系统;协助组织人员疏散、防止火灾发展和蔓延、控制和扑灭火灾。

(2)通过对环境参数的检测,对能耗进行统计分析,控制通风、空调设备优化运行,提高环境的舒适度,降低能源消耗;对环境参数及设备运行状况进行统计,实施设备维护管理趋势报告,提高设备管理效率;执行火灾模式。

(3)实现供电系统自动化管理、调度。

(4)具有中央和二级节点两级管理监控功能,可以由中央工作站、二级节点工作站、紧急控制盘发布控制命令或由程序自动判断执行及设备现场手动控制,并具有越级控制功能以及所需的各种扩展手段;遵循人工高于自动的优先级顺序;具备注册和权限设定功能。

5.电扶梯系统功能

(1)自动扶梯作为乘客出入车站的主要运输工具,是保证车站高效、快捷地疏散乘客的重要设备。自动扶梯的设计能力,能满足该车站远期超高峰客流量的需要,且要与人行楼梯统一考虑。

(2)垂直电梯应该满足残障人、老人、车站工作人员的使用,兼作物件运输使用。

(3)消防电梯是与客梯兼用,正常工况下可载客或运输货物,进入消防状态时,就具有消防功能。

6.广播系统功能

1)基本功能

天津站综合交通枢纽工程广播系统应能满足以下基本功能要求:

(1)能对控制权灵活设置多级优先级。

(2)控制指挥中心值班指挥长、环控(防灾)值班员通过各自的播音控制台可对全枢纽区域、选路进行广播。同时可根据需要选择监听任意区域的广播情况。

(3)二级控制室值班员可通过播音控制台对所管辖区域某指定分路或全部分路广播。

(4)播音设备应有自动、手动两种播音方式。

(5)本系统应具有任一信源经任一信道播向任一负载区广播的功能,并具有监听、检测、负载反馈显示、手/自动备机切换及故障告警功能。

(6)声场强度不论室内、室外均应大于环境噪声 10dB。负荷区各点的声场均匀度及混响指标应保证广播声音清晰、稳定。并可根据环境噪声自动调整音量。

2)不同工况下的功能要求

由于轨道换乘中心与铁路、地铁的运营均有直接的关系,是乘客换乘各种交通工具的中转场所,人流比较密集。针对轨道换乘中心可能出现的不同工况,广播系统在不同工况下的系统功能要求见表 13-1。

不同工况下的广播系统功能要求　　表 13-1

工　况	功 能 要 求
正常工况	广播公共信息,各线运营信息
灾害工况	配合车站人员进行乘客疏散等工作

7. 电视监控系统功能

1)基本功能

枢纽电视监控系统应实现以下基本功能:

(1)枢纽综合指挥中心对枢纽范围内各区域的日常监控,可选择本线任一摄像机的画面进行监视,可实现自动循环切换,手动切换和对摄像机的云台、焦距的控制。

(2)地铁 2、3、9 号线站台、站厅内的电视监控系统除满足枢纽综合指挥中心的需要外,还应满足各地铁线对该区域的监视需要。

(3)应能根据需要对监视图像进行录像存储。

(4)应能与门禁、综合监控等系统进行联动。

(5)应能通过接口与地铁各线、市应急指挥中心等部门电视监控系统互联,实现视频信息的共享。

2)不同工况下的功能要求

针对轨道换乘中心可能出现的不同工况,电视监控系统在不同工况下的系统功能要求见表 13-2。

不同工况下电视监控系统功能要求　　表 13-2

工　况	功 能 要 求
正常工况	监控该区域的运营情况
灾害工况	作为防灾调度、指挥抢险的指挥工具

8. 乘客资讯系统功能

乘客资讯系统基本功能:

(1)系统应具有标准接口,能接收有线电视系统、时钟系统的信号输入,并能兼容多种终端信息显示设备,如 PDP 显示屏、LED 显示屏等。

(2)系统能向旅客提供包括运营信息和新闻、天气、通告、视频广告等信息;系统应能打断原来时间表正在播放的内容,播放特别信息或者紧急信息。

(3)系统应具备紧急疏散引导显示程序。当事故发生时,操作员按下紧急按钮便能启动一系列的自动疏散程序。

(4)系统应具有网管功能,能监控至各终端显示节点的状态以确保系统正常,各项网管功能(参数设定、监视、维护、报警)应能在控制中心主机上实现,其网管主机还应能提供至中心综合信息管理系统的输出接口。

(5)系统能将智能交通系统提供的地面交通信息根据需要在各区域的显示屏上显示。

综上所述,设备系统功能汇总见表13-3。

设备系统功能汇总　　表13-3

设备系统	基本功能	不同工况下的功能要求
通风空调系统	满足空气环境质量标准	正常工况:满足不同时刻,季节的通风; 故障工况:机械通风,提供空气冷却和新鲜空气; 灾害工况:对事发地点采取有效通风、排烟
给排水和水消防系统	满足水质、水压、水量的要求	正常工况:提供可靠用水,水消防设备处于正常状态; 故障工况:备用设备可启用; 灾害工况:水消防设备正常开启,有效控制火势,消除火情
动力照明供电系统	引入城市电网电能;可计量;系统自动化管理	正常工况:保证用电可靠安全; 故障工况:多路电源互为备用; 灾害工况:报警信号及时发出,向消防设备提供电能
综合监控系统	火灾报警设备监控,电力监控	正常工况:对相关设备系统进行监控; 灾害工况:自动报警、监控火情;协助人员疏散,控制和扑灭火灾
电扶梯系统	满足高峰客流;垂直电梯满足残疾人、老人使用	正常工况:满足乘客的交通需要,可运输货物; 灾害工况:消防电梯与客梯兼用,具有消防功能
广播系统	对各个区域可灵活广播,可多极控制	正常工况:可全枢纽区域、选路进行广播;声音清晰、稳定; 灾害工况:消防联动的一个部分,具有优先权
电视监控系统	可图像监控;录取图像;信息共享	正常工况:日常监控; 灾害工况:可作为防灾调度、指挥抢险的指挥工具
乘客资讯系统	屏幕显示信息;兼容多种终端信息显示设备具有网管功能	正常工况:向乘客提供信息; 灾害工况:可终止正常广播,发布灾害信息;具有自动疏散程序,引导疏散

13.1.2　设备系统构成

根据上述设备系统的功能要求,各设备系统的设置构成如下详细阐述。

1. 通风空调系统

枢纽工程轨道换乘中心通风空调系统主要由以下七个子系统组成:

(1)公共区空调、通风(兼排烟)系统(简称大系统);

(2)设备及管理用房采暖、空调、通风(兼排烟)系统(简称小系统);
(3)空调制冷循环水系统(简称水系统);
(4)地铁各线区间隧道活塞/机械通风、排烟系统(简称隧道通风系统);
(5)地铁各线屏蔽门外车轨区域排热、排烟系统(简称排热系统);
(6)服务区采暖、空调、通风(兼排烟)系统(简称商业系统);
(7)出租车站通风(兼排烟)系统(简称出租车系统)。

轨道换乘中心通风空调设备系统构成见图13-4。

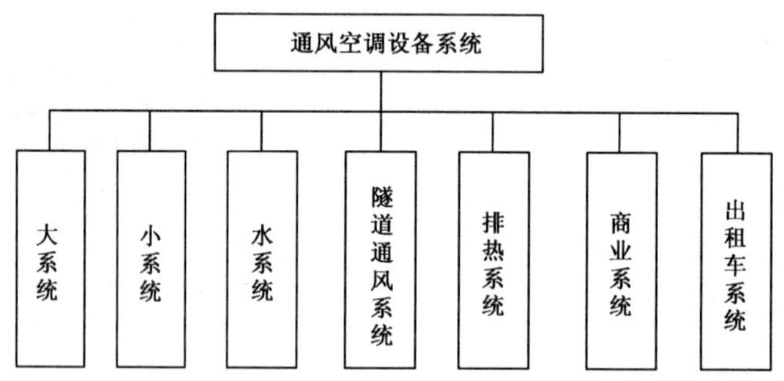

图13-4　通风空调设备系统构成

2. 给排水及水消防系统

天津站综合交通枢纽地铁2、3、9号线及京津城际铁路站房均位于天津站后广场,在后广场周围的新兆路上有DN500、DN600市政给水管各1根,新广路上有DN400市政给水管2根,华兴大街上有DN300市政给水管2根,可以为枢纽提供可靠的2路水源。新兆路上有ϕ300污水管1根,ϕ1200雨水管1根,可满足天津交通枢纽排水需求。

后广场改建后,市政给排水设施进行统筹规划,天津站综合交通枢纽工程给排水管路将与建成后的市政管网连接。

天津站综合交通枢纽给排水设备系统构成除上述引入管道外,主要由给排水设备为基础,提供日常生产生活用水,并且在紧急情况下提供水消防功能。给排水设备系统具体构成见图13-5。

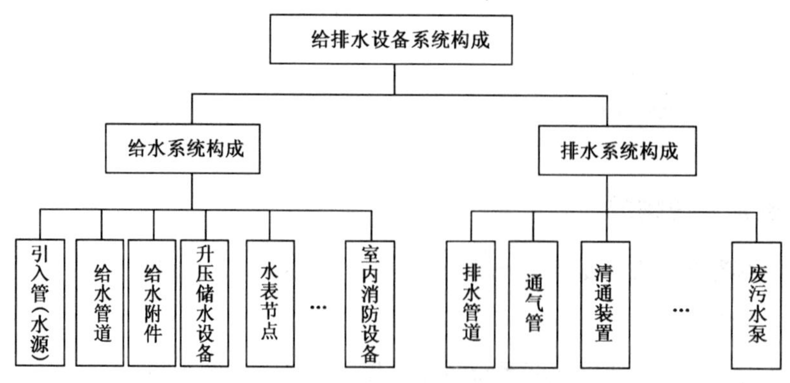

图13-5　给排水设备系统构成

3. 动力照明供电系统

天津站综合交通枢纽初步确定采用由电网引入 3 路 35kV 电源，在枢纽内设置 1 座 35/10kV 变电所，中压网络采用 10kV 配电的方案。其枢纽供电系统构成主要由城市电网，35/10kV 主所以及各个降压所等几大部分组成。具体包括：主变电所、中压网络、降压变电所、电力监控系统、动力照明、综合接地构成。轨道换乘中心设置多座降压变电所（独立降压所和跟随式降压变电所）。

轨道换乘中心降压变电所的供电范围为轨道换乘中心内除与地铁行车有直接关系的，设备系统以外的动力照明负荷及前后广场联络通道的动力照明负荷。轨道换乘中心共设置 8 座降压变电所，其中 4 座独立降压变电所、4 座跟随降压变电所。在各环控机房附近分别设置一座环控电控室，为环控负荷供电，其他动力负荷由变电所直供。按区域分布若干照明配电室，为照明负荷供电。

动力照明供电设备系统构成见图 13-6。

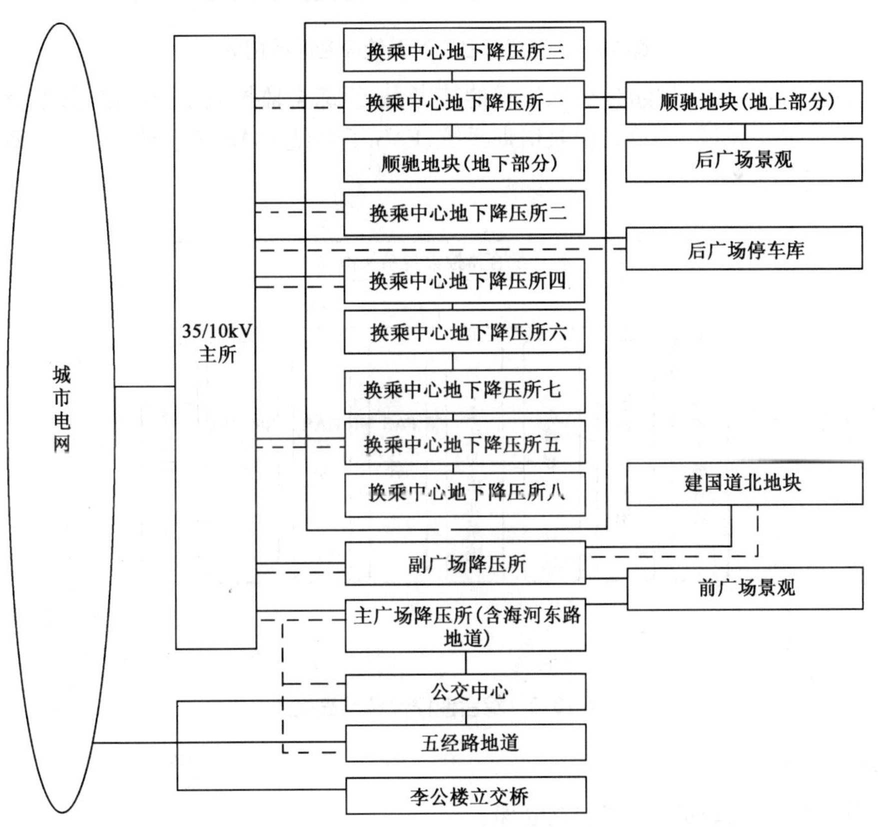

图 13-6　动力照明供电系统构成示意图

4. 综合监控系统

枢纽综合监控系统的控制体系由中央级综合监控系统和二级节点综合监控系统两级组成。两级系统组成见图 13-7。

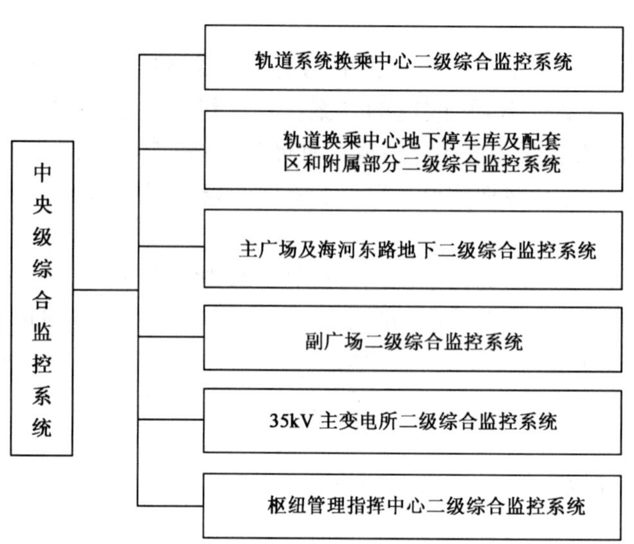

图 13-7 枢纽综合监控系统控制体系构成

结合天津站综合交通枢纽各子项工程的特点,枢纽综合监控系统由网络管理系统、设备维护系统、大屏幕显示系统、复示系统兼培训系统、FAS 子系统、BAS 子系统、SCADA 系统和互联系统组成。见图 13-8。

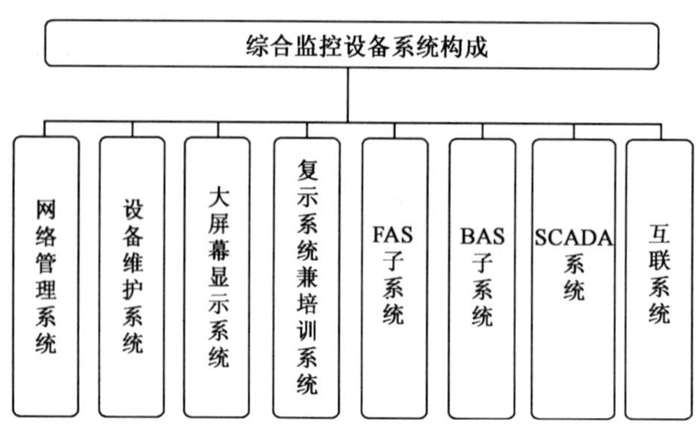

图 13-8 综合监控设备系统构成

5. 电扶梯系统

电扶梯系统包括自动电梯和垂直电梯。

(1)各工程在出入口处,自动扶梯采用全室外型。轨道换乘中心工程除出入口外的自动扶梯均采用只具有防水、防尘功能的室外型自动扶梯。其他子项工程主体内的扶梯均采用室内型。

(2)为满足残疾人的方便快捷使用,采用垂直扶梯。

(3)轨道换乘中心内设置一部消防梯。

6. 广播系统

广播系统由控制指挥中心广播设备、二级节点广播设备和传输通道组成。控制指挥中心广播设备与二级节点广播设备通过传输通道连接，其中传输通道采用以太网通道，由传输系统提供。

(1)控制指挥中心广播设备。

管理控制中心广播设备主要由广播控制台及中心控制设备组成。

中央控制设备包括广播控制、网络管理、传输接口、录音等设备，具有处理各种选叫、监视测试装置等功能。

(2)二级节点设备。

二级节点设备包括广播控制台、广播控制及功放机柜、录音设备、扬声器及噪音传感器等。

广播设备系统构成见图13-9。

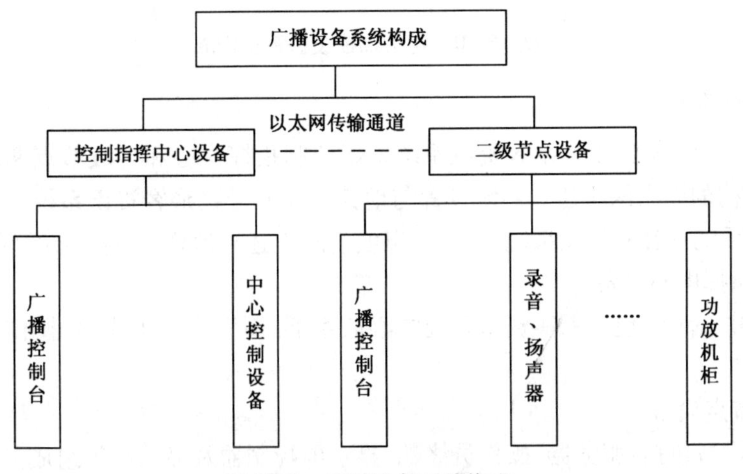

图13-9 广播设备系统构成

7. 电视监控系统

电视监控系统由控制指挥中心系统设备、二级节点设备构成。

(1)控制指挥中心系统设备。

广播控制指挥中心CCTV系统主要由1000M以太网交换机、视频服务器主机、监视控制终端、硬盘录像机构成。为将图像发送到中心大屏幕系统，还需设置视频解码设备。

在控制指挥中心环控(防灾)值班员、电力值班员、值班指挥长处各设置一台监控终端，并可根据需要灵活增加监控终端。

(2)二级节点设备。

二级节点设备主要由1000M以太网交换机、监视控制终端、摄像头、视频编解码器和硬盘录像机构成。

电视监控设备系统构成见图13-10。

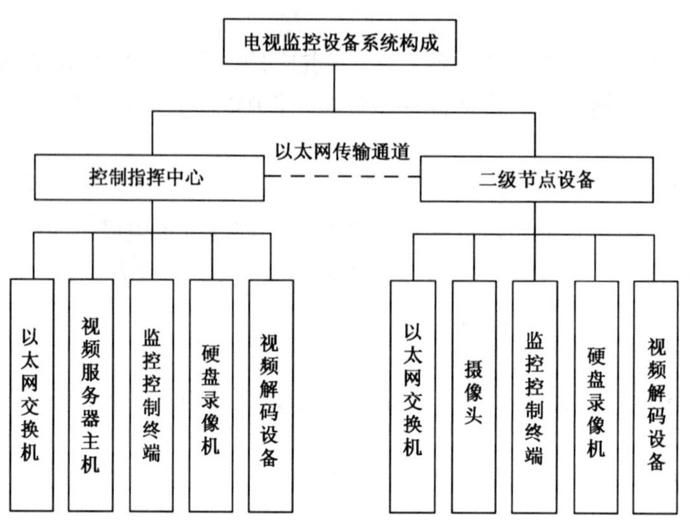

图 13-10 电视监控设备系统构成

8. 乘客资讯系统

天津站综合交通枢纽工程乘客资讯系统采用控制指挥中心和二级节点两级结构，整个系统采用 C/S 结构的以太网组建。系统设置与地铁 2、3、9 号线乘客资讯系统和城际铁路、普速铁路到发通告系统及公交相关系统的接口，以实现对上述各地铁、铁路运行信息的显示。

(1)控制指挥中心设备。

控制指挥中心设备包括乘客资讯系统中心服务器、网管维护工作站、操作员终端、数字视频设备等组成。

(2)二级节点设备。

二级节点设备包括：服务器、操作员终端、显示屏控制器及显示屏等组成。

乘客资讯设备系统构成见图 13-11。

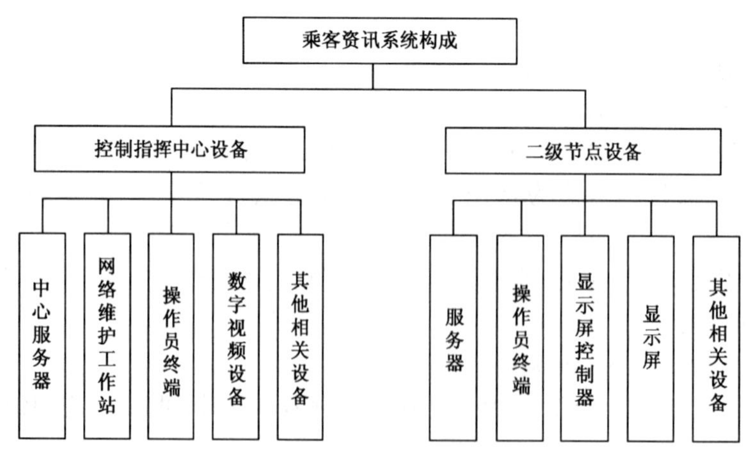

图 13-11 乘客资讯设备系统构成

13.2　天津站综合交通枢纽设备系统运营管理模式比选

13.2.1　设备系统运营管理目标

天津站综合交通枢纽在建筑结构上将普速铁路、城际快速铁路、市内轨道交通、周边市政设施有效的结合为一个整体，整个项目涉及多方投资主体。工程各子项建筑规模庞大、各种设备系统繁杂且使用性质不同，设备系统的有序高效运转将有利于整个枢纽的运营管理。作为准公共项目，天津站综合交通枢纽的设备系统的运营管理要遵循社会效应与经济效应并重的原则，保证设备系统以最低的成本满足最大的需求。设备系统管理目标如图 13-12 所示。

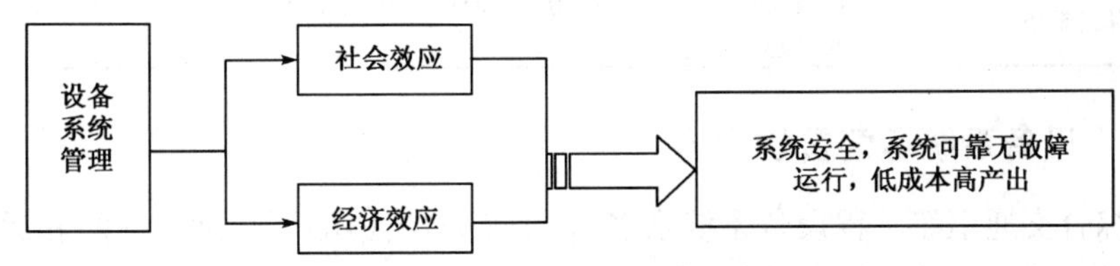

图 13-12　设备系统管理目标

1. 社会效应

天津站综合交通枢纽工程是天津市重点建设的基础设施项目，社会各方对枢纽运营阶段是否能安全、高效的运行极为重视。而枢纽的设备系统运营管理模式将直接影响到整个枢纽的运营管理状况，所以对设备系统管理就要充分反映项目的本质，使其充分发挥社会效应，满足社会需求。设备系统在运营中，要以设备的安全运行为基础，保证设备可靠无故障运行。如供电系统运行要满足可靠，不间断供电的要求，并且能够满足不同工况下的功能需求。

2. 经济效应

作为准经营性项目，枢纽内各个设备系统的运营也要注重经济效益，充分考虑到设施的全生命周期成本，在设备选型阶段，考虑设备的技术经济性能，在设备运营阶段，合理的确定产权减少因信息不对称而产生的高额交易费用，并以设备可靠性运营为准则，制定设备的维护管理方案。目的就是最终使设备系统从选型、安装、运行到报废的全生命周期内成本最低，使设备的社会效应和经济效应达到的辩证统一。

13.2.2　设备系统运营管理范围

天津站综合交通枢纽工程设备系统众多，枢纽运营管理公司负责管理的设备系统及其所涉及的子项工程见表 13-4。

设备系统运营管理范围汇总　　表 13-4

设备系统	涉及的主要子项工程
通风空调系统	轨道换乘中心、前后广场联系通道、副广场、主广场地下工程及海河东路地道、35kV 主变电所工程和天津站改扩建工程等子项工程
给排水及水消防系统	轨道换乘中心、前后广场联系通道、顺驰地块地下、副广场地下、海河东路地道及主广场地下、前后广场景观等子项工程

续上表

设 备 系 统	涉及的主要子项工程
动力照明供电系统	变电所(主变电所,降压变电所)、轨道换乘中心及前后广场联络通道、顺驰地块地下、海河东路及主广场、副广场、管理指挥中心、前后景观等子项工程
综合监控系统	轨道换乘中心、公交中心、35kV 主变电所、海河东路地道及主广场地下、控制指挥中心、副广场地下、前后广场联系通道、前后广场景观工程等子项工程
电扶梯系统	轨道换乘中心、海河东路地道及主广场地下、副广场地下、前后广场联系通道、顺驰地块地下等子项工程
广播系统	轨道换乘中心、海河东路地道及主广场、副广场、前后广场联系通道、公交中心、天津站改扩建工程等子项工程
电视监控系统	轨道换乘中心、前后广场联系通道、海河东路地道、五经路地道、主广场、副广场、停车配套楼、公交枢纽、35kV 主变电所和天津站改扩建工程等子项工程
乘客资讯系统	轨道换乘中心、前后广场联系通道、海河东路地道及主广场、副广场、公交中心、天津站改扩建工程等子项工程

13.2.3 设备系统运营管理内容

天津站综合交通枢纽工程设备系统众多,各个系统的使用目的,运营时间和运营方式各不相同。但从设备系统的管理要素分析,枢纽运营管理公司对设备系统管理的主要工作包括设备系统规划管理,设备系统在不同工况下的控制管理、设备系统维护管理、设备系统接口管理以及岗位设置等几部分内容。

1. 设备系统规划管理

设备系统规划主要目的是为了在运营阶段使设备系统有效的满足功能要求而进行的一系列活动,包括设备系统的各种管理机制等。设备系统的管理规划,可分为两大类:战略规划和战术规划。

(1)战略规划:反映设备系统长期管理,根据社会经济的发展,满足枢纽长期战略发展规划,由枢纽运营公司高层管理者制定设备系统的战略规划。

(2)战术规划:反映设备系统的技术层面,涉及技术管理层,他们具体负责设施管理。战术规划的重点是建立枢纽内部设备系统的网级要求,包括具体运营、维修和更新等具体规划,评估设备系统的各种预算,预测未来需求等。

一个完整的设备系统规划必须将设计、建设与运营期内的维护,修复和更新、更换集合成一体,从全生命周期设施管理的角度对设备系统进行管理规划,满足枢纽长期发展战略。

设备系统规划管理的内容总结见图 13-13。

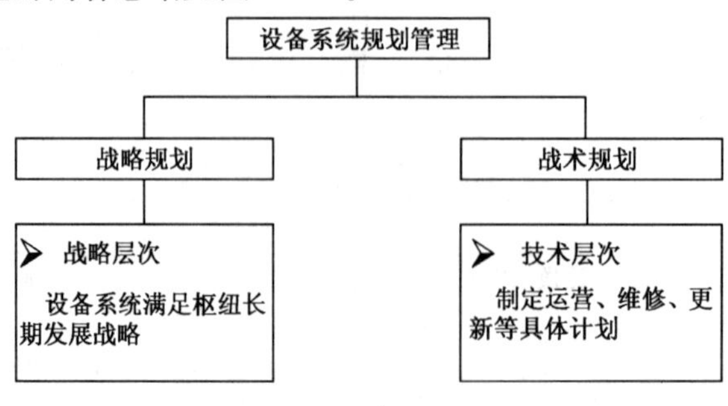

图 13-13　设备系统规划管理

2. 设备系统运行控制

天津站综合交通枢纽是目前国内在建项目功能最齐备、科技含量最高的大型工程之一，设备系统集成技术复杂，运营阶段对设备系统的控制复杂。设备系统控制模式将工况基本分为正常工况、灾害工况两种类别。根据设备系统具体情况，某些设备系统除上述两种工况外，还包括故障工况。设备系统的运行控制在满足设备系统的基本功能外，当面对不同工况时，枢纽运营管理公司应建立相应的设备系统控制模式，保证枢纽正常运行。

设备系统运营控制具体分类见图 13-14。

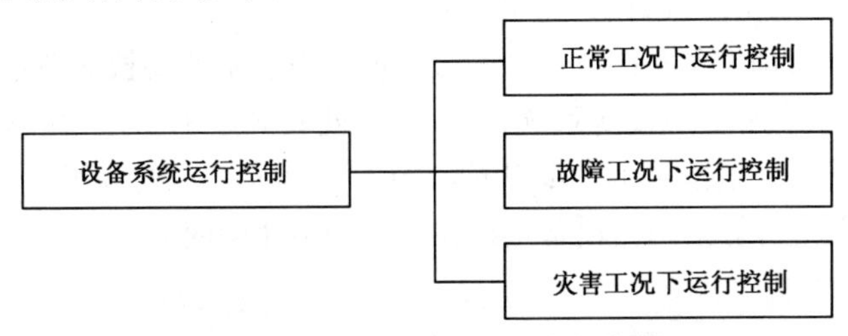

图 13-14　设备系统运行控制分类

3. 维护管理

在设备全生命周期管理工作中，坚持使用、维护与计划检修相结合，修理、改造与创新相结合，专业管理与全员管理相结合，技术管理与经济管理相结合的原则，运用技术、经济、法律的手段，管好、用好、修好、改造好设备，不断改善和提高枢纽设备系统的功能，提高相关人员的职业能力，充分发挥各设备效能，从设备系统全生命周期的角度达到良好的运营效益。

设备系统的维护管理是设备运行成本中的重要组成部分，维护管理主要分为两部分即设备系统日常养护管理和设备系统改造升级管理，如图 13-15 所示。

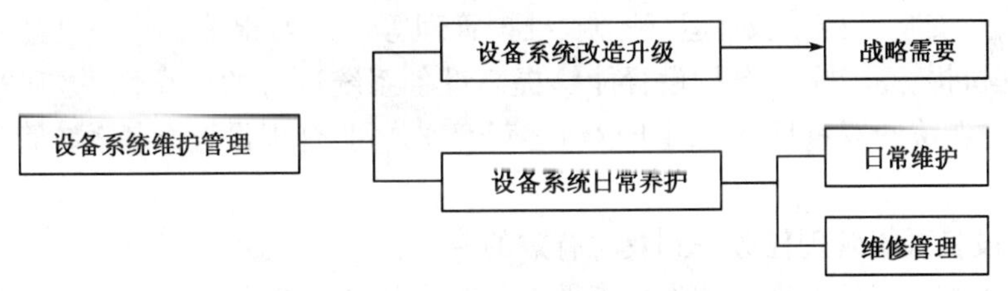

图 13-15　设备系统维护管理分类

(1)设备系统日常养护管理。

日常设备系统养护管理包括日常维护和维修。设备系统的日常维护管理应以设备可靠性运行和全面质量管理理论为基础，通过制定计划，从事后的系统维修转到事先的系统质量监控，使设备系统的运行按照严格的质量管理方针进行管理，保证设备系统的可靠运行，减少设备大规模维修成本。

设备系统维修模式应在保证安全运营的前提下，引入市场竞争机制，科学、合理地选择维保模式，追求以最小的资源投入和最佳的配置模式实现综合效益的最优化，同时积极规避风险，采取集约化运作策略，努力实现设备系统运营管理的可持续发展。设备系统维护管理的模式基本分为两种，一是通过组建枢纽设备系统维修机构来完成维护管理工作；另一种模式是将设备系统维护工作外包，委托社会专业组织对设备系统维护进行管理，充分利用外部资源，降低维护管理费用。维护方案划分见图 13-16。

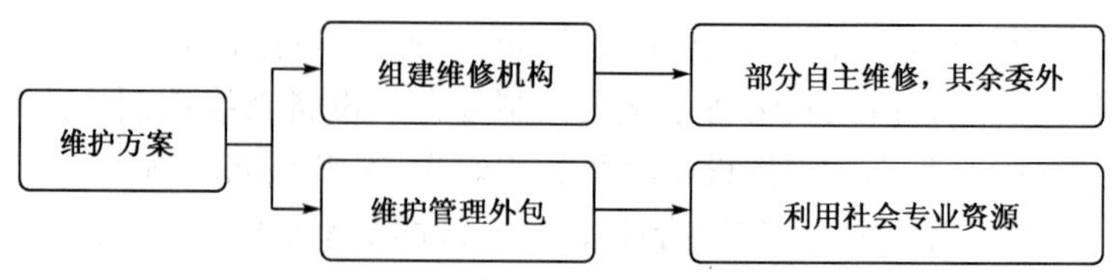

图 13-16　设备系统维护方案划分

(2)设备系统维护的持续改善(改造和升级)。

设备系统修复管理,即设备系统改造和升级。枢纽设备系统要长期满足枢纽长期发展战略,不能只简单地在某种状态下养护设备系统,仅仅为了使其满足枢纽运营的短期需求。从枢纽运营发展战略的角度,就需要根据技术进步以及新的功能需求不断的升级,改善设备系统,从而适应不断变化的服务需求。因此,枢纽设备系统在其整个生命期内会以不同的结构和形式出现。

4. 接口管理

天津站综合交通枢纽设备系统的建设和运营是一项多专业、多单位的系统工程。接口普遍存在于地铁,国铁及市政等子项工程中,工程技术复杂、结合部位多,各个投资主体对设备系统管理范围的划分界限不清楚。为了保证设备系统在全生命周期内的低成本高效运行,应推行和加强设备系统的接口管理,建立合理的解决各类接口问题的管理程序体系,划分各投资主体工作范围,明确权责,形成制度。当出现问题时,有关部门和人员可以对相应的设备系统负责,使与设备系统有关的各方能及时传递信息,实现信息共享,提高工作效率,降低交易成本。

5. 管理岗位设置

为了满足设备系统的正常运行,枢纽运营管理公司要成立专门管理设备系统的专职机构,负责设备系统从安装、设备规划、运行控制、维护管理等一系列相关工作。通过建立一个强有力的设备管理机构、逐步完善岗位设置能够提高设备系统运行的可靠性,提升枢纽的运营能力,满足社会与经济的双重目标。对于枢纽运营管理公司,合理设置设备系统管理岗位的意义具体表现在:

(1)能使设备系统管理任务得到及时有效的落实;

(2)有利于枢纽高层管理者和设备管理人员明确各自职责;

(3)有利于设备管理工作的目标分解,达到预期的设备系统运行效果;

(4)加强枢纽运营管理公司岗位管理的有效性。

综上所述,设备系统运营管理内容见汇总表 13-5。

设备系统管理内容　　表 13-5

设备系统管理内容	分 析 解 释
规划管理	战略规划,战术规划
运行控制	满足不同工况要求的系统控制模式
维护管理	为设备安全,可靠运行提供保障
接口管理	明确接口的责任和权利,建立合理的解决各类接口问题的管理程序体系
岗位设置	为满足各种设备系统管理职能进行人员岗位配备

设备系统的运营管理的重点就是要从全生命周期设施管理理论出发，实现设备系统的低投入、高效能产出的运行模式，不断的追求运营效率提高和运营成本的降低，见图13-17。

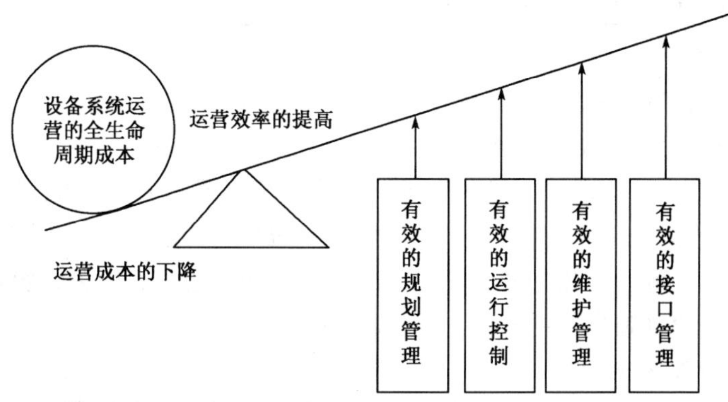

图13-17　基于全生命周期成本的设备系统管理示意图

13.2.4　设备系统运营管理方式选择

设备系统运营管理方式的研究均是在各线轨道、道岔、路基、隧道及其附属设施信号系统ATC设备、轨道电路、道岔设备、联锁设备、接触轨网、屏蔽门、隧道通风系统（TVF与U/O系统、射流风机）、AFC等系统，原则上由各线负责其相应运营管理工作的基础上进行的。

1. 备选方案

根据天津站设备系统的复杂程度，以及设备系统的建设的多元投资主体等具体情况，提出了两大类备选设备系统的运营管理方式：大集中运营管理模式和分散运营管理模式。

（1）大集中运营管理模式。

大集中模式是指为保证项目顺利的实施，天津城投建设有限公司负责建设，统一协调、统筹安排各设备系统的采购、安装和调试，各业主协议分摊建设费用。运营阶段，枢纽运营管理公司对确定范围内的设备系统统一监视、控制设备系统的运行状态，并对确定范围内的设备系统进行维护管理工作。

（2）分散运营管理模式。

分散运营管理模式是指轨道换乘中心设备系统的采购、建设、安装和调试以及设备系统运行管理都由各个相关投资主体自行负责，枢纽运营公司仅对轨道换乘中心地下一层的设备系统进行统一管理，并在运营阶段监视、控制公共区域内设备系统的运行状态。其他相关工程由各个投资主体自行负责管理。

大集中模式与分散模式下的设备系统运营管理汇总见表13-6。

设备系统运营管理模式　　表13-6

运营管理模式	模式解释
大集中模式	投资分摊：城投建设有限公司统一建设，各业主分摊费用 运营管理：枢纽运营管理公司负责运营阶段的相关管理工作
分散模式	投资分摊：公共区域——城投有限公司建设，各业主分摊费用；其他区域——各投资主体自行建设 运营管理：公共区域——枢纽运营管理公司负责管理；其他区域——各个投资主体自行管理

2. 备选方案比选要素

针对上述两种不同运营管理模式,提出以下方案比选要素:

(1)投资分摊模式。

大集中模式:运营管理模式研究的初步成果,经征求各投资方意见,在大集中模式下,由天津城投建设有限公司负责系统设备建设,各相关业主分摊建设费用。在设备的选择上,尽量采用常见通用型设备。尽量与地铁2、3、9号线设备系统统一或具有良好的兼容性,这样可以充分利用地铁现有的维护力量以及备品备件库存场地,减少了交通枢纽的工作人员和占地。

分散模式:公共区域及市政区域的设备系统由天津城投建设有限公司负责建设,各业主协议分摊建设费用;各业主独自使用的部分,其设备系统由各业主建设。

(2)设备系统控制模式。

设备系统控制模式的制定,主要是根据可能出现的不同工况而制定的。

大集中模式:在正常工况下,各个二级监控室监控枢纽运营管理公司管理范围内的设备系统运行情况,并且相应的信息显示在枢纽指挥控制中心。设备系统的控制通常是采用手动控制和自动控制两种。在灾害工况下,相应的设备系统报警信号传至相应的综合监控室,系统设备由枢纽控制指挥中心监控。在该模式下,设备系统协调控制,统一管理。

分散模式:在正常工况下,部分设备系统由枢纽运营管理公司控制,其余归各个投资主体自行控制管理。在灾害工况下,统一由枢纽控制指挥中心负责协调控制。

(3)维护管理模式。

大集中模式:对于设备系统的维护、维修,大集中模式由枢纽运营管理公司统一管理,靠商业开发和广告开发及由各业主分摊维护费用。并采用两种可行的维护方案:委托社会企业维护和组建枢纽维修机构。

分散方式;自建设备系统由各业主分别维护;枢纽运营管理公司管理范围内的设备系统由枢纽维护或委外维护,靠商业开发和广告开发及由各业主分摊维护费用。

(4)接口管理。

大集中模式:枢纽站地下四层与京津城际接口界面均设在京津城际地下出入口处,设备系统相互独立,地下四层作为整体考虑;综合配套楼、地面公交中心及其他枢纽内的单体建筑设备系统独立考虑,其内部的广播、电视监控、乘客资讯及控制系统均与枢纽控制指挥中心有接口;广播、电视监控、乘客资讯及控制系统与各线控制中心设有接口,在枢纽监控范围内的灾害(或事故)状态下,由枢纽指挥中心向各线控制中心发送信息,双方按既定模式完成设备系统的配合工作。

分散模式:采用该方案枢纽站地下四层与京津城际各设备系统接口界面均设在京津城际地下出入口处;综合配套楼、地面公交中心及其他枢纽内的单体建筑设备系统独立考虑,其内部的广播、电视监控、乘客资讯及控制系统均与枢纽控制指挥中心有接口;地下一层设备系统均独立设置,地铁各线界面划分按照各线站台围护结构边界划分,公共换乘部分可由某线考虑或独立考虑,各线分摊费用;各线广播、电视监控、乘客资讯及控制系统与枢纽控制指挥中心设有接口,在地铁范围内的灾害(或事故)状态,由各线控制中心向枢纽综合指挥中心发送信息,双方按既定模式完成设备系统的配合工作。

根据比选要素，两种模式下的运营管理汇总见表13-7。

大集中和分散模式下的设备系统运营管理模式备选方案要素分析汇总　　表13-7

备选要素	大集中运营管理模式	分散运营管理模式
投资分摊模式	城投建设，费用各个业主分摊	城投负责公共区域，建设独立部分各个业主自行建设
设备系统控制模式	枢纽管理单位在不同工况下统一控制、调度	正常工况下局部采取统一控制，火灾工况下统一控制、调度
维护管理模式	枢纽运营管理公司统一维护管理，采用外包或自修方式	枢纽运营管理公司负责公共区域的维护管理，自建部分各投资主体自行维护管理
接口管理	轨道换乘中心地下四层设备系统总体考虑，集中管理，其余各单项工程设备系统独立考虑	轨道换乘中心地下一层设备系统独立成系统，采取分散管理

3. 方案比选结论

通过对设备系统两类运营管理方式的分析，可以看出大集中管理模式下的设备系统的投资主体明确、产权清晰、使用方明确、能够使设备系统得到合理的利用，达到预期功能目标；设备系统功能需求明确，系统兼容性和可靠性高，有助于枢纽的高效运行，取得社会效应与经济效应的双赢。所以，天津站设备系统运营管理模式采用大集中模式。见表13-8。

大集中设备系统运营管理模式　　表13-8

模式 / 相关要素	大集中模式
投资分摊模式	推荐由城投建设公司统筹建设，由各业主按协议分摊建设费用
控制模式	成立枢纽运营单位，在不同工况下对设备系统进行集中控制
维护模式	推荐委托社会专业化企业对系统进行维护或成立枢纽维修机构
接口管理	根据接口划分范围，由枢纽运营管理公司与各投资主体进行分别管理

4. 大集中模式下设备系统运营管理模式

根据上述比选，最终选择大集中模式的设备系统运营管理。在大集中模式下各设备系统运营管理方式及优点见表13-9。

大集中模式下各设备系统运营管理模式汇总　　表13-9

设备系统	大集中模式下运营管理模式	大集中模式优点
通风空调系统	（1）城际站房投资建设由改扩建工程公司负担； （2）轨道换乘中心各层设置统一的通风空调系统，由枢纽运营管理公司统一管理； （3）其他研究范围内的子项工程内部系统各自独立设置，管理工作由枢纽管理公司统一管理。在灾害工况下，统一指挥控制	（1）系统构成简捷，接口清晰； （2）由一家建设单位统一组织实施，建设管理方便； （3）没有重复投资，节省投资； （4）可满足正常工况和灾害工况的需要； （5）由一家维护单位负责，责任清晰； （6）有效减少BAS系统的控制对象，紧急情况下系统的反应时间较短

续上表

设备系统	大集中模式下运营管理模式	大集中模式优点
给排水及水消防系统	(1)换乘中心消防分为3个系统:①地下一层单独设置消火栓消防泵房和消火栓消防管道,形成独立的消火栓消防系统;地下二、三、四层单独设置消火栓消防管道,形成独立的消火栓消防系统;②地下一、二、三、四层集中设置喷淋消防泵房和喷淋消防管道,各层和各消防分区形成独立的喷淋消防系统;③各个电器房间集中设置一套细水雾自动喷水灭火系统; (2)其他子项各自独立设置消火栓系统和自动喷淋灭火系统。(前后广场联系通道除外),建议由综合监控系统监控,必要时进行联动	(1)管线布局比较合理,降低运营能耗和费用,管道及设备安装比较方便; (2)与市政自来水接口少,相应的配套工程少; (3)可满足各功能区的给排水要求; (4)给水及水消防为一套整体性工程,接口关系较好的处理
动力照明供电系统	采用集中由城市电网供电的方案,建设一座35/10kV主变电站为整个枢纽供电,主变电站所采用三路电源受电,设置多座降压变电所;由枢纽运营单位统一管理,城东供电局管理枢纽主变电所;公交中心、五经路地道、李公楼立交桥等项目由城市电网直接供电	(1)城市电网供电,供电可靠性有保障; (2)与外界供电系统接口只有一个,管理控制方便; (3)自动化管理水平高,供电系统稳定,可靠
综合监控系统	枢纽综合监控系统实行三级控制(枢纽指挥控制中心、二级节点、设备现场)、两级管理(枢纽综合指挥中心、二级节点);对枢纽FAS系统、BAS系统、SCADA系统集成为综合监控系统,由枢纽控制指挥中心集中监控管理;在中央级和二级节点与广播系统(PA)、电视监控系统(CCTV)、门禁系统(ACS)、乘客资讯系统(PIS)进行互联,同时中央级与时钟系统互联,以便使综合监控系统的时钟与枢纽各系统实现时钟同步	(1)火灾时统一指挥,便于调度; (2)无需地铁各线之间的接口,接口管理较简单; (3)节点站内火灾由一个综合监控系统报警及联动控制
电扶梯系统	在换乘中心成立一个二级节点综合监控系统,2、3、9号线工程及公共区内的电扶梯均由换乘中心工作人员管理,由换乘中心综合监控系统控制。轨道换乘中心内除了城际铁路自动扶梯外的所有电扶梯均由换乘中心管理与控制	(1)可满足不同工况的需要,优先级划分便利,可有效避免各线相互干扰; (2)由一家维护单位负责,责任清晰; (3)由一家建设单位组织施工,建设管理方便; (4)系统构成简洁,接口少; (5)无重复投资,节省投资
广播系统	(1)轨道换乘中心地下各层区域内所需广播系统作为一个整体考虑设置。轨道换乘中心内的广播系统可考虑与海河东路地道及主广场、副广场、前后广场联系通道的系统统一考虑; (2)天津站改扩建工程的广播系统推荐独立设置,但通过接口与海河东路地道及主广场、副广场、前后广场联系通道的广播系统互联互通; (3)公交中心的广播系统也宜采用独立设置,通过接口与其他区域的广播系统互联; (4)停车配套楼、35kV主变电所、五经路地道、李公楼立交桥独立成系统,不与其他系统互联	(1)可满足正常工况和灾害工况的需要,优先级划分便利,可有效避免各线相互干扰; (2)由一家维护单位负责,责任清晰; (3)由一家建设单位统一组织实施,建设管理方便; (4)系统构成简捷,接口清晰; (5)没有重复投资,节省投资

续上表

设备系统	大集中模式下运营管理模式	大集中模式优点
电视监控系统	(1)轨道换乘中心区域内所需电视监控系统作为一个整体考虑设置。轨道换乘中心与海河东路地道及主广场、副广场、前后广场联系通道的电视监视系统可按照一套系统统一设置; (2)天津站改扩建工程的电视监视系统推荐独立设置,但通过接口互联互通; (3)公交中心的广播系统采用独立设置通过接口与其他区域的广播系统互联的方式; (4)综合配套楼、35kV主变电所、五经路地道、李公楼立交桥电视监视系统均可考虑自成系统,不与其他区域的电视监视系统互联	(1)可满足正常工况和灾害工况的需要,控制优先级划分便利; (2)由一家维护单位负责,责任清晰; (3)由一家建设单位统一组织实施,建设管理方便; (4)系统构成简捷,接口清晰; (5)没有重复投资,节省投资
乘客资讯系统	(1)轨道换乘中心地下各层区域内所需乘客资讯系统作为一个整体考虑设置。轨道换乘中心内的乘客资讯系统可考虑与海河东路地道及主广场、副广场、前后广场联系通道的系统统一考虑; (2)天津站改扩建工程的广播系统推荐独立设置,但通过接口与海河东路地道及主广场、副广场、前后广场联系通道的广播系统互联互通; (3)公交中心的广播系统也宜采用独立设置通过接口与其他区域的广播系统互联; (4)停车配套楼、35kV主变电所、五经路地道、李公楼立交桥独立成系统,不与其他系统互联	(1)可满足正常工况和灾害工况的需要; (2)由一家维护单位负责,责任清晰; (3)由一家建设单位统一组织实施,建设管理方便; (4)系统构成简捷,接口清晰; (5)没有重复投资,节省投资

13.3 天津站综合交通枢纽设备系统运营管理方案

13.3.1 大集中模式下设备系统运营管理组织

1. 大集中模式下设备系统运营管理组织机构设置原则

根据天津站综合交通枢纽工程的具体情况以及设备系统采用大集中的运营管理模式,对设备系统运营管理组织机构的设置,基于以下几点原则:

(1)体现统一领导原则。

建立枢纽设备系统运营管理机构应根据现代化,社会化大生产的要求,加强枢纽设备系统的集中统一指挥,达到预期控制目标。统一的原则,在组织理论范畴一般指统一控制和协调一致,该原则有利于处理枢纽设备系统相关部门间的关系。

设备系统管理组织统一指挥与协调枢纽内各个投资主体的设备系统,负责设备系统规划、购置、使用、维护、修理等各项工作,使设备系统正常、有序地进行。

(2)有利于目标管理、有效与精简的原则。

设备系统管理组织应有利于实现枢纽运营目标与设备系统的分目标的实现,力求精干、简单、高效、节约。对于设备系统管理而言,就是要从全生命周期设施管理的角度出发,消耗最少的资金和能源来争取较高的设备技术和利用状况，保证枢纽的可持续发展。

（3）既要合理分工，又要注意相互协作，贯彻责权利相统一的原则。

设备系统的机构应从各项管理职能的业务出发，划清职责范围，并在此基础上加强协作。由于各个设备系统和各个专业管理之间都有内在联系。因此，设备系统管理组织必须注意它们之间的横向联系。同时，设备系统管理组织的责、权、利要统一。责任到人就要权利到人，不能有权无责，也不能有责无权。

天津站综合交通枢纽设备众多，设备系统管理是一项综合的管理工程，既要包括事物形态管理，又要包括价值形态管理。因此，除设备管理部门负责设备购置、安装、运营使用、维护、修理、改造等各项工作外，枢纽的财务、人力资源部等部门应相应得承担责任，从各自的角色对设备系统管理提供支持。

（4）贯彻设备系统综合管理基本制度要求。

枢纽设备系统管理组织应当体现设计、运营、维护相结合，维护与计划检修相结合，修理、改造与更新相结合，专业管理与群众管理相结合，技术管理与经济管理相结合等内容。

综上所述，设备系统管理组织设置的总体原则见表 13-10。

设备系统管理组织总体原则 表 13-10

设 置 原 则	原 则 解 释
统一领导	统一管理，统一控制
目标管理、有效与精简	组织结构精简，扁平化
合理分工，相互协作，责权利相统一	职、责、权、利分明
综合管理	管理、技术、经济三位一体

2. 设备系统运营管理组织机构构成

1）设备系统运营管理组织机构构成

通过以上对全生命周期设施管理理论的界定和组织设置原则制定，枢纽运营管理公司建立设备部，由枢纽运营管理公司领导。部门内部设置设备规划科、综合运营维护科及设备大修委托组织，并根据不同设备系统特点设置相应的工作班组。设备系统运营管理组织设置如图 13-18。

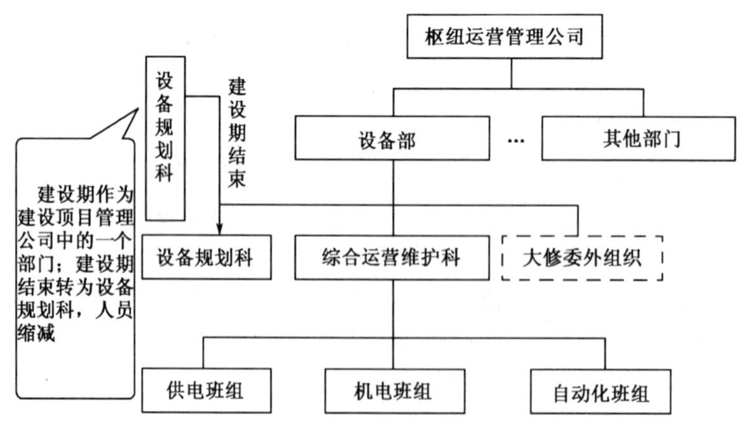

图 13-18 设备部科室部门设置结构

2)设备部管理职能

设备部负责的设备包括:供电设备类,例如除各条线管理范围以外的降压变电所、动力照明设备及输电线路;机电设备类,例如给排水系统、车站环控、电扶梯、电力监控系统(SCADA)等;自动化设备类,例如 BAS、FAS、PIS 及门禁、通信设备以及传输网络等系统设备。设备部负责的设备系统分类见表 13-11。

设 备 系 统 分 类　　表 13-11

设 备 分 类	包含的设备系统
供电设备类	降压变电所、动力照明设备及输电线路(除各线管理以外)
机电设备类	给排水、车站环控、电扶梯、电力监控系统(SCADA)机电设备等
自动化设备类	BAS、FAS、PIS 及门禁、通信设备以及传输网络等系统设备

根据这些设备的性质,成立不同的班组,各个班组负责相应设备的备品采购、运用管理巡检、日常保养和抢修工作,大修工作按照委托专业组织考虑。相应班组负责安排维修计划和验收等工作。各个班组负责的具体设备管理范围如下:

(1)供电班组。

供电班组负责变压器、开关柜、变电所控制保护设备和仪器仪表等电气设备的中小修、易损易耗零部件的更换,电气设备的定期检查试验工作;负责主变电所、降压变电所、跟随式降压变电所内供电设备的运行管理和检修检测工作;负责电力监控设备、交直流电缆、杂散电流防护设备的维护、检测、试验工作;负责动力照明线路的维护检修。电气设备大修按照委外原则考虑。

(2)机电班组。

机电间负责地铁机电设备的运用管理巡检、日常保养定期维修和抢修工作,机电系统包括给排水系统、枢纽环控、电扶梯等机电设备。

(3)自动化班组。

自动化班组负责弱电系统的巡检、日常保养、定期检修、和抢修工作,包括综合监控系统(车站环境监控系统 BAS、防火报警系统 FAS、电力监控系统 SCADA)以及乘客资讯系统(PIS)、电视监视系统(CCTV)、广播系统(PA)、停车场管理系统、时钟、门禁系统、通信设备以及传输网络等,还负责设备性能的测试工作。各个班组工作汇总见表 13-12。

各个班组工作汇总　　表 13-12

工 作 班 组	工 作 内 容
供电班组	设备的中小修、零部件更换、检查、试验和维护检修工作
机电班组	管理巡检、日常保养定期维修和抢修工作
自动化班组	弱电系统巡检、日常保养、定期检修和抢修工作,设备性能的测试工作

对设备系统管理工作的岗位设置,枢纽运营管理公司应根据专业性质不同,配备相应的专业工程师,可以兼任相应班组组长,工程师主要管理和掌握运营设备的状态,负责设备维修的计划制定,维修任务的招标,维修完成后的验收等工作,施行岗位责任制,明确其权利和责任。三个相应的维修班组由相关专业人士组成,设备部定员初步设为 52 人。

由于设备部维修的设备与地铁各线综合维修中心功能是相近,且维修的设备大部分是相同的,加之地铁公司运营初期,设备维修量较小,维修能力有一定的富裕。因此枢纽运营公司可以与地铁公司签订长期的委托协议,委托地铁公司在初期负责设备系统的维修。这样可以使枢纽运营管理公司减少大量的专业维修人员,少设或不设备品备件,从而有效降低维修成本,并且方便公司的设备管理工作。

13.3.2 大集中模式下设备系统运行控制模式

根据天津站综合交通枢纽的具体情况及各个设备系统的特点,将枢纽设备系统运行分为正常工况、故障工况和灾害工况。因而,设备系统运行控制也应相应得分为正常工况下设备系统运行控制模式、故障工况下设备系统运行控制模式和在灾害状态下设备系统运行控制模式。

1. 通风空调系统

1)正常工况下的运行控制

(1)轨道换乘中心。

轨道换乘中心屏蔽门以内的公共区及设备管理用房部分的空调通风由枢纽统一根据运营时段、季节进行不同模式的调节、控制。

(2)枢纽范围内其他子项工程。

单独设置空调通风(含防排烟)系统,且系统由各自项目综合控制室控制。

2)故障工况下的运行控制

地铁列车阻塞在区间隧道内时,由相应地铁线路设置的隧道通风系统按地铁线路既定模式进行通风处理,枢纽地下部分的其他通风空调系统仍按正常工况运行。

3)灾害工况下的运行控制。

(1)公共区火灾。

枢纽地下部分某公共区防烟分区发生火灾时,关闭防烟分区内送风和防烟分区外排风,开启防烟分区外送风,由防烟分区排风将烟雾经风井排至地面,在防烟分区内造成负压,防烟分区外造成正压,便于人员安全疏散。车站站台公共区火灾时,应保证站厅到站台楼梯和扶梯口处具有不小于1.5m/s的向下气流。

设备及管理用房火灾:根据不同的防烟分区,将相应的送、排风系统转换至防、排烟工况。

(2)区间火灾。

列车因火灾事故停留在区间隧道内时,由相应地铁线路设置的隧道通风系统和排热系统按地铁线路既定模式进行防、排烟处理。枢纽控制范围内发生火灾,由枢纽控制指挥中心统一指挥,并同时向各线控制中心传送火灾信息,由各线控制中心控制行车。车站部分具体火灾工况运行模式需待模拟结束后确定。

2. 给排水和水消防设备

1)正常工况下的运行控制

消防泵和污废水泵均处于自动控制工作状态,水消防管道和压力排水管道上的阀门均处于开启状态,消防泵的运行状态同时在枢纽综合指挥中心显示。

2)故障工况下的运行控制

(1)给排水及水消防设备自身故障。

消防泵和污废水泵均为一用一备(或二用一备),平时设备有巡检及定期维修,使用泵发生故障,立即启动备用泵。

(2)自动系统故障。

当自动操作系统发生故障时,消防泵和污废水泵均处于手动控制工作状态,水消防管道和压力排水管道上的阀门均处于开启状态。

3)灾害工况下的运行控制

(1)消火栓系统。

利用城市管网直接供水部分,火灾时,车站消防人员(或车站工作人员)按下消火栓箱位置处的手动报警装置,同时从消火栓箱中接出水枪和水龙带,打开阀门进行灭火。报警信号同时传送至相应的综合控制室。

利用消防泵加压供水部分,火灾时,车站消防人员(或车站工作人员)按动消火栓箱位置处的手动报警装置和消火栓泵启泵按钮,同时从消火栓箱中接出水枪和水龙带,打开阀门进行灭火。报警信号同时传送至相应的综合控制室。

(2)自动喷水灭火系统。

火灾时环境温度达到一定的温度,闭式喷头自动破裂即可喷水灭火,并通过联动启动消防泵。

(3)排水系统。

各废水泵站通过自动控制或综合控制室的指控,及时将消防废水排除。

3.供电系统

1)正常及故障工况下的运行控制

(1)枢纽35/10kV主变电所,采用三路电源受电,互为备用运行方式,采用四段母线环形主接线形式。

(2)枢纽内各降压变电所,一般采用两路电源受电,景观工程采用一路电源受电。

独立降压所中压侧采用单母线分段接线形式,两路电源同时运行,当其中任一路主用电源失电时,由另一路电源为全部一、二级负荷供电;跟随所均采用线路—变压器组接线形式(跟随式)。

(3)各降压所低压侧采用单母线分段接线形式。

当其中任一台变压器解列时,切除三级负荷,由另一台变压器为全部一、二级负荷供电。

对于一级负荷,分别从两段低压母线接引两路电源,在末端进行自动切换。对于特别主要的负荷,另设蓄电池作为备用电源。

2)灾害工况下的运行控制

火灾工况下,接受FAS系统的控制,切除相关区域的非消防电源,接通应急照明及智能疏散标志系统,保证消防设备的供电及火灾救援人员的安全,根据发生火灾部位组织乘客进行安全、有序的疏散。

4.综合监控系统

1)正常工况下的控制运行

枢纽综合监控系统实行三级控制(枢纽指挥控制中心、二级节点、设备现场)、两级管理(枢纽指挥控制中心、二级节点)。除铁路所属工程和李公楼立交桥外,全部子项设置二级节点综合监控子系统,各二级节点综合监控子系统接入枢纽综合监控系统网络,由枢纽综合指挥中心集中监控管理。

2)故障工况下的运行控制

FAS 系统采用令牌网,BAS 系统采用冗余以太网,系统的接口采用了冗余配置,能够保证网络断线和多点故障时通过子网及备用设备进行通信。

3)灾害工况下的运行控制

(1)枢纽火灾。

FAS 子系统实时对管辖范围的火情进行监视,当确认火灾后,FAS 子系统将控制消防泵、喷淋泵等专用消防设备的启停并显示其工作和故障状态;切断有关区域的非消防电源;接通应急照明,根据火灾部位联动智能疏散标志系统,组织乘客进行疏散;向 BAS 子系统发布火灾模式指令,由 BAS 子系统联动控制防排烟设备的运行;通过与市应急指挥中心的通信网络,向市应急指挥中心报警,以便及时得到市应急指挥中心救援部门的支援。

(2)区间火灾工况及设在枢纽的隧道通风系统的监控。

各线 FAS、BAS 系统完成隧道火灾模式,隧道通风系统由各线监控,地铁各线 FAS、BAS 系统分别在轨道换乘中心组建车站级子系统。当相邻隧道区间发生火灾时,由各线控制隧道通风系统,实现区间的火灾模式。

当轨道换乘中心发生火灾时,通过枢纽管理控制中心向相应地铁线控制中心发布火灾模式指令,由该线设在轨道换乘中心的车站级子系统控制隧道风机,配合完成轨道换乘中心的防排烟工作,并组织乘客进行疏散。

5. 电扶梯系统

1)正常工况下的运行控制

(1)自动扶梯。

自动扶梯采取就地控制方式,二级节点监控系统监视其运行状态,不控制运行。车站工作人员可通过设置在每一自动扶梯端部的钥匙开关启动扶梯,按所设置的运行方向运送旅客,亦可通过此开关停止自动扶梯的运行。

(2)垂直电梯。

垂直电梯由轿厢按钮指令、层站按钮召唤信号来控制,乘客自行操作。二级节点监控系统监视其运营状态,不对其进行控制。当工作载荷达到 100% 额定载荷时,层站扶梯按钮失效,电梯处于满载直驶状态。无人使用时轿厢停止在最后使用的停靠站,关门待客。

2)故障工况下的运行控制

(1)自动扶梯。

自动扶梯在非正常状态下一般有两种情况:第一是出现意外事故导致扶梯保护装置动作,致使扶梯停止运行,可由车站电梯管理人员到现场进行处理,排除故障后再重新启动扶梯。第二是扶梯在维修时停止运行,由维修人员在维修完成后通知车站有关工作人员重新启动扶梯。

(2)垂直电梯。

垂直电梯在非正常状态下的运营管理模式有下列三种:

超载:当载荷达到 110% 额定载荷时,电梯会发出声光警示,电梯不能关门及运行,直至载荷降至合适为止。

当电梯故障乘客被关在电梯轿厢中时，乘客可通过轿厢内的对讲电话或警铃报告车站控制室或控制中心值班员，请求派人救援。

停电或电气系统发生故障时，轿厢内设有应急照明，并能使电梯向下缓慢运行至基站，自动开门疏散乘客。

3）灾害工况下的运行控制

（1）自动扶梯。

自动扶梯在紧急情况下的运营管理模式有两种：第一，扶梯不作为疏散用梯时，出现紧急情况，由二级节点监控系统控制使其停止运行，作为固定楼梯使用。第二，扶梯作为疏散用梯时，二级节点 BAS 系统接受 FAS 系统指令，首先使运行方向与疏散方向相反的自动扶梯停止运行，由工作人员现场操作使扶梯向疏散方向运行，运行方向与疏散方向相同的自动扶梯继续运行，整个过程需要配合中心内广播、现场指挥疏导中心内乘客。

（2）垂直电梯。

垂直电梯在灾害情况下（如火灾）的运营管理模式有两种：当发生火灾时，消防梯（兼客梯）受首层消防专用操作按钮控制进入消防状态，由消防队员操作消防梯进行救援。非消防梯通过二级节点监控系统的紧急停止按钮将电梯停于基站，轿厢门处于打开状态，切断供电，不再响应轿箱指令和层站召唤。

6. 广播系统

1）正常工况下的运行控制

（1）轨道换乘中心。

地下一层广播由枢纽指挥中心和铁路两级控制，只广播铁路运营的相关信息和公共信息；地下二层（2、3、9 号线站厅层）由枢纽控制指挥中心和各地铁线控制，各地铁线及枢纽控制指挥中心均可对其进行广播，发生冲突时按照约定的优先级取得对系统的控制，优先级相同时采用争抢的方式取得对系统的控制；地下三层 2、9 号线共用的站台由枢纽指挥中心和 2、9 号线共同控制；各线独立区域由枢纽指挥中心和各线共同控制，广播各线运营信息及公共信息。轨道换乘中心广播系统控制见图 13-19。

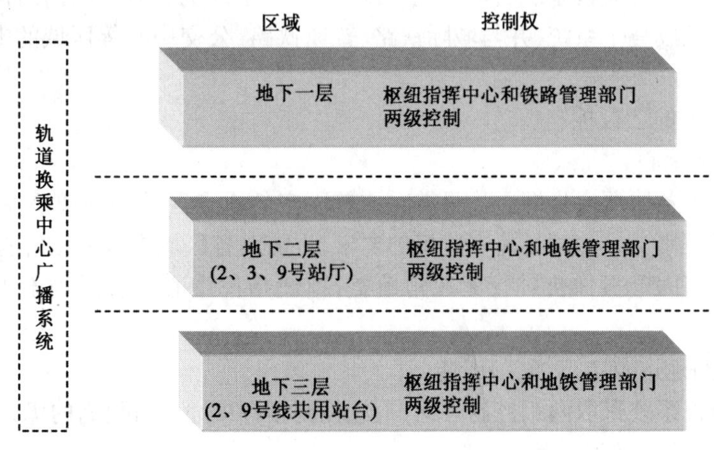

图 13-19　轨道换乘中心广播系统控制示意图

(2)海河东路地道及主广场。

海河东路地道正常情况下不需要广播。主广场地下工程在主广场地下区域主要广播铁路的运营信息和各种公共信息,只在地铁运营有特殊情况时广播地铁的运营信息。

(3)副广场、前后广场联系通道。

主要广播铁路的运营信息和各种公共信息,只在地铁运营有特殊情况时广播地铁的运营信息。

(4)公交中心。

公交中心主要广播公交运营信息、铁路运营信息和各种公共信息,只在地铁运营有特殊情况时广播地铁的运营信息。

(5)综合配套楼、35kV主变电所、五经路地道、李公楼立交桥。

综合配套楼、35kV主变电所、五经路地道、李公楼立交桥在功能上是天津站综合交通枢纽的附属配套设施,与天津站综合交通枢纽的正常运营管理关系不大,在正常情况下不需要广播。

(6)城际站房、普速铁路站房。

城际站房、普速铁路站房区域的乘客均是乘坐铁路的客流,该区域由铁路的运营部门管理,在正常情况下应该按照铁路部门的需要广播列车到发等与铁路运营组织有关的信息。

2)灾害工况下的运行控制

在灾害状态下,广播系统具有调度人员及车站值班员,向乘客发出通告并指挥疏导乘客的作用。为便于枢纽内各区域的统一协调指挥,灾害状态下轨道换乘中心、海河东路地道及主广场、副广场、前后广场联系通道、城际站房、普速站房、公交中心等互相联系紧密,且直接服务于旅客运输的区域的广播由枢纽控制指挥中心统一控制,根据需要对相应防火分区进行广播。综合配套楼、35kV主变电所、五经路地道、李公楼立交桥等在功能和建筑上均较独立的区域在灾害状态下由各自的控制室独立进行广播。

7. 电视监控系统

轨道换乘中心电视监视系统由枢纽统一设置,并与主广场、副广场、前后广场联系通道内的电视监视系统组成一个系统,并与城际铁路、普速铁路、公交中心等区域的电视监视系统通过接口互联。

1)正常工况下的运行控制

(1)轨道换乘中心。

在正常模式下各线调度指挥人员只需对比较固定的重点区域的图像监控即可,不需要经常对摄像机进行控制。且为满足公安监控的要求,也需对各区域进行无死角的监控。

各区域均采用固定摄像机进行无死角覆盖,枢纽指挥中心及各线均不需对摄像机进行控制。

(2)海河东路地道及主广场、副广场。

区域电视监视系统采取两级控制方式,枢纽控制指挥中心具有更高的优先级。

(3)前后广场联系通道。

前后广场联系通道内的电视监控以枢纽控制指挥中心为主,同时由于枢纽范围较大,控制指挥中心需要监控的区域多，为更好的对通道进行监视，还应增加本地的监视。由于前后广场联系通道没有独立的控制室，主广场的控制室实现对前后广场联系通道的监视。

(4)公交中心。

公交中心主要由公交中心的管理部门进行监视，但由于公交中心与轨道换乘中心、城际铁路和普速铁路的密切联系，枢纽控制指挥中心也应能调看公交中心的电视监视图像。

(5)综合配套楼、35kV 主变电所、五经路地道、李公楼立交桥。

综合配套楼、35kV 主变电所、五经路地道、李公楼立交桥在功能上是天津站综合交通枢纽的附属配套设施，与天津站综合交通枢纽的正常运营管理关系不大，这些区域的电视监视工作由本地的控制室负责。

(6)城际站房、普速铁路站房。

城际站房、普速铁路站房区域均是乘坐铁路的客流，该区域由铁路的运营部门管理，在正常情况下应该由铁路部门进行监视，枢纽控制指挥中心为能更好的协调各区域的管理，也应能调看城际站房、普速铁路站房区域的电视监视图像。

2)灾害工况下的运行模式

在灾害状态下，电视监视系统可作为防灾调度、指挥抢险的工具。为便于枢纽内各区域的统一协调指挥，便于灾害状态下的枢纽指挥人员对枢纽各区域的全面监控，枢纽控制指挥中心应能调看轨道换乘中心、海河东路地道及主广场、副广场、前后广场联系通道、城际站房、普速站房、公交中心等互相联系紧密且直接服务于旅客运输的区域的视频图像。综合配套楼、35kV 主变电所、五经路地道、李公楼立交桥等在功能和建筑上均较独立的区域在灾害状态下由各自的控制室独立进行监视。

同时为便于京津城际铁路和地铁各线对灾害情况的了解，枢纽电视监控的图像也应能提供给京津城际铁路、普速铁路和各地铁线的控制中心观看。另外，根据需要枢纽的电视监视图像还可以上传至市有关部门，便于决策层及时了解情况。

8. 乘客资讯系统

轨道换乘中心内所需乘客资讯系统由枢纽建设单位统一组织建设，并与主广场、副广场、前后广场联系通道内的乘客资讯系统组成一个系统，并与城际铁路、普速铁路、公交中心等区域的乘客资讯系统通过接口互联。

1)正常工况下的运行模式

(1)轨道换乘中心。

各地铁线的站台等独立区域显示各线的运营信息和公共信息，地下二层显示各地铁线的运营信息和公共信息，地下一层显示城际铁路的运营信息和公共信息。

(2)海河东路地道及主广场。

主广场地下区域主要显示铁路的运营信息和各种公共信息，只在地铁运营有特殊情况时显示地铁的运营信息，为引导各种社会车辆快速驶离枢纽，最好还应提供地面交通状况的信息。

(3)副广场、前后广场联系通道。

在副广场地下区域主要显示铁路的运营信息和各种公共信息，只在地铁运营有特殊情况时显示地铁的运营信息。

(4)公交中心。

在公交中心主要显示公交运营信息、铁路运营信息和各种公共信息,只在地铁运营有特殊情况时显示地铁的运营信息。

(5)城际站房、普速铁路站房。

城际站房、普速铁路站房区域均是乘坐铁路的客流,该区域由铁路的运营部门管理,在正常情况下应该按照铁路部门的需要显示列车到发等与铁路运营组织有关的信息。

(6)综合配套楼、35kV 主变电所、五经路地道、李公楼立交桥。

综合配套楼、35kV 主变电所、五经路地道、李公楼立交桥在功能上是天津站综合交通枢纽的附属配套设施,与天津站综合交通枢纽的正常运营管理关系不大,不需要设置乘客资讯系统。

2)灾害工况下的运行模式

在灾害状态下,乘客资讯系统可在灾害状态时,发布灾害信息,引导疏散。灾害状况下应由枢纽统一对枢纽范围内的乘客资讯系统进行控制,播放灾害信息,引导、疏散乘客。并引导周边道路的车辆选择合适的道路绕行。

综上所述,设备系统运行控制模式汇总见表 13-13。

大集中模式下的设备系统运行控制模式汇总 表 13-13

设备系统	大集中模式下设备系统运行控制模式
通风空调系统	(1)正常工况:①轨道换乘中心:轨道换乘中心屏蔽门以内的公共区及设备管理用房部分的空调通风由枢纽统一控制;②各子项工程:枢纽范围内其他子项工程单独设置空调通风(含防排烟)系统,且系统由各自项目综合控制室控制; (2)故障工况:地铁列车阻塞在隧道时,由各线路设置的隧道通风系统进行通风处理,枢纽地下其他通风空调系统仍按正常工况运行; (3)灾害工况:①公共区火灾:关闭防烟分区内送风和外排风,开启外送风;设备及管理用房火灾:将相应得送、排风系统转换至防、排烟工况;②区间火灾:列车因火灾停留在区间隧道时,由相应地铁线路设置的隧道通风模式处理;枢纽发生火灾时,由枢纽控制指挥中心统一指挥,同时向各线传递信息
给排水及水消防系统	(1)正常工况:消防泵和污水泵处于自动控制状态,消防泵的运行同时在枢纽综合指挥中心显示; (2)故障工况:①设备系统自身故障:消防泵和污水泵均为一用一备;②自动系统故障:当自动操作系统发生故障时,消防泵和污废水泵处于手动控制状态,相应相关管道阀门处于开启状态; (3)灾害工况:①由城市管网直供的消防栓系统:车站人员按下报警装置,报警信号传至相应的综合控制室,同时进行灭火;由消防泵加压供水的消防栓系统:车站人员手动报警,报警信号传至相应的综合监控室,启动泵,进行灭火;②自动喷水灭火系统:温度达到既定温度时,喷头开始喷水灭火,并通过联动启动消防泵;③排水系统:各废水泵自动控制或综合控制室的控制,及时将消防水排除
动力照明供电系统	(1)正常工况:枢纽 35/10kV 主变电所,采用三路电源受电,互为备用运行方式;枢纽内各降压变电所,一般采用两路电源受点; (2)灾害工况下:接受 FAS 系统的控制,切除相关区域的非消防电源,接通应急照明及智能疏散标志系统

续上表

设 备 系 统	大集中模式下设备系统运行控制模式
综合监控系统	(1)正常工况：三级控制，两级管理，除铁路所属工程和李公楼桥外，全部子项设置二级节点综合监控子系统，各二级节点综合监控子系统接入枢纽综合监控系统网络，由枢纽指挥控制中心集中监控管理； (2)FAS系统采用令牌网，BAS系统采用冗余以太网，同时系统的接口采用了冗余配置，能够保证网络断线和多点故障时，通过子网及备用设备进行通信； (3)灾害工况：①枢纽火灾：FAS子系统对范围内的火情进行监视，确认后，FAS子系统将控制专用消防设备的启停并显示其状态，切断相关区域非消防电源，接通应急电源；BAS子系统接受火灾指示后，联动控制防排烟设备的运行，并与市应急指挥中心的通信网络链接，发出报警信号；②区间火灾：隧道通风系统由各线监控，地铁各线FAS、BAS系统分别在轨道换乘中心组建车站级子系统。发生火灾时，由各线控制隧道通风系统，实现区间火灾模式；当轨道换乘中心发生火灾时，设在车站级子系统控制隧道风机，配合完成轨道换乘中心的防排烟工作
电扶梯系统	(1)正常工况：①自动扶梯：就地控制方式，二级节点监控系统监视其运行状态，不控制运行；②垂直电梯：由轿厢按钮指令、层级按钮召唤信号来控制，乘客自行操作。二级节点监控系统监视其运行状态，不对其进行控制； (2)故障工况：①自动扶梯：由于事故导致扶梯停止运行，由车站电梯管理人员到现场处理，维修完成后通知车站相关人员重新启动电梯；②垂直电梯：超载时电梯发出声光警示，直至将负荷降至符合要求时才运行；当电梯故障乘客被关在电梯轿厢中时，通过电话或警铃报告车站控制室或控制中心值班员；当停电或滇西系统发生故障时，轿厢内设有应急照明，并能使电梯向下缓慢运行至基站，自动开门疏散乘客； (3)灾害工况：自动扶梯（两种）：扶梯不作为疏散用梯时，出现紧急情况，由二级节点监控系统控制使其停止运行；扶梯作为疏散用梯时，二级节点BAS系统接受FAS系统指令，使与疏散方向相反的自动扶梯停止运行，由工作人员现场操作使扶梯向疏散方向运行
广播系统	(1)正常工况：①轨道换乘中心：地下各层广播由枢纽控制指挥中心和各地铁线控制，发生冲突时按约定的优先级取得对系统的控制，优先级相同时采用争抢的方式取得对系统的控制；②海河东路地道及主广场正常情况下不需要广播，特殊需要时可广播地铁信息；③副广场、前后广场联系通道主要广播铁路的信息和公共信息，特殊情况时可广播地铁的信息；④公交中心也是在特殊情况时广播地铁信息；⑤综合配套楼、35kV主变电所、五经路地道、李公楼立交桥正常情况下不需要广播；⑥城际站房、普速铁路站房由铁路部门控制运行； (2)灾害工况：由调度人员及车站值班员发出指令，指导疏散乘客；轨道换乘中心、海河东路地道及主广场、副广场、前后广场联系通道、城际站房、普速站房、公交中心等由枢纽控制指挥中心统一控制。五经路地道、李公楼立交桥等由各自的控制室独立广播

续上表

设备系统	大集中模式下设备系统运行控制模式
电视监控系统	(1)正常工况:①轨道换乘中心:各线调度人员对固定区域图像监控,实现无死角的覆盖,无需枢纽指挥中心和各线对摄像机进行控制;②海河东路地道及主广场、副广场采取两极控制,控制中心具有更高的优先级;③前后广场联系通道由控制指挥中心为主,建议主广场的控制室实现对通道的监视;④公交中心:由公交中心管理部门监视,枢纽控制中心能调看公交中心的电视监视图像;⑤综合配套楼、35kV 主变电所、五经路地道、李公楼立交桥由本地控制室负责;⑥城际站房、普速铁路站房由铁路部门进行监控,枢纽管理指挥中心可以调看该区域的电视监视图像; (2)灾害工况:枢纽控制指挥中心应能调看轨道换乘中心、海河东路地道及主广场、副广场、前后广场联系通道、城际站房、普速站房、公交中心等互相联系紧密且直接服务于旅客运输的区域的视频图像;综合配套楼、35kV 主变电所、五经路地道、李公楼立交桥等在功能和建筑上均较独立的区域在灾害状态下由各自的控制室独立进行监视
乘客资讯系统	(1)正常工况:①轨道换乘中心:各线的站台等独立区域显示各线运营信息和公共信息;②海河东路地道、主广场、福广场、前后广场联系通道的显示铁路的运营信息和公共信息,在特殊情况下可以显示地铁运营信息;③公交中心显示公交运营信息;④城际站房、普速铁路站房区域由铁路的运营部门管理,在正常情况下应该按照铁路部门的需要显示列车到发等与铁路运营组织有关的信息。⑤综合配套楼、35kV 主变电所、五经路地道、李公楼立交桥由本地控制室负责;⑥综合配套楼、35kV 主变电所、五经路地道、李公楼立交桥不设置乘客咨讯系统; (2)灾害工况:由枢纽统一对枢纽范围内的乘客咨询系统进行控制

13.3.3 大集中模式下的设备系统运营维护模式

1. 设备系统维护管理理论基础

任何类型的设备系统在建成后,接下来便是维护和运营管理。维护管理作为其中重要的一部分,是保证枢纽公共安全运行的重要保证,因而应得到枢纽运营管理公司的充分重视。根据枢纽运营的要求,设备系统维护管理的理论基础主要包括以下两种,如图 13-20。

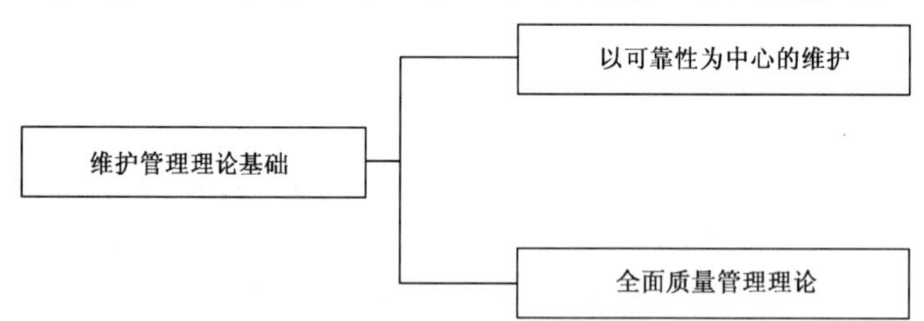

图 13-20 设备系统维护管理理论基础

1)以可靠度为中心的设备系统维护管理(RCM)

以可靠度为中心是指一个系统在给定或预期的运营环境下,在规定或要求的时期内,将满意的执行其预期功能的概率。

对于枢纽运营管理公司而言,以可靠度为中心的设备系统维护管理就是要主动的进行维护管理,管理公司要把设备系统的预测维护(监控)、预防维护(间隔维护)和预定报废等方式结合起来，形成一个统一的维护策略，由相关技术、经济、财务管理人员专职负责。只要以上的维护策略相互配合好，并充分发挥各自的作用，就可以在一定程度上减少设备系统故障所带来的损失，保证设备系统服务对象的安全运行，使枢纽设备系统在较低的运行成本下，获得可靠性较高的运行效率。

2）设备系统的全面质量管理

设备系统全面质量管理是指由枢纽运营管理公司工作人员全员参与的，贯穿枢纽各设备系统的所有工作人员，具有全面性质的，以保证系统有效运行的管理方法。

（1）设备系统全面质量管理的特点。

枢纽运营管理公司设备系统全面质量管理包括：全过程的质量管理是把质量管理工作的重点，从事后的系统维修转到事先的系统质量监控，使系统的运行都按照严格的质量管理方针进行管理；全员性的质量管理就是指枢纽相关设备系统的工作人员做到人人有责，保证系统的高效运行；综合性的系统质量管理是指针对不同的系统风险影响因素，运用不同的管理方法和控制措施，控制风险发生的频率和概率，稳定的提高系统运行质量。

（2）设备系统的全面质量管理方式。

枢纽运营管理公司采用P（Plan）、D（Do）、C（Check）、A（Action）循环的设备系统维护管理方式，使维护管理达到系统性工作的目的，使设备系统的运行得到持续的改进。

2. 天津站综合交通枢纽设备系统维护管理模式

1）天津站综合交通枢纽设备系统维护管理的特点

天津站综合交通枢纽设备系统维护管理具有技术含量高、管理综合性强、随机性强以及全员参与的特点。

（1）技术性。

天津站综合交通枢纽内设备系统科学含量高，设备系统中包含了机械、电子、液压、光学、计算机等多方面的专业元素。正确的对这些设备系统进行维护管理就必须掌握相关的专业技术知识。可见，设备系统维护管理需要工程技术作为基础。

（2）综合性。

枢纽设备系统管理的综合性表现在：设备系统包含了多种专门的技术知识、是多门科学技术的综合应用；设备系统维护管理要从设备系统的全生命周期考虑，应当将技术、财务、组织管理三者结合；为了获得最佳的经济效应，必须实行全过程管理。

（3）随机性。

枢纽许多设备系统故障具有随机性，使得设备维护管理也带有随机性的性质。为了减少突发故障给设备系统运行带来的损失和干扰，设备系统维护管理必须具有随时能为现场提供服务，应付突发故障、承担意外突击任务的能力。

（4）全员性。

现代设备系统维护管理工作强调行为科学的作用，提倡调动广大职工参加管理的积极性，实行以人为中心的管理。所以，枢纽设备系统维护管理就需要全员参与，才能保证枢纽的正常运行。

综上所述，枢纽设备系统维护管理特点见表13-14。

设备系统维护管理特点汇总　表 13-14

设备系统管理特点	具体内容
技术性	包含专业技术多且专业技术要求高
综合性	技术、经济、组织管理三位一体
随机性	可以应付突发故障，到达现场及时
全员性	以人为中心，全员参与

2）设备系统维护管理选择原则与选择模式

（1）设备系统维护管理选择原则。

城市轨道交通枢纽设备系统维护管理模式应在保证安全运营的前提下，引入市场竞争机制，科学、合理地选择维保模式，追求以最小的资源投入和最佳的配置模式实现综合效益的最优化，同时积极规避风险，采取集约化运作策略，努力实现城市轨道交通运营管理的可持续发展。

设备系统维护保养管理模式选择的指导思想和基本原则如下：

①保证安全。

安全是城市轨道交通运营管理的永恒主题。作为一种大容量的客运交通工具，城市轨道交通承担着繁忙的城市客流运输，这对紧急状态下的应急抢修、客流疏散等提出了严峻的考验。因此，起到安全保证作用的维保工作，必须具有高度的责任感、机动性、应变能力，从日常维护等基础性工作做起，做到防患于未然，正确处理安全与运营、安全与效益、安全与稳定的关系，将潜在的安全隐患消灭在萌芽状态。

②提高效益。

城市轨道交通属于共有资源的范畴，其运营在为运营商带来了票款收入等经济效益的同时，为使用者带来了活动空间的扩大、行程时间的节约，促进了沿线土地开发，树立了城市形象等，产生了显著的社会效益。

从世界范围来看，城市轨道交通由于建设投资大、运营费用高，而客票定价受到政府约束和广大市民经济承受能力的双重限制，其票款收入一般不抵运营成本而形成亏损。作为一种大型的公益型企业，轨道交通运营的社会效益远大于经济效益，赢利并不是运营管理的终极目的。国家计委和建设部在《城市快速轨道交通工程项目建设标准》中明确规定："城市快速轨道经济评价原则上应以国民经济评价为主，企业财务评价为辅。"因此，维保模式的选择必须兼顾经济效益与社会效益，并侧重于社会效益，采取集约化的运作策略，提高管理水平，最大限度的保障物质、人力、信息等资源的优化配置。实现城市地铁运营管理的综合效益最优化。

③规避风险。

风险是指在轨道交通运营管理过程中必然存在着诸多显性和隐性的不利因素。如何在维保模式的选择过程中高瞻远瞩，充分预见，并通过制定一系列的规章制度来明确参与维保工作各方的责任、权利，规避未来可能存在的种种不利因素，这也是运营管理部门所必须面对的问题。

④滚动发展。

最佳的城市轨道交通运营管理维保模式并不是一成不变的，随着外部环境（政策、市场机制等)和内部因素(技术水平、管理体制等)的变化而变化的。这种变化往往存在着一定的阶段性,有规律可循,可以通过合理的预测,在一定的时间和空间范围内探索不同阶段的最佳的运营管理模式。

⑤综合分析。

城市轨道交通,特别是交通枢纽的运营管理维保模式的决定不能仅仅依据单一的一条或者两条地铁线路或地面交通线,而应全面考虑整个交通线网建成后的情况,从整体的交通网络运营管理的角度实现资源的综合优化,尽力避免各交通运营线路间的资源配置严重不均。

(2)设备子系统维护方案选择。

按照市场化程度及维保主体的不同,维保模式分为完全委外维保、联合维保和独立维保等,每一类根据具体情况又可以细分,如图13-21所示。从完全委外维保到独立维保,维保模式的市场化程度呈逐步递减的趋势。

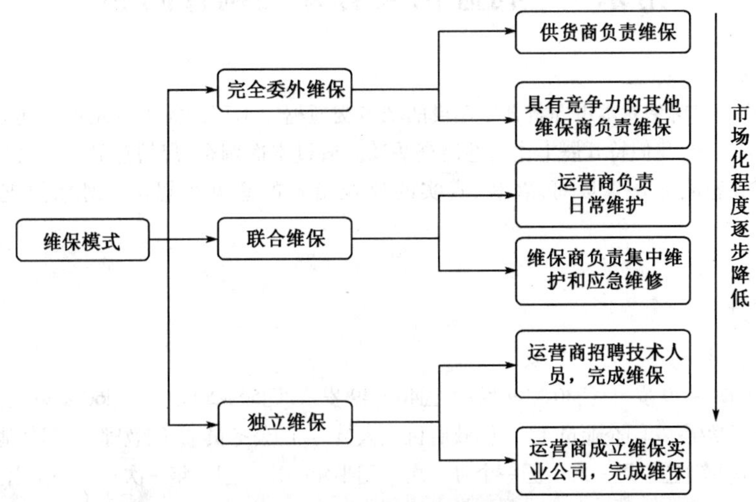

图13-21　设备系统的维保模式

从整个线网角度来考虑,按照天津站综合交通枢纽工程的特点、设备系统维护管理的特点以及要满足综合管理、区域维修、资源共享、降本增效、应急联动、快速高效等原则,天津站综合交通枢纽设备系统维护管理模式采取部分设备系统自行维修管理,部分设备系统委托社会企业维修管理,即采取选择性委外的维护管理模式。

枢纽维修机构和委托社会企业维护管理的设备系统范围见表13-15。

不同维护模式下的设备系统范围　　表13-15

维 护 模 式	设备系统范围
组建枢纽维修机构	经常性、可社会化的设备系统
委托社会企业维护	专业化程度高,与运营安全关联度高的设备系统

附录

附录1　利益相关者分类调查问卷

尊敬的先生/女士：

您好！为了充分了解您对本市即将开工建设的城市交通枢纽工程的需求以及项目建设对您的生活和工作等方面产生的影响，我们特开展本次问卷调查活动。通过本次调查，您的意见可能会直接被吸收和采纳，因此，我们希望您能够认真填写，客观、真实的反映出您的意见和想法。对您的支持与合作表示感谢。

第一部分：背景资料

1. 您的性别：□男　　　　□女
2. 您的年龄：□20～29岁　□30～39岁　□40～49岁　□50～59岁　□60岁以上
3. 您的职业：□学生　□企业员工　□政府机关人员　□公务员　□教师　□其他
4. 您乘火车的频率：□一周一次　□一个月一次　□半年一次　□一年一次　□一年以上

第二部分：利益相关者分类调查

该交通枢纽工程项目建设过程涉及到的利益相关者范围很广，我们根据一般交通枢纽工程建设的情况列举了10种主要利益相关者分别是：政府部门、政府主管部门、企业投资人、项目建设单位、政府投资人、设计单位、施工单位、运营单位、周围社区和商铺、项目使用者。请您根据不同的要求将这些利益相关者进行排序。

1. 利益相关者主动性排序：

①＿＿＿＿　②＿＿＿＿　③＿＿＿＿　④＿＿＿＿　⑤＿＿＿＿

⑥＿＿＿＿　⑦＿＿＿＿　⑧＿＿＿＿　⑨＿＿＿＿　⑩＿＿＿＿

（填表说明：主动性表示利益相关者对项目建设主动参与的愿望和能力，主动性最低的排在第一位，次最低的排在第二位，以此类推）

2. 利益相关者重要性排序：

①＿＿＿＿　②＿＿＿＿　③＿＿＿＿　④＿＿＿＿　⑤＿＿＿＿

⑥＿＿＿＿　⑦＿＿＿＿　⑧＿＿＿＿　⑨＿＿＿＿　⑩＿＿＿＿

（填表说明：重要性表示利益相关者对项目建设成败的重要程度，重要性最低的排在第一位，次最低的排在第二位，以此类推）

3. 利益相关者紧急性排序：

①__________ ②__________ ③__________ ④__________ ⑤__________

⑥__________ ⑦__________ ⑧__________ ⑨__________ ⑩__________

（填表说明：紧急性表示利益相关者对项目建设和使用要求的紧急程度，紧急性最低的排在第一位，次最低的排在第二位，以此类推）

再次感谢您的合作与支持！

附录2　项目核心利益相关者需求调查问卷

尊敬的先生/女士：

您好！为了充分了解本市交通枢纽工程项目建设的预期目标和您对本项目建设的需求，使得建成的项目更能有效、充分满足您的需求，特开展本次调查活动。您的意见和需求很有可能成为项目建设的目标依据，因此，请您客观、认真填写本表。感谢您的支持与合作。

第一部分：调查对象筛选

根据您的生活、工作情况，请在以下10个与本项目建设有关的利益相关者类别里选择一种您的身份（如果身份有重叠部分，可以多选）。

□政府部门　□政府主管部门　□企业投资人　□项目建设单位　□政府投资人　□设计单位　□施工单位　□运营单位　□周围社区和商铺　□项目使用人

第二部分：背景资料

1. 您的性别：□男　　　　□女
2. 您的年龄：□20～29岁　□30～39岁　□40～49岁　□50～59岁　□60岁以上
3. 您的职业：□学生　□企业员工　□政府机关人员　□公务员　□教师　□其他
4. 您乘火车的频率：□一周一次　□一个月一次　□半年一次　□一年一次　□一年以上

第三部分：需求内容调查

本部分调查是希望了解您作为项目建设的核心利益相关者，对该项目建设的具体需求有哪些。

1. 经济需求

（1）您所在的单位是否希望通过投资该项目获得一定的经济效益？

□是　　□否

（2）该项目的建设和运营过程中是否会给您的单位带来一定的外部收益？

□是　　□否

（3）您所在的单位是否希望通过参与该项目建设管理过程或运营管理过程获得一定的经济报酬？

□是　　□否

（4）是否还有其他的经济需求，如果有请写出＿＿＿＿＿＿＿＿＿＿＿＿＿＿＿＿＿＿＿＿

＿＿＿＿＿＿＿＿＿＿＿＿＿＿＿＿＿＿＿＿＿＿＿＿＿＿＿＿

2. 交通功能需求

（1）作为城市交通枢纽工程，您对它在城市公共交通方面的需求有：

□有多种交通工具可以换乘　□换乘等待时间较短　□指示标牌明显、布置合理　□交通安全性高　□交通流畅　□服务热情、周到　□干净舒适的候车条件　□候车有序　□其他需求＿＿＿＿＿＿

＿＿＿＿＿＿＿＿＿＿＿＿＿＿＿＿＿＿＿＿＿＿＿＿＿＿＿＿

（2）作为交通枢纽工程，您对在长途旅行交通方面的需求有：

□铁路交通与城市公共交通之间换乘方便　□购票方便　□干净舒适的候车条件　□清晰合理的信息指示装置　□方便的饮食、购物条件　□免费的休闲娱乐设施　□热情周到的候车服务　□其他需求

3. 城市建设需求

(1) 城市建设宏观层面社会需求有：

□提高城市交通的通畅性　□提高城市交通的运行效率　□提高城市形象　□引导城市交通客流方向，缓解交通局部压力　□带动城市基础其他相关设施建设　□带动，引导城市规划布局　□带动周边商业发展　□其他需求：________________________________

(2) 城市建设微观层面社会需求有：

□人车分流，交通有序　□提高城市景观建设水平　□改善城市环境水平　□完善城市公共服务设施水平　□其他需求：________________________________

再次感谢您的支持与合作，祝您工作顺利，生活愉快！

附录3　天津站综合交通枢纽工程技术接口及接口管理办法

一、接口文件的编制说明

(一)土建接口

本文件对天津站综合交通枢纽工程各子项之间的接口位置、接口的主要技术参数、互提资料的内容、接口的管理和协调等做出了规定,各子项目设计单位应按照接口文件的要求进行设计并按时提供相应资料。

(二)设备系统接口

本文件只对天津站综合交通枢纽工程所明确的枢纽设备系统与各子项目的设备子系统之间的界面划分、接口名称、位置、技术参数、负责单位等做出了规定。各子项目内部各专业之间的接口内容由各子项目承担单位根据本院的技术管理规定负责确定。

(三)接口管理

天津站综合交通枢纽工程子项目之间以及系统与子项目之间的接口管理和协调由总承包单位负责;各子项目内部的专业之间接口由子项目设计单位负责管理和协调。

本文件由业主审定后下发执行,执行过程中总承包单位对接口协调的结果应及时通告业主,如发生重大的接口变化应组织由相关方参加的技术协调会并请业主参加。

二、编制原则

(一)总则

接口的划分本着以工程管理的划分界面为基础,分专业进行划分。接口要做到技术合理、界面清晰、逻辑明确、便于管理。

设计过程中不同单位之间的互提资料应按照本接口文件的要求提供,互提资料应包括纸质文件和必要的电子文件。各单位按照相关要求做好资料的保管归档工作。

(二)土建接口划分原则

1. 建筑专业

(1)本着尽量减少接口、简化接口关系的原则对枢纽各子项工程进行建筑界面划分。应合理确定各子项工程建筑接口部分的设计方,尽量与各子项工程相应业主及其施工单位对口。接口处的技术方案及详细设计由双方配合完成,接口处的具体设计双方设计图纸均须反映。

(2)各子项工程提供给其他工程的建筑要求应为与本工程内相关专业配合完成后的成果,同时其设计深度应与接口工程相匹配,以便各子项工程建筑设计工作的独立开展和工程设计接口的管理。

2. 地下结构

(1)原则上遵照各子项工程的工程界面确定接口位置。各子项工程各自完成工程界面范围内的地下结构设计,接口处的技术方案及详细设计由双方配合完成,接口处的具体设计双方设计图纸均须反映。

(2)技术合理性优先。接口处的技术配合本着技术合理性优先的原则,双方在设计配合过程中应综合考虑接口处的围护结构的相互利用,内部结构及防水的合理连接过渡等,避免人为因素造成的技术漏洞。本着"浅基坑服从深基坑、一般工程服从复杂工程"的原则确定技术方案,如有争议由总体组进行协调。结合具体工程技术方案,为保证技术的合理性和设计的完整性,必要时可适当调整工程界面和接口位置。

(3)考虑各子项工程实施的先后顺序及因此造成的设计阶段和深度的不一致。先施工工程应综合接口部位的相互关系,保证接口处结构的合理连接,后施工工程对于接口处的设计应同步同深度进行,并提供相应的技术要求及设计成果(按上述第2条原则,如后建工程较为复杂,需提供详细设计),由先施工工程统一考虑并纳入到具体设计内容中。

(4)考虑各子项工程土建施工标段的工程实施界面。接口处的结构技术措施及图纸中反映的设计内容应考虑工程施工界面的划分。不同施工标段在施工过程中的相互干扰和影响应作为接口处技术方案比选的边界条件。同时结合施工界面的最终确定,有可能调整设计界面划分和接口位置。

(5)各子项工程地下结构专业尽量减少与其他子项工程地下结构专业以外的专业配合。各子项工程地下结构专业作为与其他工程结构配合的对口专业,一般情况下各子项工程提供给其他工程的结构素材应为与本工程内其他专业配合完成后的成果,以便各子项工程结构设计工作的独立开展和工程设计接口的管理。

3. 城市隧道土建接口划分原则

(1)道路部分的接口划分原则:

工程与现状道路、规划道路应包含顺接和预留规划条件的范围。

(2)与其他工程的接口划分原则:

工程与其相关联工程的相互关联的整个范围。

(3)工程内部的土建接口划分:

工程内部的土建接口划分以上下序提供的缺口资料为接口划分依据。

4. 城市桥梁土建接口划分原则

(1)道路部分的接口划分原则:

工程与现状道路、规划道路应包含顺接和预留规划条件的范围。

(2)与其他工程的接口划分原则:

工程与其相关联工程的相互关联的整个范围。

(3)工程内部的土建接口划分:

工程内部的土建接口划分以上下序提供的缺口资料为接口划分依据。

(三)设备接口划分原则

1. 供电系统

(1)各子项之间的接口划分以土建接口为依据、减少项目间交叉作业的原则。

(2)需要由子项计算、确定的内容(子项变电所电源电缆线路等)由子项负责设计的原则。项目间必要的交叉作业应相互配合的原则。

(3)系统间的接口各子项协调一致,保证相关系统设备、安装标段接口顺畅的原则。

2. 综合监控系统

(1)各子项之间的接口划分贯彻与土建接口一致、减少项目间交叉作业的原则。

(2)需要由子项计算、确定的内容由子项负责设计的原则。项目间必要的交叉作业应相互配合的原则。

(3)系统间的接口各子项协调一致,保证相关系统设备、安装标段接口顺畅的原则。

(4)利用通信系统提供的传输媒体,由各子项通信机房至综合监控室的传输光缆属于各子项综合监控系统的设计范围。

3. 通信设备接口划分原则

(1)设计范围。

天津站综合交通枢纽各子项工程(城际站房及附属工程除外)内的除 FAS、BAS、智能交通系统外的所有弱电系统均为本次通信系统的设计范围。

(2)设计内容。

根据天津站综合交通枢纽指挥和旅客服务的需要,枢纽通信系统由传输系统、专用电话系统、公务电话系统、无线通信系统、电视监视系统、乘客资讯系统、广播系统、时钟系统、大屏幕显示系统、综合网管系统、门禁系统、办公自动化系统、停车场管理系统、电源及接地系统构成。

(3)通信设备接口划分原则。

①保持各相关工程的独立性及完整性,简化工程建设界面。

②优化工程间及系统间分工界面,减少设备接口,使通信各子系统结构简洁。

③尽量简化系统的管理维护环节。

④枢纽与轨道交通各线通信系统应避免相互干扰。

4. 环控通风

(1)各子项之间的接口划分以土建接口为依据,减少项目间交叉作业的原则。

(2)需要由子项计算、确定的内容由子项负责设计的原则。项目间必要的交叉作业应相互配合的原则。

三、技术接口

(一)土建接口

1. 建筑专业

项目名称	接口项目名称	接口位置	接口界面划分	技术参数	责任单位
轨道换乘中心工程	地铁2、3、9号线区间工程	以地铁2、3、9号线盾构井为界	轨道换乘中心建筑负责盾构井以内的相关建筑设计	分界里程	铁三院
	城际站房	轨道换乘中心工程地下一层南侧与城际站房地下进、出站厅检票以及安检处	轨道换乘中心工程地下一层南侧城际站房的设备管理用房以及通往城际高架候厅的自动扶梯由城际站房建筑专业负责设计,轨道换乘中心工程建筑专业配合设计	总平面图、地下一层平面图、剖面图。接口处总平面定位坐标、平面相关尺寸、剖面高程	铁三院
	公交中心	轨道换乘中心有1、11号两个出入口、1组风亭、1部无障碍电梯、1部消防专用电梯、2部防烟楼梯间设置在公交中心地块内	轨道换乘中心工程建筑专业负责提供1号出入口、无障碍电梯、消防电梯间、防烟楼梯间等相关建筑功能要求;11号出入口的设计,轨道换乘中心建筑按伸出主体1m设置变形缝对其定位,公交中心建筑负责变形缝以外出入口通道的设计以及定位。公交中心建筑专业配合出入口、电梯间、风亭的出地面设计。两工程各相关设备专业配合	总平面图、地面一层平面图、地下一层平面图、剖面图。接口处总平面定位坐标、平面相关尺寸、剖面高程	铁三院、天津市建筑设计院
	综合配套楼	轨道换乘中心工程地下一层东侧结构侧墙以及顶板	轨道换乘中心工程建筑专业负责提供5号出入口等相关建筑功能要求;综合配套楼建筑专业负责该出入口及风亭出地面的设计	总平面图、地面一层平面图、地下一层平面图、剖面图。接口处总平面定位坐标、平面相关尺寸、剖面高程	铁三院
	前后广场联系通道工程	轨道换乘中心工程地下一层南侧结构侧墙	轨道换乘中心工程地下一层南侧前后广场联系通道的设备管理用房由前后广场联系通道建筑设计负责提供用房布置要求,轨道换乘中心工程建筑专业配合进行设计	总平面图、地下一层平面图、剖面图。接口处总平面定位坐标、平面相关尺寸、剖面高程	铁三院
	前后广场景观工程	轨道换乘中心工程出地面建、构筑物	天津市建院需对轨道换乘中心地面进行景观设计,包括地面出入口、风亭、顺驰地块配套楼等相关景观设计,另外包括轨道换乘中心下沉广场的景观设计	总平面图、剖面图。接口处总平面定位坐标、平面相关尺寸、剖面高程	天津市建筑设计院、铁三院

续上表

项目名称	接口项目名称	接口位置	接口界面划分	技术参数	责任单位
海河东路地道及主广场地下工程	副广场工程	建筑界面按照结构界面划分。主广场地下工程地下一层北侧结构侧墙与副广场地下一层接口(1)处以及海河东路地道匝道与副广场地下一层接口(2)处	两工程之间接口(1)通道由北京城建院建筑专业负责设计，天津市政院设计到其主体接口变形缝处。接口(2)的通道由天津市政院设计负责设计，副广场负责其主体预留接口的设计	总平面图、地下一层平面图、剖面图。接口处总平面定位坐标、平面相关尺寸、剖面高程	天津市市政设计院、北京城建设计研究总院
	城际站房	主广场地下工程地下一层与城际站房地下出站地道接口处	主广场地下一层北侧城际站房集散厅区域由城际站房建筑专业负责提供设计要求，主广场工程建筑专业负责设计。主广场地下工程设计至变形缝处，城际站房建筑负责接口通道的设计	总平面图、地下一层平面图、剖面图。接口处总平面定位坐标、平面相关尺寸、剖面高程	天津市市政设计研究院、铁三院
副广场工程	前后广场联系通道工程	副广场工程地下一层北侧结构侧墙	副广场工程地下一层北侧前后广场联系通道的设备管理用房由前后广场联系通道建筑负责提供布置要求，副广场工程建筑配合进行设计	总平面图、地下一层平面图、剖面图。接口处总平面定位坐标、平面相关尺寸、剖面高程	北京城建设计研究总院、铁三院
	海河东路地道及主广场地下工程	建筑界面按照结构界面划分。主广场地下工程地下一层北侧结构侧墙与副广场地下一层接口(1)处以及海河东路地道匝道与副广场地下一层接口(2)处	两工程之间接口(1)通道由北京城建院建筑专业负责设计，天津市政院设计到其主体接口变形缝处。接口(2)的通道由天津市政院设计负责设计，副广场负责其主体预留接口的设计	总平面图、地下一层平面图、剖面图。接口处总平面定位坐标、平面相关尺寸、剖面高程	天津市市政设计研究院、北京城建设计研究总院
公交中心	轨道换乘中心工程	轨道换乘中心有1、11号两个出入口、1组风亭、1部无障碍电梯、1部消防专用电梯、2部防烟楼梯间设置在公交中心地块内	轨道换乘中心工程建筑专业负责提供1号出入口、无障碍电梯、消防电梯间、防烟楼梯间等相关建筑功能要求；11号出入口的设计，轨道换乘中心建筑按伸出主体1m设置变形缝对其定位，公交中心建筑负责变形缝以外出入口通道的设计以及定位。公交中心建筑专业配合出入口、电梯间、风亭的出地面设计。两工程各相关设备专业配合	总平面图、地面一层平面图、地下一层平面图、剖面图。接口处总平面定位坐标、平面相关尺寸、剖面高程	天津市建筑设计院、铁三院
	前后广场景观工程	出地面建、构筑物	天津市建院需结合公交中心地面进行景观设计	总平面图、剖面图。接口处总平面定位坐标、平面相关尺寸、剖面高程	天津市建筑设计院

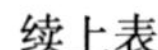

续上表

项目名称	接口项目名称	接口位置	接口界面划分	技术参数	责任单位
综合配套楼工程	轨道换乘中心工程	轨道换乘中心工程地下一层东侧结构侧墙以及顶板	轨道换乘中心工程建筑专业负责提供5号出入口等相关建筑功能要求；综合配套楼建筑专业负责该出入口及风亭出地面的设计	总平面图、地面一层平面图、地下一层平面图、剖面图。接口处总平面定位坐标、平面相关尺寸、剖面高程	铁三院
综合配套楼工程	前后广场景观工程	出地面建、构筑物	天津市建院需结合公交中心地面进行景观设计	总平面图、剖面图。接口处总平面定位坐标、平面相关尺寸、剖面高程	铁三院、天津市建筑设计院
前后广场联系通道工程	轨道换乘中心工程	轨道换乘中心工程地下一层南侧结构侧墙	轨道换乘中心工程地下一层南侧前后广场联系通道的设备管理用房由前后广场联系通道建筑设计负责提供用房布置要求，轨道换乘中心工程建筑专业配合进行设计	总平面图、地下一层平面图、剖面图。接口处总平面定位坐标、平面相关尺寸、剖面高程	铁三院
前后广场联系通道工程	副广场工程	副广场工程地下一层北侧结构侧墙	副广场工程地下一层北侧前后广场联系通道的设备管理用房由前后广场联系通道建筑负责提供布置要求，副广场工程建筑配合进行设计	总平面图、地下一层平面图、剖面图。接口处总平面定位坐标、平面相关尺寸、剖面高程	北京城建设计研究总院、铁三院
前后广场景观工程	轨道换乘中心工程	轨道换乘中心工程地面	天津市建院需对轨道换乘中心地面进行景观设计，包括地面出入口、风亭、顺驰地块配套楼等相关景观设计，另外包括轨道换乘中心下沉广场的景观设计	总平面图、剖面图。接口处总平面定位坐标、平面相关尺寸、剖面高程	天津市建筑设计院、铁三院
前后广场景观工程	海河东路地道及主广场地下工程	主广场地面	天津市建院需对前广场工程地面进行景观设计，包括地面出入口、风亭等相关景观设计	总平面图、剖面图。接口处总平面定位坐标、平面相关尺寸、剖面高程	天津市建筑设计院、天津市市政设计研究院
前后广场景观工程	公交中心	出地面建、构筑物	天津市建院需结合公交中心地面进行景观设计	总平面图、剖面图。接口处总平面定位坐标、平面相关尺寸、剖面高程	天津市建筑设计院
前后广场景观工程	综合配套楼	出地面建、构筑物	天津市建院需结合公交中心地面进行景观设计	总平面图、剖面图。接口处总平面定位坐标、平面相关尺寸、剖面高程	天津市建筑设计院、铁三院
前后广场景观工程	副广场工程	副广场地面	天津市建院需对副广场工程地面进行景观设计，包括地面出入口、风亭等相关景观设计	总平面图、剖面图。接口处总平面定位坐标、平面相关尺寸、剖面高程	天津市建筑设计院、北京城建设计研究总院

2. 地下结构

结合接口原则确定各子项工程接口如下表。需要说明的是：下表根据目前的工程方案及工程筹划拟定，需结合最终确定的工程筹划、工程界面、技术方案、土建施工标段划分等在设计过程中进行具体调整和细化。

项目名称	接口项目名称	接口位置	接口界面划分	技术参数	责任单位
轨道换乘中心工程	综合配套楼工程	轨道换乘中心工程围护结构外边缘	停车配套楼工程负责提供接口部位的技术要求及预留预埋要求；轨道换乘中心工程负责接口部位的预留预埋及防水处理	荷载及技术要求；建设工期计划；围护结构、主体结构设计图；外防水设计及接口部位细部防水处理图；预留预埋	铁三院
	前后广场联系通道工程	轨道换乘中心工程围护结构外边缘	前后广场联系通道工程负责提供接口部位的技术要求及预留预埋要求；轨道换乘中心工程负责接口部位的预留预埋及防水处理	荷载及技术要求；建设工期计划；围护结构、主体结构设计图；外防水设计及接口部位细部防水处理图；预留预埋	铁三院
	公交中心工程	轨道换乘中心工程结构顶板顶面	公交中心工程负责提供接口部位的技术要求及预留预埋要求；轨道换乘中心工程负责接口部位的预留预埋	荷载及技术要求；建设工期计划；主体结构设计图；外防水设计及接口部位细部防水处理图；预留预埋	铁三院、天津建院
	城际铁路站房工程	轨道换乘中心工程结构顶板顶面	城际铁路站房工程负责提供接口部位的技术要求及预留预埋要求；轨道换乘中心工程负责接口部位的预留预埋	荷载及技术要求；建设工期计划；主体结构设计图；外防水设计及接口部位细部防水处理图；预留预埋	铁三院
	城际铁路地下工程	轨道换乘中心工程围护结构外边缘	城际铁路地下工程负责提供接口部位的技术要求及预留预埋要求；轨道换乘中心工程负责接口部位的预留预埋及防水处理	荷载及技术要求；建设工期计划；围护结构、主体结构设计图；外防水设计及接口部位细部防水处理图；预留预埋	铁三院
	地铁2、3、9号线区间工程	轨道换乘中心工程围护结构外边缘	区间工程提供盾构井设置要求及预留预埋要求。轨道换乘中心工程负责完成盾构井设计	分界里程；建设工期计划；盾构井技术要求；预留预埋	铁三院
	人防工程	人防防护区域	轨道换乘中心工程负责土建结构设计、人防工程负责人防封堵设计	设防标准、要求；防护区的人防荷载检算；人防封堵的预留预埋	
综合配套楼工程	轨道换乘中心工程	轨道换乘中心工程围护结构外边缘	综合配套楼工程负责提供接口部位的技术要求及预留预埋要求；轨道换乘中心工程负责接口部位的预留预埋及防水处理	荷载及技术要求；建设工期计划；围护结构、主体结构设计图；外防水设计及接口部位细部防水处理图；预留预埋	铁三院
	地铁9号线区间工程	工程影响区段	区间工程负责提供技术要求，综合配套楼工程负责技术处理	区间位置及结构图；区间相关技术标准及要求；建设工期计划	铁三院

续上表

项目名称	接口项目名称	接口位置	接口界面划分	技术参数	责任单位
前后广场联系通道工程	轨道换乘中心工程	轨道换乘中心工程围护结构外边缘	前后广场联系通道工程负责提供接口部位的技术要求及预留预埋要求；轨道换乘中心工程负责接口部位的预留预埋及防水处理	荷载及技术要求；建设工期计划；围护结构、主体结构设计图；外防水设计及接口部位细部防水处理图；预留预埋	铁三院
	地铁3号线区间工程	工程影响区段	区间工程负责提供技术要求，前后广场联系通道工程相应负责技术处理	区间位置及结构图；区间相关技术标准及要求；建设工期计划	铁三院
	副广场地下工程	副广场地下工程围护结构外边缘	副广场地下工程负责提供接口部位的技术要求、预留预埋要求及防水处理；前后广场联系通道工程负责接口部位的预留预埋	荷载及技术要求；建设工期计划；围护结构、主体结构设计图；外防水设计及接口部位细部防水处理图；预留预埋	铁三院 北京城建设计研究总院
	铁路站场改造工程	工程影响区段	铁路站场改造工程负责提供改造过渡方案、建设计划、技术要求；前后广场联系通道工程负责相应的技术处理	站场改造方案、荷载及技术要求；建设工期计划；围护结构、主体结构设计图	铁三院
	城际铁路地下工程	两工程间变形缝处	后建工程提供相应的设计资料及要求，先建工程负责完成接口部位设计	荷载及技术要求；建设工期计划；围护结构、主体结构设计图	铁三院
副广场地下工程	海河东路地道及主广场工程	两工程间变形缝处	后建工程提供相应的设计资料及要求，先建工程负责完成接口部位设计	荷载及技术要求；建设工期计划；围护结构、主体结构设计图	北京城建设计研究总院 市政院
	前后广场联系通道工程	副广场地下工程围护结构外边缘	副广场地下工程负责提供接口部位的技术要求、预留预埋要求及防水处理；前后广场联系通道工程负责接口部位的预留预埋	荷载及技术要求；建设工期计划；围护结构、主体结构设计图；外防水设计及接口部位细部防水处理图；预留预埋	铁三院 北京城建设计研究总院
	地铁3号线区间工程	工程影响区段	区间工程负责提供技术要求，副广场地下工程相应负责技术处理	区间位置及结构图；区间相关技术标准及要求；建设工期计划	铁三院 北京城建设计研究总院
海河东路地道及主广场地下工程	副广场地下工程	两工程间变形缝处	后建工程提供相应的设计资料及要求，先建工程负责完成接口部位设计	荷载及技术要求；建设工期计划；围护结构、主体结构设计图	北京城建设计研究总院 市政院
	城际铁路地下工程	海河东路地道及主广场地下工程围护结构外边缘	海河东路地道及主广场地下工程负责提供接口部位的技术要求、预留预埋要求及防水处理；城际铁路地下工程负责接口部位的预留预埋	荷载及技术要求；建设工期计划；围护结构、主体结构设计图；外防水设计及接口部位细部防水处理图；预留预埋	铁三院 市政院

续上表

项目名称	接口项目名称	接口位置	接口界面划分	技术参数	责任单位
海河东路地道及主广场地下工程	地铁3号线区间工程	工程影响区段	区间工程负责提供技术要求，海河东路地道及主广场地下工程相应负责技术处理	区间位置及结构图；区间相关技术标准及要求；建设工期计划	铁三院 市政院
五经路地道工程	铁路站场改造工程	工程影响区段	铁路站场改造工程负责提供改造过渡方案、建设计划、技术要求；五经路地道工程负责相应的技术处理	站场改造方案、荷载及技术要求；建设工期计划；围护结构、主体结构设计图	铁三院
	地铁2号线区间工程	工程影响区段	区间工程负责提供技术要求，五经路地道工程相应负责技术处理	区间位置及结构图；区间相关技术标准及要求；建设工期计划	铁三院

3. 城市隧道土建接口

接口描述 / 项目名称	接 口 名 称	接 口 位 置	技 术 参 数	责任单位	备 注
五经路地道	道路接口	与现状道路、规划道路接口为与被交路的转弯半径处	现状道路按现状平面及高程顺接。规划道路按规划路网的平面和高程顺接	铁三院 规划院	
	与地下直径线接口	与地下直径线交叉范围	隧道结构尺寸要充分考虑地下直径线的荷载等级。充分预留地下直径线的封闭路堑与隧道的土体、防水的衔接条件	铁三院	
	与地铁2号线接口	与地铁2号线交叉范围	围护结构及抗拔措施要充分考虑地铁2号线的通过条件	铁三院	
	与海河东路地道接口	与建国道、进步道平面交叉范围	注意平面和标高的衔接。以及交通组织设计的一致性	铁三院 市政院	
	与管线综合接口	本工程的管线布置范围	平纵断面设计考虑管线的平面位置和高程	铁三院 规划院	
	隧道与封闭路堑接口	隧道与封闭路堑相接处	注意接口部位的围护结构、地基处理、防水等措施的衔接	铁三院	

4. 城市桥梁土建接口

接口描述 / 项目名称	接口名称	接口位置	技术参数	责任单位	备注
李公楼立交桥工程	道路接口	与现状道路、规划道路接口为与被交路的转弯半径处	现状道路按现状平面及高程顺接规划道路按规划路网的平面和高程顺接	天津城建设计院 规划院	
	与赤峰桥接口	与赤峰桥平纵面相接处	技术标准一致,平面和标高的衔接	天津城建设计院	
	与相关铁路接口	与京津城际铁路、津秦高速铁路、京山铁路交叉范围	桥梁墩台布置、桥梁高度需保证铁路的建筑限界要求。并合理避让铁路内部的道路	天津城建设计院 铁三院	
	与管线综合接口	本工程的管线布置范围	平纵断面设计考虑管线的平面位置和高程	天津城建设计院 规划院	
	桥梁与挡土墙接口	桥梁与挡土墙相接处	注意接口部位路基填料、地基处理措施	天津城建设计院	
	既有非机动车地道与新建地道的接口	新老地道的结合部	注意地基处理措施、防水、路面结构的衔接过渡	天津城建设计院	

(二)设备接口

1. 供电系统

结合城市电力网的现状和规划情况,采用集中由城市电网供电的方案。枢纽建设一座35/10kV主变电站为整个枢纽供电。主变电站采用三路电源受电。安装容量约3×16MV·A。

枢纽主变电站的供电范围包括:轨道换乘中心及配套服务区、综合配套楼、西配楼、海河东路地道及主广场地下工程、副广场、前后广场联络通道、前后广场景观、管理、控制中心等项目。而公交中心、五经路地道、李公楼立交桥等项目,因为由不同运营单位管理,故采用由城市电网直接供电的方案。

轨道换乘中心建筑范围内包含地铁2、3、9号线与行车有关的设备系统,枢纽供电系统与地铁各线供电范围的分工为:

与地铁各线的分工界面原则上为屏蔽门,屏蔽门以外及区间动力照明由地铁各线供电,但屏蔽门以外广告由枢纽供电;屏蔽门以内的公共区、设备管理用房照明及各种机电设备由枢纽供电;TVF风机、射流风机、U/O风机、各线的通信、信号、AFC、综合监控、屏蔽门、牵引变电所所用电由各线供电;地铁2、3号线管理的设备、管理用房照明由地铁2、3号线供电;9号线管理的设备、管理用房照明由枢纽供电。

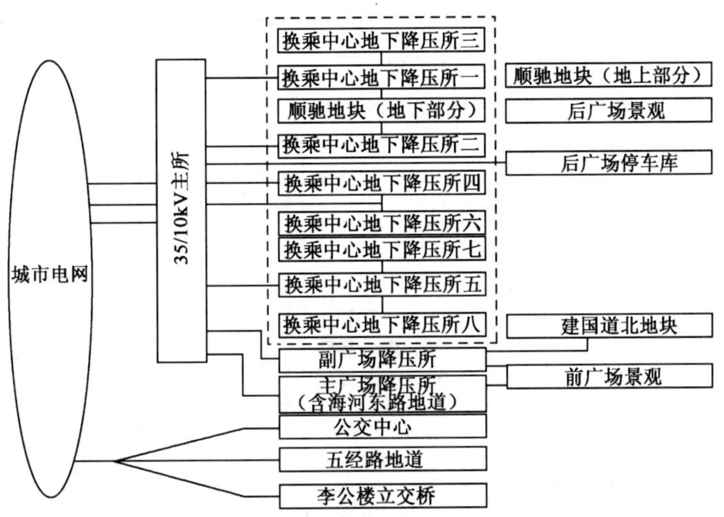

枢纽供电方案一框图

枢纽供电系统接口一览表

接口描述 / 项目名称	接口名称	接口位置	技术参数	责任单位	备 注
各子项之间的接口					
轨道换乘中心	供电电源	主所10kV出线断路器下口	10kV,8回、电缆截面	铁三院、电力院	电力院留开关间隔;三院敷设电缆并接线
	杂散电流监测	各线牵引所通信机通信端口处	光纤以太网口	铁三院、电化院	各线留端口;三院敷设光缆
	牵引所接地	站台板下接地总排	1kV单芯电缆,回路数、电缆截面	铁三院、电化院	三院留端了;各线供电系统敷设电缆并接线
综合配套楼	供电电源	地下一层2号降压所10kV出线断路器下口	10kV,2回、电缆截面	铁三院	铁三院敷设电缆;三院留开关间隔并接线
后广场景观	供电电源	顺驰地块地上部分降压所0.4kV出线断路器下口	0.4kV,回路数、电缆截面	建院、铁三院	铁三院留端子及顺驰地块范围内的电缆通道设计;景观所敷设电缆并接线
主广场	供电电源	主所10kV出线断路器下口	10kV,2回、电缆截面	市政院、电力院	电力院留开关间隔;市政院敷设电缆并接线

续上表

项目名称＼接口描述	接口名称	接口位置	技术参数	责任单位	备注
副广场	供电电源	主所10kV出线断路器下口	10kV,2回、电缆截面	北京城建设计研究总院、电力院	电力院留开关间隔;北京城建设计研究总院敷设电缆并接线
前广场景观	供电电源	主广场、副广场降压所0.4kV出线断路器下口	0.4kV,回路数、电缆截面	建院、北京城建设计研究总院、市政院	北京城建设计研究总院、市政院留端子及主、副广场范围内的电缆通道设计;景观所敷设电缆并接线
联络通道	供电电源	地下一层1号降压所0.4kV出线断路器下口	0.4kV,回路数、电缆截面	铁三院	换乘中心留端子;联络通道敷设电缆并接线
各子项内部供电系统与相关系统间接口					
给排水及水消防系统	供电电源	水系统自带控制柜进线断路器上口	0.4kV,回路数、电缆截面	各子项设计单位	
暖通或环控系统	供电电源	风机接线端子或冷水机组自带控制柜进线断路器上口	0.4kV,回路数、电缆截面	各子项设计单位	
电扶梯、自动人行道系统	供电电源	电扶梯、自动人行道自带控制柜进线断路器上口	0.4kV,回路数、电缆截面	各子项设计单位	
卷帘门	供电电源	卷帘门自带控制箱进线断路器上口	0.4kV,回路数、电缆截面	各子项设计单位	
人防系统	密闭门、隔断门供电、风机	密闭门、隔断门、风机接线箱	0.4kV,回路数、电缆截面	铁三院、总参四院	总参预留接口设备,供电系统接线
动力照明	供电电源	变电所低压出线开关下口	0.4kV,回路数、容量	各子项设计单位	
弱电系统	接地条件	设备房接地端子箱		各子项设计单位	动照预留端子,弱电敷设电缆并接线
	供电电源	设备房双电源切换箱或配电箱出线开关下口	0.4kV,回路数、容量	各子项设计单位	动照预留端子,弱电敷设电缆并接线

2. 综合监控系统

组建枢纽 FAS 系统、BAS 系统、SCADA 系统，并在管理级对枢纽 FAS 系统、BAS 系统、SCADA 系统集成为综合监控系统，设置枢纽管理控制中心，在除五经路地道和李公楼立交桥等以外的全部子项设置二级节点综合监控子系统，各二级节点综合监控子系统接入枢纽综合监控系统网络，由枢纽管理控制指挥中心集中监控管理。枢纽综合监控系统实行三级控制（枢纽综合指挥中心、二级节点、设备现场）、两级管理（枢纽综合指挥中心、二级节点）。

综合监控系统设置以下二级节点：轨道换乘中心、顺驰地块地下部分、顺驰地块地上部分、综合配套楼、主广场、副广场、主变电所及办公楼、建国道北地块。

其中李公楼立交桥不设综合监控系统。由于公交中心、五经路地道由有关部门或单位运营管理，故这两个项目的综合监控独立运行。五经路地道综合监控系统不接入枢纽综合监控网，而通过智能交通系统互联利用智能交通的传输通道向枢纽管理控制中心传输监视信息。公交中心由于与轨道换乘中心存在建筑接口及联动控制接口，其综合监控系统接入枢纽综合监控网，枢纽对其只监不控。

轨道换乘中心建筑范围内包括地铁 2、3、9 号线与行车有关的设备系统和管理区域，枢纽与地铁各线监控范围的分工界面：轨道换乘中心与地铁各线监控范围的分工界面原则上为屏蔽门，屏蔽门以外由地铁各线监控，屏蔽门以内由轨道换乘中心监控；TVF 风机、射流风机、U/O 风机、ACF、屏蔽门由地铁各线监控；枢纽管理控制中心与地铁各线控制中心采用中央到中央的以太网接口，其分工界面为各线在轨道换乘中心光纤配线架。

综合监控系统接口一览表

接口描述 项目名称	接口名称	接口位置	技术参数	责任单位	备　注
各子项之间的接口					
后广场景观	远程控制接口	顺驰地块景观控制箱二次端子排或通信端口处	通信介质，芯数、端子号或接口设备、通信协议	建院、铁三院	景观所留接口设备、敷设电缆并接线；铁三院负责顺驰地块范围内的土建通道设计
前广场景观	远程控制接口	主、副广场景观控制箱二次端子排或通信端口处	通信介质，芯数、接口设备、通信协议	建院、北京城建设计研究总院、市政院	景观所留接口设备、敷设电缆并接线；北京城建设计研究总院、市政院负责主、副广场范围内的土建通道设计
前后广场联络通道	远程控制接口	轨道换乘中心二级节点控制室	FAS：总线接口；BAS：总线接口	铁三院	轨道换乘中心留接口设备；联络通道敷设电缆并接线
铁路站房、综合配套楼、顺驰地块地上部分	火灾信息互传	管理控制指挥中心	以太网接口	铁三院	控制中心留接口设备；城际敷设电缆并接线

续上表

接口描述 / 项目名称	接口名称	接口位置	技术参数	责任单位	备注
地铁各线	火灾信息互传	各线天津站通信机械室光纤配线架	光纤以太网接口	铁三院	天津站负责至枢纽控制中心部分;各线负责至各线控制中心部分
各子项内部综合监控系统与相关系统间接口					
通信系统	传输接口	各子项通信机械室配线架	FAS 系统:光口;综合监控:电口端子编号	各子项设计单位	通信系统预留端子并定义端子编号;监控系统接线
	时钟接口	管控中心综合监控设备房	以太网口或485 口	铁三院	
	广播接口	管控中心综合监控设备房及二级节点监控室	以太网口或485 口	各子项设计单位	
	CCTV 接口	管控中心综合监控设备房及二级节点监控室	以太网口或485 口	各子项设计单位	
	门禁接口	管控中心综合监控设备房及二级节点监控室	以太网口或485 口	各子项设计单位	
动力照明系统	环控电控室控制接口	各环控电控室	总线接口	各子项设计单位	动力照明系统预留接口设备;监控系统接线
	照明控制接口	各照明配电室	干节点接口	各子项设计单位	动力照明系统预留接口设备;监控系统接线
	智能疏散标志系统联动接口	智能疏散标志系统系统主机	通信接口、通信协议、通信介质或干节点 I/O 内容、数量、端子编号	各子项设计单位	动力照明系统预留接口设备;监控系统接线
	其他照明控制接口	照明控制箱二次端子排	干节点 I/O 内容、数量、端子编号	各子项设计单位	动力照明系统预留接口设备;监控系统接线
	非消防电源控制接口	非消防电源配电柜(箱)	干节点 I/O 内容、数量、端子编号	各子项设计单位	动力照明系统预留接口设备;监控系统接线
	弱电接地接口	弱电接地总排	接线柱规格、位置、数量	各子项设计单位	动力照明系统预留接口条件;弱电系统接线

续上表

接口描述 项目名称	接口名称	接口位置	技术参数	责任单位	备　注
给排水及水消防	控制接口	各水泵自带控制柜二次端子排	干节点，控制电缆芯数	各子项设计单位	给排水系统预留接口设备(动力照明系统配合)；监控系统接线
电扶梯、自动人行道系统	电扶梯、自动人行道	电扶梯、自动步道自带控制柜通讯端口	端口类型、通信协议	各子项设计单位	电扶梯、自动人行道系统预留接口设备；监控系统接线
环控系统	冷水机组控制接口	冷水机组自带控制柜	端口类型、通信协议	各子项设计单位	环控系统预留接口设备(监控系统配合)；监控系统接线
建筑	卷帘门控制接口	卷帘门自带控制柜	干节点I/O内容、数量、端子编号	各子项设计单位	卷帘门系统预留接口设备(监控系统配合)；监控系统接线
人防系统	密闭门、隔断门监视接口	密闭门、隔断门接线箱	干节点I/O内容、数量、端子编号	铁三院、总参四院	总参预留接口设备，监控系统接线
智能交通系统	通信接口	五经路地道控制中心监控室	端口类型、通信协议	铁三院、智能交通设计单位	智能交通预留接口设备，监控系统接线

3. 通信系统

(1)概述

天津枢纽专用通信网由设于枢纽管理控制中心的通信中心设备和设于轨道换乘中心、顺驰地块、公交中心、综合配套楼、主广场、副广场、主变电所的七个通信二级节点设备构成。

海河东路地道工程的通信终端设备纳入前广场二级节点管理；前后广场联系通道的通信终端设备纳入轨道换乘中心二级节点管理。

综合配套楼、公交中心通信系统根据其用途作为独立工程设计，与枢纽通信系统无接口。但根据综合监控系统诉求，枢纽通信系统在综合配套楼、公交中心设二级节点传输设备，为综合配套楼、公交中心综合监控系统与枢纽综合监控系统间提供联网条件及令牌网条件。

根据市政分离的要求，五经路地道、李公楼立交桥改建工程交由市政管理，上述两项工程无通信设计。

(2)与相关工程的建设界面

为满足管理控制中心防灾指挥及旅客服务的需要，枢纽通信系统需与城际铁路、普铁及轨道交通实现信息共享的系统有：广播系统、电视监视系统、乘客咨询系统。

枢纽通信与城际铁路及普铁的建设界面以轨道交通工程地下一层京津城际铁路及普铁的进、出站口为界面，进、出站口以外的地下一层公共区的广播系统、电视监视系统、乘客咨询系统由枢纽建设单位负责建设；进出站口以内的铁路的广播系统、电视监视系统、乘客咨询系统由京津城际铁路的建设部门负责建设。

轨道换乘中心的建筑范围内，枢纽与地铁各线通信系统的分工界面原则上为各线通信机械室配线架外侧。

(3)与相关工程的系统设计接口

项目名称	接口项目名称	接口名称	接口位置	技术参数	责任单位	备 注
枢纽管理控制指挥中心	城际站房工程	传输系统	京津城际铁路设备机房	千兆以太网交换机	铁三院	交换机、光缆配线架由枢纽工程设计提供；城际工程提供安装位置、电源及接地
		光缆引入	京津城际铁路设备机房	光缆配线架	铁三院	
		广播系统互联	京津城际铁路设备机房，光缆配线架外侧端子	信源控制数据接口	铁三院	配线端子内侧至京津城际广播、乘客资讯及电视监视设备配线由京津城际设计
		乘客资讯系统互联	京津城际铁路设备机房，光缆配线架外侧端子	数据接口	铁三院	
		电视监视系统图像上传	京津城际铁路设备机房，光缆配线架外侧端子	千兆带宽数据接口	铁三院	
	天津地铁2号线控制中心	广播系统互联	天津站通信机械室光缆配线架外侧端子	数据接口	铁三院	配线端子内侧至2号线控制中心的广播、乘客资讯及电视监视设备数据通道由2号线负责设计
		乘客资讯系统互联	天津站通信机械室光缆配线架外侧端子	数据接口	铁三院	
	天津地铁3号线控制中心	广播系统互联	天津站通信机械室光缆配线架外侧端子	数据接口	铁三院	配线端子内侧至3号线控制中心的广播、乘客资讯及电视监视设备数据通道由3号线负责设计
		乘客资讯系统互联	天津站通信机械室光缆配线架外侧端子	数据接口	铁三院	
枢纽控制指挥中心	天津地铁9号线控制中心	广播系统互联	天津站通信机械室光缆配线架外侧端子	数据接口	铁三院	配线端子内侧至9号线控制中心的广播、乘客资讯及电视监视设备数据通道由9号线负责设计
		乘客资讯系统互联	天津站通信机械室光缆配线架外侧端子	数据接口	铁三院	
	普铁	传输系统	普铁既有设备机房	千兆以太网交换机	铁三院	交换机、光缆配线架由枢纽工程提供；普铁工程提供安装位置、电源及接地
		光缆引入	普铁既有设备机房	光缆配线架	铁三院	

续上表

项目名称	接口项目名称	接口名称	接口位置	技术参数	责任单位	备　注
枢纽控制指挥中心	普铁	广播系统互联	普铁设备机，房光缆配线架外侧端子	信源控制数据接口	铁三院	配线端子内侧至普铁广播、乘客资讯及电视监视设备配线由普铁设计
		乘客资讯系统互联	普铁设备机，房光缆配线架外侧端子	数据接口	铁三院	
		电视监视系统图像上传	普铁设备机，房光缆配线架外侧端子	千兆带宽数据接口	铁三院	
轨道换乘中心枢纽工程	2号线天津站	广播系统	2号线通信机械室配线架外侧端子	信源控制数据接口	铁三院	2号线机房以外设备由枢纽设计；机房内设备由2号线设计；电视监视系统由枢纽提供视频分配器
		乘客资讯系统	2号线通信机械室配线架外侧端子	数据接口	铁三院	
		电视监视系统	2号线通信机械室视频分配器架	视频接口	铁三院	
	3号线天津站	广播系统	3号线通信机械室配线架外侧端子	信源控制数据接口	铁三院	3号线机房以外设备由枢纽设计；机房内设备由3号线设计；电视监视系统由枢纽提供视频分配器
		乘客资讯系统	3号线通信机械室配线架外侧端子	数据接口	铁三院	
		电视监视系统	3号线通信机械室视频分配器架	视频接口	铁三院	
	9号线天津站	广播系统	9号线通信机械室配线架外侧端子	信源控制数据接口	铁三院	9号线机房以外设备由枢纽设计机房内设备由9号线设计枢纽提供视频分配器
		乘客资讯系统	9号线通信机械室配线架外侧端子	数据接口	铁三院	
		电视监视系统	9号线通信机械室视频分配器架	视频接口	铁三院	

(4)本工程系统设计接口

①通信系统设计与各工点通信设计间的接口。

项目名称	接口项目名称	接口名称	接口位置	技术参数	责任单位	备　注
控制管理中心系统设计	轨道换乘中心	传输系统	二级节点室光缆配线架外侧端子		铁三院	铁三院系统设计提供光电缆,工点院提供光电缆引入二级节点室的条件
		公务电话系统	二级节点室电缆交接箱外侧端子	音频接口	铁三院	
		调度电话系统	二级节点室配线架外侧端子	数据接口	铁三院	
		电视监视系统	二级节点室配线架外侧端子	千兆带宽数据接口	铁三院	
		乘客资讯系统	二级节点室配线架外侧端子	数据接口	铁三院	
		广播系统	二级节点室配线架外侧端子	数据接口	铁三院	
		门禁系统	二级节点室配线架外侧端子	数据接口	铁三院	
		办公自动化系统	二级节点室配线架外侧端子	数据接口	铁三院	
	海河东路地道及主广场地下工程	传输系统	二级节点室光缆配线架外侧端子		铁三院 市政院	铁三院系统设计提供光电缆,工点院提供光电缆引入二级节点室的条件
		公务电话系统	二级节点室电缆交接箱外侧端子	音频接口	铁三院 市政院	
		调度电话系统	二级节点室配线架外侧端子	数据接口	铁三院 市政院	
		电视监视系统	二级节点室配线架外侧端子	千兆带宽数据接口	铁三院 市政院	
		乘客资讯系统	二级节点室配线架外侧端子	数据接口	铁三院 市政院	
		广播系统	二级节点室配线架外侧端子	数据接口	铁三院 市政院	
		门禁系统	二级节点室配线架外侧端子	数据接口	铁三院 市政院	
		综合配套楼管理系统	二级节点室配线架外侧端子	数据接口	铁三院 市政院	
		办公自动化系统	二级节点室配线架外侧端子	数据接口	铁三院 市政院	
	副广场工程	传输系统	二级节点室光缆配线架外侧端子		铁三院 北京城建院	
		公务电话系统	二级节点室电缆交接箱外侧端子	音频接口	铁三院 北京城建院	
		调度电话系统	二级节点室配线架外侧端子	数据接口	铁三院 北京城建院	
		电视监视系统	二级节点室配线架外侧端子	千兆带宽数据接口	铁三院 北京城建院	
		乘客资讯系统	二级节点室配线架外侧端子	数据接口	铁三院 北京城建院	
		广播系统	二级节点室配线架外侧端子	数据接口	铁三院 北京城建院	

续上表

项目名称	接口项目名称	接口名称	接口位置	技术参数	责任单位	备注
控制管理中心系统设计	副广场工程	门禁系统	二级节点室配线架外侧端子	数据接口	铁三院 北京城建院	
		综合配套楼管理系统	二级节点室配线架外侧端子	数据接口	铁三院 北京城建院	
		办公自动化系统	二级节点室配线架外侧端子	数据接口	铁三院 北京城建院	
	公交中心	传输系统	二级节点室光缆配线架外侧端子		铁三院 天津建院	
	综合配套楼	传输系统	二级节点室光缆配线架外侧端子		铁三院 天津建院	
	顺驰地块	传输系统	二级节点室光缆配线架外侧端子		铁三院	系统设计提供光电缆，工点提供光电缆引入二级节点室的条件
		公务电话系统	二级节点室电缆交接箱外侧端子	音频接口	铁三院	
		调度电话系统	二级节点室配线架外侧端子	数据接口	铁三院	
		电视监视系统	二级节点室配线架外侧端子	千兆带宽 数据接口	铁三院	
		乘客资讯系统	二级节点室配线架外侧端子	数据接口	铁三院	
		广播系统	二级节点室配线架外侧端子	数据接口	铁三院	
		门禁系统	二级节点室光缆配线架外侧端子	数据接口	铁三院	
		综合配套楼管理系统	二级节点室配线架外侧端子	数据接口	铁三院	
		办公自动化系统	二级节点室配线架外侧端子	数据接口	铁三院	
	主变电所	传输系统	二级节点室光缆配线架外侧端子		铁三院	
		公务电话系统	二级节点室交接箱外侧端子	音频接口	铁三院	
		调度电话系统	二级节点室配线架外侧端子	数据接口	铁三院	
		电视监视系统	二级节点室配线架外侧端子	千兆带宽 数据接口	铁三院	
		广播系统	二级节点室配线架外侧端子	数据接口	铁三院	
		门禁系统	二级节点室配线架外侧端子	数据接口	铁三院	
		办公自动化系统	二级节点室配线架外侧端子	数据接口	铁三院	

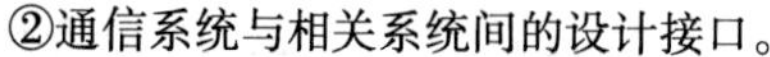

②通信系统与相关系统间的设计接口。

项目名称	接口项目名称	接口名称	接口位置	技术参数	责任单位	备　注
传输系统	综合监控系统	传输接口	各子项通信机械室配线架外侧端子	FAS 系统:光口;综合监控:数据口端子编号	各子项设计单位	通信系统预留端子并定义端子编号;综合监控系统接线
时钟系统		时钟基准、信息	管控中心通信机械室配线架外侧端子	以太网口或485 口	铁三院	
广播系统		广播联网	管控中心通信机械室配线架外侧端子	以太网口或485 口	各子项设计单位	
电视监视系统		电视监视联网	管控中心通信机械室配线架外侧端子	以太网口或485 口	各子项设计单位	
门禁系统		系统互联	管控中心通信机械室配线架外侧端子		各子项设计单位	
通信系统	供电系统	电源接口	通信机械室电力配电箱		各子项设计单位	
	综合接地	地线接口	弱电接地总排	接线柱规格、位置、数量	各子项设计单位	动力照明系统预留接口条件;通信系统接线
通信系统	智能交通系统	隧道监测与诱导系统	管控中心通信机械室配线架外侧端子	以太网口	铁三院、智能交通设计单位	通信系统预留端子并定义端子编号;智能交通系统接线
通信系统	垂直电梯	电梯内电话	垂直电梯控制箱		各子项设计单位	通信系统由车控室至垂直电梯控制箱预留4根配线;控制箱至梯内电话机及配线由电扶梯专业负责

4. 环控通风

接口描述 项目名称	接口项目	接口位置	技术参数	责任单位	备注
轨道换乘中心工程	城际站房	城际和枢纽地下部分结构变形缝分界	城际进出站厅执行换乘中心公共区温度标准	铁三院	变形缝以北，其中城际部分进出站厅由轨道换乘中心负责，其余由城际在地下一层中设置的设备及管理机房及其他用房均在城际的设计范围内
	地铁2、3、9号线环控系统	隧道通风系统：各线隧道通风系统的隧道风机（含射流风机）、消声器、风阀等所有设备归各线建设、管理；排热系统：以排热风机连锁风阀为界，各线排热系统的排热风机连锁风阀以内（含排热风机连锁风阀）的排热风机、消声器、风阀、防火阀、轨顶（底）风口等设备归各线建设管理。排热风机连锁风阀以外的共用消声器等设备归枢纽管理。（以内是指往轨线方向，以外是往室外方向）；水系统、小系统、大系统、出租车通风系统、商业区配套空调通风系统、顺驰地块相关系统均归枢纽管理	本工程各线隧道风机、排热风机、射流风机设置要求及相应公共区风量、冷量由相关线的环控系统提供（各线计算范围以各线站台层建筑相对边界为准，对应站厅层面积范围由各线提供计算资料，其余公共部分由枢纽统一考虑。）	铁三院、上海隧道院	地铁2、3、9号线环控系统负责提供相应线别设置的系统要求
	综合配套楼	轨道换乘中心工程地下一层东侧风亭处结构侧墙		铁三院	换乘中心的空调冷却塔至于综合配套楼顶部，预留安装条件且冷却塔布置四周气流通畅
	前后广场联系通道	轨道换乘中心工程地下一层南侧结构侧墙	轨道换乘中心工程地下一层南侧前后广场联系通道的设备管理用房由前后广场联系通道建筑设计负责	铁三院	
	公交中心	轨道换乘中心有1、11号两个出入口、1组风亭、1部无障碍电梯、1部消防专用电梯、2部防烟楼梯间设置在公交中心地块内		铁三院建院	上述部分内的正压送风由轨道换乘中心负责
	市政热源	室内换热机组处	市政热源负责换热器及热源引入侧水系统设计，本项目负责二次水部分设计	铁三院、天津市热电公司	此部分内容需以业主与热电公司的协议为准

续上表

接口描述 项目名称	接口项目	接口位置	技术参数	责任单位	备注
公交中心工程	市政热源	室内换热机组处	市政热源负责换热器及热源引入侧水系统设计，本项目负责二次水部分设计	建院、天津市热电公司	此部分内容需以业主与热电公司的协议为准
	换乘中心	轨道换乘中心有1、11号两个出入口、1组风亭、1部无障碍电梯、1部消防专用电梯、2部防烟楼梯间设置在公交中心地块内	换乘中心1号出入口共享大厅正常工况下通风空调由公交中心统一考虑，公交中心夜间停运后大厅按照自然通风考虑。该出入口按照连续长度不超过60米的出入口通道考虑，按照自然排烟考虑。11号出入口处理方式同1号口	铁三院建院	需为换乘中心预留地面一层加压送风条件（进风百叶及设备安装条件）
综合配套楼工程	市政热源	室内换热机组处	市政热源负责换热器及热源引入侧水系统设计，本项目负责二次水部分设计	铁三院、天津市热电公司	此部分内容需以业主与热电公司的协议为准
	换乘中心	轨道换乘中心工程地下一层东侧风亭处结构侧墙		铁三院	换乘中心的空调冷却塔至于综合配套楼顶部，预留安装条件且冷却塔布置四周气流通畅
海河东路隧道及主广场工程	副广场工程	主广场地下工程地下一层北侧结构侧墙与副广场地下一层接口处		天津市政院、北京城建院	
副广场工程	海河东路隧道及主广场工程	同上（以土建接口为准）		天津市政院、北京城建院	
	联络通道工程	副广场工程地下一层北侧结构侧墙		北京城建院、铁三院	
联络通道工程	轨道换乘中心	轨道换乘中心工程地下一层南侧结构侧墙	位于换乘中心内的为通道服务的设备机房由联络通道负责	铁三院	
	副广场	副广场地下工程围护结构外边缘	位于副广场内的为通道服务的设备机房由联络通道负责	北京城建院、铁三院	

5. 给水排水

接口描述 / 项目名称	接口项目	接口位置	技术参数	责任单位	备注
轨道换乘中心工程	城际站房	城际和枢纽地下部分结构变形缝分界	城际进出站厅执行换乘中心公共区标准	铁三院	变形缝以北，城际在地下一层中设置的设备及管理机房均在城际的设计范围内，城际部分进出站厅由轨道换乘中心负责
	相邻地铁线路区间	在车站与区间的分界里程处（以土建界面划分为准）	水消防系统的电动阀门属本项目设计，相邻区间的给排水由各线负责	铁三院	
	室外排水系统	工程结构外1.5米处	本工程负责设计至泄压井上口，外网部分负责泄压井及下口	铁三院 九河设计所	特殊情况具体协商
	室外给水系统	工程结构外1.5米处	本工程负责至室外水表井出水口	铁三院、 自来水公司	需进一步与自来水公司协商
	综合配套楼	轨道换乘中心工程地下一层东侧风亭结构侧墙			
	公交中心	轨道换乘中心有1、11号两个出入口、1组风亭、1部无障碍电梯、1部消防专用电梯、2部防烟楼梯间设置在公交中心地块内		建院 铁三院	上述接口范围内的消防由轨道换乘中心考虑
	前后广场联系通道	轨道换乘中心工程地下一层南侧结构侧墙	轨道换乘中心工程地下一层南侧前后广场联系通道的设备管理用房由前后广场联系通道建筑设计负责	铁三院	
公交中心工程	轨道换乘中心	轨道换乘中心有1、11号两个出入口、1组风亭、1部无障碍电梯、1部消防专用电梯、2部防烟楼梯间设置在公交中心地块内		铁三院 建院	上述接口范围内的消防由轨道换乘中心考虑
	室外排水系统	工程结构外1.5米处	本工程负责设计至泄压井上口，外网部分负责泄压井及下口	铁三院、九河设计所	特殊情况具体协商

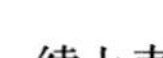

续上表

项目名称 \ 接口描述	接口项目	接口位置	技术参数	责任单位	备注
公交中心工程	室外给水系统	工程结构外1.5米处	本工程负责至室外水表井出水口	铁三院、自来水公司	需进一步与自来水公司协商
综合配套楼工程	室外排水系统	工程结构外1.5米处	本工程负责设计至泄压井上口，外网部分负责泄压井及下口	铁三院、九河设计所	特殊情况具体协商
	室外给水系统	工程结构外1.5米处	本工程负责至室外水表井出水口	铁三院、自来水公司	需进一步与自来水公司协商
主广场工程	室外排水系统	工程结构外1.5米处	本工程负责设计至泄压井上口，外网部分负责泄压井及下口	市政院、九河设计所	特殊情况具体协商
	室外给水系统	工程结构外1.5米处	本工程负责至室外水表井出水口	市政院、自来水公司	需进一步与自来水公司协商
副广场工程	室外排水系统	工程结构外1.5米处	本工程负责设计至泄压井上口，外网部分负责泄压井及下口	北京城建设计研究总院、九河设计所	特殊情况具体协商
	室外给水系统	工程结构外1.5米处	本工程负责至室外水表井出水口	北京城建设计研究总院、自来水公司	需进一步与自来水公司协商
五经路地道工程	室外排水系统	工程结构外1.5米处	本工程负责设计至泄压井上口，外网部分负责泄压井及下口	铁三院、九河设计所	特殊情况具体协商，辅道排水由九河设计所完成
	室外给水系统	工程结构外1.5米处	本工程负责至室外水表井出水口	铁三院、自来水公司	需进一步与自来水公司协商
联络通道工程	室内排水系统	与轨道换乘中心工程地下一层工程结构分界处	本工程负责设计排水管道至与地下一层结构分界处	铁三院	
	室内消防给水系统	与轨道换乘中心工程地下一层工程和前广场工程结构分界处	本工程负责设计消防给水管道至与两端结构分界处	铁三院	特殊情况具体协商
李公楼立交桥工程	市政排水系统	市政排水井处及排水泵房处	本工程负责主体排水接至市政排水井处，辅道负责至排水泵房进口处	天津城建设计院、九河设计所	

续上表

接口描述 项目名称	接口项目	接口位置	技术参数	责任单位	备注
前后广场景观	市政排水系统	附近市政干管排水井		天津建院、九河设计所	
	室外给水系统	工程结构外1.5米处	本工程负责至室外水表井出水口	建院、自来水公司	

6. 电扶梯系统

各子项电扶梯系统与相关系统间的设计接口。

接口描述 项目名称	接口名称	接口位置	技术参数	责任单位	备注
供电系统	电扶梯、自动人行道供电电源	电扶梯、自动人行道自带控制柜进线断路器上口		各子项设计单位	
通信系统	电梯通信	垂直电梯控制柜	通信系统预留4根配线至垂直电梯控制箱	各子项设计单位	
设备监控系统	BAS系统对电扶梯、自动人行道的监控	电扶梯、自动人行道控制柜通讯端口	端口类型、通信协议	各子项设计单位	电扶梯、自动人行道系统预留接口设备;监控系统接线
排水系统	电扶梯、自动人行道道底坑排水	电扶梯、自动步道下底坑		各子项设计单位	排水系统将下底坑积水排出

附录 4　天津站综合进度影响因素调查问卷

尊敬的先生/女士：

您好！为了了解影响工程施工进度的影响因素，便于对工程施工的进度的控制。特设此调查问卷。诚挚的感谢您的合作。谢谢！

第一部分：打分专家个人信息表（只需在您认为正确的选项上做出标记）

1. 您的年龄为（　）。
   A. 小于 20 岁　B. 20 ~ 29 岁　C. 30 ~ 39 岁　D. 40 ~ 49 岁　E. 50 岁以上
2. 您的性别为（　）
   A. 男性　B. 女性
3. 您的受教育程度为（　）
   A. 初中　B. 高中　C. 大学预科　D. 大学　E. 研究生
4. 您所属的组织类型为（　）
   A. 业主　B. 监理　C. 承包商
5. 您的执业水准为（　）
   A. 非执行董事　B. 执行董事　C. 管理者
6. 您的从业时间为（　）
   A. 2 年以下　B. 2 ~ 5 年　C. 6 ~ 10 年　D. 10 年以上
7. 您的专业领域为（　）
   A. 建筑　B. 基础设施　C. 机电　D. 其他
8. 您目前所接受的最大项目的合约金额为（　）
   A. 小于 1 千万　B. 1 千万 ~ 5 千万　C. 5 千万以上

第二部分：此处为影响工程施工进度的因素，请您确认出这些因素的影响程度，并在相应的位置做出标记。

天津站进度影响因素影响程度评定						
序　号	因素识别	专家打分				
		没有影响	略有影响	影　响	影响显著	影响重大
业主原因						
1	工程款的支付					
2	业主方控制					
3	决策质量					
4	业主提供的条件					
施工方原因						
5	专业分包					
6	现场管理					
7	施工方法					
8	计划的合理性					

续上表

天津站进度影响因素影响程度评定						
序　号	因素识别	专家打分				
		没有影响	略有影响	影　响	影响显著	影响重大
9	建设阶段的错误					
10	新技术的使用					
11	施工经验					
监理咨询						
12	合同管理					
13	图纸的准备和审批					
14	质量控制					
15	等待、检测和检验的时间					
原材料原因						
16	材料质量					
17	材料供给					
人员和设备						
18	劳动力供给					
19	劳动生产力					
20	设备					
变更原因						
21	业主变更					
22	设计变更					
23	承包商变更					
合同相关方						
24	主要争端和洽商					
25	各方缺少交流					
26	接口衔接					
外部原因						
27	天气					
28	政策					
29	与施工周围各方关系					
30	为能预见的现场状况					
31	不可预见的其他状况					
政府机构						
32	政府相关部门审批					

第三部分:以上因素可能导致以下几种结果,请您评定以上因素对下列结果的影响程度。

天津站进度影响因素对结果的影响程度评定						
序　号	影响结果	专家打分				
		没有影响	略有影响	影　响	影响显著	影响重大
1	工期延误					
2	成本超支					
3	各方争执					
4	仲裁					
5	诉讼					
6	全部放弃					

第四部分:问卷数据统计表

本次统计共发放问卷:50 份,共回收问卷　　份,问卷回收率为:

问卷发放时间为:　　　年　　月　　日,问卷回收时间为:　　　年　　月　　日。

参与打分专家人数共:　　人,其中,业主方:　　人,监理方:　　人,承包商方　　人。

1 表示没有影响,2 表示略有影响,3 表示有影响,4 表示影响显著,5 表示影响重大。

问卷数据统计											
序号	因素识别	专家打分									
		1		2		3		4		5	
		频数	频率	频数	频率	频数	频率	频数	频率	频数	频率
1	工程款的支付										
2	业主方控制										
3	决策质量										
4	业主提供的条件										
5	专业分包										
6	现场管理										
7	施工方法										
8	计划的合理性										
9	建设阶段的错误										
10	新技术的使用										
11	施工经验										
12	合同管理										
13	图纸的准备和审批										
14	质量控制										
15	等待、检测和检验的时间										
16	材料质量										
17	材料供给										
18	劳动力供给										
19	劳动生产力										

参 考 文 献

[1] 刘玉琦,焦莹. 天津站交通枢纽总体规划设计方案[J]. 中国铁路,2006(11):26-30.

[2] 刘艳辉. 基于公共安全优先的城市综合交通枢纽建运一体模式研究 [D]. 天津大学,2009.

[3] 翟维丽. 城市轨道交通系统关键技术及相关问题研究[D]. 吉林大学,2007.

[4] 张国伍,张秀缓,罗雄飞. 综合交通枢纽的虚拟组织协同管理模式研究[J]. 系统工程,2000(4):43-48.

[5] 周红. 基于生态学的大型公共工程可持续能力研究[D]. 东南大学,2006.

[6] 秦莹,何世伟. 浅议城市轨道交通及客运枢纽建设[J]. 交通标准化,2005(5):128-131.

[7] 张铭,徐瑞华,杨珂. 城市轨道交通网络运营组织协调性研究[J]. 城市轨道交通研究,2007.

[8] 陈依新. 地铁运营模式的选择[J]. 城市公共交通,2000(4):24-26.

[9] 邵伟中,徐瑞华. 城市轨道交通网络运营协调及应急处置辅助决策技术[J]. 城市轨道交通研究,2008(6):17-22.

[10] 姜帆. 综合交通枢纽组织管理的模式分析[J]. 系统工程,2002(4):58-62.

[11] 孙宁. 城市轨道交通建设管理模式探讨[J]. 中国铁路,2000(6):3-8.

[12] 何宗华,汪松滋,何其光. 城市轨道交通运营管理概要[J]. 城市轨道交通研究,2003(4):21-22.

[13] 黎翔. 轨道交通项目建设与管理的若干思考[J]. 城市轨道交通研究,2003(2):17-21.

[14] 朱沪生. 上海轨道交通建设运营的现状和发展[J]. 都市快轨交通,2004(1):1-5.

[15] 邵伟中, 刘志刚,吴强,等. 上海城市轨道交通换乘枢纽运营管理模式研究[J]. 中国铁路,2008(10):64-67.

[16] 周淮,朱效洁,吴强. 上海轨道交通网络化运营管理问题研究[J]. 城市轨道交通研究,2006(6):1-5.

[17] 郭岩巍. 基于价值视角的设施管理研究[D]. 天津:天津理工大学,2008.

[18] 邵莹莹. 城市交通枢纽项目范围管理研究[D]. 天津:天津理工大学,2007.

[19] Freeman R E &Evan W M. Corporate Governance's Stakeholder Interpretation[J]. Journal of Behavioral Economics,1990(19):337-359.

[20] Jeffery J. Smith. Does Public Transit Raise Site Values Around Its Stops Enough to Pay for Itself. Environment and Planning B: planning and design, 2001(5):12-23.

[21] Xiaojin Wang, Jing Huang. The Relationships Between Key Stakeholders' Project Performance and Project Success: Perceptions of Chinese Construction Supervising Engineers[J]. International Journal of Project Management,2006(24): 253-260.

[22] Jeffrey K. Pinto,Samuel J. Mantel, JR. The Causes of Project Failure [J]. IEEE Transactions on Engineering Management,1990(4):269-277.

[23] J. Rodney Turner. Five Necessary Conditions for Project Success [J]. International Journal of Project Management, 2004(22):349-350.

[24] 翟丽,徐建. IT/IS 项目成功标准的系统思考[J]. 复旦学报(自然科学版),2003,42(5): 749-754.

[25] 林鸣,沈玲,马士华,等. 基于全寿命周期的项目成功标准的系统思考[J]. 工业工程与管理,2005(1):101-105.

[26] 尹贻林,胡杰. 项目成功标准的一个新视角——基于利益相关者的核心价值研究[J]. 科技管理研究,2006(9):156-159.

[27] Souder W E, Chakrabarti A K. The R&D/Marketing Interface: Results from an Empirical Study of Innovation

Projects. IEEE Transactions on Engineering Management, 1978,25(4):88-93.

[28] Morris P W G. Managing Project Interfaces: Key Points for Project Success. In: Cleland D E, King, W (Eds.), Project Management Handbook. New York: Van Nostrand Reinhold, 1983,407-446.

[29] France G. Building Team Spirit. London: The Builder Group,1993,60.

[30] Al-Hammad. Common Interface Problems among Various Construction Parties. Journal of Performance of Constructed Facilities,2000,14(2):71-74.

[31] Chua D H K, Godinot M. Use of a WBS Matrix to Improve Interface Management in Projects. Journal of Construction Engineering and Management,2006,132(1):67-79.

[32] 官建成,靳平安.企业经济学中的界面管理研究[J].经济理论与经济管理,1995(6): 67-69.

[33] 郭斌,陈劲,许庆瑞.界面管理——企业创新管理的新趋向[J].科学学研究,1998,16(1):60-67.

[34] 官建成,张华胜,高柏杨. R&D——市场营销界面管理的实证研究[J].中国管理科学,1999,02(7):8-17.

[35] 刘玉柱.高等级公路建设项目的界面管理探讨[J].山西交通科技, 1998(1):1-4.

[36] 程兰燕,丁烈云.大型建设工程项目合同界面管理[J].建筑经济, 2004(10):59-61.

[37] 姜保平,傅道春.工程建设项目的界面管理[J].苏州科技学院学报(工程技术版),2005(31):47-51.

[38] 阎长俊, 李雪莹.工程承包模式的界面分析与管理——提高项目价值的有效途径[J].建筑经济, 2005(8):49-53.

[39] 姜保平, 陈仕中, 傅道春. 界面对建设工程造价的影响分析[J]. 建筑经济, 2006(3):64-67.

[40] 苏康, 张星. 基于全寿命周期的建设项目接口管理[J]. 建筑经济, 2006(7):73-75.

[41] 孙宁. 城市轨道交通建设的工程接口管理[J]. 中国铁路, 2001(9):40-44.

[42] 李海川, 孙宁. 城市轨道车辆—信号系统接口管理技术探讨[J].电力机车与城轨车辆,2003(4).

[43] 丁淮生.地铁工程接口管理思路[J].中国铁路, 2003(3):65-67.

[44] 董向阳.地铁建设中的技术接口管理[J].城市轨道交通研究, 2003(3):16-19.

[45] 程振廷.城市轨道交通建设的接口体系[J].城市轨道交通研究, 2003(6):35-40.

[46] 朱启超, 陈英武,匡兴华.复杂项目接口风险管理模型研究[J].科研管理,2005,26(6):149-156.

[47] 张勇.轨道交通通信总承包的接口管理[J]. 城市轨道交通研究, 2007(3):6-8.

[48] 赵勤,左均超,蔡登明.城市轨道交通工程中的接口管理[J].城市轨道交通研究,2007(5):15-16.

[49] 刘仕亲,陈报生. 地铁设备工程的接口管理[J].现代城市轨道交通, 2008(5):62-64.

[50] 周红波,马建强.轨道交通项目建设界面管理研究和应用[J].建筑经济,2008.

[51] 杨立新,毕湘利.城市轨道交通总体技术接口研究[J].城市轨道交通研究,2009(9): 10-14.

[52] 杨海超.京津城际轨道交通工程的接口管理[J].铁路通信信号工程技术,2010,7(1):50-51.

[53] 王洪海,周祖德,陈幼平,等.制造设备 Agent 的人机接口设计[J].计算机工程与应用,2005(20):117-120.

[54] 伍少成,朱学峰,骆华.基于 Agent 技术的通信规约接口设计[J].电网技术,2006,30(10):100-114.

[55] 张蔚,庞杰,涂序彦. 基于 Agent 的智能人机接口技术[J].微计算机信息,2006(22):293-295.

[56] 王兆有.大型改扩建公共建筑项目接口管理的方法及其运用研究[D].湖南大学土木工程学院,2009,4.

[57] 尹贻林,张俊丽,严玲.基于公共安全优先的综合交通枢纽指挥控制中心功能研究[J].科技进步与对策,2006,10:28-31.

[58] 何理,钟茂华,邓云峰.城市轨道交通危险因素分析[J].中国安全生产科学技术,2005(3).

[59] 毛保华.城市轨道交通系统运营管理[M].北京:人民交通出版社,2008 .

[60] 张俊丽.基于公共安全优先的综合交通枢纽预警管理系统构建研究[D].天津理工大学,2009.

[61] 王开满,王军,张慎明.城市轨道交通自动化综合监控系统的集成模式[J].城市轨道交通研究,2001,7

(3):57-62.

[62] 王富章,张莉艳,李平,等. 城市轨道交通智能综合监控系统体系结构[J]. 中国铁道科学,2006(27):126-132.

[63] 刘永谦. 地铁 FAS、BAS 系统设计中几个问题的探讨[J]. 铁道标准设计,2006(4):95-98.

[64] 焦莹,徐源. 天津站交通枢纽规划设计方案综述[J]. 市政公用建设,2006(6):51-54.

[65] 黄桂兴. 天津站换乘方案设计思考[J]. 铁道标准设计,2005(7):10-13.

[66] 刘莹,温勇. 天津地铁 2,3 号线综合监控系统的设计与应用[J]. 信息系统工程,2009(7):119-121.

[67] 郭炜,郭建祥. 上海虹桥综合交通枢纽总体规划设计[J]. 上海建设科技,2009(3):1-6.

[68] 计雷,陈安等. 突发事件应急管理[M]. 北京:高等教育出版社,2006:42.

[69] 湛维昭. 地铁综合监控系统的集成模式[J]. 都市快轨交通,2007(20):82-85.

[70] 崔艳萍,唐祯敏,李毅雄. 城市轨道交通现代安全管理体系构建初探[J]. 中国安全科学学报,2005(3):43-48.

[71] 陈铁,管旭日,孙力彤. 城市轨道交通综合安全管理体系研究[J]. 城市轨道交通研究,2004(1):16-18.

[72] 何霖,李毅雄,叶庆辉. 城轨运营职业健康安全管理体系的实践与探讨[J]. 都市快轨交通,2006(12):4-7.

[73] 徐志修. 城市轨道交通安全保障系统设计[D]. 长安大学,2006.

[74] 刘乐毅. 地铁运营应急联动问题研究[J]. 现代城市轨道交通,2007(4):47-49.

[75] 徐树亮. 南京地铁突发事件应急处置机制建设[J]. 都市快轨交通,2008,21(3):6-8.

[76] 罗钦,朱效洁,陈光华,徐瑞华. 城市轨道交通事故故障统计及预警管理信息系统设计[J]. 城市轨道交通研究,2005(6):39-42.

[77] 李睿,罗帆. 铁路交通灾害预警系统初探[J]. 中国铁道科学,2006,6(6):149-152.

[78] 钟连德,孙小端,陈永胜. 高速公路突发事件应急管理系统[J]. 公路,2006(1):127-130.

[79] 张晓辉. 我国公共安全管理发展进程研究[C]. 第 14 届海峡两岸及香港澳门地区职业安全健康学术研讨会论文集,2006,5.

[80]《省(区、市)人民政府突发公共事件总体应急预案框架指南》(2004 年 5 月 22 日 国办函[2004]39 号)[Z].

[81]《国家突发公共事件总体应急预案》[Z].

[82]《中华人民共和国突发事件应对法》由中华人民共和国第十届全国人民代表大会常务委员会第二十九次会议于 2007 年 8 月 30 日通过自 2007 年 11 月 1 日起施行[Z].

[83] 董晓峰,王莉,游志远,等. 城市公共安全研究综述[J]. 城市问题,2007(11):71-75.

[84] 董华,张吉光. 城市公共安全——应急与管理[M]. 北京:化学工业出版社,2006.

[85] 王郅强,麻宝斌. 突发公共事件的应急管理探讨[J]. 长白学刊. 总第 116 期:36-40.

[86] 郭太生,寇丽平. 论公共安全危机事件应急处置的运行机制[J]. 中国公安大学学报,2004(5):13-20.

[87] 赵红,康大臣,汪亮. 突发事件应急管理机理、机制与体系探讨[J]. 中国管理科学,2006(10):784-788.

[88] 刘承水. 关于城市公共安全管理的思考[J]. 城市问题,2004(4):80-83.

[89] 兰贵兴. 论城市公共安全管理的战略层面[J]. 中国公共安全,2007(10A):86-91.

[90] 陈云. 城市轨道交通建设的扶持政策与补贴方式研究[J]. 城市轨道交通,2005(1): 13-17.

[91] 施毓凤,杨晟,孙力彤. 城市轨道交通的安全管理问题[J]. 城市轨道交通研究,2003(2):26-28.

[92] 魏晓东. 城市轨道交通综合监控系统总设计思想[J]. 自动化博览,2006(9):39-59.

[93] 湛维昭. 地铁综合监控系统的集成模式[J]. 都市快轨交通,2007,20(4):82-85.

[94] 戴琳. 轨道交通综合监控系统运行模式研究[J]. 铁道工程学报,2008(2):73-76.

[95] 五一. 城市公共交通的一体化管理[J]. 城市轨道交通研究,2005(3):1-3.

[96] 刘永谦.网络化运行中的城市轨道交通监控系统接口方案及运营模式[J].城市轨道交通研究,2007(9):10-12.

[97] 赵丽珍.关于综合运输枢纽概念及其分类[J].综合运输,2005(12):23-24.

[98] 张利军.城市公共交通换乘枢纽规划理论与方法研究[D].武汉科技大学,2007.

[99] 詹嘉.综合交通枢纽不同交通方式换乘成本研究[D].同济大学,2008 .

[100] 贾倩.综合交通枢纽布局规划研究[D].长安大学,2006.

[101] 任国强,尹贻林.基于范式转换角度的全生民周期工程造价管理研究[J].中国软科学,2003(5):148-150.

[102] 戚安邦.现代项目集成计划与控制的内容、原理与方法研究[J].项目管理技术,2007(5).

[103] 戚安邦. 工程项目全面造价管理[M].天津:南开大学出版社,2000 .

[104] 何清华.建设项目集成化管理模式的研究[D].同济大学,2000 .

[105] 万建华.利益相关者管理[M].北京:海天出版社,1998.

[106] 李心合.面向可持续发展的利益相关者管理[J].当代财经,2001(1):66-70.

[107] 陈宏辉,贾生华.企业利益相关者三维分类的实证分析[J].经济研究,2004(4):80-90.

[108] 尹贻林.建筑工程项目价值管理[M].天津:天津人民出版社,2005.

[109] 朱照宏,杨东援,吴兵.城市群交通规划[D].上海:同济大学出版社,2007.

[110] Pucher, J. , Kurth, S. Verkehrsverbund. The Success of Regional Public Transport in Germany , Austria and Switzerland[J]. Transport Policy, 1996(2):279-291.

[111] 侯明明.高铁影响下的综合交通枢纽建设与地区发展研究[D].上海:建筑与城市规划学院,2008,03.

[112] 许善妙.项目的合同界面管理有效性的理论及应用研究[D].湖南:湖南大学,2008,05.

[113] Abdul-Mohsen Al-Hammad. Common Interface Problems Among Various Construction Parties. Journal of Performance of Constructed Facilities, 2000, 5:71-74.

[114] 张兴彦.城市轨道交通建设若干管理问题的研究[D].天津大学,2006,08.

[115] 骆汉宾.基于ClC的轨道交通建设工程集成管理研究[D].武汉理工大学,2008,05,30.

[116] 杨侃.项目设计与范围管理[M].北京:电子工业出版社,2006.

[117] 张野.石化建设项目利益相关者间冲突研究[D].大连理工大学,2003,09.

[118] 颜红艳.建设项目利益相关者治理的经济学分析[D].中南大学,2007,11.

[119] 邢琦.铁路工程建设总承包项目利益相关方角色研究[D].山东大学,2008,09.

[120] 杨经福.投资项目利益相关者分析[D].海河大学,2002,03.

[121] 程宇光.以交通枢纽改造为导向的城市设计整合[D].天津大学,2007,06.

[122] 金婷萍.BOT利益相关者及其共同参与机制[D].西南交通大学,2007,04.

[123] 王晓华.房地产项目开发中业主方的工程合同网络结构研究[D],重庆大学,2005,04.

[124] 陈荣明.业主方工程项目管理的实施研究[D].南京理工大学,2006,06.

[125] 吴俊虢.公路建设项目总控模式(HPC)研究[D].长沙理工大学,2008,05.

[126] 陈兰芳.施工企业质量体系分析与管理研究[D].长安大学,2001,06.

[127] 韦发明.基于多Agent的项目群协调机制研究[D].同济大学,2008,01.

[128] 聂柯渐.界面管理理论研究[D].福州大学,2006,06.

[129] 陈峰.工程项目群构建理论研究[D].华中科技大学,2006,11.

[130] 黄国庆.南水北调项目工期影响因素及其控制措施研究[D].华北电力大学,2006,05.

[131] 陈业文.工程项目群施工阶段进度管理及P3e/c应用研究[D].同济大学,2007,03.

[132] 刘成明.关于项目管理界面研究[D].山东大学,2004,04.

[133] 刑琦.铁路工程建设总承包项目利益相关方角色研究[D].山东大学,2008,12.

[134] 金明东. 铁路枢纽与城市交通整合研究[D]. 西南交通大学,2004,12.
[135] 蔡纯杰. 界面管理研究评述[J]. 管理与财富,2005(3).
[136] 吴涛. 界面和管理界面分析[J]. 管理科学,2003.
[137] 苏康. 基于全寿命周期的建设项目界面管理[J]. 项目管理,2006.
[138] 杨侃. 项目集管理标准[M]. 北京:电子工业出版社,2008.
[139] 颜红艳. 建设项目利益相关者治理的经济学分析[D]. 中南大学,2007.
[140] 吴树壮. 工程项目进度—成本风险分析与管理应用研究[D]. 天津工业大学,2007.
[141] 李英才. 大型水利工程建设进度控制的风险分析[D]. 河海大学,2004.
[142] 刘武. 大型建设工程进度风险分析[D]. 大连理工大学,2007.
[143] 赵海波,等. 虹桥综合交通枢纽开发融资策划[J]. 城市轨道交通研究,2007(1):8.
[144] 王建. 浅谈影响施工进度的客观因素[J]. 科技情报开发与经济,2008(35).
[145] 王连会. 施工进度的影响因素及控制措施[J]. 中国建设信息,2005(6).
[146] 李季子. 影响进度的因素及进度计划的检查与调整[J]. 建设监理,2004(6).
[147] 朱兵,姚瑶. 约旦 AMCP 工程进度影响因素的探讨[J]. 建材技术与应用,2008(9).
[148] 褚春超. 工程项目进度管理方法与应用研究[D]. 天津大学,2007.
[149] 马国丰,尤建新. 关键链项目群进度管理的定量分析[J]. 系统工程理论与实践,2007(9).
[150] 吴艳. 大型交通建设工程项目总控关键技术研究[D]. 长沙理工大学,2007.
[151] 赵德刚. 关键链法在工程多项目进度管理中的应用[D]. 项目管理技术,2008 .
[152] 汪林. 基于关键链的污水处理 BOT 项目进度管理研究[J]. 上海交通大学,2007.
[153] 唐建波,关听,马力. 关键链技术研究与基于关键链的项目管理系统[J]. 计算机工程与设计,2004, 25(11).
[154] Goldratt EM. 关键链:突破项目管理的瓶颈[M]. 罗嘉颖,译. 北京:企业管理出版社,2003.
[155] 欧阳斌. 工程网络计划进度风险分析及关键链进度计划法研究[D]. 天津大学,2003.
[156] 陈笑冬. 大型建设项目应用 Program Management 的理论研究[D]. 同济大学,2004.
[157] 陈业书,周双海. 建设工程项目群环境下集成管理实现的探讨[J]. 项目管理技术,2006.
[158] 何清华. 集成化思想在大型建设项目进度控制中的应用研究[J]. 中国建筑学会工程管理分会年会书集. 北京:中国建筑工业出版社,2003.
[159] 马世骁. 并行工程理论研究与应用[D]. 东北大学,2004.
[160] 张利. 基于网络化组织的并行工程管理研究[D]. 天津大学,2007.
[161] 牟瑞,高春山. 工程项目管理中的并行工程理念分析与应用[J]. 沈阳建筑大学学报(社会科学版),2007(3).
[162] 谢芳. 我国城市综合交通枢纽运营单位盈利模式研究[D]. 天津理工大学,2008.
[163] 杨新华. 城市轨道交通项目直接经济效益评估与实证研究[J]. 交通科技与经济,2006(1):100-105.
[164] 王濒. 构建城市轨道交通盈利模式的研究[J]. 都市快轨交通,2005,18(6): 1-4.
[165] 陈云. 城市轨道交通建设的扶持政策与补贴方式研究[J]. 城市轨道交通,2005(1): 13-17.